INDUSTRY AND INFORMATION TECHNOLOGY TRAINING PLANNING MATERIALS
TECHNICAL AND VOCATIONAL EDUCATION

工业和信息化人才培养规划教材 高职高专计算机系列

数据结构

（第2版）

Data Structures

宗大华 陈吉人 ◎ 编

人民邮电出版社
北京

图书在版编目（CIP）数据

数据结构 / 宗大华，陈吉人编. -- 2版. -- 北京 :
人民邮电出版社，2013.5
工业和信息化人才培养规划教材. 高职高专计算机系
列
ISBN 978-7-115-30807-8

Ⅰ. ①数… Ⅱ. ①宗… ②陈… Ⅲ. ①数据结构－高
等职业教育－教材 Ⅳ. ①TP311.12

中国版本图书馆CIP数据核字(2013)第019468号

内 容 提 要

本书是专门为高职高专计算机专业学生编写的数据结构教材。全书共 9 章，分为 3 大部分：第一部分（第 1 章）是对数据结构的概述，是学习本书的基础；第二部分（第 2 章到第 7 章）逐一介绍各种数据结构、存储实现及其常见算法；第三部分（第 8 章和第 9 章）介绍查找技术和排序技术。

“数据结构”是一门重要的专业基础课程。基于数据结构课程本身理论性、抽象性较强的特点，以及当前高职高专学生的认知能力和水平，本书在编写过程中尽力做到精心选取内容，并配以大量例题和习题（共有例题 95 个、习题 278 个），对给出的大多数算法都从“算法描述”、“算法分析”和“算法讨论”3 个方面进行讲述，使学生能更好地理解算法，更快地掌握算法，希望学生能够从中感悟到程序编写的技巧和方法。

工业和信息化人才培养规划教材——高职高专计算机系列

数据结构（第 2 版）

◆ 编　　　宗大华　陈吉人
　责任编辑　桑　珊
◆ 人民邮电出版社出版发行　　北京市崇文区夕照寺街 14 号
　邮编　100061　　电子邮件　315@ptpress.com.cn
　网址　http://www.ptpress.com.cn
　北京铭成印刷有限公司印刷
◆ 开本：787×1092　1/16
　印张：17.5　　　　2013 年 5 月第 2 版
　字数：446 千字　　　2013 年 5 月北京第 1 次印刷

ISBN 978-7-115-30807-8

定价：39.80 元

读者服务热线：(010)67170985　印装质量热线：(010)67129223
反盗版热线：(010)67171154

第 2 版前言

无论人们要让计算机做什么，都必须涉及三件事：第一，确定要处理的数据之间存在什么关系，以便能够根据这种关系知道一个数据的后面应该是哪一个数据；第二，确定要对数据做哪些处理，是插入、删除、查找，还是排序；第三，确定以何种方式把数据存放到计算机的内存，并反映出它们之间存在的关系，以对它们进行加工处理。

“数据结构”就是研究这些问题的，是从现实世界的实际需要中抽象出来的，在计算机科学各个领域以及系统软件中都有着广泛的应用。当前，“数据结构”是计算机学科的一门重要专业基础课，也有成为许多非计算机专业，特别是工科专业重要技术基础课的趋势。

本书共 9 章，分为三大部分。

第一部分是第 1 章，介绍数据的逻辑结构（即数据间的各种关系）、存储结构（即数据存储在内存中的方式）、算法（即在数据上做的各种处理）和算法的分析，该章是对数据结构的概述，是整本书的基础。

第二部分包括第 2 章到第 7 章的内容，介绍线性表、堆栈、队列、串、数组、矩阵、二叉树、树、图等各种具体的数据结构、存储实现及其常见算法。

第三部分由第 8 章和第 9 章组成。第 8 章介绍查找技术：静态的（折半查找和分块查找）和动态的（二叉查找树和散列表）；第 9 章介绍排序技术：插入排序（直接插入、折半插入、表插入）、交换排序（冒泡、快速）和选择排序（直接选择、堆）。

由于是专业基础课程，因此在教学计划中，数据结构课总是安排得比较靠前。基于数据结构课程本身理论性、抽象性较强的特点，以及当前高职高专学生的认知能力和水平，本书在编写过程中做了如下努力。

1. 精心选取内容

本书对各章前后内容的安排做了详尽的设计和考虑。例如，只简略地介绍算法分析的概念，让学生知道应该从什么角度去衡量一个算法的优劣，但对于后面的算法，并没有去讨论它们的性能；在第 2 章和第 3 章中，加入了有关数据结构的一些实际应用，以期扩大学生的视野；把串、数组、矩阵合并成一章，只介绍不多的串运算，删除了有关广义表的内容；考虑到递归实现较为抽象，学生理解困难，因此在算法描述上，侧重于给出非递归的算法，只是偶尔牵扯递归问题；把二叉树与树分成两章来讲述，突出它们之间的区别，分散难点；由于第 8 章是介绍查找的，因此把其他教材中通常称为“二叉排序树”的查找方法，统一称做“二叉查找树”，以免学生发生误解；本书只涉及内排序，把关于外排序的内容全部删去。

2. 配备大量例题和习题

在介绍一个概念后，大都会安排例题以帮助学生对概念做出正确理解；在给出一个算法前后，总会配有例子加以解释或说明。这些例子不一定都要在课堂中给学生讲授，完全可以留给他们课下去自己阅读和理解。另外，在每章的最后，都附有大量的习题，以帮助学生自学和检验学习效果。

3．详解每一个算法

对于全书的算法，大都从算法描述、算法分析和算法讨论3个方面加以讲述。“算法描述”就是用类似于C语言的形式给出具体的算法，指出算法的存储结构以及需要什么样的参数；“算法分析”就是对算法的结构、功能做出解释，细说各个部分要完成的任务，指出特殊变量在算法中的意义；“算法讨论”就是讲述有关算法的改进、扩展、注意事项等。总之，希望通过这样3个方面对算法的介绍，能够使学生更好地理解算法，更快地掌握算法，更希望学生能够从中感悟到程序编写的技巧和方法。

书在修订过程中，得到了多位同事、朋友的帮助，在此就不一一详列，仅致以诚挚的谢意。由于编者水平有限，书中必定会存在瑕疵甚至谬误，衷心希望广大读者批评和指正。

编　者

2012年12月

目录

第1章 数据结构概述

“数据结构”是计算机专业的一门重要基础课程，它研究的问题是从实际需要中抽象出来的，是计算机科学各领域以及系统软件都会用到的知识。例如，语言编译程序的实现要用到栈、散列表、语法树；操作系统要使用队列、存储分配表、目录树，来对整个计算机系统的软、硬件资源（如 CPU、存储器、外部设备、文件）实施管理；数据库管理系统工作时，将通过线性表、索引树对数据进行快速搜索查找；而在网络设计技术中，会涉及求解最小生成树、最短路径的问题。这里列举出的内容，如线性表、栈、队列、链表、树、图等，都将是后面具体章节里所要学习的数据结构的内容。

本章是全书的基础，将在此介绍有关数据结构一些最为基本的概念。

本章主要介绍以下几个方面的内容：

- 数据的逻辑结构；
- 数据的存储结构；
- 数据处理算法的描述与分析。

1.1 数据的逻辑结构

计算机是对数据进行处理的工具。具体地说，就是对于一组输入的数据，通过计算机的加工处理，得到相应的输出数据。因此，无论人们要让计算机做什么样的大事、小事、繁杂事、简易事，在用计算机语言编写出程序、执行程序得到处理结果之前，都必须涉及这样的 3 个问题：第一，确定所要加工处理的数据之间的关系，以便进行处理时，能够知道一个数据的后面是哪一个数据，这种数据间的邻接关系，就是所谓的数据的逻辑结构问题；第二，确定要对数据做哪些处理，是插入、是删除、是查找、还是排序，这就是所谓的算法描述问题；第三，确定以何种方式把数据存放到计算机的内存，并反映出它们之间的邻接关系，从而有利于对它们进行加工处理，这就是所谓的数据的存储结构问题。

本节首先介绍在现实生活中，很容易抽象出的各种数据的逻辑结构，也就是数据间的邻接关系。

1.1.1 数据及数据间的邻接关系

“数据”是大家非常熟悉的一个词汇，它是信息的载体，是人们用符号来表示客观事物的一种集合。在早先，只要提及数据，人们就认为是指能够参加运算的那些数字（例如大家熟悉的整数和实数）。自20世纪40年代中期计算机问世之后，数据的内涵就有了扩展，计算机处理的数据由传统的数字扩大到了字符串（如英文或中文文本）、逻辑值（“真”和“假”）等。随着计算机科学的进一步发展，随着计算机应用的深入与普及，当前计算机能够处理的数据更是扩大到了表格、图形、图像、色彩、语音等。

因此，现在可以把“数据（Data）”定义为：所有能够输入到计算机中被计算机加工、处理的符号的集合。这就是说，现在说到的数据，已经完全不同于早先人们头脑中理解的“数”的概念了，这是必须首先要明确的事情。

可以把计算机处理的数据，笼统地分成数值型数据和非数值型数据两大类，分别应用于数值计算问题和非数值计算问题。当前，计算机大量地被用于文字、表格、声音、图像等非数值计算领域，并对这样的一些数据进行着各种各样的加工处理。一般地，数值计算问题的特点是加工时的数据量小，处理方法复杂。

非数值计算问题的特点是加工时的数据量大，所处理的数据之间存在着某种特定的关系，计算机在处理它们时，需要对那些关系进行表示。至于数据处理，其方法相对简单得多，但不再局限于单纯的数值计算，而是要对它们进行组织、管理、维护、检索等。

通常，数据是由一个个“数据元素（Data Element）”（简称“元素”）集合而成的。在不同场合，数据元素也常被称作“结点”、“顶点”或“记录”。每个数据元素都具有完整、确定的实际意义，是数据加工处理的对象。例如，表1-1列出的是某公司雇员的信息，每个雇员的信息就是一个元素，由它反映各雇员的实际情况。

表1–1 某公司雇员的信息

雇员号	姓名	年龄	性别	住址
071253	庄严肃	34	男	滨江东路蔷薇新村66号
073825	刘歆子	28	女	春林路北街34号
072154	陈希平	24	男	柳浪街松林坡12栋8号
071546	李汕鸣	30	男	东春斜街甲77号
076671	闻风姗	35	女	锦思门前街2门68号
074533	黄晋民	28	男	解放大桥街66号

一个数据元素又可以细分成由若干个“数据项（Data Item）”组成，数据项也常称作“字段”或“域”。数据项是数据元素中不可再分割的最小标识单位，通常不具备完整、确定的实际意义，只是反映数据元素某一方面的属性。例如雇员信息中的“雇员号”、“姓名”等，都是数据项（或

"字段"、"域")。

大千世界里，每一个数据的实际意义真是太不一样了。在数据结构中并不去关心数据元素的实际意义，只是把它们抽象地视为一个个被加工的对象。数据结构所关心的，是如何从一个数据能够找到另一个数据的那种数据间的"关系"，人们必须根据那种关系来组织和存储数据，以便顺利、有效地完成对一组数据的各种处理要求。

如果两个数据结点之间有着某种逻辑上的联系，那么就称这两个结点是"邻接的"。若用圆圈代表结点，用结点间的一条连线代表它们之间存在的逻辑关系，那么，就可以用图 1-1 来表示结点 A 和 B 是"邻接的"。在现实世界里，数据间的逻辑关系，可以体现为是前后关系、上下级关系、父子关系、连接关系等。

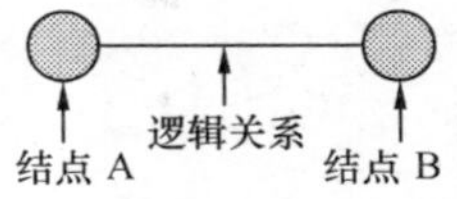

图 1-1　结点的邻接

1.1.2　数据的逻辑结构

从大量实践中抽取出来的、常见的数据间的邻接关系有 3 种：线性关系、树型关系以及图状关系。数据间的邻接关系，就是数据的"逻辑结构（Logical Structure）"。

1．线性关系

所谓数据间具有"线性"关系，是指数据一个接一个地排列成一行。把数据组织成这种线性关系，可能是人们最常见、最熟悉的做法了。上面所给出的公司雇员表，其数据元素之间就是一种线性关系。如果所要处理的数据之间呈线性关系，那么就说它的逻辑结构是线性的。

在线性关系中，把排在第 1 个位置的结点称为起始结点，把排在最后一个位置的结点称为终端结点，其余的结点都称为中间结点，如图 1-2 所示。

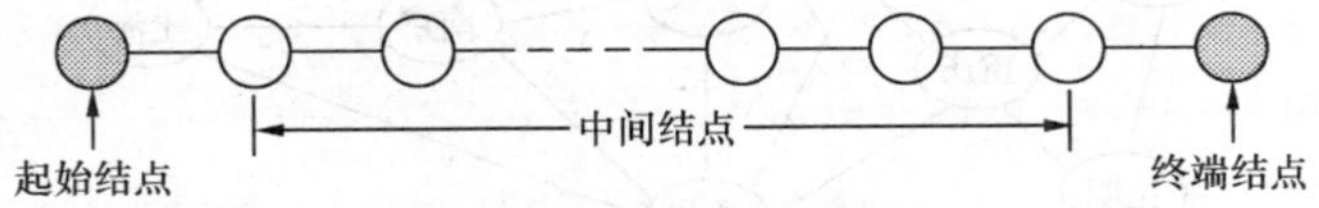

图 1-2　线性关系中的各种结点

数据间线性关系的特点是：除起始结点和终端结点外，每个结点的前面有且只有一个结点与它相邻接，每个结点的后面也有且只有一个结点与它相邻接，起始结点的前面没有与之相邻接的结点，终端结点的后面没有与之相邻接的结点。简单地说，数据间线性关系的特点就是：有头有尾，顺序排列。

2．树型关系

所谓数据间具有"树型"关系，是指在数据之间具有分支、层次的逻辑关系。由于这种逻辑关系看上去很像自然界的一棵倒置的树：树根位于最上面，树的叶子在最下面，故而得名为"树型"关系。于是，如果所要处理的数据之间呈树型关系，那么就说它的逻辑结构是树型的。

图 1-3 所示是一个树型结构图例。人们所熟悉的文件目录间的逻辑结构就是树型的。

数据结点间这种分支、层次式组织形式的特点是：第 1 层只有一个结点，它是树型关系的起点；除第 1 层结点和分支末端结点外，位于中间各层的结点的前面只有一个结点与它相邻接，每个结点的后面可以有多个结点与它相邻接；第 1 层结点的前面没有结点与之邻接，每个分支末端结点的后面没有结点与之邻接。

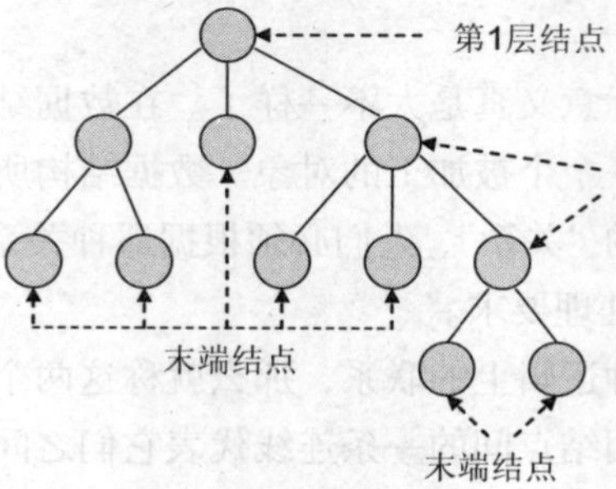

图 1-3　树型结构图例

3．图状关系

如果数据中的任何两个元素之间都可能有邻接关系，那么就说它们之间的关系是图状的。于是，如果所要处理的数据之间呈图状关系，那么就说它的逻辑结构是图状的。不难理解，图状关系是数据间最复杂的关系。

交通网络或通信网络都是图状关系的典型例子。例如，图 1-4 所示为一张航空网络图，图中与结点“武汉”相邻接的结点有“北京”“广州”“南京”，而与结点“南京”相邻接的结点有“北京”、“广州”、“武汉”、“上海”。在图状关系中，找不到谁是起点，谁是终点，各个结点的地位可以说都是相同的。

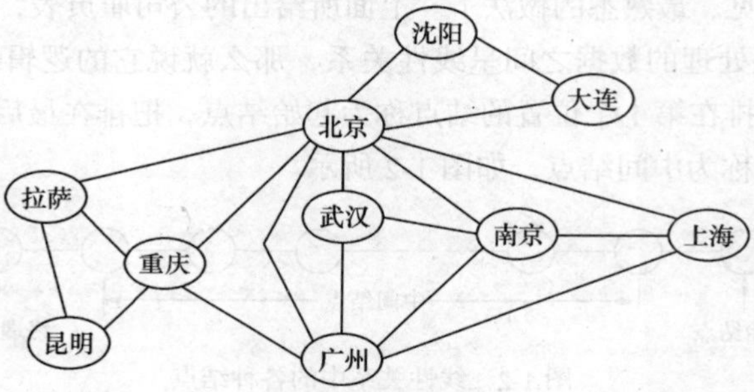

图 1-4　航空网络

图状关系的特点是：每个结点都可能与多个结点有邻接关系。数据间的线性关系和树型关系，都可以视为是图状关系的一个特例。

1.2 数据的存储结构

无论数据间有何种逻辑关系，它要得到计算机的加工处理，就必须存放到内存中才能进行。注意，这里所说的“存放数据”，并不是一个简单的问题，它既要存储数据信息本身，也要存储数据间的邻接关系。因为只有这样，在对数据进行加工处理时，才能够正确、方便、快捷地从一个数据找到与之邻接的另一个数据。

数据的“存储结构（Storage Structure）”，就是研究数据在内存中的存储方式，也就是在内存中有哪些存放数据的方法。数据的存储结构在有些书里也称为数据的“物理结构（Physical Structure）”。从整体上看，数据在存储器内有两种存放的方式：一种是集中地存放在内存中的一个连续的存储区；另一种是利用存储器中的零星区域，分散地存放在内存的各个地方。

在把数据存储到存储器时，是以数据元素（即数据结点）为单位进行的。分配给单个数据结点的存储区域，称为一个“存储结点”。如前所述，数据存储在存储器里，既要存储数据本身，还要存储数据间的邻接关系，因此，在一个存储结点里，除了要有数据本身的内容外，还要有体现数据间邻接关系的内容。

1.2.1 顺序式存储结构

所谓数据的“顺序式存储”结构，即是为一组数据分配一个连续的存储区，然后按照数据间的邻接关系，相继存放每个数据。因此，使用这种存储结构，在每个存储结点里只存放数据元素本身，而不去存放反映数据邻接关系的信息。也就是说，数据的这种存储结构，是借助存储结点间内含的位置关系，来体现数据元素间的邻接关系的。

例如，图 1-5 左侧所示为一个数据元素所需要的存储尺寸，本书约定将这个尺寸记为 size 字节，图 1-5 右侧所示为在内存里开辟了一个连续的存储区，用来依次存放数据的若干个存储结点。

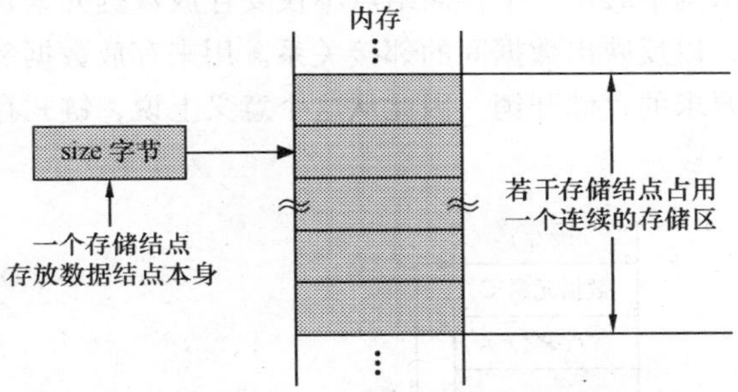

图 1-5 顺序存储结构

假定现在的数据个数为 1000，每个数据元素需要占用 size =16 个字节的存储区。那么，如果采用顺序式存储方式来存放这 1000 个数据，就需要在内存里为它们开辟一个有 1000×size= 16000 字节的连续存储区。

对于顺序式存储结构，要再次强调的是在每一个存储结点里只存放数据，不存放数据间的邻接关系，数据间的邻接关系是借助存储结点本身一个紧接一个存放的位置关系体现出来的。因此，顺序式存储结构对存储的利用率为 100%（即分配给存储结点使用的存储区全部被用来存放数据内容）。可以看出，邻接关系为线性的数据，使用顺序式存储结构最为合适，因为它的存储利用率最高。

1.2.2 链式存储结构

所谓数据的“链式存储”结构，即是存放每个数据的存储结点都由两个部分组成：一部分用来存放数据元素本身的信息，另一部分用来存放与本数据元素邻接的那个数据元素存储结点的位置，即存放指向与之邻接的那个存储结点的指针（起始地址），通过这些指针反映出数据间的逻辑关系。

例如，图 1-6（a）所示为一个链式存储结点，在它的里面除了存放数据元素（用 Data 表示）外，还存放着一个指针（用 Next 表示）。图 1-6（b）表示有 3 个数据元素，分别是数据元素 A、数据元素 B、数据元素 C，它们间的逻辑关系是：数据元素 A 与数据元素 B 邻接，数据元素 B 与数据元素 C 邻接。采用链式存储方式时，存放数据元素 A 的存储结点里，存放着指向数据元素 B 的指针；存放数据元素 B 的存储结点里，存放着指向数据元素 C 的指针；存放数据元素 C 的存储结点里，存放着一个空指针符“∧”，以表示数据邻接关系的结束。

在链式存储结构里，从一个结点的 Next 指针，可以找到它后面的那个结点（即后继）在内存中的位置。因此，必须另设一个指针，指向这种存储结构的第 1 个存储结点。在图 1-6（b）里，用 head 表示这个指针。这样，由 head 就可以找到第 1 个存储结点；由第 1 个结点的 Next 可以找到第 2 个存储结点；如此等等一直下去，直到遇见空指针符“∧”时，表示结束。为了简明起见，常把图 1-6（b）表示成图 1-6（c），用符号“→”表示指向下一个存储结点。

由于链式存储结构是通过指针来体现数据元素之间的逻辑关系的，因此，可以用存储区里的零星小区域来存放数据，而不去动用存储器中的那些大的连续存储区（大的连续存储区可以分配给必须占用连续存储区的数据使用）。从这个意义上来说，链式存储方式提高了存储器的利用率。但另一方面，链式存储结构中的每一个存储结点不仅要存放数据元素自身的信息，还要开辟适当的存储区来存放指针，以反映出数据间的邻接关系。用来存放数据邻接关系的存储区，相对于数据内容来说是额外要求的存储开销。因此从这个意义上说，链式存储结构又降低了存储器的利用率。

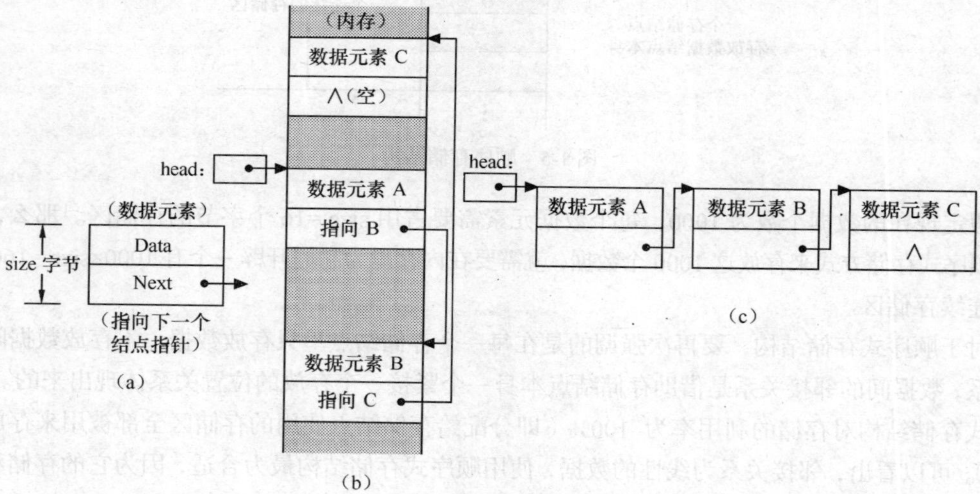

图 1-6　链式存储结构

例如仍假定现在的数据个数为 1000，存储每个数据元素需要占用 16 个字节的存储区，存储每个指针需要占用 2 个字节的存储区。那么，一个存储结点就需要占用 size =18 个字节（这 18 个字节当然必须是一个连续的存储区）。这样，如果采用链式存储结构来存放这 1000 个数据，它们就需要在内存里总共占用 1000×size =18000 字节的存储区才行。这就是说，采用链式存储结构时，要比采用顺序式存储方式多耗费 2000 个字节。

在链式存储结构中，存储结点里的指针并不局限于只能是一个，而是可以根据问题的需要安排为多个。如果采用链式存储结构时，存储结点里只有一个指针，则称是单链式结构；如果存储结点里有两个指针，则称是双链式结构；如此等等。这些内容，在后续章节会做详细的介绍。

1.3 算法及算法分析

人们关注数据的逻辑结构（即邻接关系）以及数据在内存中的存储结构，最终目的是要使用计算机对数据进行各种加工处理，例如插入、删除、查找、修改、排序等。

为了实现对数据的加工处理，如果问题很简单，那么就可以直接用某种计算机程序设计语言编写程序，然后投入运行得出结果。但是如果问题较大、较复杂，那么这一过程最好分两步完成：先是通过分析列出与加工处理相关的各个步骤，然后再去用某种计算机程序设计语言编写出相应的程序在计算机上运行。这第一步就是所谓的“算法描述”，第二步就是所谓的“程序实现”。

1.3.1 算法及算法的描述

1．算法和程序的区别

人们常把算法和计算机程序等同起来看待，其实它们是两个不同的概念。

所谓“算法（Algorithm）”，是指解决问题的一种方法步骤或者一个过程。对于一个问题，可以用多种算法来解决；而一个给定的算法，则只解决一个特定的问题。例如，本书后面要介绍的数据排序问题，就可以给出很多种算法。当然，每一种算法适用的场合以及性能指标是不一样的。

由于算法是“解决问题的一种方法步骤或者一个过程”，因此一个算法应该具有以下几个重要的特征。

（1）输入：一个算法应该有 n（$n \geqslant 0$）个初始的输入数据。

（2）输出：一个算法可以没有或有一个或多个输出信息，它们与输入数据之间会有着某种特定的关系。

（3）确定性：算法中的每一个步骤都必须具有确切的含义，不能有二义性。

（4）可行性：算法中描述的每一个操作步骤都必须是可以执行的，也就是说，都可以通过计算机实现。

（5）有穷性：一个算法必须在经历有限个步骤之后正常结束，不能形成死循环。

例 1-1　判断下面用文字描述的计数过程是否构成一个算法。

（1）开始；

（2）n=0;　　　　　　/* 变量 n 赋初值 0 */

（3）n=n+1;　　　　　/* 变量 n 增 1 */

（4）重复执行（3）;　　/* 循环执行增 1 操作 */

（5）结束。

解：初看起来，这个计数过程只有 5 个步骤，具有有穷性。但实际上，该过程只要执行起来，就会永远无休止地在变量 n 上面重复做加 1 的操作，形成一个死循环。所以，它并不是一个正确的算法。

例 1-2　编写一个算法，按照从小到大的顺序排列两个数值变量 x、y 的内容，即要求最终有 x≤y。

解：用文字描述解决这个问题的算法如下：

（1）输入变量 x、y 的数值；

（2）把两个数值中的小者存放到 x 里；

（3）把两个数值中的大者存放到 y 里；

（4）输出 x、y 的值。

可以看出，上面的描述符合算法的5个特征。

所谓“程序（Program）”，是指使用某种计算机程序设计语言对一个算法的具体实现。例如，例 1-2 给出的“按照从小到大的顺序排列两个数值变量 x、y 的内容”的算法，可以用如下的 C 语言程序来实现。

```
#include "stdio"
main()
{
  int x, y, temp;
  scanf ("%d%d", &x, &y);                  /* 从键盘输入两个整型数据 */
  if (x>y)                                  /* 对数据进行比较 */
     {temp = x ; x = y ; y = temp ; }
printf ("x = %d, y = %d\n", x, y);         /* 打印输出 */
}
```

对比算法和程序，可以看出算法侧重于对解决问题的方法描述，即要做些什么；而程序是算法在计算机程序设计语言中的实现，即具体要怎样去做。例如，例 1-2 中只是讲“把两个数值中的小者存放到 x 里”，讲“把两个数值中的大者存放到 y 里”，并不去管到底怎样去比较和存放。但是，在例 1-2 的 C 语言程序实现中，则要给出具体的比较和存放方法，即

```
if (x>y)
   {temp = x ; x = y ; y = temp ; }
```

可见，严格地讲算法与程序是两个不同的概念。

当然，也可以直接把计算机程序看作是对解决问题方法的一种描述，那么算法和程序就是一回事了。本书为了简化表述的过程，加之学习数据结构课程之前都已学习过 C 语言程序设计，因此不去过分地强调“算法”和“程序”的区别。

2. 算法的描述

算法是可以用不同方法来描述的，下面给出几种常见的方法。

- 算法描述方法 1：使用人们习惯的自然语言来描述算法。

上面的例 1-2 就是用自然语言描述的一个算法。下面的例 1-3 采用的也是这种方法。

例 1-3 用自然语言描述输出整数 1、2、3、…、9、10 的过程。

解：用自然语言描述输出整数 1、2、3、…、9、10 的过程的算法如下：

（1）开始；

（2）将初始值 1 赋予变量 i；

（3）如果 i>10，则转向（7）；

（4）输出 i 的值；

（5）将 i 的值加 1，再赋予 i；

（6）转向执行（3）；

（7）结束。

- 算法描述方法 2：使用人们熟悉的流程图（即框图）来描述算法。

所谓“流程图”，即是利用不同形状的图形以及一些带箭头的线条，来描述算法中的各个操作步骤。图 1-7 给出了流程图中可能出现的各种图形的名称和作用。

下面给出的例 1-4 采用的就是用流程图描述算法的方法。

例 1-4　用流程图描述输出整数 1、2、3、…、9、10 的过程。

解：用流程图描述输出整数 1、2、3、…、9、10 的过程的算法如图 1-8 所示。图中的两个圆角矩形框分别表示算法的开始和结束；两个矩形框分别表示要做的操作；一个菱形框表示条件判断；一个平行四边形框表示输出。

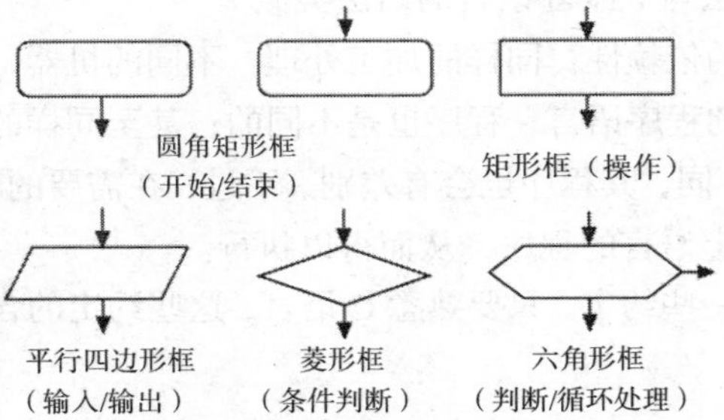

图 1-7　流程图的各种图形名称和作用

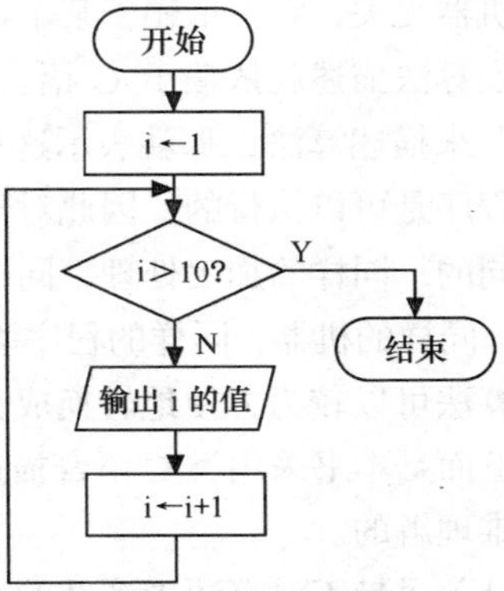

图 1-8　用流程图描述算法

- 算法描述方法 3：用“类 C 语言”来描述算法。

所谓“类 C 语言”，即是对 C 程序设计语言做一些简化，略去对算法描述来说是无关紧要的部分（例如变量说明）。采用类 C 语言来描述算法的好处是，既可以利用 C 语言强大的描述功能，又能使人们不用去拘泥于 C 语言繁杂的语法规则。用“类 C 语言”描述的算法不能直接在计算机上执行，但人们很容易将它改写成 C 语言程序。

本书将采用类 C 语言来描述算法，这样读者可以不必把精力放在 C 语言及其结构上，而是主要去关注算法实现的基本思想。

- 算法描述方法 4：直接采用 C 语言来描述算法。

例 1-5　分别用 C 语言和类 C 语言来描述输出整数 1、2、3、…、9、10 的过程。

解：（1）用 C 语言描述输出整数 1、2、3、…、9、10 的过程的算法如下。

```
void num ()
{
  int i;
  i=1;
  while (i<= 10)
  {
    printf ("i = %d\n", i );
    i = i +1;
  }
}
```

（2）用类 C 语言描述输出整数 1、2、3、…、9、10 的过程的算法如下。

```
void num ()
{
  i=1;
  while (i<= 10)
  {
    printf ("i = %d\n", i );
    i = i +1;
  }
}
```

由例 1-5 可以看出，程序与算法很相似，但二者之间是有一定差异的。最大的差异表现为算法与机器无关，它不依赖于某个机器，不依赖于某种语言（所谓用“类 C 语言”来描述算法，并不是说算法描述就依赖于 C 语言，只表明它的语法与 C 语言的语法类似。有些书用“类 Pascal 语言”来描述算法，那就表示这种描述语言的语法与 Pascal 语言的语法类似）。

程序是可以执行的，因此对于机器具有一定的依赖性：同样的加工处理，不同的机器，程序是不同的；同样的加工处理，同样的机器，不同的程序语言，程序也是不同的；甚至同样的加工处理，同样的机器，同样的程序语言，由于版本不同，其程序也会有差别。不过，在需要的时候，一个算法可以较为方便地转换成为特定机器、特定语言的程序，从而得以执行。

下面是本书采用类 C 语言描述算法时遵守的一些约定，只要熟悉 C 语言，这些约定的含义都是不难理解的。

（1）尽量不对算法中涉及的变量做具体说明

（2）赋值语句

<变量名> = <表达式>;

（3）所有算法都以函数的形式给出，即

```
<函数类型> <函数名> (<函数参数表>)
{
  <类 C 语句>
}
```

除非有必要，否则一般不对<函数参数表>里使用的变量做说明。

（4）分支语句

条件语句：if（<条件>）<语句 1>; [else <语句 2>;]

多分支语句：switch（<表达式>）

```
{
  case 常量值 1: <语句 1>; break;
  case 常量值 2: <语句 2>; break;
      ......        ......
  case 常量值 n: <语句 n>; break;
  default: <语句 n+1>;
}
```

（5）循环语句

while 循环语句：while（<条件>）<语句>;

do-while 循环语句：do{<语句>；} while（<条件>）;

for 循环语句：for（<表达式 1>，<循环条件表达式>，<表达式 2>）<语句>;

exit 语句：强制退出循环

（6）函数调用语句

方式 1：<函数名>（<参数表>）;

方式 2：<变量名> = <函数名>（<参数表>）;

（7）输入/输出函数

输入：scanf（<格式控制字符串>，<输入地址列表>）;

输出：printf（<格式控制字符串>，<输出变量列表>）;

关于输入、输出函数，我们要说明的是，后面算法中都是以输入、输出整数或字符为代表的。例如，大多都是写成：

```
scanf ("%d", &x) ;   或  scanf ("%c", &x) ;
```

用以表示是往变量 x 里输入一个数据。写成：

```
printf ("%d", x) ;   或  printf ("%c", x) ;
```

用以表示把变量 x 里的数据打印出来。

实际上，在数据结构里处理的数据大多是非数值型的，只是用它们作为输入、输出的一种象征性的代表罢了。希望读者不要因为这样的书写，而引起不必要的误解。

（8）内存申请与释放函数

申请：malloc（<存储区尺寸>）

释放：free（〈指针〉）

（9）指针

存放存储单元地址的变量，就是一个指针变量，简称指针。如果 ptr 是一个指针，那么记号 *ptr 表示 ptr 所指存储单元里存放的内容。

1.3.2 算法分析

对同一个问题可以设计出不同的算法，它们之间当然有好差之分。衡量算法最基本的标准应该是它必须满足问题的求解，也就是说它必须是正确的。在此基础上，判定算法质量时应遵循下面的几条原则：

- 算法是否易读，易于人们理解；
- 算法的结构是否简明、清晰；
- 算法的执行效率是否高；
- 算法的存储利用率是否高；
- 算法的可移植性是否好。

这些目标有的是相关的（例如：结构简明清晰的算法，可读性大都较好），有的则是矛盾的（例如：时间效率高的算法，可读性一般都差一些）。但不管怎么说，它们都与算法的质量有关。因此，所谓“算法分析”就是指对算法的质量进行评价。

在算法分析中，人们最看重的是执行效率（时间）和存储利用率（空间）这两个问题。在数据结构里，对一个算法执行效率的度量，称为“时间复杂度”；对一个算法在执行过程中所需占用存储空间的度量，称为“空间复杂度”。从主观上讲，每个人都希望自己设计出的算法既能节省存储空间，又能节省运行时间。但时间和空间往往是矛盾的，很难做到两全其美。下面，着重对时间复杂度进行一些讨论。

例 1-6 变量 a、b、c、d 中各存一个整数，求 a、b、c 中的最大者与 d 的乘积的算法。

解：算法 1 为

```
void max1 (a, b, c, d)
{
  a = a*d; b = b*d;  c = c*d;
  if (a>b)  x = a;
      else  x = b;
  if (c>x)  x = c;
  printf ("%d\n", x);
}
```

算法 1 的思想是先分别求出 d 与 a、b、c 的乘积，然后求出 3 个乘积中的最大值（存放在变量 x 里），最后打印输出。该算法对应的流程图如图 1-9 所示。

算法 2 为

```
void max2 (a, b, c, d)
{
  if (a>b)  x = a;
      else  x = b;
  if (c>x)  x = c;
  x = x*d;
  printf ("%d\n", x);
}
```

算法 2 的思想是先求出 a、b、c 中的最大值，然后把 d 与求出的最大值（在变量 x 里）相乘，最后打印输出。该算法对应的流程图如图 1-10 所示。

对比 max1 和 max2，前者比后者多做了两次乘法，因此，max1 比 max2 的计算量要大。即如果按照这两个算法分别编写出程序执行，在相同软、硬件环境下，max1 花费的运行时间要比 max2 多。这就是说，max2 的时间性能要比 max1 好。

要说明的是，计算机的运算速度是非常快的，某一算法比另一算法多执行几次运算，甚至几十次运算，增加的时间均可忽略不计。上面的例子只表明对同一个问题，确实可以设计出不同的算法，算法执行花费的时间确实会不一样。例如说，某一循环要执行 500 次，那么在该循环体里增加一条语句，计算机就要多做 500 次运算。如果涉及的是一个二重循环里的内循环，那么就要增加更多的运算。所以在设计算法时，必须分析算法所需的运算时间。

算法所需的时间，通常取决于它的“输入规模”和所含“基本操作”的多少这样两个因素。“输入规模”是指所要处理问题涉及的数据量，数据量越大，算法运行花费的时间就越多，因此它应该是影响时间的最主要因素。“基本操作”是指算法中那些所需时间与操作数的具体取值无关的操作。赋值、两个数相加或两个数比较大小等，都可以作为基本操作，这些操作的执行时间与具体操作数是无关的。例如说，把数值 1 和把数值 10000 赋给变量 x，计算机所花费的时间是相同的，都只是执行一个赋值操作。

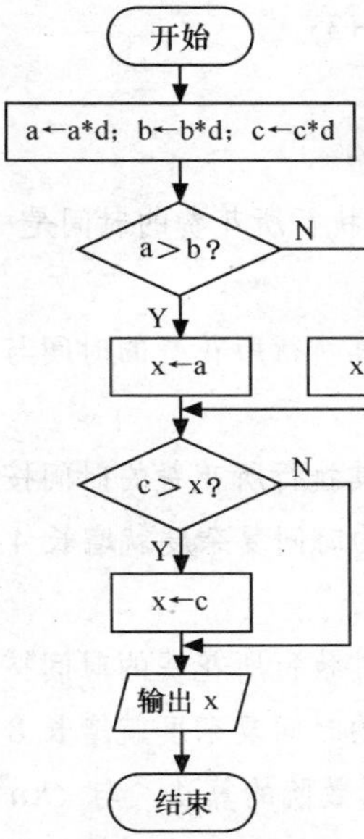

图 1-9　max1 的流程

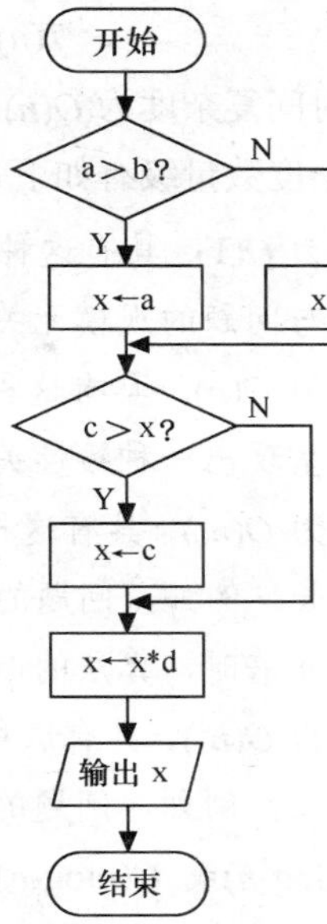

图 1-10　max2 的流程

例 1-7　分析下面所给算法段中基本操作的执行次数。

```
for (i = 1; i < n; i++)
{
   y = y +1;
   for (j = 0; j<= (2*n); j++)
      x++;
}
```

解：这里把"y = y +1;"和"x++;"视为基本操作，"y = y +1;"的执行次数是（$n-1$）次，"x++;"的执行次数是 $(n-1)*(2n+1)=2n^2-n-1$ 次。若把基本操作总的执行次数记为 $T(n)$，那么这时就有：

$$T(n) = (n-1)+2n^2-n-1=2n^2-2$$

其实，不可能、也没有必要去精确地计算出算法中基本操作的真正执行时间，只要大致估算出相应于输入规模 n 的数量级即可，这一数量级就是通常所指的算法的时间复杂度。例如在例 1-7 中，当 n 较大时，$T(n)$与 n^2 相比是一个常量，表明 $T(n)$与 n^2 具有相同的数量级，即 $T(n)$与 n^2 同阶，于是称这时的时间复杂度为 $O(n^2)$。

例 1-8　分析下面所给算法段的时间复杂度。

```
x = 0;
y = 1;
for (j=1; j<=n; j++)
{
   s = x + y;
   y = x;
   x = s;
}
```

解：这里的基本操作"x = 0;"和"y = 1;"各执行一次；for 循环中的"j=1; j<=n; j++"执行 $n+1$ 次；循环体中的"s = x + y;"、"y = x;"、"x = s;"各执行 n 次。因此，基本操作总的执行次数是：

$$T(n)=1+1+(n+1)+n+n+n=4n+3$$

所以，该算法段的时间复杂度为 $O(n)$。

常见的时间复杂度数量级有如下几种。

- 常量阶　记为 $O(1)$。具有这种时间复杂度的算法，其执行所花费的时间是一个常量，表明该算法与问题的规模无关。
- 线性阶　记为 $O(n)$。具有这种时间复杂度的算法，其执行所花费的时间与问题的规模成正比，呈现出一种线性关系。
- 平方阶　记为 $O(n^2)$。具有这种时间复杂度的算法，其执行所花费的时间按问题规模的平方倍增长。例如，问题的规模 n 加倍时，算法的时间复杂度就增长 4 倍；当问题规模增加 4 倍时，算法的时间复杂度将增长 16 倍。
- 立方阶　记为 $O(n^3)$。具有这种时间复杂度的算法，其执行所花费的时间按问题规模的立方倍增长。例如，问题的规模 n 加倍时，算法的时间复杂度就增长 8 倍。
- 对数阶　$O(\log_2 n)$或 $O(n\log_2 n)$都表示时间复杂度是对数阶的算法。与 $O(n^2)$或 $O(n^3)$比，具有对数阶的时间复杂度的算法，其时间的增长速度相对会缓慢一些。

综上所述，人们应该使自己设计出的算法尽可能地具有常量阶、线性阶或对数阶的时间复杂度，避免设计出具有平方阶或立方阶的时间复杂度的算法。如果一个算法具有平方阶或立方阶的时间复杂度，那么就应该限制它的使用规模。有关算法的时间复杂度问题，在此只是做一个概略的介绍，读者对其有一个粗略的了解即可，不必深究。

至今人们还未能对“数据结构”给出一个公认的定义。本书笼统地把它描述为：所谓数据结构，是指这样的一门计算机基础课程，它的研究内容包括数据的逻辑结构、数据在计算机内的存储结构，以及定义在它们之上的一组算法。

因此，在学习任何一种数据结构时，必须搞清楚它的逻辑结构、它采用的存储结构以及在其上定义的算法。抓住这样的一条主线，就能使自己保持清醒的头脑，使学习取得事半功倍的成效。

小结

本章介绍了有关数据结构的基本概念，应该重点掌握如下几个方面的内容。

（1）数据结构涉及数据的逻辑结构（邻接关系）、存储结构以及在数据上进行的各种处理 3 个方面的内容。

（2）数据的逻辑结构是人们从大量实际问题中抽象出来的数据组织形式。本书主要涉及 3 种逻辑结构：线性关系、树型关系、图状关系。从整体上说，可以分为两大类：线性结构和非线性结构。

（3）数据的存储结构是数据在存储器上的组织形式。本书主要涉及顺序式存储和链式存储两种存储结构，前者是把数据存放在一个连续的存储区里，后者可以把数据分散地存放在存储区的不同角落。

（4）处理是人们从大量实际问题中抽象出来的对数据进行的加工或操作，处理定义在数据的逻辑结构上，但其实规则有赖于所采用的存储结构。

（5）每一个处理是一个算法。描述算法可有不同的方法，本书使用“类 C 语言”方法。

习题

一、填空题

1．数据是指所有能够输入到计算机中被计算机加工、处理的________的集合。

2．可以把计算机处理的数据笼统地分成________型和________型两大类。

3．数据的逻辑结构就是指数据间的________。

4．数据是由一个个________集合而成的。

5．数据项是数据元素中________的最小标识单位，通常不具备完整、确定的实际意义，只是反映数据元素某一方面的属性。

6．数据是以________为单位存放在内存的，分配给它的内存区域称为________。

7．每个数据元素都具有________、________的实际意义，是数据加工处理的对象。

8．如果两个数据结点之间有着逻辑上的某种关系，那么就称这两个结点是________的。

9．在一个存储结点里，除了要有数据本身的内容外，还要有体现________的内容。

10．从整体上看，数据在存储器内有两种存放的方式：一是集中存放________内存存储区中；一是利用存储器中的零星区域，________内存的各个地方。

11．在有些书里，数据的“存储结构”也称为数据的“________”。

12．“基本操作”是指算法中那种所需时间与操作数的具体取值________的操作。

二、选择题

1．在常见的数据处理中，________是最基本的处理。

A．删除　　B．查找

C．读取　　D．插入

2．下面给出的名称中，________不是数据元素的同义词。

A．字段　　B．结点　　C．顶点　　D．记录

3．________是图状关系的特例。

A．只有线性关系　　B．只有树型关系

C．线性关系和树型关系都不　　D．线性关系和树型关系都

4．在链式存储结构中，每个数据的存储结点里________指向邻接存储结点的指针，用以反映数据间的逻辑关系。

A．只能有 1 个　B．只能有 2 个　C．只能有 3 个　D．可以有多个

5．本书将采用________来描述算法。

A．自然语言　　B．流程图（即框图）

C．类 C 语言　　D．C 语言

6．有下面的算法段：

```
for (i=0; i<n; i++)
   k++;
```

其时间复杂度为________。

A．$O(1)$　B．$O(n)$　C．$O(\log_2 n)$　D．$O(n^2)$

三、问答题

1．中国百家姓中的赵、钱、孙、李、周、吴、郑、王等姓氏数据之间，是一种什么样的邻接关系，为什么？

2．什么是数据结点？什么是存储结点？它们间有什么关系？

3．为什么说链式存储既提高了存储的利用率，又降低了存储的利用率？

4．列举几个数据之间具有树型结构的实际例子。

5．判断如下除法过程是否是一个算法，为什么？

（1）开始；

（2）给变量 m 赋初值 5，给变量 n 赋初值 0；

（3）m=m/n;

（4）输出 m；

（5）结束。

四、应用题

1．用类 C 语言中的 do-while 语句，描述输出整数 1、2、3、…、9、10 的过程。

2．用类 C 语言中的 if-else 语句，编写算法，描述当输入的数据大于等于 0 时，输出信息“输入的是正数”；当输入的数据小于 0 时，输出信息“输入的是负数”。

3．分析算法段中标有记号“$\#_1$”和“$\#_2$”的基本操作的执行次数。

```
for ( i=0; i<n; i++)
   for (j=0; j<n; j++)
   {
      #1 y=1;
         for (k=0; k<n; k++)
           #2 y=y+1;
   }
```

4．给出下面 3 个算法段的时间复杂度。

（1）x++;

（2）
```
for (j=1; j<n; j++)
    x++;
```
（3）
```
for (j=1; j<=n; j++)
{
    printf ("j=%", j);
    for (k=j; k<=n; k++)
        x++;
}
```

第2章 线性表

“线性表”并不特指某种具体的数据结构，而是对于具有线性结构的那些数据结构的一种统一称谓。

本章重点讨论的具体数据结构是顺序表和链表（链表又分单链表、双链表、循环链表）。顺序表和链表都是线性表，因此其逻辑结构都是线性的；定义在上面的处理（算法），都是对位置不做任何限定的查找、插入和删除等。顺序表和链表的不同之处，在于所采用的存储结构不相同：前者采用的是顺序结构，后者采用的是链式结构。

处理定义在数据逻辑结构上，但实现则有赖于采用的存储结构。因此，采用不同的存储结构把具有线性关系的数据存储到内存后，会对各种处理的实现产生很大影响。

本章主要介绍以下几个方面的内容：

- 线性表的基本知识；
- 线性表的顺序存储实现；
- 线性表的链式存储实现（单链表、双链表、循环链表）；
- 线性表的具体应用举例。

2.1 线性表的基本知识

当数据的逻辑结构呈线性关系时，就称其为线性表。因此，所谓“线性表（List）”，是由具有相同类型的有限多个数据元素组成的一个有序序列。定义中的“有序”是重要的，它表明线性表中的每个元素都有自己的位置，也就是序号。例如第1个元素、第2个元素等。

若把一个线性表取名为L，里面有 n（$n \geqslant 0$）个元素，每个元素用 a_i（$1 \leqslant i \leqslant n$）表示，下标代表该元素在线性表中的位置，那么可以把线性表L记为

$$L = (a_1, a_2, \cdots, a_i, a_{i+1}, \cdots, a_{n-1}, a_n)$$

线性表中数据元素的个数 n，称为线性表的“长度”。当 n=0 时，表示线性表中不包含任何元素，称其为“空表（Empty List）”。若线性表 L 为空，则记为 L =（ ）或 L = Ø。

线性表中，任意一对相邻结点 a_i 和 a_{i+1}（$1 \leqslant i \leqslant n-1$），称 a_i 为 a_{i+1} 的“直接前驱”，称 a_{i+1} 为 a_i 的“直接后继”。图 2-1 给出了结点间的这种邻接关系。

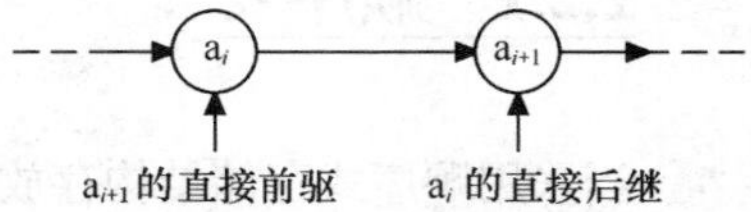

图 2-1 相邻结点间的关系

线性表中元素的值与它的位置之间可以有联系，也可以没有联系。如果线性表中元素的值与它的位置之间存在联系，例如其元素的值是按照递增顺序排列的，那么称这种线性表为“有序线性表（Sorted List）”；如果线性表中元素的值与它的位置之间没有特殊的联系，那么称这种线性表为“无序线性表（Unsorted List）”。

例 2-1 26 个大写英文字母组成的线性表：

Alfa = (A, B, C, ⋯, X, Y, Z)

是一个有序线性表，每一个元素都是字符型的。

例 2-2 大于 0 小于 25 的所有偶数顺序排列组成的线性表：

Even = (2, 4, 6, 8, 10, 12, 14, 16, 18, 20, 22, 24)

是一个有序线性表，每一个元素都是整型的。

例 2-3 表 1-1 给出的某公司雇员信息表是一个无序线性表，每一个元素代表了一个雇员的记录。但如果按照表中的雇员号对表元素重新进行排列，那么得到的新表就是一个有序线性表。

这里，我们只讨论无序线性表。如何将一个无序线性表改造成为有序线性表，将是后面“排序”那章所要解决的问题。

由于线性表的元素间具有线性关系，因此一个非空线性表的特点是每个结点至多只有一个直接前驱，至多只有一个直接后继，线性表中所有结点将按照 1 对 1 的邻接关系维系成整个数据结构。更具体的就是：

- 有且仅有一个起始结点 a_1，它没有直接前驱，只有一个直接后继 a_2；
- 有且仅有一个终端结点 a_n，它没有直接后继，只有一个直接前驱 a_{n-1}；
- 其余结点 a_i（$2 \leqslant i \leqslant n-1$）都有且仅有一个直接前驱 a_{i-1} 和一个直接后继 a_{i+1}。

对于一个线性表，可以根据需要在其上定义各种操作处理。例如经常要求的处理有：

- 创建一个新的线性表，或删除一个已经存在的线性表；
- 使线性表增长（即插入一个元素）、使线性表缩短（删除一个元素），增长或缩短后元素间仍将保持线性关系；
- 得到当前线性表里拥有的元素个数（测试出线性表的长度）；
- 查找到所需要的线性表元素的值，读出这个值，或者对这个值进行修改；
- 从一个元素出发，得到它的前驱结点和后继结点；

如此等等。

如前所述：“不同的存储结构会对线性表上的处理实现产生直接的影响”。也就是说，真要实现如上列出的、定义在线性表上的操作处理，必须与采用的存储实现方式一起来考虑。例如，为了得到一个线性表的当前长度，若采用的是顺序式存储结构，那么就从线性表的起始结点开始往下数，真正存放元素的存储结点个数就是线性表的当前长度；若采用的是链式存储结构，那么就从起始结点开始，顺着每一个存储结点里的指针往下走，找到一个存储结点就记一个数，直到指针为“Λ”时止，所记的数即为线性表的长度。

下面各节，将介绍线性表的各种存储实现，以及在其上定义的主要处理算法的具体描述。

2.2 线性表的顺序存储实现

2.2.1 顺序表

当采用顺序式存储结构存放一个线性表时，是把线性表中的数据结点按其逻辑次序依次存储在计算机内存中的一块地址连续的存储区里。这时，线性表中逻辑上邻接的两个数据结点，其内存中的存储结点在物理位置上同样也是相邻接的。在数据结构里，以这种顺序存储结构实现的线性表，被称为“顺序表（Sequential List）”。

对于一个顺序表来说，应该分配给它多大的一块连续的内存区呢？由第 1 章我们知道，在顺序式存储中，存储结点里不需要存放结点之间的邻接关系，所以数据的存储结点大小是与它的数据结点大小相同的。因此，这块连续的存储区大小，应该由一个数据结点所需的存储量以及数据结点的个数来决定。

本书总假定存储结点的数据类型为 elemtype，每个存储结点所需的存储量为 size（对于顺序存储来讲，当然也就是一个数据结点所需的存储量），顺序表 Sq 第 1 个存储结点 a_1 的起始地址记作为 LOC（a_1），那么顺序表 Sq 的第 2 个存储结点 a_2 的起始地址 $LOC(a_2)= LOC(a_1)+size$。依次类推，顺序表 Sq 第 i 个存储结点 a_i 的起始地址 LOC（a_i）可以通过下面的公式得到：

$$LOC(a_i)= LOC(a_1)+size \times (i-1) \qquad (2\text{-}1)$$

由式（2-1）表明，顺序表中任何一个存储结点的位置，等于第 1 个存储结点的起始地址加上它前面已有存储结点的个数乘以存储结点的尺寸，如图 2-2（a）所示；而图 2-2（b）所示为线性表的顺序结构示例。

于是，如果知道顺序表 Sq 某个存储结点的起始地址为 LOC（a_i），那么由式（2-1）可以计算出该结点在顺序表里的位置序号 i：

$$i = (LOC(a_i)- LOC(a_1))/size+1 \qquad (2\text{-}2)$$

正是因为顺序表中任何一个存储结点的位置可以通过计算得到，所以对顺序表中的任何一个数据元素的访问，都可以在相同的时间内实现。这就是说，对于顺序表中的元素进行随机访问是非常容易的事情。

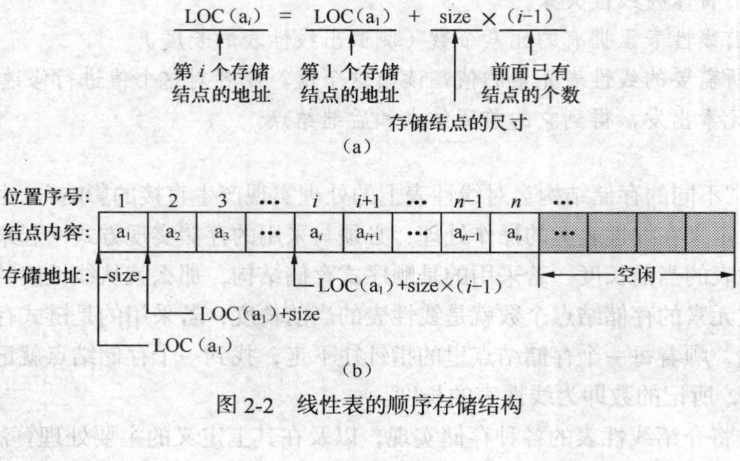

图 2-2　线性表的顺序存储结构

正是由于顺序表需要占用内存中的连续存储区，因此为其分配一块存储区域之后，在该区域里能够容纳的数据元素的个数就受到了限制。也就是说，如果顺序表中的数据元素个数超出了最大容量，就有可能会出现越界而侵入到别的数据区域中去的情况。

正是由于顺序表中元素之间是一种线性的逻辑关系，因此在往顺序表里插入或删除一个数据元素时，势必要对原有数据元素进行移动，以求维持它们之间的这种线性关系。

2.2.2　顺序表的基本算法描述

1．创建一个顺序表

算法 2-1　创建顺序表的算法。

创建一个顺序表 Sq，在算法设计上需要考虑以下几个问题。

- 由于原先该表并不存在，因此要申请一个连续的存储空间，用来存放表中的数据元素。这就是说，顺序表创建后虽然有了自己的存储区，但却是一个空表，存储区里并没有存放任何数据元素。
- 设置一个用于计数的单元 Sq_num，随时记录顺序表中现有的数据元素的个数，其初始值为 0。
- 设置一个常量 Sq_max，它是顺序表中可存放数据元素的最大值。

（1）算法描述

创建一个顺序表 Sq，算法名称为 Create_Sq()，参数为 Sq、Sq_num、Sq_max。

```
Create_Sq (Sq, Sq_num, Sq_max)
{
  elemtype Sq[MAX*size] ;    /* 通过数组，申请一个连续的存储区 */
  Sq_num = 0;                /* 将顺序表设置为空表 */
  Sq_max = MAX ;             /* 将顺序表可容纳的最多元素个数设置为 MAX */
  return Sq;                 /* 返回顺序表 */
}
```

（2）算法分析

该算法是通过说明一个类型为 elemtype 的、名为 Sq 的数组，来得到顺序表所需存储空间的。由于按照约定，每个 elemtype 类型的数据元素需要的存储结点大小为 size，因此分配的存储区尺寸由 MAX*size 决定。注意，在实际的程序设计中，有可能申请不到存储区，关于这些涉及出错处理的问题，本书算法里都将略去。

作为数组，数组名就是该数组所在存储区的起始地址。数组是通过下标来区别它的每一个元素的。例如创建了数组 Sq 后，它的下标的变化范围是 1 ~ Sq_max。

设置常量 Sq_max 的作用，是为了在顺序表 Sq 上进行操作处理时，能够用 Sq_num 与它进行比较，确保顺序表不发生越界行为，否则就会出现侵扰他人数据的情形。

算法中设置计数单元 Sq_num 的作用，是用来随时记录顺序表中当前存放的数据元素的个数，当它取值为 0 时，表示顺序表是一个空表。通常，顺序表里已有元素的下标是 1 ~ Sq_num。也就是说，通常顺序表里的元素可以表示成：Sq [1] ~ Sq[Sq_num]。

图 2-3 所示为一个创建后的顺序表示例。图中，Sq_max 的值为 100，表示顺序表 Sq 中最多

可以存储 100 个数据元素；Sq_num 的值为 0，表示当前顺序表 Sq 是一个空表，里面什么数据元素也没有存放。

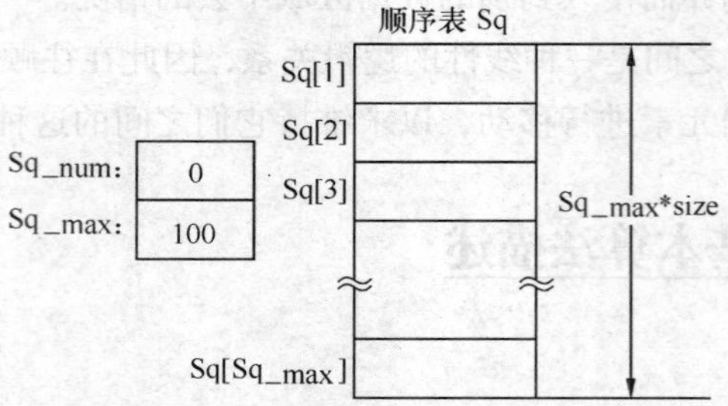

图 2-3　创建后的顺序表示意

（3）算法讨论

关于顺序表，要注意区分 Sq_max 和 Sq_num 的不同。Sq_max 是顺序表的长度，即最多可容纳的数据元素个数。顺序表创建后，Sq_max 是一个保持不变的常量。Sq_num 是顺序表内当前拥有的数据元素个数，顺序表创建后，随着数据元素的插入、删除操作，Sq_num 将会不断发生变化。

如果是用 C 语言的数组这种数据类型来实现线性表，就要特别注意 C 语言的数组下标不是从 1 开始，而是从 0 开始的。

2．往顺序表中插入一个新数据元素

算法 2-2　在顺序表指定位置后插入元素的算法。

假定顺序表 Sq 有 *n* 个元素，形式为

$$Sq = (a_1, a_2, \cdots, a_i, a_{i+1}, \cdots, a_{n-1}, a_n)$$

现在要在指定位置 *i* 后插入一个数据元素 x，那么插入完成后的顺序表 Sq 变为

$$Sq = (a_1, a_2, \cdots, a_i, x, a_{i+1}, \cdots, a_{n-1}, a_n)$$

元素 x 成为表的第 i+1 个元素，其他元素往后推移，表的长度变为 n+1。

例如，顺序表 Sq 里已有 8 个数据元素，即 Sq[1]=33，Sq[2]=12，…，Sq[8]=51。现在希望在位置 4 的后面插入一个数据元素 22，也就是要在数据元素 61 的后面插入数据元素 22，如图 2-4（a）所示。那么，首先应该将原先位于位置 5～8 的 4 个数据元素全部后移一个表位，将位置 5 腾空。要注意，移动应该由右往左（或称由后往前）一个元素、一个元素地进行，即先将第 8 个数据元素移到位置 9 处，再将第 7 个数据元素移到位置 8 处，如此等等。只有这样移动，才能保证数据元素不被破坏，如图 2-4（b）所示。移动完成后，位置 5 被腾空，如图 2-4（c）所示。最后，将数据元素 22 写入到腾出的位置 5 处，完成对顺序表的插入操作，如图 2-4（d）所示。

（1）算法描述

在顺序表 Sq 第 *i* 个位置后插入新数据元素 x，算法名为 Insert_Sq ()，参数为 Sq、*i*、x。算法约定：当 *i*<1 时，新数据结点插入在表首；当 *i*>Sq_num 时，新数据结点插入在表尾。

```
Insert_Sq (Sq, i, x)
{
  if (Sq_num == Sq_max)                    /* 顺序表已满，不能再插入 */
    printf ("The sequential list is full !");
  if (i<1)
```

```
    i = 1;                              /* 插入在表首 */
  if (i>Sq_num)
    i = Sq_num+1;                       /* 插入在表尾 */
  for (j=Sq_num+1; j>i; j--)            /* 将 Sq_num 到 i+1 个元素后移 */
    Sq[j] = Sq[j-1] ;
  Sq[j] = x ;                           /* 插入新元素 */
  Sq_num++ ;                            /* 计数单元加 1 */
}
```

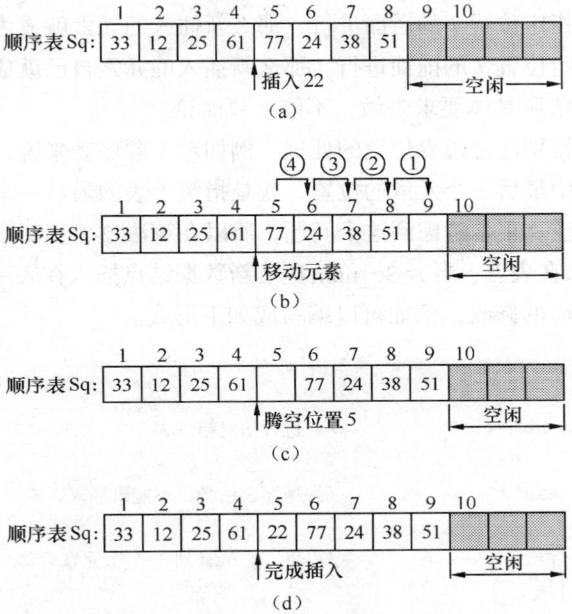

图 2-4 顺序表插入前、后的状态示意

（2）算法分析

算法中最为实质的部分是腾空指定的插入位置，它是通过一个 for 循环来实现的。但在开始循环之前，必须先要考察一下所给插入位置的参数是否合适，因为它影响到具体移动结点的个数。根据题目约定，如果 $i<1$，那么就把新数据结点插入在表首；如果 $i>$Sq_num，那么就把新数据结点插入在表尾。这正是在 for 之前安排两个 if 的作用。

for 循环是通过控制数组元素下标的变化来实现的。移动从最后一个元素开始，直到第 $i+1$ 个元素为止，每次都是把元素往后移动一个表位，如图 2-4（b）里标注的①～④所示。具体实施这种移动的，是由算法里的操作：

Sq[j] = Sq[j−1]

来完成的。

插入算法的执行时间主要耗费在 for 循环上。影响时间的因素有两个，一个是顺序表当前的长度，即 Sq_num；另一个是插入操作的位置，即 i。可以有如下的 3 种情况。

- 当 $i<1$ 时表示新元素要插入在第 1 个元素之前。因此，从顺序表的第 Sq_num 个结点到第 1 个结点都需要往后移动一个表位，也就是说要 for 循环要做 Sq_num 次。这是算法 2-2 执行时间最长的情形。

- 当 i>Sq_num 时，表示新元素要插入在表尾，这意味着根本不需要移动任何顺序表中的元素，for 循环一次也不做（0 次）。这是算法 2-2 执行时间最短的情形。
- 当 i 界于 1 和 Sq_num 之间时，for 循环要执行 Sq_num−i 次。

通过分析不难看出，对于顺序表来说，如果插入操作对位置 i 的选取是等概率的，那么在第 i 个元素之后插入一个元素，平均需要移动的元素个数是 Sq_num / 2。

（3）算法讨论

算法 2-2 规定插入是在指定位置 i 的后面进行。当然，也可以规定插入是在指定位置 i 的前面进行。若规定插入是在指定位置 i 的后面进行，那么新插入的元素就成为顺序表中的第 i+1 个元素；若规定插入是在指定位置 i 的前面进行，那么新插入的元素自己就成为顺序表中的第 i 个元素。编写算法时，必须依照具体要求来做，不能一概而论。

在设计算法时，要特别注意边界位置的处理。例如对于顺序表来说，边界是指第 1 个数据元素的位置，是指当前表中最后一个元素的位置，或是指整个表的最后一个位置。对于这些特殊的位置，要赋予专门的关注。正是考虑到这个问题，所以在算法 2-2 里对 i 做了特殊的约定（即当 i<1 时，新数据结点插入在表首；当 i>Sq_num 时，新数据结点插入在表尾）。如果取消这个约定，那么算法就要做某些相应的修改，例如可以编写成如下形式。

```
Insert_Sq 1(Sq, i, x)
{
  if (i<1 || i > Sq_num+1)                /* 位置信息错 */
     return ERROR;
  if (Sq_num == Sq_max)                   /* 顺序表已满，不能再插入 */
     return ERROR;
  for (j=Sq_num+1; j>i; j--)              /* 将 Sq_num 到 i+1 个元素后移 */
     Sq[j] = Sq[j-1] ;
  Sq[j] = x ;                             /* 插入新元素 */
  Sq_num++ ;                              /* 计数单元加 1 */
}
```

3．删除顺序表中的一个数据元素

算法 2-3　删除顺序表指定位置处元素的算法。

例如，原顺序表 Sq 有 n 个元素，形式为

$$Sq = (a_1, a_2, \cdots, a_{i-1}, a_i, a_{i+1}, \cdots, a_{n-1}, a_n)$$

要求删除第 i 个元素。那么删除完成后，顺序表 Sq 将成为

$$Sq = (a_1, a_2, \cdots, a_{i-1}, a_{i+1}, \cdots, a_{n-1}, a_n),$$

原第 i+1 个元素成为第 i 个元素，后面的元素依次前推，表的长度变为 n−1。

（1）算法描述

删除顺序表 Sq 中第 i 个位置处的数据元素，该结点数据域中的值存入变量 x，算法名称为 Delete_Sq ()，参数为 Sq、i、x。

```
Delete_Sq (Sq, i, x)
{
  if (i<1 || i>Sq_num)                       /* 位置参数 i 错 */
     return ERROR ;
  x = Sq[i] ;                                /* 把欲删除元素的数据存入 x */
```

```
  for (j=i+1; j<=Sq_num; j++)                    /* 将后一个元素往前移动一个位置 */
      Sq[j-1] = Sq[j] ;
  Sq_num=Sq_num-1;                               /* 表中元素个数减 1 */
}
```

（2）算法分析

算法最实质的部分是通过 for 循环，把第 i+1 个元素移动到表的第 i 个位置，再把第 i+2 个元素移动到表的第 i+1 个位置，直至把第 Sq_num 个元素移动到表的第 Sq_num−1 个位置，从而完成删除第 i 个元素的目的。每一次移动，都是由算法中的操作：

Sq[j−1] = Sq[j]

来完成。例如，图 2-5（a）表示要将顺序表 Sq 中的第 5 个元素 22 删除。于是，先将第 6 个元素 77 从位置 6 移到位置 5，再将第 7 个元素 24 从位置 7 移到位置 6，如此等等，直到将第 10 个元素 43 从位置 10 移到位置 9，如图 2-5（a）中的①～⑤所示，这样位置 10 成为了空闲的表位，如图 2-5（b）所示。

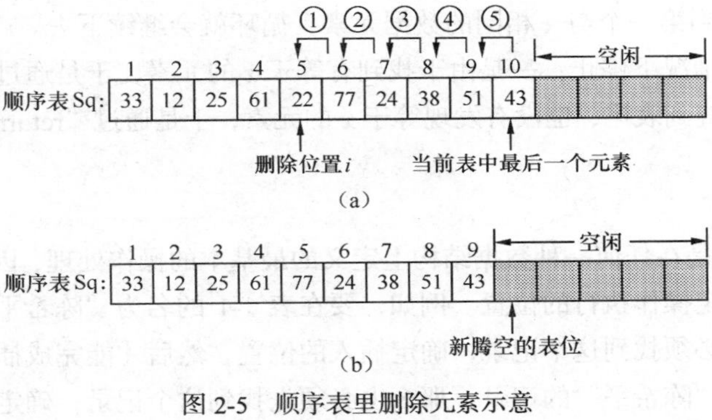

图 2-5　顺序表里删除元素示意

由于是删除，因此在完成删除的 for 循环结束之后，必须修改元素个数计数器 Sq_num，即要做操作：

Sq_num=Sq_num−1

来完成。

（3）算法讨论

类同于插入算法，删除算法的执行时间也是主要耗费在 for 循环上，影响时间的因素同样是顺序表当前的长度（Sq_num）和删除操作的位置（i）。可以有如下的 3 种情况。

- 当 i 等于 Sq_num 时，无需移动任何元素，这是算法 2-3 执行时间最短（也称最好）的情形。
- 当 i 等于 1 时，从第 2 个元素开始直到最后一个元素为止，都需要依次向前移动，因此移动操作需要做 Sq_num−1 次。这是算法 2-3 执行时间最长（也称最坏）的情形。
- 当 i 界于 1 和 Sq_num 之间时，for 循环要执行 Sq_num−i 次。

通过分析不难看出，对于顺序表来说，如果删除操作对位置 i 的选取是等概率的，那么删除第 i 个元素平均需要移动的元素个数是 Sq_num / 2。

4．在顺序表中查找一个数据元素

算法 2-4　查找顺序表中第一个与给定数据相等的元素的算法。

（1）算法描述

给定数据 x，在顺序表 Sq 中查找第一个与它相等的数据元素。如果查找成功，则返回该元素在表中的位置；如果查找失败，则返回 0。算法名称为 Locate_Sq ()，参数为 Sq、Sq_num 和 x。

```
Locate_Sq (Sq, Sq_num, x)
{
  for (i=1; i<=Sq_num; i++)
  {
  if (Sq[i] == x)              /* 查找成功，返回元素位置 i */
    return (i) ;
  if (i == Sq_num)             /* 查找失败，返回 0 */
    return (0) ;
  }
}
```

（2）算法分析

本算法主要是通过一个 for 循环来实现查找的，循环通过条件“*i* <= Sq_num”来控制，只要在顺序表中还没有找到第一个与 x 相同的数据元素，循环就会继续下去。

循环只会在两种情况下停止：一是由于找到有等于 *x* 的元素，于是通过“return (*i*)”返回 *i*，结束循环；二是由于查到表尾，也没有发现等于 *x* 的元素，于是通过“return (0)”返回 0，结束循环。

（3）算法讨论

可以说，“查找”是在任何一种数据结构上定义的最基本的操作处理，因为插入、删除等都需要先进行查找，以确定操作执行的位置。例如，要在表 1-1 的名为“陈希平”的记录的后面插入一个记录，那么首先必须找到这个记录，确定插入的位置，然后才能完成插入操作；又例如，要在表 1-1 中删除名为“陈希平”的记录，那么也必须先找到这个记录，确定删除的位置，然后才能完成删除操作。

任何查找操作，只能有两个可能的结果：找到或没有找到。因此在设计查找算法时，必须解决好这样的两种可能。

5．打印顺序表的各结点值

算法 2-5 打印顺序表中各结点值的算法。

算法描述

当顺序表 Sq 不空时，将各个结点的值打印输出。算法名称为 Print_Sq()，参数是 Sq、Sq_num。

```
Print_Sq(Sq, Sq_num)
{
 if (Sq_num == 0)
   printf ("The sequential list is empty !");
 else
   for (i=1; i<=Sq_num; i++)
      printf ("%d", Sq[i]);
}
```

6．求顺序表的长度

算法 2-6 获取顺序表现有元素个数的算法。

算法描述：由于顺序表当前的元素个数，在其管理信息单元 Sq_num 里记录，因此只需将顺序表 Sq 的 Sq_num 当前值读出即可。算法名称为 Length_Sq()，参数是 Sq_num。

```
Length_Sq(Sq_num)
{
 printf ("The Length of sequential list is =%d", Sq_num);
}
```

7. 往顺序表末尾添加一个新的数据元素

算法 2-7 往顺序表末尾添加新元素的算法。

为了设计该算法，首先要判断顺序表是否已经放满，只有在 Sq_num<Sq_max 的条件下，才能够往该表的末尾添加新的数据元素。

（1）算法描述

往顺序表 Sq 的末尾添加一个新的数据元素 x。算法名称为 Append_Sq()，参数为 Sq、Sq_num、Sq_max、x。

```
Append_Sq(Sq, Sq_num, Sq_max, x)
{
 if (Sq_num == Sq_max)
   printf ("The sequential list is full !");         /* 顺序表已满，不能再插入 */
 else                                                 /* 能够插入 */
 {
   Sq[Sq_num+1] = x ;
   Sq_num = Sq_num+1 ;
 }
}
```

（2）算法分析

注意，这个算法与算法 2-2 是不同的，它是算法 2-2 里的 i=Sq_num+1 时的特殊情形，即插入总是在顺序表的末尾进行。

例 2-4 设计一个算法，将顺序表：

$$Sq=(a_1, a_2,\cdots, a_i, a_{i+1}, \cdots, a_{n-1}, a_n)$$

中的元素进行逆置，即把顺序表 Sq 中的元素排列顺序改换成：

$$Sq=(a_n, a_{n-1}, \cdots, a_{i+1}, a_i, \cdots, a_2, a_1)$$

解：这实际上就是要把原顺序表 Sq 的元素从首尾两头开始、分别向中间逼近进行两两对换，即第 1 个数据元素与第 n 个数据元素对换，第 2 个数据元素与第 $n-1$ 个数据元素对换，如此等等，直进行到相遇时止。为算法取名 Invert_Sq ()，参数是 Sq、Sq_num。

```
Invert_Sq(Sq, Sq_num)
{
 if (Sq_num == 0)
   printf ("The sequential list is full !");
 else
 {
   j = Sq_num ;
   for (i=1; i<=j; i++, j--)
   {
     ①temp = Sq[i];                  /* 把第 i 个元素内容暂存于临时单元 temp */
     ②Sq[i] = Sq[j];                 /* 把第 j 个元素存入表的第 i 个元素 */
     ③Sq[j] = temp ;                 /* 把 temp 里内容存入表的第 j 个元素 */
```

```
        }
    }
}
```

算法中是用下标 i 来控制首部元素向中间逼近，用下标 j 来控制尾部元素向中间逼近，每次都是通过临时单元 temp 来进行交换。图 2-6 内标注有①～③的虚线，与算法中标注的①～③所对应：第 1 步是把 Sq[i]的内容送到临时单元 temp 保存，如图 2-6（a）所示；第 2 步是把 Sq[j]的内容送到 Sq[i]里，如图 2-6（b）所示；第 3 步是把临时单元 temp 里的内容送到 Sq[j]里，从而完成顺序表中 Sq[i]和 Sq[j]两个数据元素的交换，如图 2-6（c）所示。

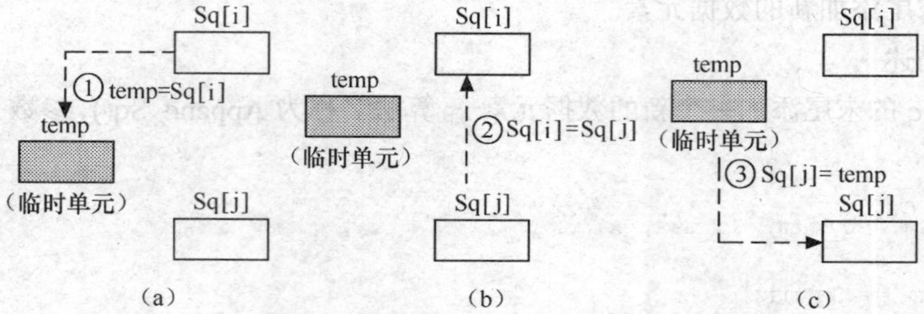

图 2-6　数据元素间的交换示意

作为存储单元来说，只要往里面写入数据，原有的数据信息就荡然无存。正因为如此，两个存储单元中的数据是不能直接进行交换的。要实现内容的交换，必须像这里所述，通过设置一个临时单元来进行，这在程序设计里是经常采用的方法。还要注意，Sq_num 是顺序表 Sq 的一个属性，有关顺序表的其他算法也会用到它。为保证其完整性，不能直接用它来控制循环，而是要像算法中那样，通过 j=Sq_num 操作，让变量 j 来控制循环的执行。

2.3 线性表的链式存储实现

线性表的顺序存储实现，特点是数据的逻辑顺序与存储顺序完全一致，有利于对数据元素的随机存取。但整个表被限制在一个有限的存储区里，进行插入、删除时，总要移动很多元素，所以既不灵活，效率也不高。线性表的链式存储实现，虽不具有随机存取的优点，但整个表可随意增长或缩短，插入、删除不必移动任何元素，显示出了极大的灵活性。

单链表是线性表最基本的链式存储形式。人们可以根据实际问题的需要或处理上的方便，把单链表做各种推广。因此，下节将介绍双链表、循环链表等有用的推广形式。

2.3.1 单链表

由第 1 章知道，当采用链式存储结构存放数据时，数据元素间的邻接关系不是直接通过存储结点间的位置关系反映出来，而是由每个存储结点里的指针来指明的。因此，链式存储结构不要求邻接的数据元素在物理位置上也是邻接的。这就是说，在链式存储结构中，存储结点在存储器里的分布是非顺序的。

以链式存储结构实现的线性表，被称为“链表（Linked List）”。链表里每一个存储结点除了包含数据域外，还必须含有反映数据间逻辑关系的指针域。如果存储结点里只有一个指向表中下一个结点的指针域，那么这样的链表称为“单链表（Single Linked List）”。单链表的每一个存储结点如图 2-7 所示，每一个存储结点的长度（包括 Data 和 Next 两个部分），仍然以 size 表示。

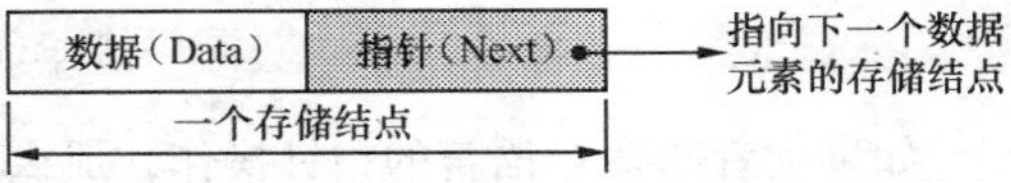

图 2-7　单链表中存储结点的示意

我们知道，对于一个顺序表来说，所需使用的连续存储空间，是按照可能的最大空间需求量一次性静态分配到位的。因此，如果分配时对空间需求估计不足，中途要扩大存储容量，那么就会带来很多麻烦（例如需要重新进行存储分配）；而如果对空间需求估计过高，那么就会造成对极为宝贵的存储资源的浪费。

单链表采用的是链式存储结构，它的优点是不以表的总存储需求进行存储分配，而是以单个数据存储结点的大小（size）来进行动态存储分配，即当有新的数据元素希望进入链表时，就按照存储结点的大小向系统提出存储请求。

在单链表中，数据元素间的邻接关系是由各个存储结点的指针域指示的。另外，为了找到一个单链表，必须设置一个表头指针 Head，用以指明表中的第 1 个存储结点在内存中的位置；为了表示单链表的结束，要把单链表中最后一个存储结点的指针域设置为“空”，记为“NULL”，或用符号“∧”表示，如图 2-8 所示。

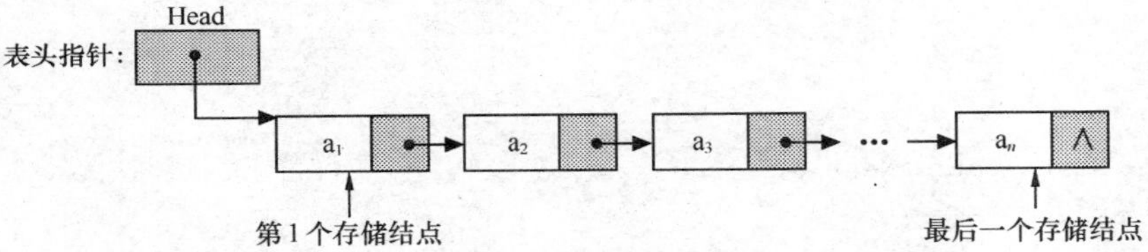

图 2-8　单链表示意

单链表表头指针的作用是十分重要的，因为从它可以找到表的第 1 个存储结点，然后才能够沿着各结点的指针域找到表中的其他所有结点。

单链表中当前所有存储结点的个数，称为表的“长度”。通常，单链表的长度并不显式地给出（顺序表是通过 Sq_num 显式给出的），而是要沿着第 1 个存储结点的指针走下去，直到指针域为空的最后一个结点时，通过计数得到。当单链表为空（即长度为 0）时，其表头指针 Head=NULL。

2.3.2　单链表的基本算法描述

我们假定，如果指针 p 指向一个单链表的存储结点，那么“p→Data”表示所指结点的数据域，“p→Next”表示所指结点的指针域。由于指针是算法描述中经常涉及的内容，因此在这里将有关指针的主要操作及其含义列置如下。

`qtr = ptr ;`	若指针 ptr 事先指向结点 A，那么该操作后将使 qtr 与 ptr 同时都指向结点 A
`qtr->Data = ptr->Data ;`	若指针 ptr 事先指向结点 A，qtr 事先指向结点 B，那么该操作后结点 A 和结点 B 都取结点 A 的值
`qtr = ptr->Next ;`	若指针 ptr 事先指向结点 A，结点 B 是 A 的直接后继，那么该操作后将使指针 qtr 指向结点 A 的直接后继结点 B
`qtr->Next = ptr ;`	若指针 ptr 事先指向结点 A，qtr 事先指向结点 B，那么该操作后结点 B 的 Next 域将指向结点 A，从而使结点 A 成为结点 B 的直接后继

qtr->Next = ptr->Next ;	若指针 ptr 事先指向结点 A，qtr 事先指向结点 B，那么该操作后结点 A 的直接后继也就成为结点 B 的直接后继

如果读者熟悉 C 语言的指针操作，那么对于以上操作的含义是不难理解的。

1．往单链表中插入一个新结点

算法 2-8 往单链表指定位置后插入新元素的算法。

（1）算法描述

假定单链表 Lk 的表头指针为 Lk_h，插入的数据值为 v，要将它插入到由指针 ptr 指向的结点的后面，如果所给 ptr 为空，那么插入在表头指针的后面进行。算法名称为 Insert_Lk ()，参数为 Lk_h、ptr 和 v。

```
Insert_Lk (Lk_h, ptr, v)
{
  qtr = malloc (size);                    /* 为新结点申请一个存储结点 */
  qtr->Data = v ;                         /* 将值 v 赋给新结点的 Data 域 */
  if (ptr == NULL)                        /*插入发生在表头指针 Lk_h 的后面 */
  {
    qtr->Next = Lk_h;
    Lk_h = qtr;
  }
  else
  {
    ①qtr->Next = ptr->Next ;
    ②ptr->Next = qtr ;
  }
}
```

（2）算法分析

本算法里用指针 ptr 指向表中插入的位置，例如图 2-9 中的结点 A；用指针 qtr 指向要插入的结点的位置，例如图 2-9 中的结点 C。本算法的实质部分是如下的两步操作：

① qtr->Next = ptr->Next ;　　② ptr->Next = qtr ;

它们分别标注在图 2-9 内的虚线旁。第 1 步是把 ptr 所指结点的 Next 域内容赋予 qtr 所指结点的 Next 域，由于 ptr 所指结点的 Next 域内容是它直接后继结点 B 的地址，所以操作完成后的结果是使 qtr 所指结点的 Next 域指向了结点 B，反映出了结点 B 排在了结点 C 后面的邻接关系。第 2 步是把 qtr 赋予 ptr 所指结点的 Next 域，这就使得结点 A 的 Next 域指向了结点 C，从而断开了结点 A 与原先结点 B 的邻接关系，建立起了结点 A 与新插入结点 C 的邻接关系。

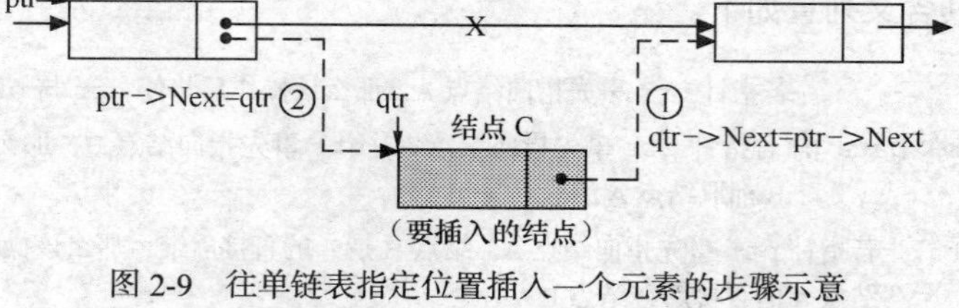

图 2-9　往单链表指定位置插入一个元素的步骤示意

要注意，第 1 步与第 2 步的操作顺序是不能颠倒的。若先做第 2 步，那么在把 qtr 赋予 ptr 所指结点的 Next 域后，虽然可使结点 A 的 Next 域指向结点 C，达到了断开结点 A 与结点 B 的邻接、建立起结点 A 与结点 C 邻接的目的，但由于结点 A 的 Next 域里原先保存的指向结点 B 的信息已不存在，结点 C 与结点 B 的邻接关系还没有建立，于是单链表从结点 B 往后的所有结点信息全部丢失了！由此可见，对于链表，指针操作的先后次序是极为重要的事情，不要去随意颠倒，否则可能会招致灾难性的后果。

（3）算法讨论

将一个新结点插入到单链表指定位置的后面时，会出现以下 3 种可能情况：

- 插入在表头指针的后面；
- 插入在表中间任一结点的后面；
- 插入在表尾结点的后面。

第 1 种和第 3 种情况，实际上就是前面提及过的边界情况。插入在表头指针的后面，也就是插入在单链表第 1 个结点（起始结点）的前面。这时，除了要将插入结点与表中原起始结点相链接外，还要改变表头指针的指向，使得插入的新结点成为新的链表起始结点。这正是算法中判定条件：

```
ptr == NULL
```

成立时，所要做的如下两个操作步骤：

```
qtr->Next = Lk_h;
Lk_h = qtr;
```

完成的功能。图 2-10 中的虚线以及标注的①～②，给出了往单链表起始结点前进行插入时这两个操作步骤的示意。如算法分析所述，这两个操作步骤也是不能颠倒的，否则就会出现不必要的麻烦。

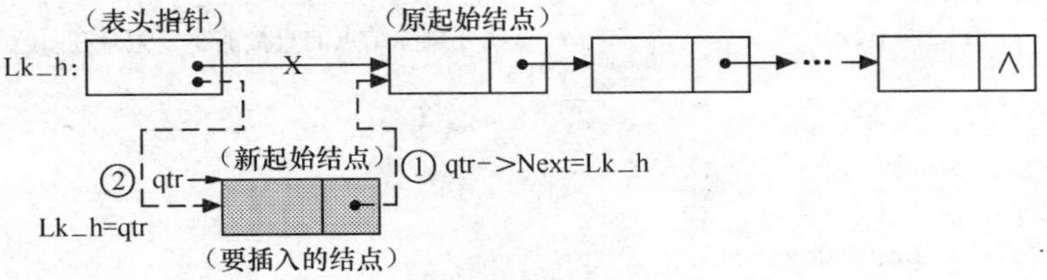

图 2-10　插入在表头指针后进行的示意

由于单链表的每个结点里都有指向其直接后继的指针，因此在指定结点的后面进行插入是容易的。但在指针 ptr 指定位置前插入一个由指针 qtr 指向的结点时，却必须找到 ptr 所指位置的直接前驱。为此，需要从单链表的起始结点出发，向链表尾的方向查找，以找到这个直接前驱的地址。下面介绍一种较简便的、在指定位置前进行插入的方法，其思想是先将 qtr 所指的结点插入到 ptr 所指结点的后面（如前述，这是很容易做到的），然后再将这两个结点的内容进行交换，从而达到在指定位置前面插入的目的。局部算法为下面所列的 5 步，图 2-11 所示为这 5 步操作所达到的结果。

① qtr->Next = ptr->Next;　　② ptr->Next = qtr ;　　③ temp = ptr->Data;

④ ptr->Data = qtr->Data;　　⑤ qtr->Data = temp。

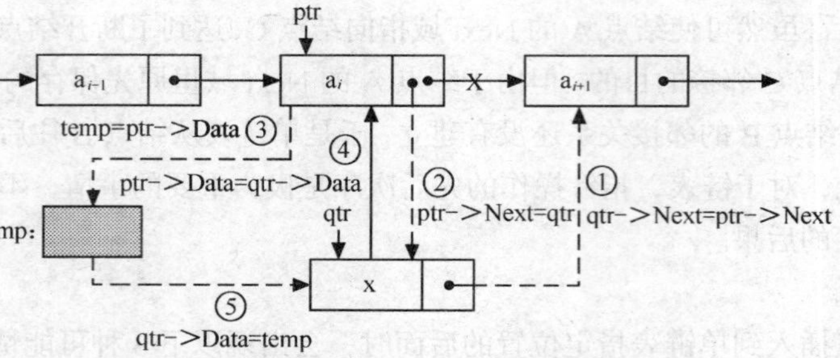

图 2-11　在指定位置前插入数据结点的一种方法

2．从单链表中删除指定的结点

算法 2-9　删除单链表中指定位置处结点的算法。

（1）算法描述

假定单链表 Lk 的表头指针为 Lk_h，要将指针 ptr 指向的结点删除。算法名称为 Delete_Lk ()，参数为 Lk_h、ptr。

```
Delete_Lk (Lk_h, ptr)
{
  if (Lk_h == NULL)                    /* 单链表为空，无法删除元素 */
    printf ("The linked list is empty !");
  else
  {
    if (ptr == Lk_h)                   /* 要删除的是起始结点 */
      Lk_h = ptr->Next ;
    else                               /* 要删除的是一般结点 */
    {
      rtr = Lk_h ;
      while (rtr != ptr)               /* 查找要删除结点的直接前驱，记录在 qtr 中 */
      {
        qtr = rtr ;
        rtr=rtr->Next ;
      }
      qtr->Next = ptr->Next ;
    }
  }
  free (ptr) ;                         /* 释放删除结点占用的存储区 */
}
```

（2）算法分析

在单链表中删除一个结点时，同样要考虑以下几种情况。

若删除的是起始结点，那么就必须要调整表头指针 Lk_h 的指向，即让其指向原起始结点的直接后继，这是由算法中的：

```
Lk_h = ptr->Next ;
```

操作来完成的，如图 2-12（a）中标有记号①的地方所示。

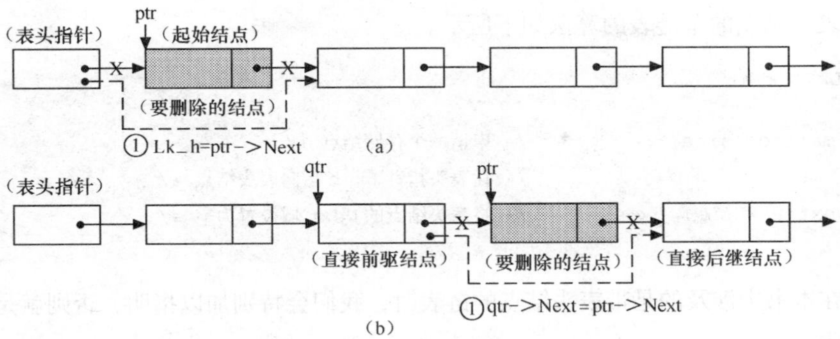

图 2-12　在单链表上进行删除的示意

若删除的是终端结点或一般结点，那么就需要让它的直接前驱结点改为指向它的直接后继结点，如图 2-12（b）中标有记号①的地方所示。算法中是根据 ptr 来查找到它的直接前驱结点，并记录在指针 qtr 里，然后通过操作：

```
qtr->Next = ptr->Next ;
```

完成直接前驱指向其直接后继的。具体的做法是，设置一个工作指针 rtr=Lk_h，用它来和目标 ptr 进行比较，如果它不等于 ptr（即：rtr != ptr），那么就执行：

```
qtr = rtr ;
rtr = rtr->Next ;
```

这样，指针 qtr 就指向了 rtr 原先指的结点，rtr 自己则根据所指结点的 Next 域，往下前进一步。于是，当 rtr 与 ptr 相等时，qtr 正好指向 rtr 所指结点的前驱结点。

（3）算法讨论

在算法 2-8 和算法 2-9 给出的单链表的插入、删除操作中，对起始结点总要做特殊的考虑，因为它的变动将会涉及对表头指针 Lk_h 的修改。为了避免这种操作上的不一致性，可以在创建链表时，让表头指针指向一个所谓的“表头结点”，或简称为“头结点”，而不是指向链表的起始结点。该结点的存储结构与链表结点的一样，只是不去关心它的 Data 域里存放的是什么值，指针域则指向链表的起始结点。这种链表被称作“带头结点的链表”。当带头结点的链表为空时，只由表头指针和头结点组成，如图 2-13（a）所示，带头结点的链表的一般形式如图 2-13（b）所示。

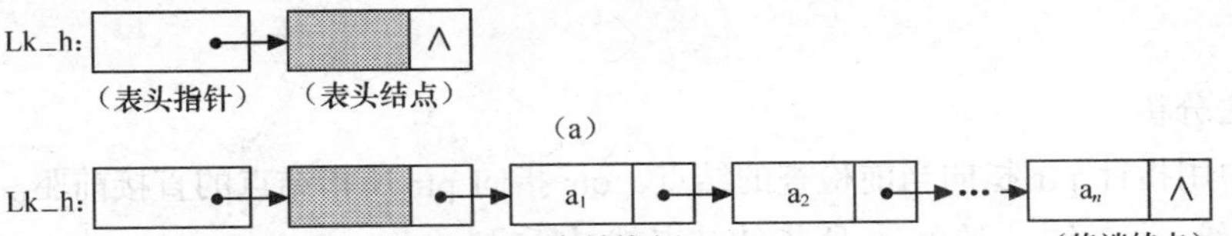

图 2-13　带表头结点的链表示意

在带头结点的单链表表头指针里，总是存放着头结点的地址，即使是空表，表头指针 Lk_h 也不会为空，从而不再需要考虑诸如空链表、表中只有一个结点或当前结点为表中第 1 个结点这些特殊情况，使得“空表”和“非空表”的操作可以归结为相同的问题。带表头结点的设计，增加了存储空间的开销，但换来了算法复杂程度的下降。

创建带表头结点的单链表的算法如下所示。

```
Create_Lk (Lk_h)
{
  ptr = malloc (size) ;              /* 申请一个存储结点 */
  Lk_h = ptr ;                       /* 让表头指针 Lk_h 指向表头结点 */
  ptr->Next = NULL ;                 /* 将表头结点的 Next 域设置为空 */
}
```

注意，在本书中涉及的是带表头结点的链表时，我们会特别加以指明，否则就是泛指不带表头结点的链表。

3．求单链表中指定结点的直接前驱

算法 2-10 获得单链表指定结点直接前驱位置的算法。

设计这个算法时，要考虑两个特殊情况：一是如果指定的地址是单链表起始结点的地址，但起始结点是不可能有直接前驱的，所以出错；二是如果从链表的起始结点开始往后扫视，直至终端结点，没有一个结点的地址与给出的地址相同，这时也出错。

（1）算法描述

由指针 vtr 指定一个地址，要得到该结点直接前驱的位置，即直接前驱结点的存储区地址。算法取名为 Prior_Lk()，参数为 Lk_h 和 vtr。

```
Prior_Lk(Lk_h,vtr)
{
  if (Lk_h == vtr)                   /* vtr 给出的是单链表起始结点的地址 */
    return ERROR;
  qtr = Lk_h;                        /* qtr 指向直接前驱 */
  ptr = Lk_h->Next;                  /* ptr 指向当前结点 */
  while (ptr != vtr && ptr->Next != NULL)
  {
    qtr = ptr;
    ptr = ptr->Next;
  }
  if (ptr == vtr)
    return (qtr);
  else
    return ERROR;
}
```

（2）算法分析

本算法中用指针 ptr 指向当前检查的结点，qtr 指向 ptr 所指结点的直接前驱。这样，如果检查到 ptr 与所给 vtr 一致，那么 qtr 所指的结点就是所求。

还可以有很多在单链表上的操作算法，例如求单链表的长度、求单链表中指定结点的直接后继、判定链表是否为空、在单链表中查找第一个值为 x 的结点、求单链表 Lk 第 *i* 个数据元素的值等，在此就不赘述。

例 2-5 设计一个算法，输入若干个正整数，按输入的先后次序链接起来，构成一个带表头结点的单链表，表头指针为 Lk_h，当输入值为 0 时结束工作。

解：现在涉及的是一个带表头结点的单链表。算法取名为 Link ()，参数为 Lk_h。

```
Link (Lk_h)
{
 Lk_h = malloc (size);                  /* 建立表头结点 */
 qtr = Lk_h;                            /* qtr 是表尾指针 */
 scanf (%d, &x);                        /* 输入第 1 个数据 */
 while (x != 0)                         /* 将链表中的结点链入链表 */
 {
  ①ptr = malloc(size);
  ②ptr->Data = x;
  ③ptr->Next = NULL;
  ④qtr->Next = ptr;
  ⑤qtr = ptr;
  scanf (%d, &x);                       /* 读后面结点数据 */
 }
}
```

该例的第 1 部分：

```
Lk_h = malloc (size);
qtr = Lk_h;
```

是创建一个带表头结点的单链表的过程。第 2 部分是一个 while 循环，用来往这个单链表里插入数据元素。插入的主要步骤由①～⑤标注。图 2-14 描述了这个过程。图 2-14（a）所示为带表头结点的单链表刚创建时为空表的形式；图 2-14（b）所示为往该表里插入第 1 个结点时的操作过程，其中的①～⑤对应于算法中的①～⑤；图 2-14（c）所示为往该表里插入第 2 个结点时的操作过程，其中的①～⑤对应于算法中的①～⑤。可以看到，对于带表头结点的单链表来说，往空表里插入第 1 个数据结点和插入其他数据结点的操作是完全相同的。本例的特点就是在单链表里引入了表头结点。可以看到，引入表头结点虽然增加了存储上的一点开销，但却使算法简洁了许多，更便于人们对它的理解。

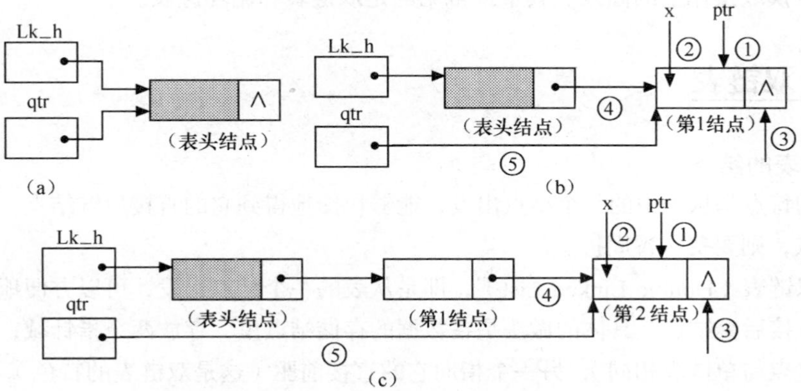

图 2-14　带表头结点链表后插入过程示意图

例 2-6　设计一个算法，其功能是将指针 vtr 所指的结点插入到一个带表头结点的有序单链表 Lk_h 中。

解：注意，现在面对的是一个带有表头结点的单链表，因此把一个新结点插入时，不必考虑各种不同插入位置的特殊性。另一方面因为这个单链表是有序的，为了保持有序性，必须通过对各结点 Data 域的比较，来确定新结点的插入位置。这是算法里的关键所在。算法取名 Link_Sq()，参数为 Lk_h 和 vtr。

```
Link_Sq(Lk_h, vtr)
{
  qtr = Lk_h ;                          /* 让 qtr 指向当前比较位置的直接前驱 */
  ptr = Lk_h->Next ;                    /*  ptr 指向当前比较位置 */
  while (ptr != NULL && ptr->Data < vtr->Data )   /* 循环比较，确定插入位置 */
  {
    qtr = ptr ;
    ptr = ptr->Next ;
  }
  qtr->Next = vtr ;                                /* 完成新结点的插入 */
  vtr->Next = ptr ;
}
```

例 2-7 在一个具有 n 个结点的单链表中，查找值为 m 的某结点。若查找成功，则平均要比较________个结点。

A．n　　　　B．$n/2$　　　　C．$(n-1)/2$　　　　D．$(n+1)/2$

解：如果第 1 个结点的值为 m，则要比较 1 个结点；如果第 2 个结点的值为 m，则要比较 2 个结点；……；如果第 n 个结点的值为 m，则要比较 n 个结点。所以平均比较结点的个数应该是：

$$(1+2+3+\cdots+n)/n = (((1+n)\times n)/2\ )/n = (n+1)/2$$

因此，应该选择 D。

2.4 链式存储的推广

单链表是链表家族中最简单的形式。有时，根据实际问题的需要，可以对单链表在形式上做各种推广，以换取操作上的高效。其中最常见的是双链表和循环链表。

2.4.1 双链表

1．双链表的结点

单链表的特点是从表中的一个结点出发，能够快捷地得到它的直接后继结点，但要访问它的直接前驱结点，则要费一番周折。

所谓“双链表（Double Linked List）”，即是从表的一个结点出发，可以方便地访问它的直接前驱结点和直接后继结点。具体的做法是在数据的存储结点里，存放两个指针域，一个指向它的直接后继（这点与单链表相同），另一个指向它的直接前驱（这是双链表的特色）。图 2-15（a）是双链表的单个存储结点的形式，名为 Prior 的指针指向该结点的直接前驱，名为 Next 的指针指向该结点的直接后继；图 2-15（b）所示为一个双链表的示意图，该链表由一个名为 Dk_h 的表头指针指向，这时双链表起始结点的 Prior 指针为“∧”，终端结点的 Next 指针为“∧”；图 2-15（c）所示为带表头结点的双链表示意图。注意，在有的书里双链表也被称为“双向链表”。

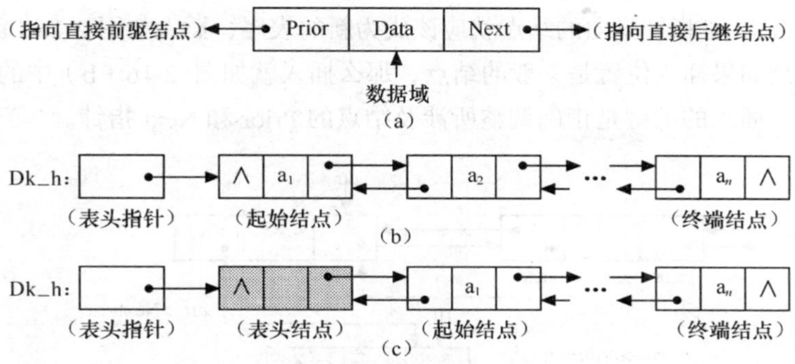

图 2-15　双链表结点及双链表示意

2. 在双链表指定位置后插入结点

算法 2-11　在双链表指定结点后插入新结点的算法。

由于是双链表，因此新结点进行插入时，就要调整新结点、它的直接前驱结点、它的直接后继结点的各有关指针。相比单链表，情况就要复杂一些。

（1）算法描述

假定双链表 Dk 的表头指针为 Dk_h，要在指针 ptr 指向处后插入一个 rtr 所指结点。算法名为 Insert_Dk ()，参数为 Dk_h、ptr、rtr。

```
Insert_Dk (Dk_h, ptr, rtr)
{
  qtr = Dk_h;
  while (qtr != NULL)                       /* 不是空表，查找插入位置 */
    if (qtr != ptr && qtr->Next != NULL)
      qtr=qtr->Next ;
  if (qtr == ptr)                           /* 找到插入位置 */
    if (ptr->Next == NULL)                  /* ptr 所指位置是表尾结点时的插入 */
    {
      ①ptr->Next = rtr;
      ②rtr->Next = NULL;
      ③rtr->Prior = ptr;
    }
    else                                    /* 是一般位置时的插入 */
    {
      ①rtr->Next = ptr->Next;
      ②ptr->Next->Prior = rtr;
      ③ptr->Next = rtr;
      ④rtr->Prior = ptr;
    }
  else
    return ERROR;                           /* 没有找到 ptr 所指位置 */
}
```

（2）算法分析

算法由 3 部分组成，一是通过 while 循环寻找插入点的位置；二是如果插入位置是表中的最后一个结点，那么由 rtr 指针指向的结点就应该成为新的表尾，插入如图 2-16（a）中的虚线①～③所示进行；三是如果插入位置是一般的结点，那么插入就如图 2-16（b）中的虚线①～④所示进行。可以看出，插入的关键是正确调整所涉及结点的 Prior 和 Next 指针。

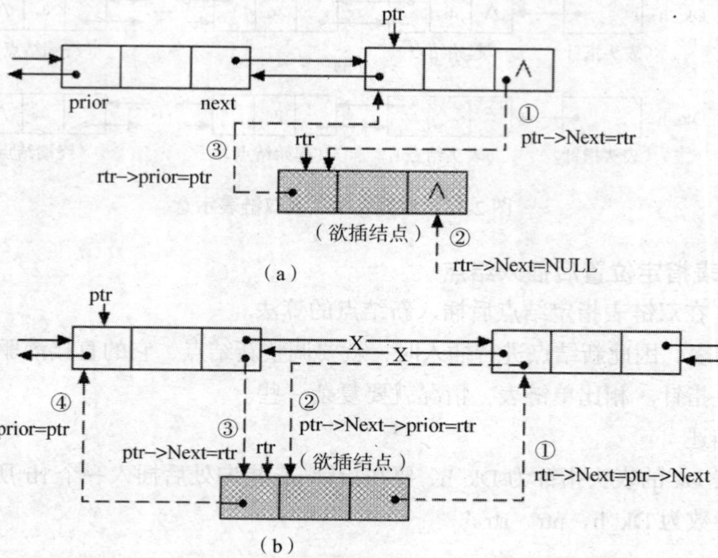

图 2-16　在双链表上的后向插入示意图

（3）算法讨论

如同单链表一样，插入可以是在指定位置后进行，也可以是在指定位置前进行。在指定位置后进行插入时，要特别注意是否是在链表的终端结点之后进行插入；在指定位置前插入时，要特别注意是否是在链表起始结点之前进行插入。另外，在修改指针时要注意操作步骤的先后次序，防止由此丢失链域信息而造成链表“断链”的情况发生。

3．将双链表上指定取值的结点删除

算法 2-12　删除双链表上具有特定值结点的算法。

（1）算法描述

假定双链表 Dk 的表头指针为 Dk_h，要删除 Data 域的值为 x 的结点。算法名为 Delete_Dk ()，参数为 Dk_h、x。

```
Delete_Dk (Dk_h, x)
{
 ptr = Dk_h;
 while (ptr != NULL && ptr->Data != x)  /* 查找要删除的结点 */
  ptr = ptr->Next;
 if (ptr == NULL)                        /* 没有找到，出错 */
  return ERROR;
 else
 {
  if (ptr == Dk_h)                       /* 要删除起始结点 */
  {
   ①Dk_h = ptr->Next;
   ②ptr->Next->Prior = ptr->Prior;
```

```
    }
    else if (ptr->Next == NULL)              /* 要删除终端结点 */
        ①*ptr->Prior->Next = ptr->Next;
      else                                   /* 要删除一般结点 */
      {
        ①**ptr->prior->Next = ptr->Next;
        ②**ptr->Next->prior = ptr->prior;
      }
    free (ptr);                              /* 释放结点占用的存储区 */
  }
}
```

（2）算法分析

该算法由两部分组成，一是通过 while 循环查找链表里是否存在有 Data 域为 x 的结点，只有该结点存在，才能谈得上对结点进行删除；二是对找到的结点进行删除，删除工作主要体现在对链域的调整上。

由 ptr 所指位置的不同，删除时要做的操作是不一样的。图 2-17（a）所示为删除的是起始结点时，所做的两个操作①以及②的作用；图 2-17（b）所示为删除的是终端结点时，所做操作①* 的作用。图 2-17（c）为删除的是一般结点时，所做的两个操作①** 及②** 的作用。

（3）算法讨论

由于双链表里，每一个存储结点存放着两个指针，一个指向它的直接前驱，一个指向它的直接后继，所以这种结构是对称的，即有下面的对称式成立：

```
ptr->Prior->Next = ptr = ptr->Next->prior
```

也就是说，由指针 ptr 指向的结点的地址，既存放在其直接前驱的后继指针域里（即 ptr->Prior->Next），又存放在其直接后继的前驱指针域里（即 ptr->Next->prior）。因此，在双链表里进行插入和删除，比起单链表来要容易和方便。

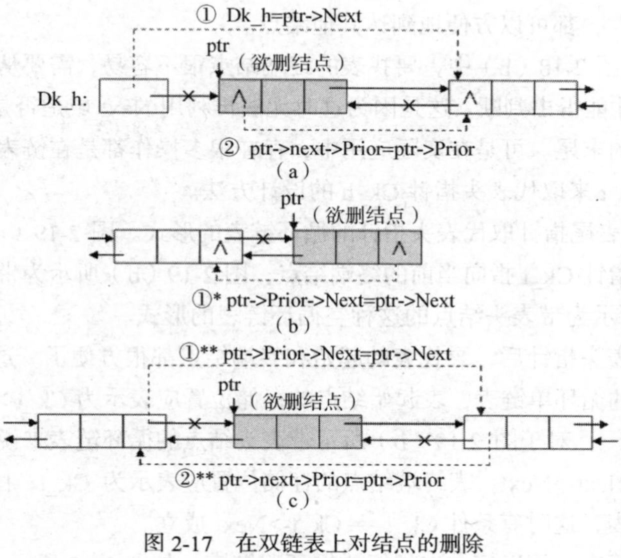

图 2-17　在双链表上对结点的删除

2.4.2　循环链表

1．循环链表的各种形式

通常，单链表最后一个结点的 Next 域存储的值为 NULL。如果把它由 NULL 改为指向表的起始结点，使整个表的结点首尾相接，形成一 个环，这样的链表被称为“循环链表（Circular Linked List）”。由此可知，在循环链表中，数据结点的存储结构与单链表相同，差别仅在于单链表中若结点的 Next 域为 NULL（或“Λ”）时，表示该结点是表的最后结点，而对于循环链表则是要指向表首结点。图 2-18（a）所示为一个循环链表的示意，其终端结点的 Next 域指向表的起始结点；图 2-18（b）所示为带表头结点的循环链表，其终端结点的 Next 域指向表的表头结点；图 2-18（c）所示为带表头结点的空循环链表的形式，其表头结点的 Next 域是指向它自己。

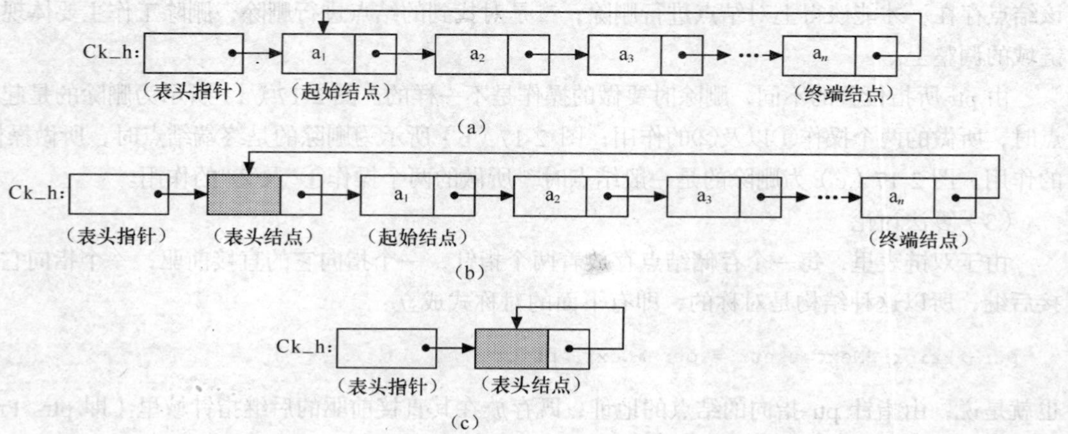

图 2-18　表头指针式的循环链表

单链表的特点是只有从表头指针开始才能扫描表中的全部结点，而循环链表的特点则是从表中的任何一个结点出发，都可以方便地到达其他结点。

在图 2-18（a）或图 2-18（b）中，要找表的终端结点很不容易，需要从表头指针开始出发扫描表中所有结点后，才能得出判断。这是因为这时无法再利用 Next 域是否是 NULL 或“Λ”来进行判断是否到达了表的末尾。可是在实际应用中，存在很多操作都是在链表的尾部进行的，因此就有了用表尾指针 Ck_t 来取代表头指针 Ck_h 的设计方法。

图 2-19 所示为用表尾指针取代表头指针的循环链表的形式。图 2-19（a）所示为一个这种循环链表的示意，表尾指针 Ck_t 指向当前的终端结点；图 2-19（b）所示为带表头结点的这种循环链表；图 2-19（c）所示为带表头结点的这种空循环链表的形式。

用表尾指针代替表头指针后，寻找表的起始和终端结点都很方便了。这时，对图 2-19（a）所示的不带表头结点的循环单链表，表起始结点的存储位置应表示为 Ck_t->Next，表终端结点的存储位置应表示为 Ck_t；对于图 2-19（b）所示带表头结点的循环链表来说，表起始结点的存储位置应表示为 Ck_t->Next->Next，表终端结点的存储位置应表示为 Ck_t；图 2-19（c）所示为带表头结点的空循环链表，这时有条件 Ck_t == Ck_t->Next 成立。

借助于双链表的概念，可以把结点组织成循环双链表，如图 2-20 所示。

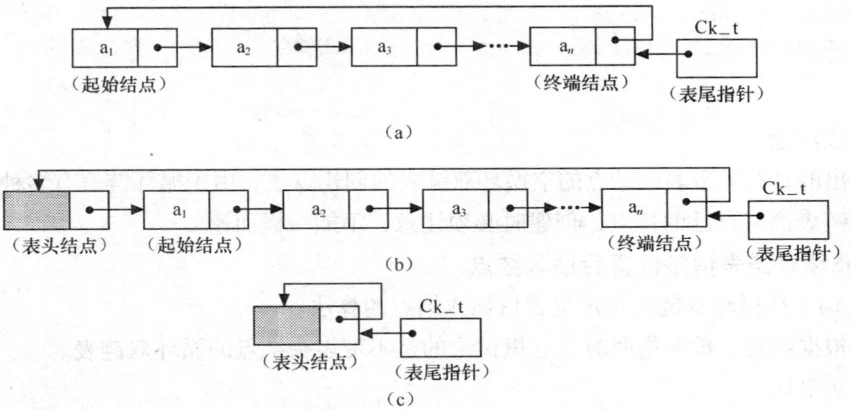

图 2-19　表尾指针式的循环单链表

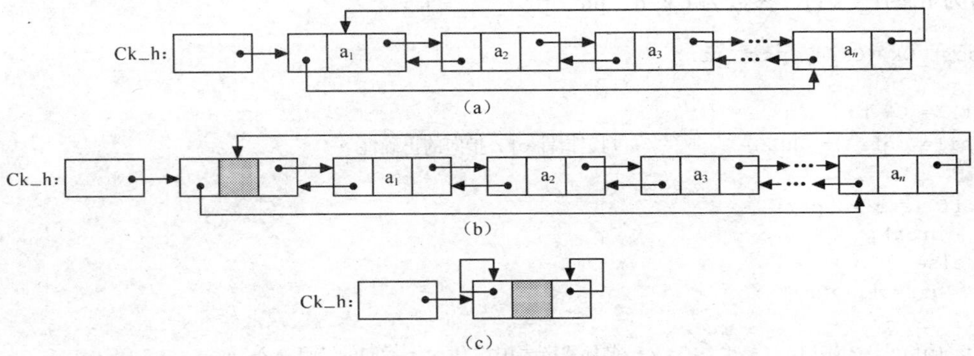

图 2-20　表头指针式的循环双链表

图 2-20（a）所示为一个循环双链表，这时终端结点的 Next 域指向链表的起始结点，起始结点的 Prior 域指向链表的终端结点，从而构成循环；图 2-20（b）所示为一个带表头结点的循环双链表，这时是表头结点的 Prior 域指向链表的终端结点，终端结点的 Next 域指向表头结点，从而构成循环；图 2-20（c）所示为带表头结点的空循环双链表的形式，表头结点的 Prior 和 Next 域全都是指向它自己，也就是在循环双链表空时，满足条件 Ck_h->Prior == Ck_h->Next。

2．创建一个带表头结点的空循环双链表

算法 2-13　创建带表头结点的循环双链表的算法。

（1）算法描述

假定要创建的循环双链表的表头指针为 Ck_h。算法名为 Create_Ck ()，参数为 Ck_h。

```
Create_Ck (Ck_h)
{
  ptr = malloc (size);
  Ck_h = ptr;                        /* 让表头指针指向表头结点 */
  ptr->Prior = ptr ;                 /* 让表头结点的 Prior 指针指向自己 */
  ptr->Next = ptr ;                  /* 让表头指针的 Next 指针指向自己 */
}
```

（2）算法分析

算法中最重要的就是要让表头结点的 Prior 和 Next 域指向自己，这是通过：

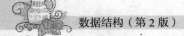

```
ptr->Prior = ptr ;
ptr->Next = ptr ;
```

来完成的。

（3）算法讨论

这里给出的是有关带表头结点的空循环双链表的创建算法，由于循环链表有多种形式，各种形式的循环链表都有自己的特点，创建时必须注意，不能一概而论。

3. 在循环双链表指定位置后插入结点

算法 2-14 在循环双链表指定位置后插入结点的算法。

注意，根据约定，没有指明时，这里讨论的是不带表头结点的循环双链表。

（1）算法描述

假定循环双链表 Ck 的表头指针为 Ck_h，要在指针 ptr 指向处后插入一个由 rtr 所指的新结点。算法名为 Insert_Ck ()，参数为 Ck_h、ptr、rtr。

```
Insert_Ck (Ck_h, ptr, rtr)
{
 qtr = Ck_h;
 while (qtr != NULL)           /* 判定指针 ptr 指向的正确性 */
 {
  if (qtr == ptr)
   break;
  else
   qtr=qtr->Next ;
 }
 if (qtr == NULL)              /* 循环双链表中没有 ptr 指向的结点 */
  return ERROR;
 else                          /* 循环双链表中有 ptr 指向的结点，进行插入 */
 {
  ①rtr->Prior = ptr ;
  ②rtr->Next = ptr->Next;
  ③ptr->Next->Prior = rtr ;
  ④ptr->Next = rtr ;
 }
}
```

（2）算法分析

本算法分为两个部分。开始是判定指针 ptr 指向的正确性，它是通过 while 循环来进行的。循环有两个出口：如果扫描过程中发现 qtr 与 ptr 相同，表明该循环双链表里某结点的位置与 ptr 所给地址相同，即找到所需要的结点，这时由 break 强制退出循环；另一个出口是没有找到与 ptr 相同的位置（即 qtr==NULL）。

只有在循环双链表里有 ptr 所标注的结点存在时，插入才进行。它是由算法中给出的①～④操作完成的，如图 2-21 中各虚线所示。操作①的功能是让 rtr 所指的欲插入结点的 Prior 域指向 ptr 所指的结点；操作②的功能是让 rtr 所指的欲插入结点的 Next 域指向 ptr 所指结点的直接后继；操作③的功能是让 ptr 所指结点直接后继的 Prior 域指向欲插入结点；操作④的功能是让 ptr 所指结点的 Next 域指向欲插入结点。通过这样的 4 步操作，调整插入时所要涉及的 3 个结点（ptr 所指的插入位置结点、它的直接后继结点、欲插入结点）之间的 Prior、Next 指针域内容，以便维护循环双链表的这种结构关系。

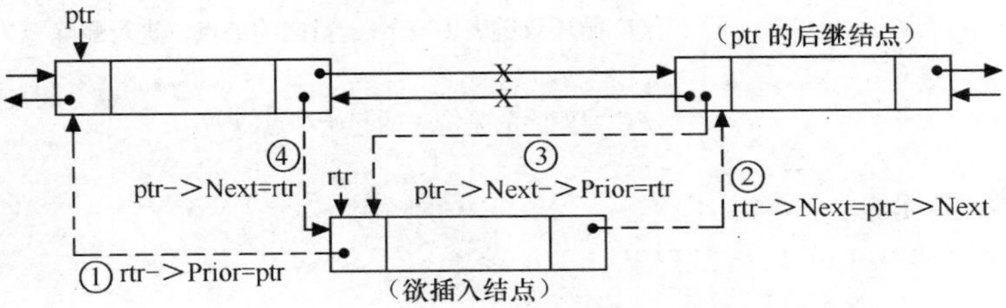

图 2-21　循环双链表中的结点插入

(3)算法讨论

这里给出的是不带表头结点的循环双链表的后插入算法。对于后插入而言，按说应该考虑 ptr 所指结点是链表终端结点的特殊边界情况，因为终端结点是没有后继的。但现在是循环链表，它的终端结点的直接后继就是链表的起始结点，所以这个特殊情况被“循环”融入到了一般的结点中，不必再去考虑它，这正是循环链表的优点所在。

如果考虑的是指定位置前的插入，那么对于一般结点而言，它涉及的 4 个操作步骤应该如下所示：

① rtr->Next = ptr ;

② rtr->Prior = ptr->Prior ;

③ ptr->Prior->Next = rtr ;

④ ptr->Prior = rtr。

上面指针的操作顺序并不是唯一的，但也不能够任意为之。由于操作④会破坏 ptr 所指结点的 Prior 域，而操作②要用到 ptr 所指结点的 Prior 域的内容，所以操作②必须放在操作④的前面完成，否则就会出现丢失链域的情形。

由于插入有在指定位置后的插入和在指定位置前的插入之分，又由于循环链表有多种形式(不带头结点、带头结点、单循环、双循环)，各种形式的循环链表都有自己的特点，所以在设计插入算法时必须注意分清情况，不能一概而论。

4. 在循环双链表中删除指定位置的结点

算法 2-15　删除循环双链表指定位置结点的算法。

(1)算法描述

假定循环双链表 Ck 的表头指针为 Ck_h，要将指针 ptr 指向处的结点删除。算法名为 Delete_Ck ()，参数为 Ck_h、ptr。

```
Delete_Ck (Ck_h, ptr)
{
  qtr = Ck_h;
  while (qtr != NULL)              /* 判定指针 ptr 指向的正确性 */
  {
    if (qtr == ptr)
      break;
    else
      qtr=qtr->Next ;
  }
```

```
  if (qtr == NULL)                     /* 循环双链表中没有 ptr 指向的结点 */
    return ERROR;
  else                                 /* 循环双链表中有 ptr 指向的结点，进行删除 */
  {
    if (ptr == Ck_h)                   /* 要删除的是链表的起始结点 */
    {
      Ck_h = ptr->Next ;
      ptr->Next->Prior = ptr->Prior ;
    }
    else                               /* 要删除的是一般结点 */
    {
      ptr->Prior->Next =ptr->Next ;
      ptr->Next->Prior = ptr->Prior ;
    }
    free (ptr);                        /* 释放结点所占用的存储区 */
  }
}
```

（2）算法分析

本算法分为两个部分。第一部分仍是通过 while 循环来判定指针 ptr 指向的正确性，这与算法 2-14 相同。第二部分实际上是将删除分成两个部分来处理，一是当删除的是链表的起始结点（即 ptr == Ck_h）时，必须考虑调整双链表的表头指针，执行的操作如下。

① Ck_h = ptr->Next ;　　② ptr->Next->Prior = ptr->Prior。

如图 2-22（a）所示。二是当删除的是一般结点时，执行的操作是：

① ptr->Prior->Next =ptr->Next ;　② ptr->Next->Prior = ptr->Prior。

如图 2-22（b）所示。

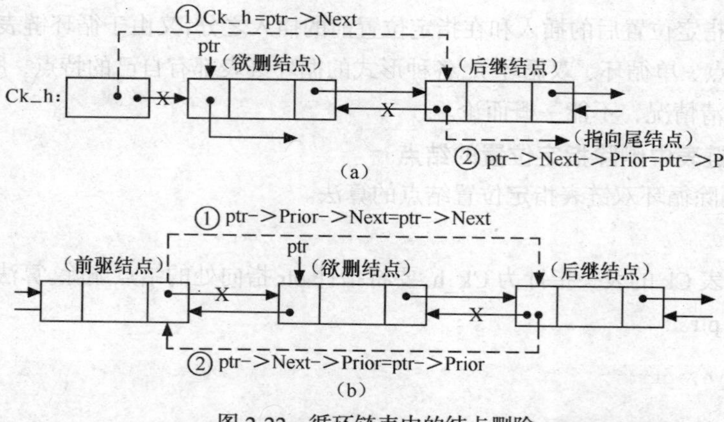

图 2-22　循环链表中的结点删除

（3）算法讨论

在该算法中，无论是删除链表的起始结点还是删除一般结点，所给出的①和②两个操作步骤没有顺序上的限制，谁先做谁后做都没有关系。

例 2-8　有两个循环单链表，表头指针分别是 Ck_h1 和 Ck_h2，如图 2-23（a）所示。编写一个算法，将链表 Ck_h1 链接到 Ck_h2 之后，并仍然保存循环链表的形式，如图 2-23（b）所示。

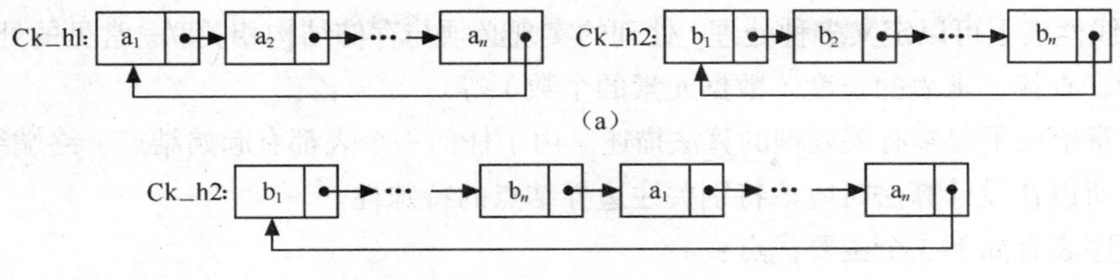

图 2-23　两个循环链表的链接

解：按照题目的要求，应该先找到两个链表的尾结点，然后将第一个链表的首结点与第二个链表的尾结点链接起来，最后将第一个链表的尾结点指向第二个链表的首结点，形成循环。具体算法如下。

```
Link_Ck(Ck_h1, Ck_h2)
{
  ptr = Ck_h1;
  while (ptr->Next != Ck_h1)    /* 找到 Ck_h1 的表尾，ptr 指向它 */
    ptr = ptr->Next ;
  qtr = Ck_h2 ;
  while (qtr->Next != Ck_h2)    /* 找到 Ck_h2 的表尾，qtr 指向它 */
    qtr = qtr->Next ;
  qtr->Next = Ck_h1 ;           /* 将 Ck_h1 链接到 Ck_h2 之后 */
  ptr->Next = Ck_h2 ;           /* 维持循环链表的特点 */
}
```

小结

本章介绍了有关线性表的内容，应该重点掌握如下几个方面。

（1）线性表中数据间的逻辑结构具有线性关系。本章介绍的顺序表、链表（包括单链表、双链表、循环链表）等数据结构，都属于线性表的范畴。

（2）把线性表的存储结点存储在一个连续的内存区域里，依据存储结点的次序来反映数据间的邻接关系，就成为顺序表这种数据结构；把线性表的存储结点储存在分散的一块块小的存储区域里，用指针将它们进行连接，反映出数据间的线性邻接关系，就成为链表这种存储结构。

（3）对于顺序表，数据结点与存储结点所需的存储量是一致的；对于链表，存储结点所需存储量比数据结点大，因为存储结点里包含有指针域。

（4）链表有多种形式。存储结点中，如果只有一个指针域，用来指向它的直接后继结点，那么这种链表为单链表；如果有两个指针域，一个指向它的直接前驱，一个指向它的直接后继，那么这种链表为双链表；如果链表的最后一个结点的指针域指向链表的起始结点，那么这种链表为循环链表。应该针对不同的实际需要，选择使用不同的链表。

（5）在线性表上可以定义多种处理，处理的实现必须与存储结构相关联。常见的处理有创建、插入、删除、查找、求表的长度（数据元素的个数）等。

（6）本章给出了很多有关处理的算法描述。由于任何一个表都有起始结点、终端结点、一般结点之分，所以在设计算法时应该特别关注边界结点的特殊性。

（7）顺序表有如下 3 个主要优点：

- 方法简单，可以很方便地借助高级语言中的数组来加以实现；
- 存储结点中，不用为表示数据结点之间的线性逻辑关系而增加额外的存储开销；
- 表中元素在存储器里的位置，可以直接通过公式计算得到，有利于对它们进行快速的随机访问。

顺序表有如下 2 个主要缺点：

- 必须事先在内存里分配一个足够大的连续的存储区，若分配量过多，会造成存储空间的浪费；若估计不足，又可能出现越界事故，破坏他人的数据；
- 往顺序表里插入或删除数据元素时，会引起数据的前后移动，平均而言，要移动表中的一半元素。

链表的优缺点，恰好与顺序表相反。链表主要有如下 2 个优点：

- 所有的存储结点不必存放在一个连续的存储区里，可以充分利用内存中分散的零星小存储区；
- 往链表里插入新元素或删除已有元素时，只需调整涉及结点的指针域，无需对元素进行任何移动，方便快捷，简单易行。

链表有如下 3 个主要缺点：

- 在高级语言中，没有现成的数据结构可以利用；
- 每一个存储结点里必须额外地开辟存储区域，用以存放表示数据结点间逻辑关系的指针域，从而增加了存储开销；
- 只有通过存储结点里的指针域，才能找到下一个存储结点在内存中的位置，因此无法对表中的元素进行随机访问。

习题

一、填空题

1．当一组数据的逻辑结构呈线性关系时，在数据结构里就称其为________。

2．线性表中数据元素的个数 n 称为线性表的________。

3．以顺序存储结构实现的线性表，被称为________。

4．以链式存储结构实现的线性表，被称为________。

5．不带表头结点的链表，是指该链表的表头指针直接指向该链表的________。

6．在一个双链表中，已经由指针 ptr 指向需要删除的存储结点，则删除该结点所要执行的两条操作是________________________________。

7．设 tial 是指向非空、带表头结点的循环单链表的表尾指针。那么，该链表起始结点的存储位置应该表示成________________________。

8．在一个不带表头结点的非空单链表中，若要在指针 qtr 所指结点的后面插入一个值为 x 的结点，则需要执行下列操作：

```
ptr = malloc (size);
ptr->Data = x ;
_______________
qtr->Next = ptr ;
```

9．顺序表 Sq = (a_1，a_2，a_3，…，a_n)（n≥1）中，每个数据元素需要占用 w 个存储单元。若 m 为元素 a_1 的起始地址，那么元素 a_n 的存储地址是________。

10．当线性表的数据元素个数基本稳定、很少进行插入和删除操作，但却要求以最快的速度存取表中的元素时，我们应该对该表采用________存储结构。

二、选择题

1．下面对非空线性表特点的论述中，________是正确的。

A．所有结点有且只有一个直接前驱

B．所有结点有且只有一个直接后继

C．每个结点至多只有一个直接前驱，至多只有一个直接后继

D．结点间是按照 1 对多的邻接关系来维系其逻辑关系的

2．一般单链表 Lk_h 为空的判定条件是________。

A．Lk_h == NULL　　B．Lk_h->Next == NULL

C．Lk_h->Next == Lk_h　　D．Lk_h != NULL

3．带表头结点的单链表 Lk_h 为空的判定条件是________。

A．Lk_h == NULL　　B．Lk_h->Next == NULL

C．Lk_h->Next == Lk_h　　D．Lk_h != NULL

4．往一个顺序表的任一结点前插入一个新数据结点时，平均而言，需要移动________个结点。

A．n　　B．$n/2$　　C．$n+1$　　D．$(n+1)/2$

5．在一个单链表中，已知 qtr 所指结点是 ptr 所指结点的直接前驱。现要在 qtr 所指结点和 ptr 所指结点之间插入一个 rtr 所指的结点，要执行的操作应该是________。

A．rtr->Next = ptr->Next; ptr->Next = rtr;

B．ptr->Next = rtr->Next;

C．qtr->Next = rtr; rtr->Next = ptr;

D．ptr->Next = rtr; rtr->Next = qtr->Next;

6．在一个单链表中，若要删除 ptr 指针所指结点的直接后继结点，则需要执行的操作是________。

A．ptr->Next = ptr->Next->Next ;

B．ptr = ptr->Next;　ptr->Next = ptr->Next->Next ;

C．ptr = ptr->Next->Next ;

D．ptr->Next ptr ;

7．在长度为 n 的顺序表中，往其第 i 个元素（1≤i≤n）之前插入一个新的元素时，需要往

后移动________个元素。

A．$n-i$　　B．$n-i+1$　　C．$n-i-1$　　D．i

8．在长度为 n 的顺序表中，删除第 i 个元素（$1 \le i \le n$）时，需要往前移动________个元素。

A．$n-i$　　B．$n-i+1$　　C．$n-i-1$　　D．i

9．设 tail 是指向一个非空带表头结点的循环单链表的尾指针。那么，删除链表起始结点的操作应该是________。

A．ptr = tail ;
　　tail = tail->Next ;
　　free (ptr);

B．tail = tail->Next ;
　　free (tail) ;

C．tail = tail->Next->Next ;
　　Free (tail);
　　Free (ptr);

D．ptr = tail->Next->Next ;
　　tail->Next->Next = ptr->Next ;
　　free (ptr);

10．在单链表中，如果指针 ptr 所指结点不是链表的尾结点，那么在 ptr 之后插入由指针 qtr 所指结点的操作应该是________。

A．qtr->Next = ptr ;
　　ptr->Next = qtr ;

B．qtr->Next = ptr->Next ;
　　ptr->Next = qtr ;

C．qtr->Next = ptr->Next ;
　　ptr = qtr ;

D．ptr->Next = qtr ;
　　qtr->Next = ptr ;

三、问答题

1．如下的线性表：

$$L = (29，25，21，17，13，11，7，5，3，1)$$

是有序线性表还是无序线性表？

2．线性表 L 第 i 个存储结点 a_i 的起始地址 LOC（a_i）可以通过下面的公式计算得到：

$$LOC(a_i) = LOC(a_{i-1})+k$$

其中 k 表示存储结点的长度。这个公式对吗？为什么？

3．试说明在创建顺序表算法 Create_Sq ()中，Sq_max 和 Sq_num 的不同之处。

4．如何判断一个顺序表是否为空？

5．在算法 2-3 里，操作“Sq_num=Sq_num -1”的作用是什么？没有它行吗？

6．在算法 2-9 里，如果现在是把一个结点插入到单链表尾结点的后面。按照算法的描述，能够保证插入后最后一个结点的 Next 域为“Λ”吗？

7．在一个单链表中，为了删除指针 ptr 所指的结点，有人编写了下面的操作序列。读懂并加以理解。试问，编写者能够达到目的吗？其思想是什么？

```
x = ptr->Data ;
qtr = ptr->Next ;
ptr->Data = ptr->Next->Data ;
ptr->Next = ptr->Next->Next ;
free (qtr);
```

8．在一个单链表中，为了在指针 ptr 所指结点之前插入一个由指针 qtr 所指的结点，有人编写了下面的操作序列，其中 temp 是一个临时工作单元。读懂并加以理解。试问，编写者能够达到目的吗？其思想是什么？

```
qtr->Next = ptr->Next ;
ptr->Next = qtr ;
temp = ptr->Data ;
p->Data = qtr->Data ;
qtr->Data = temp ;
```

9. 打算形成一个有表头结点的循环双链表，初始时除了每个结点的 Next 域已经链接好外，它们的 Prior 域还都是空的。有人编写了下面的算法，试图完成 Prior 域的链接：

```
Com_Cd (Cd_h)
{
 ptr = Cd_h->Next ;
 qtr = Cd_h ;
 while (ptr != Cd_h)
 {
   ptr ->Prior = qtr ;
   qtr = ptr ;
   ptr = ptr->Next ;
 }
 Cd_h->Prior = qtr ;
}
```

读懂并理解它，解释为什么能够完成各结点的 Prior 域的链接？

四、应用题

1. 设计一个计算表头指针为 Lk_h 的单链表长度（即结点个数）的算法。

2. 用总是在表的头部插入整数结点的方法建立一个单链表，当输入为 0 时，建表过程结束。

3. 一个不带表头结点的循环双链表 Ck 的表头指针为 Ck_h，要在指针 ptr 指向处前插入一个 rtr 所指结点。模仿图 2-21，对一般插入位置标示出下面 4 个操作步骤：

① rtr->Next = ptr ;

② rtr->Prior = ptr->Prior ;

③ ptr->Prior->Next = rtr ;

④ ptr->Prior = rtr。

4. 试设计一个算法 copy (Ck_h1, Ck_h2)，将一个带表头结点的、以 Ck_h1 为表头指针的单链表 Ck1 的内容，复制到一个不带表头结点的、以 Ck_h2 为表头指针的单链表 Ck2 中。

5. 已知一个带表头结点的递增单链表。试编写一个算法，功能是从表中去除值大于 min 且小于 max 的数据元素。（假定表中存在这样的元素）

6. 已知一个带表头结点的无序单链表。试编写一个算法，功能是从表中去除所有值大于 min，且值小于 max 的数据元素。

7. 一个单链表 Lk 的表头指针为 Lk_h，不同结点的 Data 域值有可能相同。编写一个算法，功能是计算出 Data 域值为 x 的结点的个数。

第3章 堆栈与队列

"堆栈"和"队列"是两种特殊的线性表，是对线性表施行的操作加以一定限制后得到的数据结构。具体地，就是只能在它们的端点处进行插入或删除操作。

在日常生活中经常会见到堆栈和队列的实例。例如在餐馆洗盘子，总是把洗好的盘子一个一个地从下往上摞，而使用时则总是从上往下取，这就是典型的堆栈的例子；到火车站买票，先来的排在前面，后来的排在后面，一个接一个顺序地从购票窗口买票，这就是典型的队列的例子。

在编译程序、操作系统等系统软件的实现过程中，会用到堆栈和队列来实现子程序调用、表达式求值、作业管理等诸多功能。可以说，堆栈和队列在程序设计中是一种极为有用的重要工具。

本章主要介绍以下几个方面的内容：

- 堆栈的基本知识和存储实现；
- 队列的基本知识和存储实现；
- 堆栈和队列的具体应用举例。

3.1 堆栈

3.1.1 堆栈的基本知识

若对线性表加以限定，使得插入和删除操作只能在它的某一端进行，那么这种线性表就被称为"堆栈（Stack）"，简称为"栈"。所以，栈是一种特殊的线性表。

由此定义可以得知：

- 栈是一个线性表，栈中数据元素间的逻辑结构呈线性关系；

- 对栈的插入操作，被限制在表的一端进行；对栈的删除操作，同样被限制在表的这一端进行，不能任意为之。

仍拿生活中在餐馆洗盘子为例。把洗好的盘子一个一个地从下往上摞，这表示是往栈里进行插入操作；使用时从上往下取盘子，这表示是从栈里进行删除操作。可见，插入和删除都是被限定在这一摞盘子的顶端进行的，绝对不可能在一摞盘子的中间或底部插入或抽出盘子。

再举一个生活中栈的例子。军训时使用自动步枪进行实弹射击，弹夹就构成了一个栈：射手在听到“装子弹”的命令后，往弹夹里一粒一粒地压入子弹，即是对栈进行插入操作；射手听到“开始射击”的命令扣动扳机进行射击，即是对栈进行删除操作。这时，插入和删除都是在弹夹口这端进行的，绝对不可能在有子弹的弹夹的中间或底部压入一粒子弹，也绝对不可能让位于底部的子弹先打出去。

在一个栈中，被允许进行插入和删除的那一端被称为“栈顶（Top）”，不能进行插入和删除的那一端被称为“栈底（Bottom）”。从当前栈顶处插入一个新的元素，称此操作为“进栈（Push）”，也有称“入栈”、“压栈”的，插入的这个元素就成为了新的栈顶元素；从当前栈顶处删除一个元素，称此操作为“出栈（Pop）”，也有称“退栈”、“弹栈”的，这时栈中被删元素的下一个元素成为新的栈顶元素。可见，在栈的运作过程中，随着数据元素的进栈、出栈，栈顶元素是不断变化的。

当一个栈里不含有任何数据元素时，称其为“空栈”。对于一个空栈，因为它已经没有元素了，所以不能再对它进行出栈操作了。

不难理解，后被插入栈的那个元素肯定先从栈中移出。因此，人们常把栈称作是一种具有“后进先出（Last-In-First-Out，LIFO）”逻辑特点的数据结构，或是一种具有“先进后出（First-In-Last-Out，FILO）”逻辑特点的数据结构。但无论是 LIFO，还是 FILO，其隐含的意思都是元素到达栈（即往栈里插入元素）的顺序与元素离开栈（即从栈里删除元素）的顺序恰好是相反的。

例如，图 3-1（a）所示为一个空栈的示意，栈顶（top）和栈底（bottom）都同时位于表的最底部；图 3-1（b）所示为 3 个元素 a_1、a_2、a_3 依次进栈后栈的示意。从图中看出，a_1 是最先进栈，a_2 次之，a_3 是最后进栈。所以，如果这几个元素要出栈的话，那么应该是 a_3 最先出栈，a_2 次之，a_1 最后出栈。

例 3-1　设有 6 个元素 a_1、a_2、a_3、a_4、a_5、a_6，它们以此顺序依次进栈（即 a_1 最先进栈，然后是 a_2 进栈，如此等等，最后是 a_6 进栈）。若要求它们的出栈顺序是 a_2、a_3、a_4、a_6、a_5、a_1，那么应该如何安排 push 和 pop 操作序列？这个栈的容量至少要有多大？

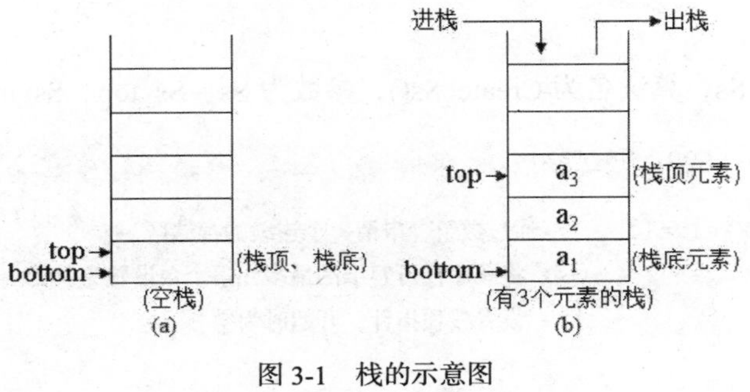

图 3-1　栈的示意图

解：这 6 个元素若以下面的六步进栈和出栈，就能够保证它们的出栈顺序是 a_2、a_3、a_4、a_6、

a_5、a_1。

第一步，为保证第 1 个出栈的是 a_2，必须连续做两次进栈操作，使 a_1、a_2 两个元素进栈。然后做出栈操作，使当时位于栈顶的 a_2 出栈，这样栈里只剩有元素 a_1。

第二步，为保证第 2 个出栈的是 a_3，必须做一次进栈操作，使 a_3 进栈。紧接着做出栈操作，使当时位于栈顶的 a_3 出栈，这样栈里仍只有一个元素 a_1。

第三步，为保证第 3 个出栈的是 a_4，必须做一次进栈操作，使 a_4 进栈。紧接着做出栈操作，使当时位于栈顶的 a_4 出栈，这样栈里仍只有一个元素 a_1。

第四步，为保证第 4 个出栈的是 a_6，必须连续做两次进栈操作，使 a_5、a_6 两个元素进栈。然后做出栈操作，使当时位于栈顶的 a_6 出栈。

第五步，由于此时栈顶是 a_5，为保证第 5 个出栈的是 a_5，只需做出栈操作即可，这样栈里还剩有一个元素 a_1。

第六步，最后做一次出栈操作，使当时位于栈顶的 a_1 出栈，栈由此变为空。

可见，对这个栈的 push 和 pop 操作序列应该是：

push，push，pop，push，pop，push，pop，push，push，pop，pop，pop

从进、出栈的过程中可以看出，该栈里面最多时会有 3 个元素同时存在（例如是 a_6、a_5、a_1），因此该栈的容量至少应该能够同时容纳下 3 个元素。

如同线性表一样，对于堆栈也有顺序实现和链式实现两种不同的存储结构。下面两个小节就分别讲述栈的顺序实现和链式实现。

3.1.2 堆栈的顺序存储实现

当采用顺序式存储结构实现一个堆栈时，就称它为“顺序栈（Sequential Stack）”。由于堆栈是线性表的一个特例，因此，顺序栈就是顺序表的一个特例。

1．创建一个顺序栈

算法 3-1　新建顺序栈的算法。

为了创建一个顺序栈 Ss，除了需要通过数组向系统申请一个连续的存储区、给出数组（也就是顺序栈）的最大容量 Ss_max 之外，还需要设置一个元素个数计数器 Ss_top，初始时它为 0。随着元素进、出栈，用 Ss_top 进行计数，从 1 变化到 Ss_max，因此它实际上就是数组的下标。为了方便起见，我们把 Ss_top 称为栈顶元素指针（虽然它不是一个指针，只是一个计数器），简称为栈顶指针。

（1）算法描述

创建一个顺序栈 Ss，算法名为 Create_Ss()，参数为 Ss、Ss_top、Ss_max。

```
Create_Ss (Ss, Ss_top, Ss_max)
{
  elemtype Ss[MAX*size];     /*通过数组，申请一个连续的存储区 */
  Ss_max = MAX ;             /* 将顺序栈可容纳的最多元素个数设置为 MAX */
  Ss_top = 0 ;               /* 设置栈顶指针，开始时为空 */
  return Ok;
}
```

（2）算法分析

图 3-2 所示为一个刚创建后的顺序栈 Ss，由于每一个进栈的元素所需的存储量为 size，故 Ss 申请的存储量应该是 Ss_max*size。

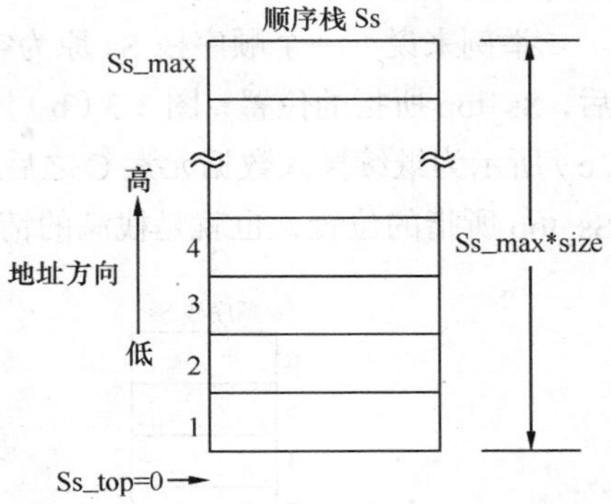

图 3-2　创建后的空顺序栈示意图

刚创建完的顺序栈其栈顶指针 Ss_top 设置为 0，这表明该栈现在为空。通常，按照惯例画内存储器时，总是上面表示的是低地址的存储单元，下面表示的是高地址的存储单元（或左边是低地址的存储单元，右边是高地址的存储单元）。不过，图 3-2 里是把地址方向注释为“低”在下面，“高”在上面。之所以把存储器倒置过来画，其原因是这样才能显示出堆栈所具有的“堆”的特性：一个堆总是由下往上进行“堆放”的。

（3）算法讨论

可以用 C 语言的数组来实现顺序栈。如果是那样，由于 C 语言的数组下标规定是从 0 开始的，那么最初应该把 Ss_top 设置成“-1”，变化范围是从 0 到 Ss_max-1，在此不做具体的讨论。

2．往顺序栈里插入一个新元素——进栈

算法 3-2　顺序栈的进栈算法。

进栈，就是指根据栈顶指针 Ss_top 的指向，将一个新的数据元素插入到顺序栈中的栈顶位置。

（1）算法描述

根据 Ss_top 的指示，让数据元素 x 进入顺序栈 Ss 的栈顶，成为新的栈顶元素。算法名为 Push_Ss ()，参数为 Ss、Ss_top、Ss_max、x。

```
Push_Ss(Ss, Ss_top, Ss_max, x)
{
 if (Ss_top == Ss_max)       /* 顺序栈已满 */
   return ERROR ;
 else
 {
   Ss_top++;                 /* 调整栈顶指针 */
   Ss [Ss_top] = x;          /* x 进栈 */
   }
}
```

（2）算法分析

由于是插入，因此一开始就要先判断栈是否满，对于一个已经放有 Ss_max 个元素的栈来说，不可能再对它实施进栈操作了。

在栈不满的前提下，该算法是通过两条操作：

```
Ss_top++;
Ss [Ss_top] = x;
```

来实现元素进栈的。由于 Ss_top 初始时被设置为 0，而顺序栈第 1 个可使用的栈位编号为 1，这告诉人们一个元素要进栈，必须先往上方移动栈顶指针 Ss_top，然后才能根据它的指点，完成进栈操作。所以，当栈里有元素时，Ss_top 的值有两个意义，总是指向当前栈顶元素所在的栈位，总是当前栈里已有元素的个数。

举例来说，一个顺序栈 Ss 原为空。在此基础上，图 3-3（a）所示为插入一个数据元素 A 之后，Ss_top 所指的位置；图 3-3（b）所示为继续插入数据元素 B 之后，Ss_top 所指的位置；图 3-3（c）所示为继续插入数据元素 C 之后，Ss_top 所指的位置；图 3-3（d）所示为插入 6 个元素之后，Ss_top 所指的位置，也就是栈满的情形。

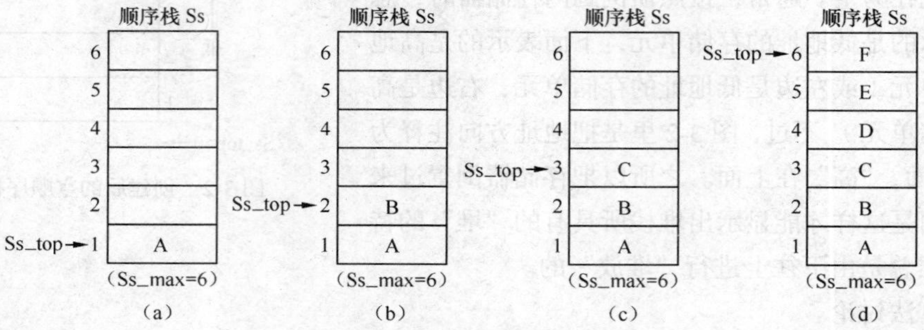

图 3-3　Ss_top 与进栈元素间的关系

由于顺序栈占用的存储空间是一定的，因此在实施进栈操作时必须要注意的边界问题是该栈是否已满。算法中是通过检查条件：

```
Ss_top == Ss_max
```

是否成立来做出判断的。如果条件成立，表示栈 Ss 已满，于是就不能再进行进栈操作了。如果在顺序栈满时仍打算进栈，就称为发生了“上溢（Overflow）”出错。

（3）算法讨论

每一个顺序栈在运作过程中，其栈顶位置是变化的，栈底是不变的。基于这种特点，在程序设计过程中，可以让两个顺序栈“共享”一个连续的存储区，互补存储空间的不足，以达到减少发生“上溢”出错、节约存储空间的目的。

例如，图 3-4 里给出了两个顺序栈：顺序栈 Ss1 和顺序栈 Ss2，它们共享一段连续的存储空间。顺序栈 Ss1 的栈底固定在区域的左边，顺序栈 Ss2 的栈底固定在区域的右边，Ss_top1 和 Ss_top2 可以自由地在区域中间活动。只有当 Ss_top1 和 Ss_top2 都指向区域中的同一个位置时，才会发生上溢出错。

采用这样的技术组织顺序栈时，有两点需要注意，一是两个顺序栈中数据元素的类型和尺寸大小应该完全一样；二是一个元素打算进入顺序栈 Ss1 或进入顺序栈 Ss2，对指针 Ss_top1 和 Ss_top2 做的操作是不一样的，即对顺序栈 Ss1 的 Ss_top1 应该做“++”操作（朝大的方向变化），对顺序栈 Ss2 的 Ss_top2 做“--”操作（朝小的方向变化）。

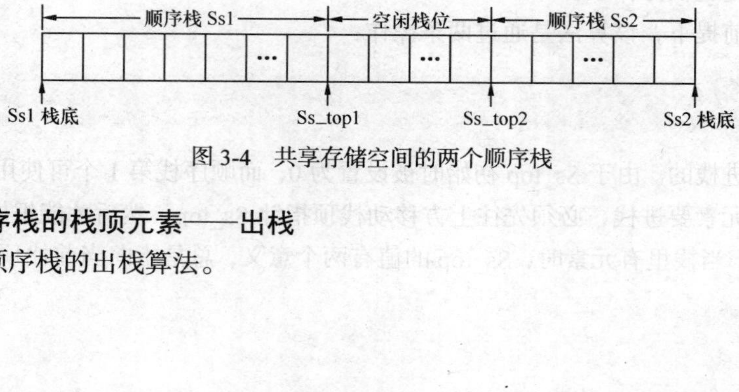

图 3-4　共享存储空间的两个顺序栈

3. 删除顺序栈的栈顶元素——出栈

算法 3-3　顺序栈的出栈算法。

出栈，即是根据栈顶指针 Ss_top 的指向，将当前的栈顶元素读出后从顺序栈里清除。

（1）算法描述

根据 Ss_top 的指示，将当前栈顶元素的内容取出送入变量 x，然后将其删除。算法名为 Pop_Ss ()，参数为 Ss、Ss_top、x。

```
Pop_Ss (Ss,Ss_top, x)
{
  if (Ss_top == 0 )         /* 顺序栈为空 */
    printf ("The stack is empty !");
  else
  {
    x = Ss[Ss_top] ;
    Ss_top -- ;
  }
}
```

（2）算法分析

该算法是通过两条操作：

```
x = Ss[Ss_top] ;
Ss_top -- ;
```

来实现元素出栈的。注意，由于 Ss_top 总是指向当前栈中栈顶元素的位置，因此应该先将所指位置里的内容读出送入变量 x（即：x = Ss[Ss_top]），然后再调整 Ss_top 的指向（即：Ss_top --），就能达到指向新栈顶元素位置的目的。

由于是出栈操作，因此必须注意的边界问题是栈是否为空。算法中是通过检查条件：

```
Ss_top == 0
```

是否成立来判断的。如果条件成立，表示该栈为空，于是就不能再进行出栈操作了。如果在顺序栈空时仍打算出栈，就称为发生了“下溢（Underflow）”出错。

举例说，图 3-5（a）所示为一个空的顺序栈；图 3-5（b）所示为元素 A 进栈后的情形；图 3-5（c）所示为元素 B 继续进栈后的情形；图 3-5（d）所示为元素 B 出栈后的情形，这时元素 B 的痕迹虽然仍在原栈位里（以深色表示），但由于调整了栈顶指针 Ss_top，所以它不会起作用了；图 3-5（e）所示为元素 C 进栈后的情形，它把原来元素 B 的痕迹覆盖了；图 3-5（f）所示为元素 D 进栈后的情形；图 3-5（g）所示为元素 E 进栈后的情形；图 3-5（h）所示为元素 E 出栈后的情形。从元素的进栈和出栈，可以形象地看到指针 Ss_top 的变化过程。

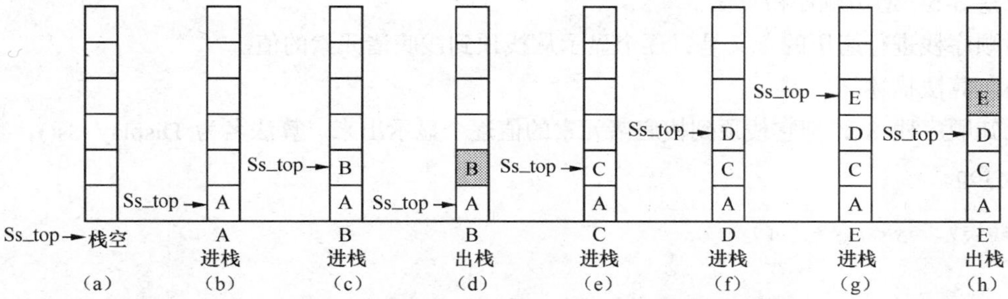

图 3-5 元素进、出栈时 Ss_top 的变化

由此可见，删除栈顶元素实际上是由移动指针 Ss_top 来体现的。例如图 3-5（d），Ss_top 往下移动一个栈位后，表明如果再有元素进栈，就是使用涂有深色的栈位。正因为如此，当元素 C 进栈时，就将里面原有的内容 B 刷新成为了 C，如图 3-5（e）所示。同样地，在图 3-5（h）里也是这种情形。

（3）算法讨论

算法中，Ss_top 总是指向顺序栈的当前栈顶元素的位置。因此在执行 push 时，应该先把 Ss_top 加 1，得到可用的栈位，然后才能把新元素的值插入到 Ss_top 所指的位置；而在执行 pop 时，应该先根据 Ss_top 的指示，将当前要删除的栈顶元素的值读出，然后再把 Ss_top 减 1，指向新的栈顶元素位置，从而删除原先的栈顶元素。

4．获取顺序栈栈顶元素

算法 3-4 获取顺序栈栈顶元素的算法。

获取顺序栈栈顶元素，就是把当前栈顶元素的值读出。

（1）算法描述

已知顺序栈 Ss，将它当前栈顶元素的值读到变量 x 中。算法名为 Get_Ss()，参数为 Ss、Ss_top、x。

```
Get_Ss(Ss, Ss_top, x)
{
  if (Ss_top == 0)
    printf ("The stack is empty !");
  else
    x = Ss[Ss_top] ;
}
```

（2）算法分析

要注意，获取顺序栈栈顶元素的操作与出栈操作是不一样的。对比算法 3-3 可以知道，这里没有调整 Ss_top 的操作。即在算法 3-3 里，除了做操作：

```
x = Ss[Ss_top] ;
```

外，还要做操作：

```
Ss_top -- ;
```

但这里却没有 Ss_top 减 1 的操作。

5．对顺序栈进行遍历

算法 3-5 遍历顺序栈算法。

对顺序栈进行遍历的含义是，逐个显示从栈顶到栈底诸元素的值。

（1）算法描述

已知顺序栈 Ss，把它栈顶到栈底诸元素的值逐个显示出来。算法名为 Display_Ss()，参数为 Ss、Ss_top。

```
Display_Ss(Ss, Ss_top)
{
  i = Ss_top ;
  for ( i, i>0, i--)
    printf ("%d", Ss[i]);
```

```
}
```

（2）算法分析

由于是要求从顺序栈的栈顶元素到栈底元素逐个加以显示，因此用 for 循环来实现。开始先把 Ss_top（栈顶位置）赋予变量 i（即：i=Ss_top;）后，进入 for 循环。打印一个元素，变量 i 就减 1。当 i 变为 0，表明已经到达栈底，打印结束。

（3）算法讨论

注意，操作"i = Ss_top ;"是非常必要的，我们不能把它去掉。因为若把算法变为：

```
Display_Ss(Ss, Ss_top)
{
  for ( Ss_top, Ss_top>=0, Ss_top--)
    printf ("%d", Ss[Ss_top]);
}
```

那么算法执行完毕后，Ss_top 就指向了顺序栈的栈底，再用它就找不到原先的栈顶元素了。

为确保 Ss_top 总指向栈顶元素，且能把栈中所有的元素都显示出来，就必须用另一个变量（这里就是 i）来代替 Ss_top 进行变化。这种技巧在程序设计中是经常使用的。

例 3-2　在一个顺序栈里，若以地址高端作为栈底。那么，当进行出栈操作时，指针 Ss_top 应该是________。

A．不变　　B．Ss_top=0

C．Ss_top=Ss_top+size　　D．Ss_top=Ss_top-size

解：由于是以存储区的地址高端为栈底，因此进栈时 Ss_top 应该往存储区地址小的方向变化，出栈时 Ss_top 应该往存储区地址大的方向变化。既然现在是出栈，那么指针 Ss_top 应该加 size，即选择答案 C。

3.1.3　堆栈的链式存储实现

当采用链式存储结构实现一个堆栈时，就称它为"链栈（Linked Stack）"。由于堆栈是线性表的一个特例，因此，链栈就是链表的一个特例。

通常，链栈都是以单链表结构的形式来表示的。图 3-6（a）所示为一个空的链栈，图 3-6（b）所示为一个有数据元素的链栈的示意。

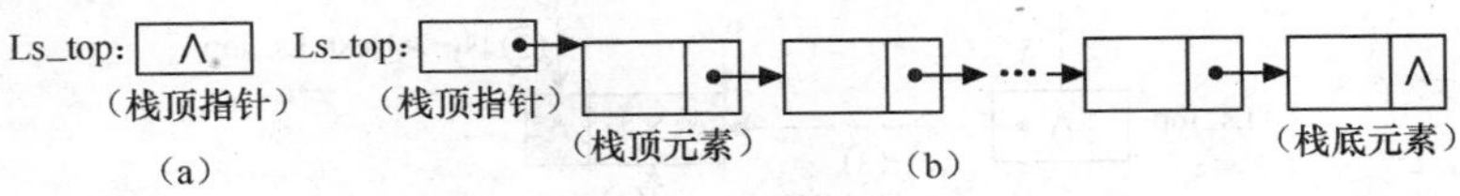

图 3-6　链栈的示意图

1．创建一个链栈

算法 3-6　创建一个空链栈。

创建一个链栈 Ls 是很容易的事情，只要开辟建立一个栈顶指针 Ls_top，并将它设置成 NULL 即可。

（1）算法描述

创建一个空链栈 Ls，算法名为 Create_Ls()，参数为 Ls_top。

```
Create_Ls (Ls_top)
{
 Ls_top = NULL ;
}
```

（2）算法分析

根据栈的定义，链栈就是进栈和出栈操作都被限制在表首进行的单链表，因此与单链表不同，链栈不需要设表头结点，而且创建时只要将 Ls_top 设置为 NULL 即可。

2．往链栈里插入一个新元素——进栈

算法 3-7 链栈进栈算法。

这时的进栈，是指根据栈顶指针 Ls_top 的指向，将一个新的数据元素结点插入到链表之首的位置，成为新的栈顶元素。

（1）算法描述

已知链栈 Ls。根据 Ls_top 的指示，让数据元素 x 进入链栈 Ls 的栈顶位置，成为新的栈顶元素。算法名为 Push_Ls ()，参数为 Ls_top、x。

```
Push_Ls(Ls_top, x)
{
 ptr = malloc (size) ;              /* 申请一个存储结点 */
 ①ptr->Data = x ;
 ②ptr->Next = Ls_top ;             /* 调整链表指针，完成结点插入 */
 ③Ls_top = ptr ;
}
```

（2）算法分析

算法首先向系统申请一块存储空间，大小为 size（包括 Data 和 Next 在内的一个存储结点的尺寸）。接着做①～③步操作，图 3-7（a）中的虚线给出的是当链栈为空时的进栈情形；图 3-7（b）中的虚线给出的是当链栈不为空时的进栈情形。比较后可知，由于都是往链表的起始处插入结点，使新结点成为栈的栈顶元素，因此无需区分链栈是否为空，实施的操作都是一样的。

（3）算法讨论

由于顺序栈事先确定了所占用存储区的大小，所以对它的进栈操作要注意上溢发生的可能性。但对于链栈而言，是动态申请存储结点，然后进行插入，所以根本不用考虑发生上溢的问题，这是链栈的一大优点。

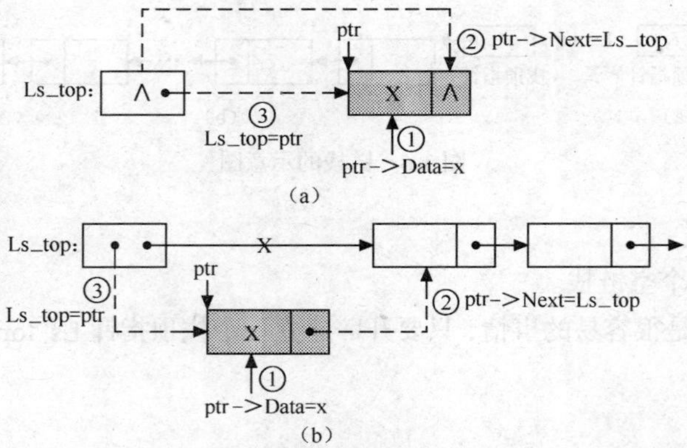

图 3-7 一个元素进入链栈的示意图

3．从链栈里删除一个元素——出栈

算法 3-8　链栈出栈算法。

这时的出栈，即是指根据栈顶指针 Ls_top 的指向，将当前的栈顶元素读出后，调整栈顶指针 Ls_top，将元素的存储结点从链中删除，释放它占用的存储区。

（1）算法描述

已知链栈 Ls。根据 Ls_top 的指示，将栈顶元素取值存入变量 x，然后删除。算法名为 Pop_Ls ()，参数为 Ls_top、x。

```
Pop_Ls (Ls_top, x)
{
  if (Ls_top == NULL)                     /* 链栈已空，不能再出栈 */
    printf ("The linked stack is underflow!");
  else                                    /* 实现出栈 */
  {
    ①ptr = Ls_top ;                       /* 让指针 ptr 指向栈顶结点 */
    ②x = ptr->Data ;
    ③Ls_top = ptr->Next ;
    ④free (ptr) ;
  }
}
```

（2）算法分析

进入算法时，要先考虑链栈的下溢问题。链栈虽不会发生上溢，但因链栈空而引起下溢是可能的。检查链栈是否为空是很容易的事情，只要看一下指针 Ls_top 是否为 NULL 即可。

在链栈非空的前提下，将栈顶元素删除的操作涉及①～④步。图 3-8（a）中的虚线给出的是一般情况下栈顶元素出栈的示意；图 3-8（b）中的虚线给出的是当链栈中只有一个元素时，4 步操作的效果。其实，这两种情况的操作是一样的。

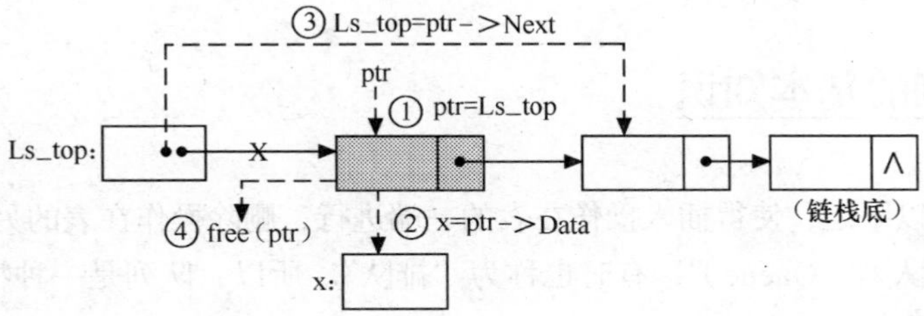

（a）

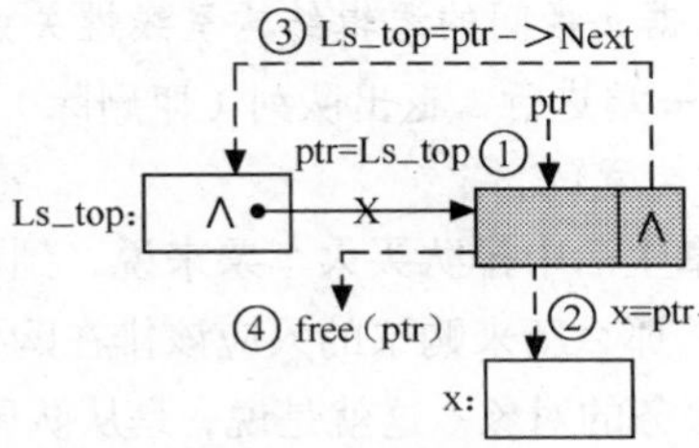

（b）

图 3-8　一个元素从链栈中出栈的示意图

（3）算法讨论

如果事先知道栈元素的个数，或知道栈元素个数的大致范围，那么就应该使用顺序存储结构来实现堆栈。但如果栈中元素的个数变化很大，很难给出一个范围，那么最好利用链式结构来实现链栈，因为链栈长度的适应性是极好的。不过，这种适应性是通过增加存储开销而换得的。

4．链栈上的其他处理

关于链栈，除了它的创建、插入、删除外，也可以有其他的一些处理算法，例如判别栈是否为空的算法，获取栈顶元素的算法等。由于这些算法都不复杂，在此就不赘述。

例 3-3 编写一个算法，利用堆栈结构将键盘上输入的字符串逆向输出，整个输入在遇到回车换行符（‘\n’）时停止。

解：由于并不知道输入的字符串到底有多长，因此采用链栈来解决这个问题比较合适。在给出的算法里，我们直接调用了上面给出的算法 3-7 和算法 3-8。

```
Rr_Ls (Ls_top)
{
  scanf ("%c", &x) ;
  while (x !='\n')                /*  x不是‘\n’时，将x中输入的字符连续进栈 */
  {
    Push_Ls(Ls_top, x) ;
    scanf ("%c", &x);
  }
  while (Ls_top != NULL)          /* 当链栈非空时，不断将栈顶元素出栈，输出 */
  {
    Pop_Ls (Ls_top, x) ;
    pirntf ("%c", x) ;
  }
}
```

3.2 队列

3.2.1 队列的基本知识

若对线性表加以限定，使得插入操作在表的一端进行，删除操作在表的另一端进行，那么这种线性表被称为“队列（Queue）”，有时也称为“排队”。所以，队列是一种特殊的线性表。

由此定义可以得知：

- 队列是一个线性表，队列中数据元素间的逻辑结构呈线性关系；
- 进入队列（即插入）被限制在一端进行，退出队列（即删除）被限制在另一端进行，进队和出队的位置是不能任意为之的。

生活中的队列实例比比皆是。仍拿生活中排队买火车票来说，到火车站买票，人们总是按次序在队尾排队。如果没有人为的破坏，那么新来购票的人应该排在购票队伍的最后面；购票队伍最前面的那个人，一定是下一个接受服务的对象。这就是说，是从队尾进入队列（插入），从队首退出队列（删除）。

在一个队列中，被允许进入队列的一端称为“队尾（Rear）”，被允许退出队列的一端称为“队首（Front）”。当一个元素从队列的队尾插入时，称此操作为“进队（Enqueue）”，进入的元素成为新的队尾元素；从当前的队首删除一个元素时，称此操作为“出队（Dequeue）”，这时队列中被删除元素的下一个元素成为了新的队首。可见，在队列的运作过程中，随着数据元素的进队、出队，队尾、队首元素都是在不停地变化着，不是一成不变的。

当一个队列里不含有任何数据元素时，称其为“空队列”。对于一个空队列，因为它已经没有元素，所以不能再对它进行出队操作了。

假设有队列 $Q=(a_1, a_2, a_3, \cdots, a_{n-1}, a_n)$，如图 3-9 所示。这意味该队列中的元素是以 $a_1, a_2, a_3, \cdots, a_{n-1}$，$a_n$ 的次序一个个进入队列的，因此如果要出队，第 1 个出去的肯定是元素 a_1，第 2 个出去的肯定是元素 a_2，依次类推，最后一个出去的肯定是元素 a_n，绝对不可能出现 a_i 先于 $a_{i-1}(1\leqslant i\leqslant n)$ 出队列的情形发生。

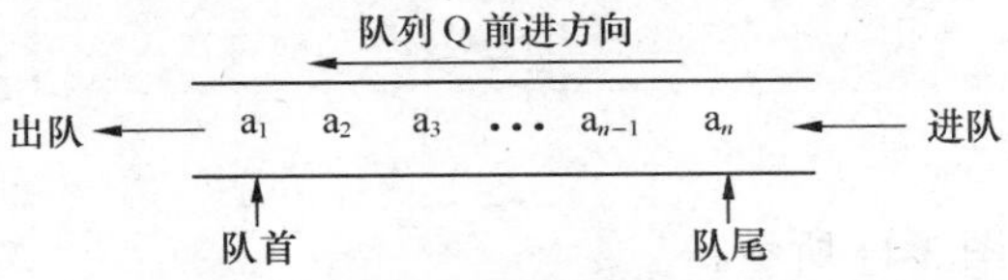

图 3-9　队列示意图

由此不难理解，最先进入队列的那个元素肯定是最先从队列中移出的。因此，人们常把队列称作是一种具有“先进先出（First-In-First-Out，FIFO）”逻辑特征的数据结构，或是一种具有“后进后出（Last-In-Last-Out，LILO）”逻辑特征的数据结构。无论是 FIFO，还是 LILO，其隐含的意思都是元素到达队列（即往队列里插入元素）的顺序与元素离开队列（即从队列里删除元素）的顺序是完全一致的。

图 3-10 所示为进队操作和出队操作对于队列的影响。元素 10 进队时，由于原先队列为空，因此队列上就只有 10 这样一个元素；元素 8 进队后，队列上就有了两个元素；元素 10 一出队，队列上又只有 8 这一个元素了；接着元素 14 和 9 进队，整个队列上有了 3 个元素；最后元素 8 出队，队列上就只剩下 14 和 9 两个元素了。

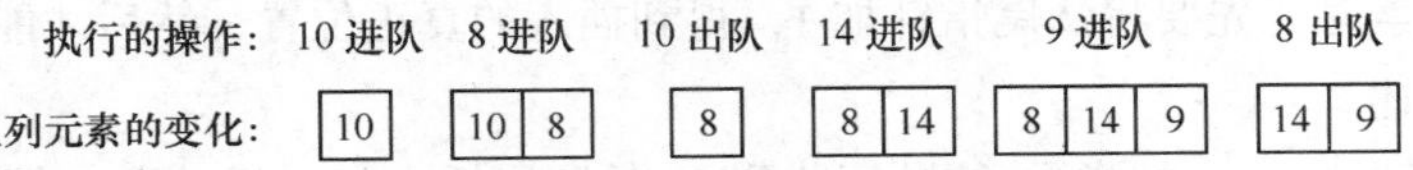

图 3-10　在队列上执行一系列的操作

对于队列来说，由于队首和队尾元素在不断地变化着，因此其操作和管理所要考虑的问题较堆栈要多一些，要复杂一些。

3.2.2　队列的顺序存储实现

当采用顺序式存储结构实现一个队列时，就称它为“顺序队列（Sequential Queue）”。由于队列是线性表的一个特例，因此，顺序队列就是顺序表的一个特例。

1．创建一个顺序队列

算法 3-9　创建顺序队列算法。

因为队列在运作过程中，随着数据元素的进队、出队，队尾、队首元素都是在不停地变化着，所以在创建顺序队列 Qs 时，除了需要分配给它一个连续的存储区、给出它的最大容量 Qs_max 之外，重要的是还需要设置两个指针，一个是指示队列首元素的队首指针 Qs_front，一个是指示队列尾元素的队尾指针 Qs_rear，这两个指针会不断地变化。

（1）算法描述

创建一个顺序队列 Qs，算法名为 Create_Qs()，参数为 Qs、Qs_front、Qs_rear、Qs_max。

```
Create_Qs(Qs, Qs_front, Qs_rear, Qs_max)
{
  elemtype Qs[MAX*size];          /* 通过数组，申请一个连续的存储区 */
  Qs_max = MAX ;                  /* 将顺序队列可容纳的最多元素个数设置为 MAX */
  Qs_front = 0;                   /* 让指针 Qs_front 指向顺序队列首 */
  Qs_rear = 0 ;                   /* 让指针 Qs_rear 指向顺序队列尾 */
  return OK ;
}
```

（2）算法分析

顺序队列创建后，如图 3-11 所示。

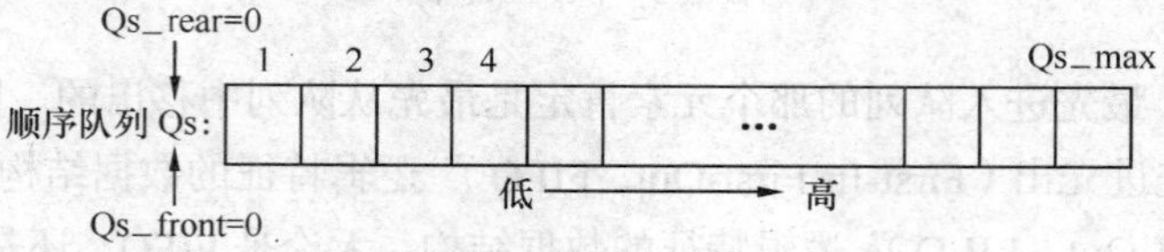

图 3-11　创建后的空顺序队列

最初，指针 Qs_front、Qs_rear 都被设置为 0，即顺序队列数组 Qs 的开始下标 1 之前，成为一个空队列。整个队列最多可以容纳下 Qs_max 个元素。

2．往顺序队列里插入一个元素——进队

算法 3-10　顺序队列进队算法。

由于顺序队列队尾指针 Qs_rear 初始化为 0，而顺序队列第 1 个可用队位的编号为 1，因此往队尾插入一个元素时，先要将队尾指针加 1，得到插入的真正位置，然后才能进行插入操作。

（1）算法描述

依照队尾指针 Qs_rear 的指示，往顺序队列 Qs 的队尾插入一个新元素 x。算法名为 Insert_Qs()，参数为 Qs、Qs_rear、Qs_max、x。

```
Insert_Qs(Qs,Qs_rear, Qs_max, x)
{
 if (Qs_rear == Qs_max)     /* 存储区上溢！ */
   printf ("The queue is overflow!");
 else
 {
   Qs_rear ++ ;
   Qs[Qs_rear] = x ;
 }
}
```

（2）算法分析

往顺序队列里插入一个新元素，最需关心的应该是判定队列是否已满。只有队列不满，才能够往里面插入新的元素，这是通过判断条件：

```
Qs_rear == Qs_max
```

是否成立而得到结果的。如果条件成立，则表示队列已满，元素就不能再进队了，否则就会发生"上溢"。例如，图 3-12 所示为队列满的一种情形。

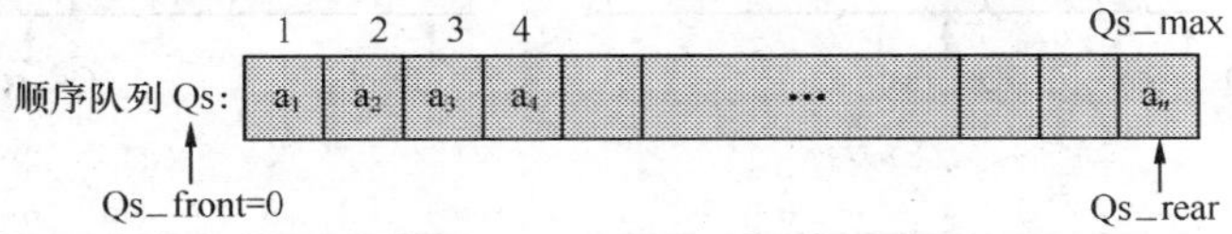

图 3-12　一种队列满的情形

（3）算法讨论

图 3-12 表示的是一种真正的队满。因为在那里，除了满足条件：

```
Qs_rear == Qs_max
```

外，还满足条件：

```
Qs_rear-Qs_front==Qs_max
```

这表明队列里已不再有空闲的队位可供新元素插入使用了。

3．从顺序队列里删除一个元素——出队

算法 3-11　顺序队列的出队算法。

由于顺序队列队首指针 Qs_front 初始化为 0，而顺序队列第 1 个元素的编号为 1，因此从队首删除一个元素时，先要将队首指针加 1，得到删除的真正位置，然后才能进行删除操作。

（1）算法描述

依照队首指针 Qs_front 的指示，把顺序队列 Qs 的队首元素删除。算法名为 Delete_Qs()，参数为 Qs、Qs_front、Qs_rear、x。

```
Delete_Qs(Qs,Qs_front, Qs_rear, x)
{
  if (Qs_front == Qs_rear)
    printf ("The queue is empty!");
  else
  {
    Qs_front++ ;
    x = Qs[Qs_front] ;
  }
}
```

（2）算法分析

只有在顺序队列里有数据元素的情况下，才能够做出队的操作。判断一个顺序队列是否为空的条件是：

```
Qs_front == Qs_rear
```

其含义就是队列的首指针和队列的尾指针指向存储区里的同一个位置时，队列里就没有元素了。图 3-13 所示为顺序队列中进队和出队的若干种情况。

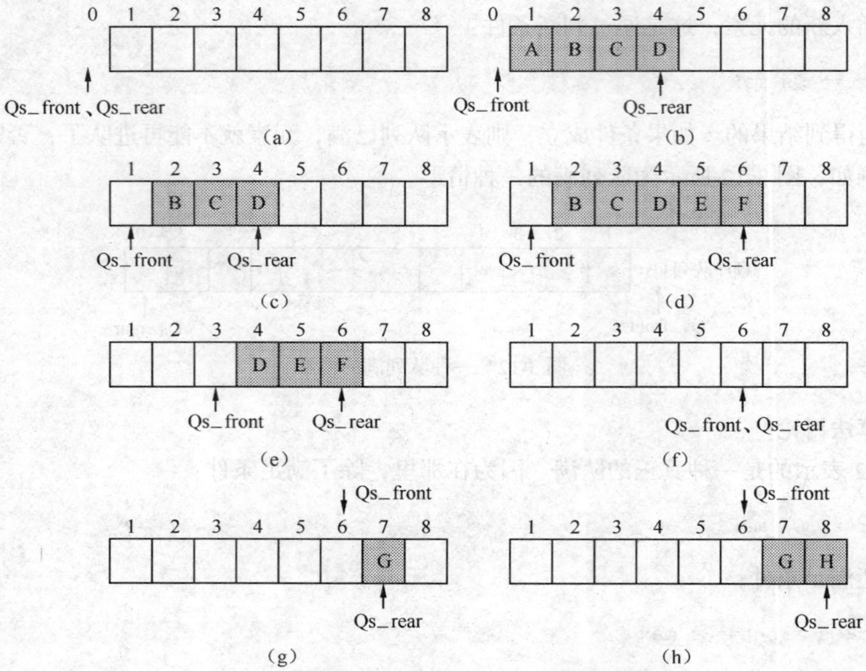

图 3-13　顺序队列中进、出队的几种情况

图 3-13（a）所示为顺序队列初启时空的情形，Qs_front 和 Qs_rear 都指向该队列的 0 号位置；图 3-13（b）所示为 A、B、C、D 四个元素连续进队时的情形，这时 Qs_rear 不断地加 1 进队、加 1 进队，最后指在 4 号位置，而 Qs_front 则仍指在 0 号位置保持不变；图 3-13（c）所示为队首元素 A 出队时的情形，它是在指针 Qs_front 加 1 后出队的，A 出队后指针 Qs_front 就指在 1 号位置，这样元素 B 成为新的队首元素；图 3-13（d）所示为连续地又有两个元素 E 和 F 根据 Qs_rear 的指示进队，指针 Qs_rear 发生了变化；图 3-13（e）所示为 B、C 两个元素出队后的情形，元素 D 成为队首；图 3-13（f）所示为 D、E、F 连续出队后的情形，这时 Qs_front 和 Qs_rear 都指向了队列中的 6 号位置，队列又为空；图 3-13（g）所示为元素 G 进队后的情形；图 3-13（h）所示为元素 H 进队后的情形，这时 Qs_rear 指向存储区最后的 8 号位置，由于 8 号位置后不再有空的队位了，于是队列满。

（3）算法讨论

要注意，顺序队列满并不是只有“Qs_rear-Qs_front==Qs_max”一种情况。例如，图 3-14（a）是一种队列满的情形，图 3-14（b）也是一种队列满的情形。它们有：

```
Qs_rear-Qs_front<=Qs_max
```

但因为 Qs_rear 都指向了队列的末尾，所以不能再通过队尾指针 Qs_rear 往队列里插入新元素了。不过，这两种队列“满”的情形很特别，即分配给顺序队列 Qs 的存储空间实际上是有空闲空间，只是这些空闲的空间已经不能通过指针 Qs_rear 的管理进行使用罢了。这种有空闲空间、但又不能进行插入的情形，常被称为是“假溢出”。图 3-14（a）和图 3-14（b）就都是假溢出的情形。顺序队列的假溢出无益于存储的利用，如何解决假溢出问题，正是后面循环顺序队列所要研究的。

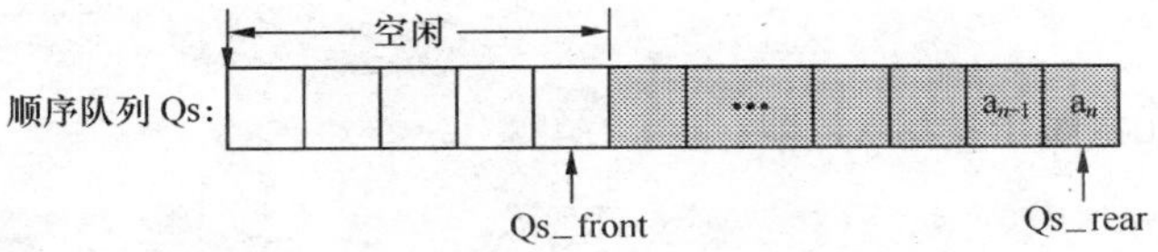

（a）

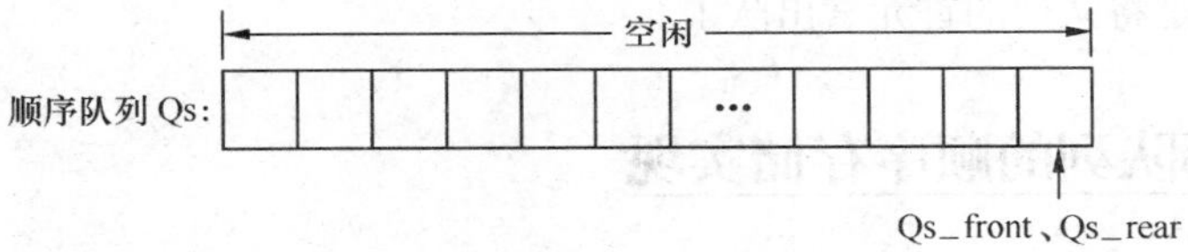

（b）

图 3-14　假溢出的情形

4．判顺序队列是否为空

算法 3-12　顺序队列判空算法。

算法描述：已知顺序队列 Qs，若空则返回 1，否则返回 0。算法名为 Empty_Qs()，参数为 Qs_front、Qs_rear。

```
Empty_Qs(Qs_front, Qs_rear)
{
  if (Qs_front == Qs_rear)
    return (1) ;
  else
    return (0) ;
}
```

5．获取顺序队列队首元素

算法 3-13　取顺序队列队首元素的算法。

（1）算法描述

已知顺序队列 Qs，返回它的队首元素。算法名为 Head_Qs()，参数为 Qs、Qs_front、Qs_rear。

```
Head_Qs(Qs, Qs_front, Qs_rear)
{
  if (Qs_front == Qs_rear)
    printf ("The queue is empty!");
  else
  {
    x = Qs[Qs_front+1] ;
    return (x) ;
  }
}
```

（2）算法分析

只有顺序队列非空时，才能够有队首元素，才能将其值返回。所以，算法一开始就要判断队列 Qs 是否为空。

要注意的是，获取顺序队列队首元素，不是要将队首元素出队，因此不能对队首指针 Qs_front 进行修改。所以本算法里只是通过 Qs_front+1 求得队首元素所在的队位，然后做：

```
x = Qs[Qs_pront+1] ;
```

绝对不可以认为必须先将 Qs_front 移到队首元素的位置，即做：

```
Qs_front++;
```

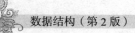

然后再将该队位里的元素赋予变量 x，即：

```
x = Qs[Qs_front] ;
```

那样一来，就等于是将队列的首元素出队了。

3.2.3 循环队列的顺序存储实现

对于顺序队列，由于将线性表的一端定为队尾，一端定为队首，并且规定了只能“队尾入、队首出”，因此出现了“假溢出”的现象。分析一下可以看到，假溢出时队列里的空闲区域是从队首往队尾延伸的。要利用这部分位于队首的空闲区域，就应该在顺序队列出现“假溢出”，但还要执行进队、出队操作时，能够让队列的队尾指针 Qs_rear、队首指针 Qs_front 能够“回指”到存储区的起始位置处去。这样一来，就是把分配给队列的那个连续存储区的首、尾连接在了一起，形成一个圆环，不再有队尾、队首之分。这种想像中首、尾相连的顺序队列，就称作是所谓的“循环顺序队列（Circular Sequence Queue）”，简称为“循环队列（Circular Queue）”。

在循环队列里，人们最应该关注的问题，当然是管理队列的两个指针在到达队尾时，如何能够正确地回指到队首，以便形成循环。

1．创建一个循环（顺序）队列

算法 3-14 创建循环队列的算法。

算法描述：创建一个循环队列 Cq，算法名为 Create_Cq()，参数为 Cq、Cq_front、Cq_rear、Cq_max。

```
Create_Cq(Cq, Cq_front, Cq_rear, Cq_max)
{
  elemtype Cq[MAX*size];          /* 通过数组，申请一个连续的存储区 */
  Cq_max = MAX ;                  /* 将循环队列可容纳的最多元素个数设置为 MAX */
  Cq_front = 1;                   /* 让指针 Cq_front 指向循环队列 1 号队位 */
  Cq_rear = 1 ;                   /* 让指针 Cq_rear 指向循环队列 1 号队位 */
  return OK ;
}
```

可以看出，循环队列在创建时基本与顺序队列是一样的，它们之间的不同，体现在进队和出队的操作上。

2．往循环队列里插入一个元素——进队

算法 3-15 循环队列的进队算法。

在循环队列里实施进队操作时，必须关注两件事情，一是根据什么条件来判定循环队列已满（因为进队时肯定会遇到队满的特殊情形），二是在队列假溢出时，如何才能够让指针 Qq_rear 回指到队首，以便利用那里存在的空闲队位。

（1）算法描述

已知循环队列 Cq，依照队尾指针 Qq_rear 的指示，往队尾插入一个值为 x 的新元素。算法名为 Insert_Cq()，参数为 Cq、Cq_rear、Cq_front、Cq_max、x。

```
Insert_Cq(Cq, Cq_rear, Cq_front, Cq_max, x)
```

```
{
  if ( (Cq_rear +1)%Cq_max) == Cq_front ))            /* 循环队列已满 */
    printf ("The circular queue is full !");
  else
  {
    Cq_rear = (Cq_rear +1)%Cq_max ;                   /* 计算出新的进队队位号 Cq_rear */
    Cq[Cq_rear] = x ;                                 /* 新元素进队 */
  }
}
```

（2）算法分析

先来看怎样做才能够让顺序队列的指针回指，以成为循环队列。

图 3-15 所示为希望把顺序队列变为循环队列时，对进队操作的要求。以图 3-15（a）为基础，若此时要插入 6。由于现在 Cq_rear<Cq_max（即 6<7），队列不满。所以根据顺序队列进队的规则，元素可以进队。于是 Cq_rear 加 1 后成为 7，元素 6 进到队位号是 7 的地方，成为图 3-15（b）。这属于正常的进队情形。

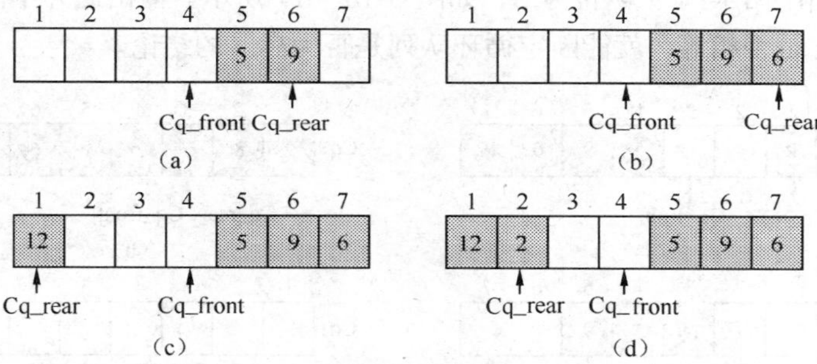

图 3-15　循环队列里的进队示意图

在图 3-15（b）中，如果要插入 12，按照循环队列的要求，就应该把元素插入到队位号为 1 的地方，成为图 3-15（c）所示。注意，因为在未插入时有 Cq_rear==Cq_max，表示顺序队列已满，但明摆着队列首部的 1、2、3、4 号队位空闲可用，属于顺序队列的“假溢出”情形。所以希望 Cq_rear 加 1 后，队位号不是 8，而是 1，从而把顺序队列变成为循环队列。若能够这样，就可以根据加 1 后 Cq_rear 的指示，将 12 插入到队位号为 1 的地方，成为图 3-15（c）的情形。

在这以后，一切又都恢复正常。即如果这时要插入元素 2，那么从图 3-15（c）出发，由于 Cq_rear<Cq_max（即 1<7），因此 Cq_rear 加 1 后，可以把元素 2 插入到队位为 2 的地方，成为图 3-15（d）。

关键是在图 3-15（b）之时，如果要插入，怎样才能使 Cq_rear 回指到 1，以使队位号形成循环。

为了能使顺序队列的队尾指针 Cq_rear 位于队尾、并处于“假溢出”（即队列并不是真的满了）的情况下，Cq_rear 加 1 后能够“自动”地回指到队首的位置，使顺序队列变成为循环队列，需要通过求余（或叫取模）运算“%”，以得到新的 Cq_rear。具体公式如下式。

Cq_rear = (Cq_rear+1) % Cq_max　　（3-1）

新队位号　原队位号　求余运算　最大队位号

举例说，在图 3-15（b）时，队列处于假溢出状态。这时 Cq_rear=7，Cq_max=7。为了求得插入的新队位号，将它们代入公式（3-1），结果有：

```
Cq_rear = (7+1)%7 = 1
```

这表示新的插入队位应该是 1。

在正常情况下，利用公式（3-1）也同样可以得到正确的插入队位号。例如在图 3-15（c）时，Cq_rear=1，Cq_max=7。为了求得新的插入队位号，就将它们代入公式（3-1），结果有：

```
Cq_rear = (1+1)%7 = 2
```

这表示插入的队位应该是 2。

由此可见，通过使用公式（3-1），确实能够使顺序队列变成循环队列，能够使队尾指针 Cq_rear 在希望时，顺利地回指到队首。

回过头再来看，把顺序队列视为循环队列后，如何判断队列满。

在图 3-16（a）的基础上，连续做两次进队操作（即把元素 8 和 16 插入），指针 Cq_rear 就追上 Cq_front，它们指向了同一个队位号 3，如图 3-16（b）所示。但由此并不能得出："通过检测 Cq_rear 和 Cq_front 是否相等，就能断定循环队列是否为满"的结论。

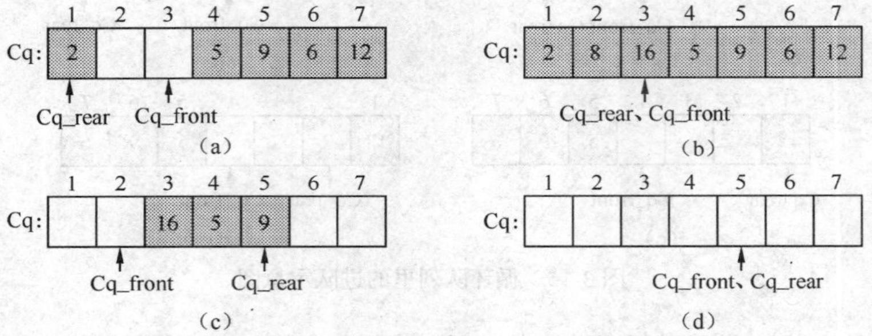

图 3-16　如何判断循环队列满

再看图 3-16（c）和图 3-16（d）。在图 3-16（c）的基础上，如果连续做三次出队操作（即删除元素 16、5、9），这时指针 Cq_front 就追上 Cq_rear，也出现了它们指向同一个队位号 5 的情形，如图 3-16（d）所示。但很明显，此时的循环队列 Cq 为空，而不是满！可见，用 Cq_rear 和 Cq_front 是否相等的条件，来判定循环队列 Cq 是否满是不合适的。

为了判定循环队列是否为满，常采用的办法是"牺牲"一个队位。即当队尾指针 Cq_rear 加上 1 就会追上队首指针 Cq_front、出现它们指向同一个队位位置的情形时，就判定该循环队列为满。例如，在图 3-17 中，现在的 Cq_rear 位于队位 2。但由于 Cq_rear 加上 1 时，就与指针 Cq_front 指向了同一个队位 3，因此就认为现在的循环队列满了，虽然还有一个队位 3 没有存放元素。

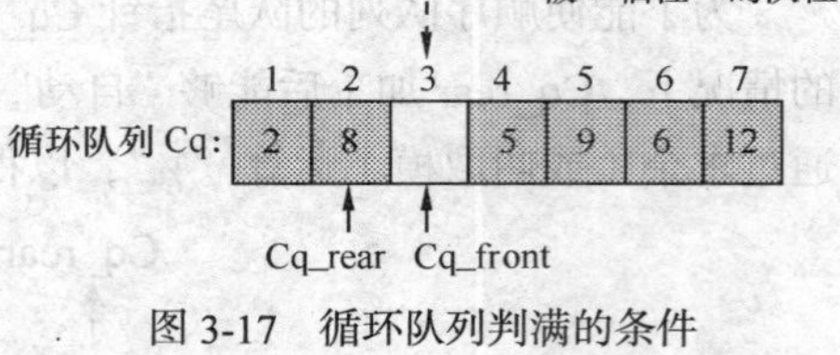

图 3-17　循环队列判满的条件

算法 3-15 正是以这种方法来判断循环队列是否满的。即是先用公式（3-1）试探性地计算出指针 Cq_rear 加上 1 后的值：

```
((Cq_rear +1)%Cq_max)
```

用以判定它是否与指针 Cq_front 相等。即条件：

```
((Cq_rear +1)%Cq_max) == Cq_front
```

是否成立。如果成立，那么就是认为队列满了。否则，才能够真正去对指针 Cq_rear 实施加 1 操作：

```
Cq_rear = (Cq_rear +1)%Cq_max ;
```

然后根据所得到的新队位号（即 Cq_rear），进行插入工作：

```
Cq[Cq_rear] = x ;
```

从而达到元素进队的目的。

（3）算法讨论

图 3-16 给出的 Cq_rear 和 Cq_front 指向同一个队列位置时的两种情况，其发生的条件是不相同的。一种是由于进队操作（图 3-16（a）和（b）），使得 Cq_rear 追上了 Cq_front，这是队满式的追上；一种是由于出队操作（图 3-16（c）和（d）），使得 Cq_front 追上了 Cq_rear，这是队空式的追上。因此，在设计算法时，也可以通过设置一个标志，来区别这两种不同的“追上”，从而判定是队满还是队空。这样的做法，可以免去“牺牲”一个队位空间的情形。这里对此不再赘述。

3．从循环队列里删除一个元素——出队

算法 3-16　循环队列的出队算法。

在循环队列里实施出队操作时，必须关注两件事情，一是根据什么条件来判定循环队列空（因为出队时肯定会遇到队空的特殊情形）；二是如何才能够让指针 Qq_front 回指到队首，使得位于那里的元素能够顺利出队。

（1）算法描述

依照队首指针 Qq_front 的指示，将循环队列 Cq 队首元素的值读出，然后删除该元素。算法名为 Delete_Cq()，参数为 Cq、Cq_rear、Cq_front、Cq_max、x。

```
Delete_Cq(Cq, Cq_front, Cq_rear, Cq_max, x)
{
 if (Cq_front == Cq_rear)                     /* 队空 */
  printf (" The circular queue is empty!") ;
 else                                         /* 队非空 */
 {
  Cq_front = (Cq_front +1)%Cq_max ;           /* 计算新的出队队位号 */
  x = Cq[Cq_front] ;                          /* 队首元素出队 */
 }
}
```

（2）算法分析

对循环队列实施出队操作之前，必须判定队列是否为空。判定的条件是：

```
Cq_front == Cq_rear
```

在队列非空的情况下，要先通过图 3-18（a）给出的公式（3-2），计算出正确的出队队位号，然后再出队，即

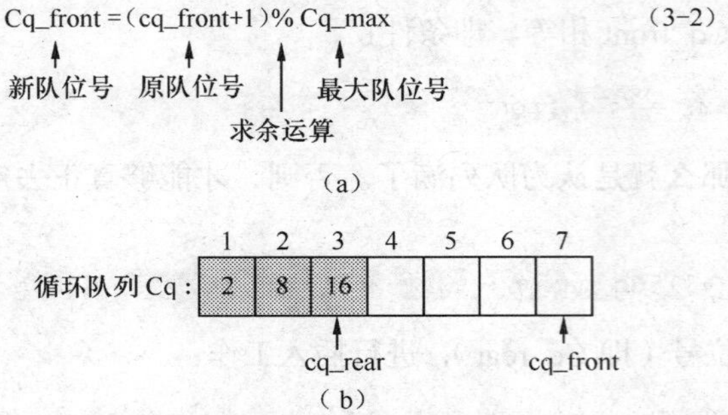

图 3-18　循环队列出队的求队位号公式

```
Cq_front = (Cq_front +1)%Cq_max ;
x = Cq[Cq_front] ;
```

例如，对于图 3-18（b）所示的情形，Cq_front 指向的队位号是 7。如果现在要做出队操作，那么由公式（3-2）求新的 Cq_front，应该得到：

```
Cq_front = (7 +1)%7 = 8%7 = 1
```

由此，出队的元素应该是：

```
x = Cq[1]
```

这样，变量 x 里应该是值 2。

可见，通过使用公式（3-2），确实能够使顺序队列变成循环队列，能够使队首指针 Cq_front 在希望时，顺利地回指到队首。

4．获取循环队列队首元素

算法 3-17　取循环队列首元素算法。

该算法是根据循环队列首指针 Cq_front 的指示，将队列的首元素读出。由于是循环队列，因此必须注意对 Cq_front 的正确定位问题。

（1）算法描述

已知循环队列 Cq，依照队首指针 Qq_front 的指示，将队首元素的值读出。算法名为 Head_Cq()，参数为 Cq、Cq_rear、Cq_front、Cq_max、x。

```
Head_Cq(Cq, Cq_front, Cq_rear, Cq_max, x)
{
 if (Cq_front == Cq_rear)                    /* 队空 */
   printf (" The circular queue is empty!") ;
else                                         /* 队非空 */
 x = Cq[(Cq_front +1)%Cq_max] ;              /* 读出队首元素 */
}
```

（2）算法分析

这里只是要获取队首元素的值，所以绝对不能像算法 3-16 那样，去对队首指针 Cq_front 进行修改。而是只能利用公式（3-2）计算 Cq_front，以它为数组的下标读出元素的值。正因如此，操作：

```
x = Cq[(Cq_front +1)%Cq_max] ;
```

里的下标显得复杂了一些。

3.2.4　队列的链式存储实现

当采用链式存储结构实现一个队列时，就称它为“链式队列（linked queue）”，简称“链队”。由于队列是线性表的一个特例，因此，链式队列就是链表的一个特例。

1．创建一个链式队列

算法 3-18　创建一个带头结点的链式队列算法。

由于链式队列是链表的一个特例，因此无须为队列分配固定的存储区，而是根据需要以元素的存储结点大小实行动态存储分配。

因为随着数据元素的进队、出队，队尾、队首元素都是在不停地变化着，所以在创建链队 Lq 时，必须设置两个指针，一个是指示队列首元素的队首指针 Lq_front，一个是指示队列尾元素的队尾指针 Lq_rear，这两个指针在链队的运作过程中，都会不断地发生变化。

考虑到带表头结点会给单链表的操作带来便利，因此在创建链式队列时，就都在队列的首部增加一个头结点。

（1）算法描述

创建一个带头结点的链式队列 Lq，算法名为 Create_Lq()，参数为 Lq_front、Lq_rear。

```
Create_Lq (Lq_front, Lq_rear)
{
  ptr = malloc (size) ;              /* 申请一个存储结点 */
  Lq_front = ptr ;                   /* 让队首指针 Lq_front 指向头结点 */
  Lq_rear = ptr ;                    /* 让队尾指针 Lq_rear 指向头结点 */
  ptr->Next = NULL ;                 /* 将头结点的 Next 域设置为空 */
}
```

（2）算法分析

由算法 3-18 创建的只是一个带有头结点、没有数据结点的空链队 Lq，其形如图 3-19（a）所示；图 3-19（b）则是一个有数据结点的非空链式队列 Lq。

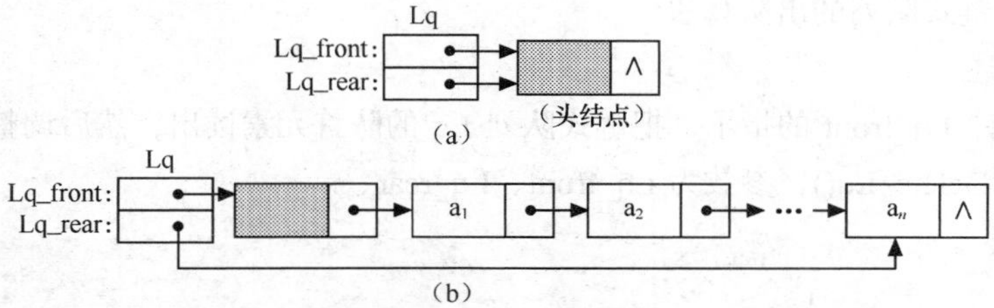

图 3-19　链式队列示意图

2．往链式队列里插入一个元素——进队

算法 3-19　链式队列进队算法。

在链式队列里实施进队操作时，只要根据队尾指针 Lq_rear 的指示进行插入即可，不必去考虑队列满的问题，也没有所谓“指针回指”的困扰。

（1）算法描述

已知链式队列 Lq。依照队尾指针 Lq_rear 的指示，往其队尾插入一个值为 x 的新元素。算法名为 Insert_Lq()，参数为 Lq_rear、x。

```
Insert_Lq(Lq_rear, x)
{
  ptr = malloc(size) ;
  ①ptr->Data = x ;
  ②ptr->Next = Lq_rear->Next ;
  ③Lq_rear->Next = ptr ;
  ④Lq_rear = ptr ;
}
```

（2）算法分析

算法中通过 malloc 函数申请到一个存储结点（由指针 ptr 指向）后，执行①~④步操作。图 3-20（a）所示为当原链队为空时进入队列时的情形；图 3-20（b）所示为当原链队为非空时进入队列的情形。可以看出，由于现在考虑的是带头结点的链队，所以无论队列原先是空还是非空，进队时的指针操作都是相同的。

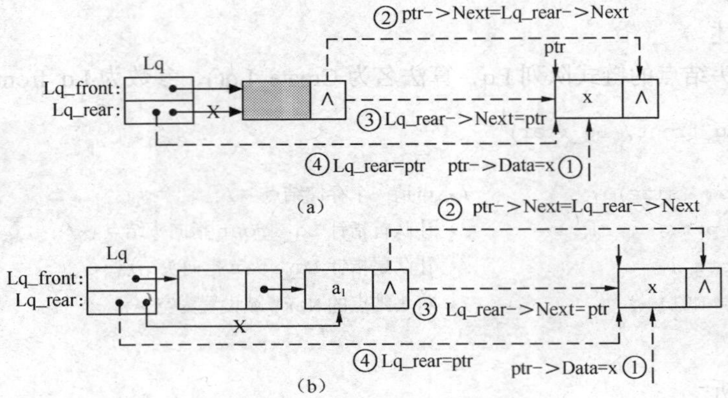

图 3-20　元素进入链队时的指针操作

3．从链式队列里删除一个元素——出队

算法 3-20　链式队列的出队算法。

（1）算法描述

依照队首指针 Lq_front 的指示，把链式队列 Lq 的队首元素读出，然后调整指针，将该元素删除。算法名为 Delete_Lq()，参数为 Lq_front、Lq_rear、x。

```
Delete_Lq(Lq_front, Lq_rear, x)
{
  if (Lq_front == Lq_rear)                    /* 队列空 */
    printf ("The linked queue is empty!") ;
  else                                        /* 队列非空 */
  {
    ①ptr = Lq_front->Next ;                  /* 让 ptr 指向欲删除的结点 */
    ②x = ptr->Data ;                         /* 结点数据存入变量 x */
    ③Lq_front->Next = ptr->Next ;            /* 删除该结点 */
    if (ptr->Next == NULL)                    /* 队列里只有一个结点 */
      ④Lq_rear = Lq_front ;
```

```
      ⑤free (ptr);                                /* 释放占用的存储结点 */
    }
}
```

（2）算法分析

由于是出队操作，所以首先要判断队列是否为空，空队列是没有元素可以出队的。判断一个链式队列为空的条件就是：

```
Lq_front == Lq_rear
```

在链式队列的出队操作中，还有一个需要注意的地方，那就是如果原先队列里只有一个元素，即算法里考虑的条件：

```
ptr->Next == NULL
```

成立，那么把这个元素删除后，还必须调整 Lq_rear，让它指向队列所设的头结点，否则它就无所指向而“悬空”了。调整的办法就是：

```
Lq_rear = Lq_front
```

图 3-21 所示为原先队列里只有一个元素时，删除它的操作过程，图中的①～⑤对应于算法中标注的①～⑤。

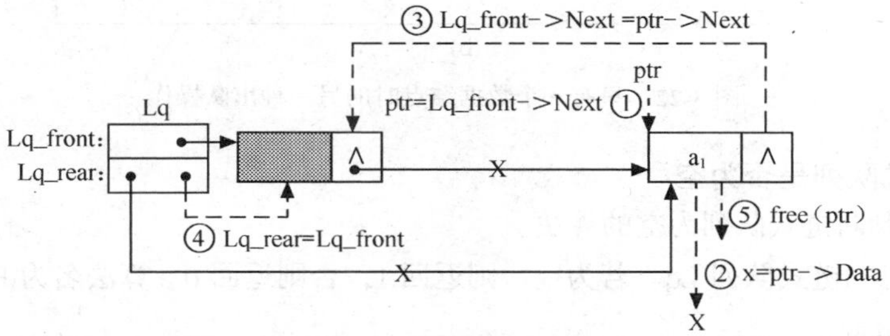

图 3-21　只有一个数据结点时的出队操作

（3）算法讨论

该算法必须判断在队列里是否只有一个数据结点，如果确实只有一个数据结点，那么做出队操作时就要对队尾指针 Lq_rear 进行调整，以便让它指向头结点。可以用下面改进的算法 Delete_Lq1()，来避免队尾指针 Lq_rear 的调整移动。

```
Delete_Lq1(Lq_front, Lq_rear, x)
{
  if (Lq_front == Lq_rear)                       /* 队列空 */
    printf ("The linked queue is empty!") ;
  else                                          /* 队列非空 */
  {
    ①ptr = Lq_front ;
    ②Lq_front = Lq_front->Next ;
    ③free (ptr);
    ④x = Lq_front->Data ;
  }
}
```

该算法的特点是只修改链式队列的首指针 Lq_front，不动尾指针 Lq_rear。删除时，只删除头结点，把要出队的队列首元素结点改为头结点。这样一来，即使原来队列里只有一个数据元素，也不用修改队尾指针 Lq_rear。

图 3-22 给出了对算法 Detele_Lq1()的分析。图 3-22（a）描绘了链式队列里只有一个数据结点时，出队操作的实施步骤。虚线上标注的①～④，与算法中的①～④相对应；图 3-22（b）描绘了一般链式队列出队操作的实施步骤，虚线上标注的①～④，与算法中的①～④相对应。可以看出，无论链式队列里是否只有一个数据结点，出队时的操作都是一样的，不必像算法 3-20 所示 Detele_Lq()似地，再去专门关注队列里只有一个数据结点时的情形。

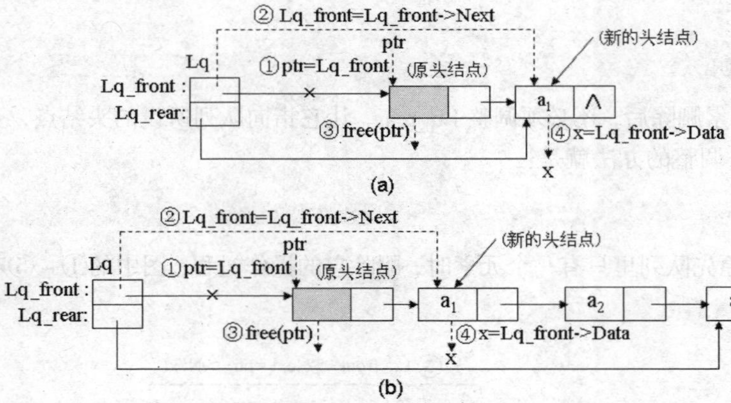

图 3-22　只有一个数据结点时的另一种出队操作

4．判断链式队列是否为空

算法 3-21　判断链式队列为空的算法。

算法描述：已知链式队列 Lq。若为空，则返回 1，否则返回 0。算法名为 Empty_Lq()，参数为 Lq_front、Lq_rear。

```
Empty_Lq(Lq_front, Lq_rear)
{
  if (Lq_front == Lq_rear)
    return (1);
  else
    return (0);
}
```

5．显示链式队列里所有元素的值

算法 3-22　显示链式队列所有元素值的算法。

算法描述：已知链式队列 Lq。将其所有元素的值打印输出。算法名为 Display_Lq()，参数为 Lq_front。

```
Display_Lq(Lq_front)
{
  ptr = Lq_front->Next ;
  while (ptr != NULL)
  {
    printf ("%d", ptr->Data);
    ptr ++ ;
```

```
    }
}
```

例 3-4　对带有头结点的链式队列 Lq，可以通过首、尾指针间的________关系来判定队列中只有一个数据元素。

解： 对带有头结点的链式队列 Lq，其队首指针 Lq_front 总是指向队列的头结点，队尾指针 Lq_rear 总是指向最后一个数据结点。因此，当队列里只有一个数据元素时，首、尾指针的指向如图 3-23 所示。由此可以看出，这时应该填写首、尾指针间的关系是：

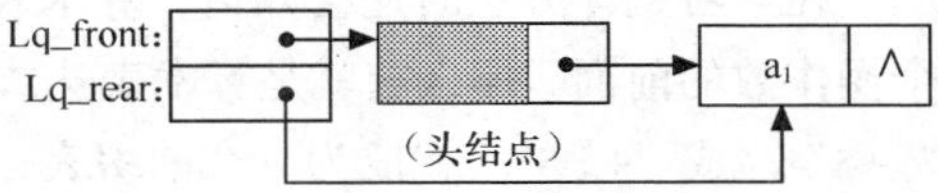

图 3-23　只有一个元素的链队

```
Lq_front->Next == Lq_rear
```

例 3-5　若一个字符序列正、反读都相同，则称其为"回文"。例如，"wxyzzyxw"是回文，"ashgash"不是回文。利用堆栈与队列知识以及给出的相应算法，编写一个算法，判断读入的一个以"#"为结束符的字符序列是否是回文。

解： 我们知道，进入堆栈的字符序列，出栈时的顺序与进栈时的顺序正好相反；进入队列的字符序列，出队时的顺序与进队时的顺序完全相同。利用这样的特性，先把字符序列分别读入一个堆栈和一个队列，然后再让它们出栈和出队。每出来一个字符就做一次比较，看它们是否相同。由此就可以判定该字符序列是否是回文。具体的算法如下。

```
Plrome()
{
  Create_Ls (Ls_top) ;                      /* 创建一个链栈 */
  Create_Lq (Lq_front, Lq_rear) ;           /* 创建一个链式队列 */
  scanf ("%c", &x);                         /* 读一个字符 */
  while (x != "#")
  {
    Push_Ls(Ls_top, x) ;                    /* 进栈 */
    Insert_Lq(Lq_rear, x) ;                 /* 进队 */
    scanf ("%c", &x);                       /* 继续读字符 */
  }
while ( (Ls_top != NULL) && ( Lq_front != Lq_rear) )
  if (Pop_Ls (Ls_top, x) != Delete_Lq(Lq_front, Lq_rear, x))
    break ;                                 /* 终止循环 */
if ( (Ls_top != NULL) || ( Lq_front != Lq_rear) )
  printf ("该字符序列不是回文! ") ;
else
  printf ("该字符序列是回文! ") ;
}
```

3.3 栈与队列的实际应用

3.3.1 在算术表达式求值中使用堆栈

人们对算术表达式是非常熟悉的，它是指用算术运算符将操作数连接起来组成的式子。算术表达式求值，是程序设计语言编译时必须解决的一个基本问题。

我们常见的(12+5)×8、76−(2×3)+15/3 等算术表达式，其特点是运算符被置于两个操作数的中间，按照“先括号内后括号外”、“先乘除后加减”、“同级运算先左后右”的运算规则进行求值。在计算机里，把这种“运算符被置于两个操作数中间”形式的算术表达式，称之为是“中缀表达式”。

在学习编译方法时还会知道，算术表达式还有前缀和后缀两种形式。如果将运算符放置于两个操作数的前面，那么它就是算术表达式的前缀形式，称为“前缀表达式”。例如，把中缀表达式“x+5”写成“+x 5”，就成为一个前缀表达式。数学中函数的标准写法就是使用前缀表示，如 f(x)、sinx 等。如果将运算符放置于两个操作数的后面，那么它就是算术表达式的后缀形式，称为“后缀表达式”。例如，把中缀表达式“x+5”写成“x 5 +”，就成为一个后缀表达式。数学中的阶乘函数就是使用后缀表达形式：n!。

后缀表达式的特点是没有括号，没有运算符间的优先级，其计算完全按照运算符出现的先后次序进行。因此，在语言编译系统里，真正解决算术表达式求值，总是先把中缀表达式转换为后缀表达式，然后对后缀表达式进行一遍扫描，求得其结果。

表 3-1 列出了几个中缀表达式及其相应的后缀表达式。

表 3−1　中缀表达式与相应的后缀表达式

中缀表达式	后缀表达式
3−5*2	352*−
(3−5)*2	35−2*
3/(5*2+1)	352*1+/

我们不去探究利用堆栈来实现把中缀表达式转换为后缀表达式，然后再求表达式值的问题（对于它们，留在后面的习题里）。我们在此只是简单地介绍在中缀表达式的基础上，如何通过堆栈能够求得它的值。

例如有中缀表达式 3+12*5。在自左至右扫描一个表达式时，顺序取得操作数 3、运算符“+”、以及操作数 12 后，并不能就此急匆匆地去做这个加法，因为第 2 个操作数 12 的后面跟随的是“*”运算符，它的运算优先级比“+”高。

因此，正确处理过程是，设置两个堆栈，一个取名 num，用以在处理表达式时存放取得的操作数，是操作数栈；一个取名 op，用以在处理表达式时存放取得的运算符，是运算符栈。在自左至右扫描一个表达式时，具体的规则如下。

（1）若当前取得的是操作数，就让它进 num 栈。

（2）若当前取得的是运算符，且优先级高于 op 栈栈顶元素的优先级时，就进 op 栈，并继续向右扫描。

（3）若当前取得的是运算符，其优先级不高于 op 栈栈顶元素的优先级，那么就暂时将它放在一边不进 op 栈。继而让当前 op 栈的顶元素出栈，让 num 栈顶的两个元素出栈，执行这个运算，并将计算结果进入 num 栈。完成后，再将放在一边欲进栈的运算符与 op 栈栈顶当前元素进行比较，按不同的情况加以处理。

（4）在栈开始工作前，往 op 栈底放一个特殊的运算符，例如“#”，规定它的优先级为最低，以便扫描表达式时，遇到的第 1 个运算符可以顺利进入 op 栈。

有了这样的处理规则，下面就以 3+2*15/3 为例，来看 num 和 op 两个堆栈的变化情况，以及计算值的过程。

初始时 num 栈为空，op 栈的栈底放置了一个“#”符，如图 3-24（a）所示。自左至右扫描该表达式。读到的第一个对象为数字 3，让它进 num 栈，如图 3-24（b）所示；读到的第二个对象为运算符“+”，由于它的优先级高于当时的栈顶元素“#”，于是进 op 栈，如图 3-24（c）所示；读到的第三个对象为数字 2，让它进 num 栈，如图 3-24（d）所示；读到的第四个对象为运算符“*”，由于它的优先级高于当时的栈顶元素“+”，于是进 op 栈，如图 3-24（e）所示；读到的第五个对象为数字 15，让它进 num 栈，如图 3-24（f）所示；读到的第六个对象为运算符“/”，由于它的优先级与当时的栈顶元素“*”相当，因此暂不进栈，被放在一旁，让 op 栈的栈顶元素“*”出栈，让 num 栈的两个元素出栈，执行操作 2*15（第 1 个出 num 栈的为乘数，第 2 个出 num 栈的为被乘数），结果 30 进 op 栈，如图 3-24（g）所示；拿放在一旁的“/”与 op 栈顶的运算符比较，由于它的优先级高于当时的栈顶元素“+”，于是进 op 栈，如图 3-24（h）所示；读到的第七个对象为数字 3，让它进 num 栈，如图 3-24（i）所示；由于已经到达表达式的末尾，让 op 栈的栈顶元素“/”出栈，让 num 栈的两个元素出栈，执行操作 30/3（第 1 个出 num 栈的为除数，第 2 个出 num 栈的为被除数），结果 10 进 op 栈，如图 3-24（j）所示；继续让 op 栈的栈顶元素“+”出栈，让 num 栈的两个元素出栈，执行操作 3+10（第 1 个出 num 栈的为加数，第 2 个出 num 栈的为被加数），结果 13 进 op 栈，如图 3-24（k）所示。至此，op 栈已到栈底（遇到对象“#”），num 栈底的元素值就是所求。

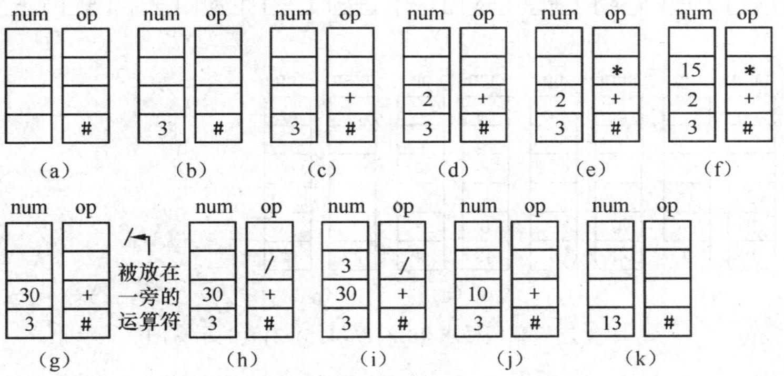

图 3-24 利用栈求 3+2*15/3 值的示意

注意，这里我们没有涉及圆括号。圆括号是一个比较特殊的运算符，它出现在表达式里时，由于能够改变运算顺序，所以它的优先级是最高的。但在它进栈后，为了不阻止括号内的运算符进入 op 栈，就必须把它的优先级降低到只比“#”高。只有这样，才能正确处理表达式的计算。

于是，为了能够处理表达式里的圆括号，我们应该在上述四条规则的基础上，再增加如下的两条规则。

（5）遇到左圆括号符“(”时，进入 op 栈。

（6）遇到右圆括号符“)”时，不进 op 栈，而是不断地弹出 op 里的运算符、弹出 num 里的两个操作数、做运算、结果进 num 栈，直至遇到左圆括号，让它出 op 栈，继续进行后面的处理。

图 3-25 是利用栈求 48−(18/ (4+5)*3)值的例子，在那里出现了两层圆括号。在取得第一和第二个对象、并让它们分别进入 num 和 op 栈后，第三个对象就是左圆括号“(”。根据规则，让它

进 op 栈，如图 3-25（c）所示，并将它的优先级降低。继续处理，让取到的第四个对象 18 进入 num 栈后，第六个取到的对象是运算符“/”。由于的优先级比当前 op 栈的栈顶元素“(”高，所以进入 op 栈，如图 3-25（e）所示。继续进行时，遇到第 2 个左括号“(”，仍然让它进 op 栈，降低其优先级，如图 3-25（f）所示。

让我们看在取到第七至九个对象，并分别进入 num 和 op 栈后的情形。这时应如图 3-25（i）所示。再取对象，就遇到右括号“)”。不让它进 op 栈，而是将 num 栈栈顶的两个元素出栈，让 op 栈的栈顶元素出栈，在求得“4+5”的结果 9 之后，将它进入 num 栈，如图 3-25（j）所示。继续往下处理，直至最终在 num 栈底得到计算结果为 42，如图 3-25（p）所示。

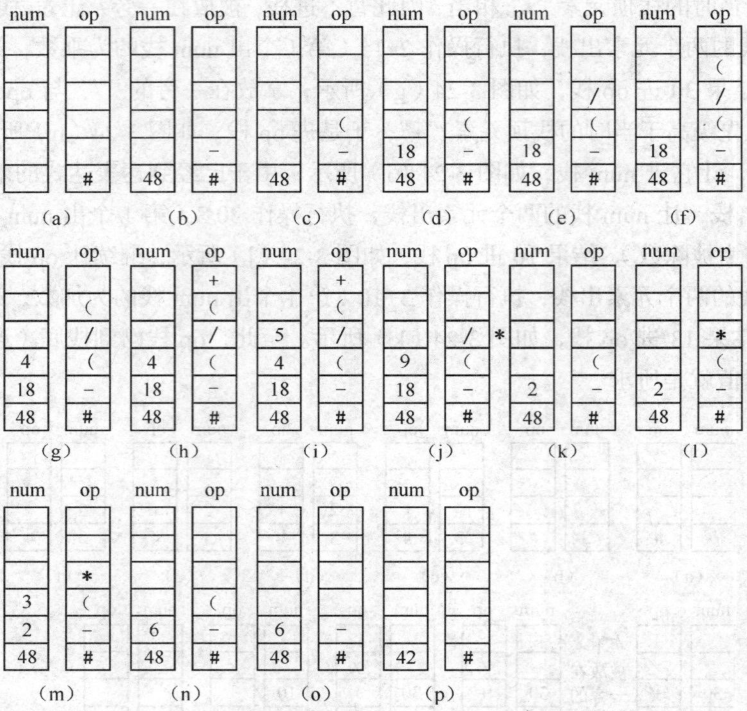

图 3-25　利用栈求 48−(18/ (4+5)*3)值的示意图

3.3.2　堆栈与函数递归调用

函数的递归调用实际上是函数调用的一个特例。函数调用，是泛指一个函数调用另一个函数；而函数的“递归调用”，是特指函数在使用过程中调用了自己。

一个函数在使用过程中要调用自己，那么该函数就被称为“递归函数（Recursive Function）”。函数的递归调用有两种形式：如果一个函数是直接调用自己，那么称这种递归调用为直接递归调用；如果一个函数是通过另一个函数来调用自己，那么就称这种递归调用为间接递归调用。

例如，数学中求整数 *n* 的阶乘可以直接定义为

```
n! = 1*2*3*…*(n-1)*n
```

也可以用递归的方式，定义成一个函数 fact ()如下：

$$\text{fact}(n)=n!=\begin{cases}1 & \text{若}n=0\\ n*\text{fact}(n-1) & \text{若}n>0\end{cases}$$

这时，fact (n)是一个递归函数，因为为了求 fact (n)，需要调用 fact (n−1)。

对于这个求整数 n 阶乘的递归函数，可以编写成如下的递归算法：

```
fact(n)
{
  if (n == 0)
    return (1) ;
  else
   {
    m = n*fact (n-1);
    return (m) ;
   }
}
```

假定希望计算 4!，我们有如下的实际计算过程：

```
fact(4) = 4*fact(3)
       = 4*(3*fact (2) )
       = 4*(3*(2*fact (1) ) )
       = 4*(3*(2*(1*fact (0) ) ) )
       = 4*(3*(2*(1*1) ) )
       = 4*(3*(2*1) )
       = 4*(3*2)
       = 4*6
       = 24
```

可以看出，递归的实质是把“复杂”问题的解决，一步一步地转化为“简单”问题的解决，最后得到整个问题的解决。例如，把求 fact(4)转化为求 fact(3)。不难看出，求 fact(3)的结构与求 fact(4)的结构相同，但规模比 fact(4)小，比 fact(4)更简单。而求 fact(3)又可以转化为求 fact(2)。如此一步步地转化到最后，就可以把求 fact(4)归结为求 fact(0)。由于在定义里已经知道 fact(0)是 1，于是问题再反溯回去，就可以得到彻底解决。

求 fact(4)时，要调用 fact(3)，求 fact(3)时，要调用 fact(2)，求 fact(2)时，要调用 fact(1)，求 fact(1)时，要调用 fact(0)。这些调用当然是借助于堆栈来实现的，堆栈的具体变化，如图 3-26 所示。

（1）第 1 次调用

第 1 次就是调用 fact(4)。这时的实际参数值为 n=4。执行 m=4*fact(3)时，由于要调用 fact(3)，因此本次调用暂无返回，只能是把返回地址 A0、要计算的表达式“4*fact(3)”等信息传递给 fact(3)，由它将这些信息压入栈内，然后调用 fact(3)，如图 3-26（a）所示。

（2）第 2 次调用

第 2 次就是调用 fact(3)。这时的实际参数值为 n=3。执行 m=3*fact(2)时，由于要调用 fact(2)，因此本次调用暂无返回，只能是把返回地址 A1、要计算的表达式“3*fact(2)”等信息传递给 fact(2)，由它将这些信息压入栈内，然后调用 fact(2)，如图 3-26（b）所示。

（3）第 3 次调用

第 3 次就是调用 fact(2)。这时的实际参数值为 n=2。执行 m=2*fact(1)时，由于要调用 fact(1)，因此本次调用暂无返回，只能是把返回地址 A2、要计算的表达式“2*fact(1)”等信息传递给 fact(1)，由它将这些信息压入栈内，然后调用 fact(1)，如图 3-26（c）所示。

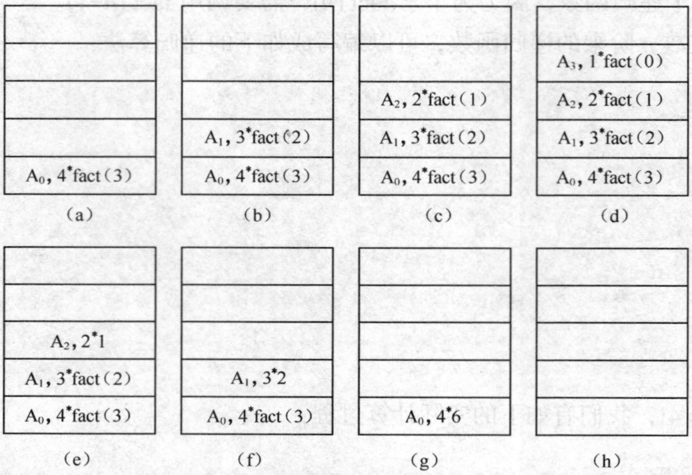

图 3-26　递归调用时栈的变化

（4）第 4 次调用

第 4 次就是调用 fact(1)。这时的实际参数值为 n=1。执行 m=1*fact(0)时，由于要调用 fact(0)，因此本次调用暂无返回，只能是把返回地址 A3、要计算的表达式“1*fact(0)”等信息传递给 fact(0)，由它将这些信息压入栈内，然后调用 fact(0) ，如图 3-26（d）所示。

（5）第 5 次调用

第 5 次就是调用 fact(0)。这时的实际参数值为 n=0，因此执行算法中的 return(1)，将值 1 返回。

（6）回溯

弹出当前的栈顶元素，根据记录的返回地址 A3 返回，计算出 1*fact(0)=1 后，执行算法中的 return(m)，返回值 1；弹出当前的栈顶元素，根据记录的返回地址 A2 返回，计算出 2*fact(1)=2 后，执行算法中的 return(m)，返回值 2；弹出当前的栈顶元素，根据记录的返回地址 A1 返回，计算出 3*fact(2)=6 后，执行算法中的 return(m)，返回值 6；弹出当前的栈顶元素，根据记录的返回地址 A0 返回，计算出 4*fact(3)=24 后，执行算法中的 return(m)，最终返回计算结果 24，如图 3-26（e）~图 3-26（h）所示。

递归调用只是函数调用的一种特例，因此，不是任意一个函数都可以通过调用自己来形成递归函数的。构成递归，必须具备以下两个前提。

- 必须有一个终止递归的条件，它定义了递归的出口，当条件满足时，递归过程就停止。例如在求整数阶乘中，fact(0)=1 就是终止递归的条件。
- 必须有一个递归公式，它会不断地把求解的问题转化为结构相同、规模下降的子问题，最终抵达递归的出口。例如在求整数阶乘中，fact(n)=n*fact(n−1) （n>0）就是递归公式。

下面举一个求斐波那契（Fibonacci）数的递归问题。

斐波那契序列，是如下的一个数列：

```
1, 1, 2, 3, 5, 8, 13, 21, 34, 55, 89, …
```

数列中各项的计算公式为

$$\mathrm{Fib}(n)=\begin{cases}1 & n=1\\1 & n=2\\\mathrm{Fib}(n-1)+\mathrm{Fib}(n-2) & n>2\end{cases}$$

也就是当 $n>2$ 时，第 n 项 Fib 数由第 $n-1$ 项和第 $n-2$ 项 Fib 数相加求得，而第 $n-1$ 项和第 $n-2$ 项 Fib 数的求解，又分别由它们各自前两项 Fib 数相加求得。总之，Fib($n-1$)和 Fib($n-2$)的求解过程，与 Fib(n)的求解过程结构相同，但规模下降。可以看出，求解 Fib(n)是一个递归过程，其递归的终止条件是 Fib(1)=1，Fib(2)=1，递归公式是：

```
Fib(n)=Fib(n-1)+Fib(n-2)        (n>2)
```

于是，可以为求解斐波那契数编写递归算法如下：

```
Fib(n)
{
  if (n == 1)
    return (1) ;
  else
  {
    if (n == 2)
      return (1) ;
      else
    {
      m = Fib(n-1)+Fib(n-2) ;
      return (m) ;
    }
  }
}
```

小结

本章介绍了有关堆栈和队列的内容，应该重点掌握如下几个方面。

（1）堆栈和队列都是线性表的一种，因此它们数据间的逻辑结构具有线性关系。由于实现时采用的存储结构不同，因此有顺序栈、链栈、顺序队列、循环队列、链式队列之分。

（2）堆栈与线性表的区别，在于对它的插入和删除都被限制只能在表的同一端进行，即在一端（栈顶）插入，在同一端（栈顶）删除。因此，堆栈具有“先进后出（FILO）”，或是“后进先出（LIFO）”的特性。也正因如此，对于堆栈，只需要设置一个指针 top，就可以管理堆栈元素的进出。

（3）由于顺序栈的存储空间大小是固定的，因此插入时可能会出现“上溢”现象，删除时可能会出现“下溢”现象，必须学会判定一个顺序栈是“满”、是“空的条件。由于链栈对数据需要的存储结点空间实行的是动态存储分配，只有可能在删除时出现“下溢”现象。因此，应该学会判定一个链栈是“空”的条件。

（4）队列与线性表的区别，在于对它的插入和删除都被限制只能在表的不同端进行，即在一端（队尾）插入，在另一端（队首）删除。因此，队列具有“先进先出（FIFO）”或“后进后出（LILO）”的特性。由于插入和删除在不同的表端进行，所以需要两个指针 front、rear 来管理队列元素的进出。

（5）由于顺序队列的存储空间大小是固定的，因此插入时可能会出现“上溢”现象，删除时可能会出现“下溢”现象，必须学会判定一个顺序队列是“满”、是“空”的条件。对于顺序队列，还有可能出现“假溢出”现象，造成对存储空间的浪费。正因为如此，才引入了循环顺序队列。由于链式队列对数据需要的存储结点空间实行的是动态存储分配，只有可能在删除时出现“下溢”现象。因此，应该学会判定链式队列为“空”的条件。

（6）循环顺序队列是对顺序队列管理的一种改进，以便能够利用由于假溢出而造成的队位浪费。要理解求余运算“%”为什么能使 front、rear 所指的队位号循环，掌握判定循环队列空和满的条件。

（7）链式队列不会出现假溢出的情形，但可能会有队空的时候。

（8）堆栈和队列在语言编译、操作系统等软件的实现中，得到了大量的应用。对这里提及的应用内容（例如表达式求值、递归等），应该有所了解。

习题

一、填空题

1．限定插入和删除操作只能在同一端进行的线性表，被称为是________。

2．如果在顺序栈满时仍打算进行进栈操作，就称为发生了“________”出错。

3．如果在顺序栈空时仍打算进行出栈操作，就称为发生了“________”出错。

4．在具有 n 个数据结点的循环队列中，队满时共有________个数据元素。

5．如果操作顺序是先让字母 A、B、C 进栈，做两次出栈；再让字母 D、E、F 进栈，做一次出栈；最后让字母 G 进栈，做三次出栈。最终这个堆栈从栈顶到栈底的余留元素应该是________。

6．中缀表达式(a+b)−(c/(d+e))对应的后缀表达式是________。

7．函数的递归调用有两种形式：如果一个函数是直接调用自己，就称其为________递归调用；如果一个函数是通过另一个函数来调用自己，就称其为________递归调用。

8．设某栈的元素输入顺序是 1、2、3、4、5，想得到 4、3、5、2、1 的输出顺序。那么 push、pop 的操作序列应该是________________________________。

9．设链栈的栈顶指针为 Ls_top，那么它非空的条件应该是________。

10．队列中，允许进行删除的一端称为________。

二、选择题

1．一个栈的元素进栈序列是a、b、c、d、e，那么下面的________不能作为一个出栈序列。

A．e、d、c、b、a　　B．d、e、c、b、a

C．d、c、e、a、b　　D．a、b、c、d、e

2．判定一个顺序队列Qs（最多有 *n* 个元素）为空的条件是________。

A．Qs_rear-Qs_front == n*size　　B．Qs_rear-Qs_front+1 == n*size

C．Qs_front == Qs_rear　　D．Qs_front == Qs_rear+size

3．判定一个顺序队列Qs（最多有 *n* 个元素）为真满的条件是________。

A．Qs_rear-Qs_front == n*size　　B．Qs_rear-Qs_front+1 == n*size

C．Qs_front == Qs_rear　　D．Qs_front == Qs_rear+size

4．在一个链式队列Lq中，Lq_front和Lq_rear分别为队首、队尾指针。现在由指针ptr所指结点要进队，则插入操作应该是________。

A．Lq_front->Next = ptr;　　Lq_front = ptr;

B．Lq_rear->Next = ptr;　　Lq_rear = ptr;

C．ptr->Next = Lq_rear;　　Lq_rear = ptr;

D．ptr->Next = Lq_front;　　Lq_front = ptr;

5．链栈与顺序栈相比，一个较为明显的优点是________。

A．通常不会出现栈空的情形　　B．插入操作更加便利

C．删除操作更加便利　　D．通常不会出现栈满的情形

6．向链栈插入一个结点时，操作顺序应该是________。

A．先修改栈顶指针，再插入结点　　B．无须修改栈顶指针

C．先插入结点，再修改栈顶指针　　D．谁先谁后没有关系

7．从链栈中删除一个结点时，操作顺序应该是________。

A．先保存被删结点的值，再修改栈顶指针

B．先修改栈顶指针，再保存被删结点的值

C．无须修改栈顶指针的值

D．谁先谁后没有关系

8．一个循环队列的最大容量为 *m*+1，front为队首指针，rear为队尾指针。那么进队操作时求队位号应该使用公式________。

A．Cq_front = (Cq_front+1)%m　　B．Cq_front = (Cq_front+1)%(m+1)

C．Cq_rear = (Cq_rear+1)%m　　D．Cq_rear = (Cq_rear+1)%(m+1)

9．在一个循环顺序队列里，队首指针Cq_front总是指向________。

A．队首元素　　B．队首元素的前一个队位

C．任意位置　　D．队首元素的后一个队位

10．若一个栈的进栈序列是1、2、3、4，那么要求出栈序列为3、2、1、4时，进、出栈操作的顺序应该是________。（注：所给顺序中，I表示进栈操作，O表示出栈操作）

A．IIIOOOIO　　B．IOIOIOIO　　C．IIOOIOIO　　D．IOIIIOOO

三、问答题

1．若元素进栈的序列是1、2、3、…、*n*，有一个出栈序列的第1个元素是 *n*。那么，这个出

栈序列的第 i 个元素是什么？

2．设元素进栈的次序是a，b，c，d，e。试问，在下面所列的6种元素序列里，哪些可以是这个栈的出栈序列？

A．c，e，a，b，d　　B．c，b，a，d，e

C．d，c，a，b，e　　D．a，c，b，e，d

E．a，b，c，d，e　　F．e，a，b，c，d

3．有一个顺序栈Ss，其栈顶指针为Ss_top，栈底指针为Ss_bottom。阅读下面给出的算法，其中的两条prinf函数的输出结果各是什么？(算法中的Push_Ss(Ss_top, ch)表示将ch里的元素进栈，Pop_Ss(Ss_top, ch)表示将栈顶元素出栈，存入ch中)

```
print ()
{
  for (ch = 'A'; ch <= 'A'+12 ; ch++)
  {
    Push_Ss(Ss_top, ch) ;
    printf ("%c", ch);
  }
  while (Ss_top != Ss_bottom)
  {
    Pop_Ss(Ss_top, ch);
    printf ("%c", ch);
  }
}
```

4．设有6个元素 a_1、a_2、a_3、a_4、a_5、a_6，它们以此顺序依次进栈。假定要求它们的出栈顺序是 a_4、a_3、a_2、a_6、a_5、a_1，那么应该如何安排push和pop操作序列？

5．有中缀表达式a / (b / (c / (d / e)))。有人将其转化为相应的后缀表达式是abcde////。这一转化结果对吗？

6．试述栈与队列各自具有什么样的逻辑特点？它们之间又有什么共同点？

7．有一个顺序队列，最大容量为5。初始时有Qs_front = Qs_rear = 0。画出做下列操作时队列及其首、尾指针的变化情况。若不能进队时就停止，并简述原因。

（1）d、e、b进队　（2）d、e出队　　（3）i、j进队

（4）b出队　　　　（5）n、o、p进队

8．有一个递归函数Write()，定义如下：

```
Write(x)
{
  if (x != 0)
  {
   Write (x-1) ;
   for (j=1; j<=x; j++)
     printf ("%3d", x);
   printf ("/n");
  }
}
```

试问，Write(5)的输出结果是什么？

四、应用题

1．编写一个判顺序栈空的算法。要求是如果栈空，返回 1，否则返回 0。

2．编写一个算法，它能够输出顺序队列 Qs 上所有元素的值。

3．编写一个算法，它能够取得链式队列首元素的值。

4．有 5 个人顺序坐在一起。问第 5 个人多少岁，回答说比第 4 个人大 2 岁；问第 4 个人多少岁，回答说比第 3 个人大 2 岁；问第 3 个人多少岁，回答说比第 2 个人大 2 岁；问第 2 个人多少岁，回答说比第 1 个人大 2 岁；问第 1 个人多少岁，回答说是 10 岁。试给出该递归的公式、结束条件，并编写出相应的递归算法。

5．将中缀表达式转化为后缀表达式的方法类似于中缀表达式求值。具体地，要开辟一个运算符栈 op 和一个数组 st。在自左至右扫描算术表达式时，遇到操作数就直接顺序存入 st；遇到运算符时就与 op 栈顶元素比较，高则进栈，不高则让栈顶元素出栈，存入 st，然后该运算符再次去与新的 op 栈顶元素比较。最后，在数组 st 里形成所需要的后缀表达式。试用这种方法，用图示将中缀表达式 5+8*3−2 转化成为相应的后缀表达式。

6．语言编译时，总是先将中缀表达式转化成为后缀表达式，然后再计算后缀表达式的值，因为后缀表达式已经去除了括号，没有了运算符的优先级。计算后缀表达式的方法是只开辟一个对象栈 ob，当从左往右扫描后缀表达式时，每遇到操作数就让其进入 ob 栈，每遇到运算符就从 ob 栈里弹出两个操作数进行当前的计算，并将计算结果进 ob 栈。该过程直至整个表达式结束。ob 栈的栈顶值就是最终结果。试用图示计算后缀表达式 583*+2−的值。

第4章

串、数组、矩阵

“串”是一种特殊的线性表，其特殊性在于它的数据元素只能是字符（字母、数字、空格和其他字符），特殊在于串可以作为整体参与所需要的处理。在第1章里我们已经知道，可以把计算机处理的数据，笼统地分成数值型和非数值型两大类。串的数据元素是非数值型的，它已成为计算机非数值处理的一种主要对象。人们熟悉的各种文字编辑软件（例如Word），其处理对象大多是串。

我们对“数组”并不陌生，因为它在高级程序设计语言中是常见的数据类型。数组本身是较为复杂的一种数据结构，但由于它的特性，因此又能够把它视为是线性表的推广。

“矩阵”与二维数组有关联，在科学计算和工程应用中被广泛地用到（例如，线性方程组的系数矩阵）。在众多矩阵中，有一类矩阵的阶数很高，但或其元素的分布有一定的规律可循，或里面含有大量的零元素。为了节省存储空间，常需要对这样的矩阵进行存储压缩处理。本章涉及的，就是这些具有特殊性的矩阵。

本章主要介绍以下几个方面的内容：

- 串的基本知识；
- 串的存储实现及各种处理算法；
- 数组的基础知识及顺序存储；
- 各种特殊矩阵（对称矩阵、三角矩阵），及其压缩存储；
- 稀疏矩阵及其压缩存储。

4.1 串

4.1.1 串的基本知识

串，实际上就是通常所说的字符串，这是一种特殊的线性表，它的数据元素仅限于是字符（英文字母、数字、空格以及其他字符）。可以把串定义如下。

“串（String）”是由 0 个或多个字符构成的一个有限序列，用双引号作为其定界符。由于串就是通常所说的字符串，因此，在本书中串与字符串这两个词将等同使用。

若有一个串 s：

$$s = "a_1a_2\cdots a_{n-1}a_n"\ (n \geqslant 0)$$

那么，s 是该串的“串名”，$a_1a_2\cdots a_{n-1}a_n$ 是串 s 的“值”。注意，括起串值的双引号只起限定串的作用（即规定该串从哪里开始、到哪里结束的定界符），它不是串的内容。

在字符串双引号内的字符个数 n，称为字符串的“长度”。当 n=0 时，称其是一个“空串”。也就是说，空字符串是不含任何字符的。

例 4-1　有如下的 4 个串：

```
s1="STUDENT"
s2=""
s3="I am a boy! "
s4=" "
```

那么，串 s1 的长度是 7，串 s2 的长度是 0，串 s3 的长度是 11，串 s4 的长度是 1。这里要注意，由于空格也是一个字符，因此串 s3 的长度是 11，而不是 8；串 s4 的长度是 1，而不是 0。有时，也用符号“Φ”表示空格，以便引起人们对它的注意。因此，上面的字符串 s4 也可以表示为：

s4="Φ"

已知一个字符串，该串中每个字符在串中的序号，称为它在字符串的“位置”。字符串中任意多个连续字符所组成的子序列，被称作是这个串的“子串”，这个字符串本身则称为“主串”。一个子串的第 1 个字符在主串中的位置，被称作是该子串在“主串中的位置”。

若两个串 s1 和 s2 的长度相等，且对应位置上的字符都一样，那么就说这两个串“相等”，记为 s1=s2。两个字符串也可以比较大小，这时是以字符串中对应字符出现在字典中的顺序作为比较依据的。若串 s1 中的某个字符，相比串 s2 中对应位置上的字符，排在字典序列的后面，那么就说串 s1 大于串 s2，记为 s1>s2。

除了记法上的不同外，线性表和字符串到底有什么本质区别呢？本质区别就在于线性表只能以单个数据元素（这里就是字符）作为处理的对象，而字符串则可以以自己作为一个整体参与处理，也可以以该字符串的一个部分（子串）参与处理。例如，要往 L 里进行插入时，一次只能插入一个字符（数据元素），但往 S 里插入时，一次可以插入另一个字符串。

也正因为有这样的特殊性，人们才把字符串单独提取出来，作为一种数据结构来加以讨论。下面，我们将讨论字符串的存储实现，以及在串上的各种操作。

4.1.2　串的顺序存储实现

1．串的顺序存储实现

当采用顺序式存储结构存储一个字符串时，就称它为“顺序串（Sequential String）”。由于字符串是线性表的一个特例，因此，顺序串就是顺序表的一个特例。

类似于顺序表，人们是采用高级语言中的数组这种数据类型，来依次存放顺序串值中的字符序列的，只不过这时每一个数组元素都只是一个字符。

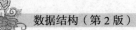

为了建立一个顺序串 St，除了需要通过数组向系统申请一个连续的存储区、给出数组（也就是顺序串）的最大容量 St_max 之外，还需要设置一个串的长度计数器 St_len，初始时它为 0。也就是说，需要做如下的工作：

```
char St[MAX];            /* 说明一个字符型数组，申请到一个连续的存储区 */
St_max = MAX ;           /* 设置顺序串的最大容量为MAX */
St_len = 0 ;             /* 顺序串的长度 */
```

完成了这些工作，就有了如图 4-1 所示的字符串 St。

在图 4-1 里，开辟的数组尺寸为 20，即 St_max=20，表示它最多可以存放 20 个字符；当前存放在里面的串的长度为 14，即 St_len=14。这里要说明的是，字符串在书写时，是以双引号为界定符的。由于双引号并不是串的内容，因此字符串被存放到数组后，双引号不会被存放到数组里。这时，要得到串的起始位置并不困难，因为找到数组 St，就找到了串的起始位置。但为了明确字符串的具体结束位置，则必须在串的末尾添加一个串结束符才行。在 C 语言里，是把“\0”作为字符串结束符的，我们这里仍沿用它。这样一来，如果开辟的数组最大容量为 20，那么实际上这个数组最多可以容纳的字符串长度应该只有 19，而不是 20。另一方面，“\0”是人为添加的标识符号，并不算在串的长度之列，因此图 4-1 里的字符串 St 的真正长度 St_len 应该是 14，而不是 15。这是必须要理解并加以注意的。

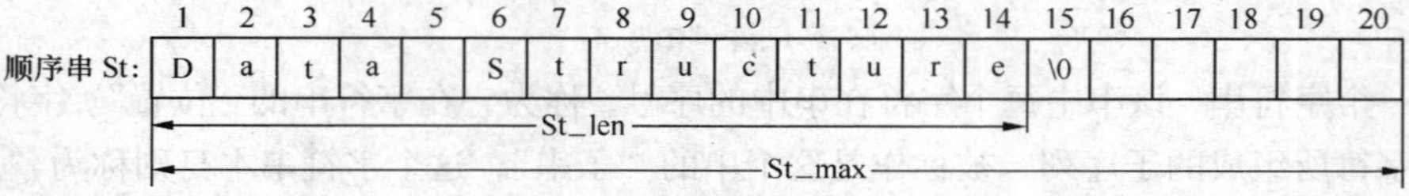

图 4-1　一个存放在数组里的字符串

2. 连接两个顺序串

算法 4-1　连接两个顺序串的算法。

例如，图 4-2 里有顺序串 St1 和 St2，要把 St2 连接到 St1 的后面，形成一个新字符串 St3。这实际上就是先把 St1 传送给 St3，然后接着把 St2 传送给 St3，最后在 St3 末尾添加一个串结束符“\0”即可。

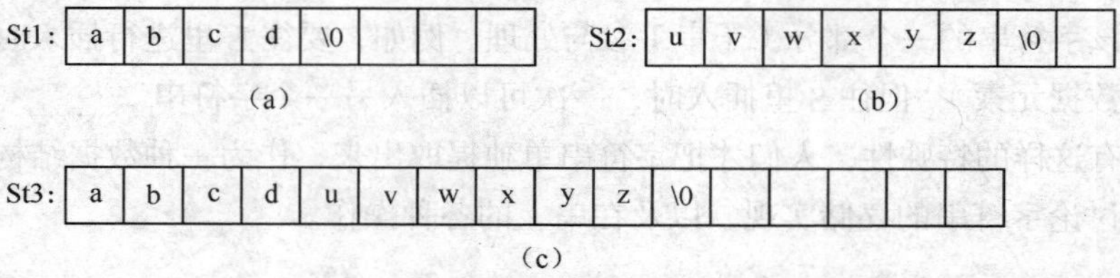

图 4-2　连接两个串的示意图

（1）算法描述

已知顺序串 St1 和 St2，把 St2 连接到 St1 的末尾，得到一个新的顺序串 St3。算法名为 Concat_St()，参数为 St1、St2。

```
Concat_St(St1, St2)
{
 char St3[maxsize];                    /* 创建一个新的顺序串为空 */
 St3_len=0;
```

```
    if (St1_len+St2_len>maxsize+1)          /* 新串放不下两个串 */
    {
      printf("两串长度之和超长! ");
      return(NULL);
    }
    else
    {
      for (i=1; i<=St1_len; i++)            /* 把串 St1 传送给串 St3 */
        St3[i]=St1[i];
      for (j=1; j<=St2_len; j++)            /* 接着把 St2 传送给串 St3 */
        St3[j+St1_len]=St2[j];
      St3_Len=St1_len+St2_len;              /* 修改串 St3 的长度 */
      St3[St3_len+1]= "\0";                 /* 为 St3 安放串结束符 */
      return(St3);                          /* 返回 St3 */
    }
}
```

（2）算法分析

算法首先判断建立的新顺序串 St3 是否能够放下两个已知的串 St1 和 St2。这是通过检测条件：

St1_len+St2_len>maxsize+1

来判定的。注意，这里只要求 St1_len+St2_len 大于 maxsize 是不行的，因为最后还要有一个存放串结束符的位置。例如，St1_len=5，St2_len=7，maxsize=12，这时 St1_len+St2_len 并不大于 maxsize，但把 St1、St2 放入 St3 后，它们完全填满了 St3，再没有地方存放串结束符“\0”了。

存储空间的大小通过检测后，就先把 St1 传送给 St3，接着再把 St2 传送给 St3。最后修改 St3 的长度，安放顺序串 St3 的结束符。

（3）算法讨论

由于是把一个串连接到另一个串的后面，因此必须小心处理两个串的连接位置（也就是边界），不要在连接处发生字符的重叠。例如，算法里在第 1 个 for 循环把 St1 传送到 St3 后，第 2 个 for 循环里 St3 的下标就应该用“j+St1_len”来控制，而不能直接用“j”来控制，否则传送过去的 St2 的内容就会把 St1 的内容给覆盖掉了。

3. 判断串相等

算法 4-2 判断两个顺序串相等的算法。

（1）算法描述

已知顺序串 St1 和 St2，如果相等则返回 1，否则返回 0。算法名为 Equal_St()，参数为 St1、St2。

```
Equal_St(St1, St2)
{
  if (St1_len != St2_len)         /* 两个串长度不相等 */
    return (0);
  else                            /* 两个串长度相等 */
  {
    for (i=1; i<=St1_len; i++)
      if (St1[i] != St2[i])       /* 有字符不同 */
        return (0);
    return (1);
```

```
    }
}
```

（2）算法分析

两个字符串相等的含义不仅是长度要相等，而且对应位置上的字符也必须完全一样。因此，算法一开始就检查条件“St1_len == St2_len”是否满足。

在满足长度相等条件的基础上，去核对相应位置上的字符是否相同。只要检查出有一个不同，那么被检查的两个字符串就肯定不一样了。

（3）算法讨论

算法也可以这样来描述，直接核对相应位置上的字符是否相同，然后再分情况去做判断。一种情况是有不相同的字符出现，一种情况是有一个字符串比另一个串长，最后则是两个串完全相等。

4．取子串

算法 4-3 从主串指定位置处取出定长子串的算法。

例如有如图 4-3(a)所示的主串 St1，要在指定位置 3 处往后取出 6 个字符，形成一个新的字符串 St2，如图 4-3(b)所示。

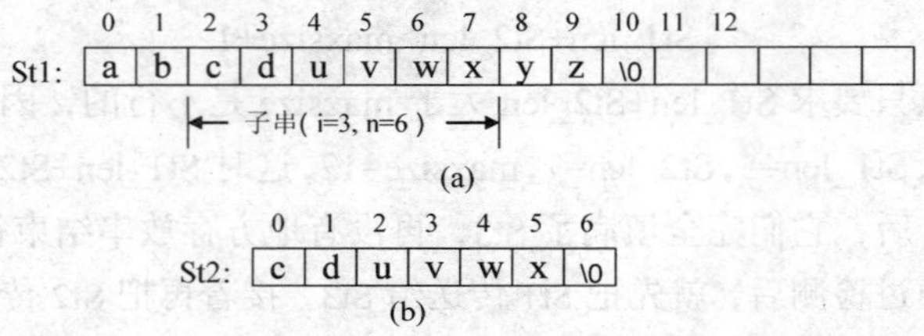

图 4-3 从主串中取子串示意图

（1）算法描述

已知主串 St1，从第 i 个位置开始，把连续 n 个字符组成的子串赋给串 St2。算法名为 Sub_St()，参数为 St1、I、n。

```
Sub_St(St1, i, n)
{
  char St2[n+1];
  St2_len = 0;
  if ((i>=1) && (i<=St1_len) && (n>=1) && (n<=St1_len-i+1))     /* i 和 n 正确 */
  {
    for (j=1; j<=n; j++)
      St2[j] = St1[i+j-1];
    St2_len = n;
    St2[n+1]= "\0";       /* 在形成的字串末尾添加串结束符 */
  }
   else              /* 参数不正确 */
   {
    printf ("开始位置或子串长度错！");
    return (NULL);
   }
   return (St2);
}
```

（2）算法分析

算法首先开辟一个长度为 n+1 的数组 St2，以便在它的里面形成要取出的子串。然后对所给参数 i 和 n 进行检查：子串的开始位置 i 必须在 1 和 St1_len 之间，否则就是出错；子串长度 n 表示的是从开始位置 i 起往后的 n 个字符，因此如果 i+n-1>St1_len，就表示所需的子串超出了主串的末尾。只有在 i 和 n 都正确的情形下，才能往顺序串 St2 里传送子串字符。

5．插入子串

算法 4-4　把子串插入到主串指定位置的算法。

例如，有主串 St1 如图 4-4（a）所示。要从其位置 5 开始插入一个长度为 4 的子串 St2，如图 4-4（b）所示。为此，应该先把主串 St1 的位置 5~8 空出来，如图 4-4（c）所示，然后把子串 St2 传送过去，使 St1 成为如图 4-4（d）所示。

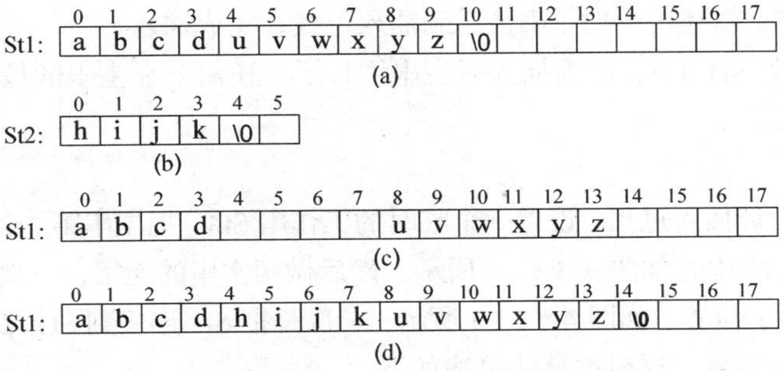

图 4-4　往主串中插入子串示意图

（1）算法描述

已知主串 St1 和串 St2，从主串第 i 个位置往后插入串 St2。算法名为 Inssub_St()，参数为 St1、St2、i。

```
Inssub_St(St1, St2, i)
{
  if (St2_len == 0)                        /* 子串为空 */
  {
    printf ("串 St2 为空！");
    return (NULL);
  }
  else if(i<1 || i>St1_len+1)              /* 所给位置参数不对 */
  {
    printf ("插入位置错！");
    return (NULL);
  }
  else if(St1_len+St2_len>maxsize)         /* 主串存储区太小 */
  {
    printf ("插入后主串太长！");
    return (NULL);
  }
  else                                     /* 参数正确，进行正常插入 */
  {
    for (k=St1_len; k=i; k--)
```

```
      St1[k+1]=St1[k];
    for (j=1; j<=St2_len; j++)
      St1[i+j-1]=St2[j];
    St1_len=St1_len+St2_len;                      /* 修改主串长度 */
    St1[St1_len+1]= "\0";                         /* 在主串的末尾添加串结束符 */
  }
}
```

（2）算法分析

该算法先对各种参数进行检查，看是否符合要求。例如所给的子串是否为空，所给的插入位置是否正确，主串是否有足够的存储空间供插入子串使用等。这样的检查，在算法里是必须进行的工作。

正常插入是由两个 for 循环实现的。第 1 个 for 循环用于腾空插入位置，以达到图 4-4（c）所示的效果；第 2 个 for 循环用于把子串传送到插入位置，完成插入。

最后还必须修改 St1_len，因为插入后主串增长了；还需要在主串的最后添加一个串结束符“\0”，以示串的结束。

（3）算法讨论

也可以这样来设计插入过程：设置一个临时的工作串 St3，把主串第 *i* 个位置开始、直至最后的所有字符复制到 St3 中，如图 4-5（c）所示。然后做两次串的连接，一次是把 St2 连接到主串第 i 个字符开始往后的位置，如图 4-5（d）所示；一次是把 St3 连接到 St1 之后，从而完成子串的插入，如图 4-5（e）所示。这时的算法描述如下。

```
Inssub_St1(St1, St2, i)
{
  char St3[maxsize];                          /* 开辟一个工作数组 */
  St3_len=0;
  if (St2_len == 0)                           /* 子串为空 */
  {
    printf ("串 St2 为空！");
    return (NULL);
  }
  else if(i<1 || i>St1_len+1)                 /* 所给位置参数不对 */
  {
    printf ("插入位置错！");
    return (NULL);
  }
  else if(St1_len+St2_len>maxsize)            /* 主串存储区太小 */
  {
    printf ("插入后主串太长！");
    return (NULL);
  }
  else                                        /* 参数正确，进行正常插入 */
  {
    for (j=i; j<=St1_len; j++)                /* 把 i 开始往后的主串内容移到 St3 */
      St3[j-i+1]=St1[j];
    St3_len=St1_len-i+1;
    St3[St3_len+1]= "\0";
```

```
    for (k=1; k<=St2_len; k++)                /* 把 St2 连接到 St1 的 i 位置之后 */
      St1[i+k-1]=St2[k];
    for (m=1; m<=St3_len; m++)                /* 把 St3 连接到当前 St1 的后面 */
      St1[i+St2_len+m-1]=St3[m];
    St1_len=St2_len+St3_len;                  /* 修改 St1 的长度 */
    St1[St1_len+1]= "\0";                     /* 添加结束符 */
  }
}
```

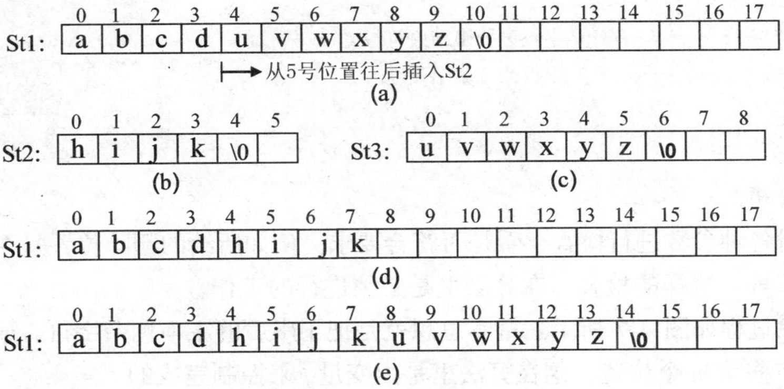

图 4-5　另一种子串插入的方法示意图

6．删除子串

算法 4-5　把主串指定位置后的子串删除的算法。

图 4-6 给出了从主串中删除子串的示意。图 4-6（a）为原主串“abcdefghijk”，现在要把从位置 4 开始的、连续 5 个字符构成的子串删除，即要从主串中删除子串“defgh”，图 4-6（b）为删除子串后的主串。

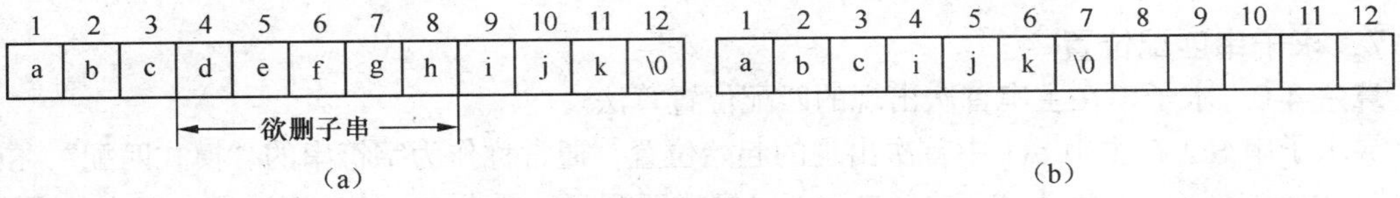

图 4-6　从主串中删除子串示意图

（1）算法描述

已知主串 St，要将从第 i 个字符开始的、连续 m 个字符删除。算法名为 Delsub_St()，参数为 St、i、m。

```
Delsub_St(St, i, m)
{
  if (i>St_len)
  {
   printf ("删除位置错! ");
   return(NULL);
  }
  else if (i+m>St_len)
  {
   printf ("删除子串超长! ");
```

```
    return(NULL);
  }
  else                        /* 一切正常，删除长度为 m 的子串 */
  {
    j=i+m;
    while (j<=St_len)         /* 将 St 中从 j 到末尾的字符依次前移 m 个位置 */
    {
      St[j-m]=St[j];
      j++;
    }
    St[j]= "\0";              /* 设置串结束符 */
    St_len=St_len-m;          /* 修改主串长度 */
  }
}
```

（2）算法分析

该算法先对各种参数进行检查，看是否符合要求。例如所给的删除位置是否正确，要求删除的子串是否超长等。这样的检查，在算法里是必须进行的工作。

真正的删除过程如图 4-7 所示。基本思想就是把子串后的主串剩余字符，通过 while 循环，把每一个都向前移动 *m* 个位置，这在算法里是由变量 *j* 来控制完成的。

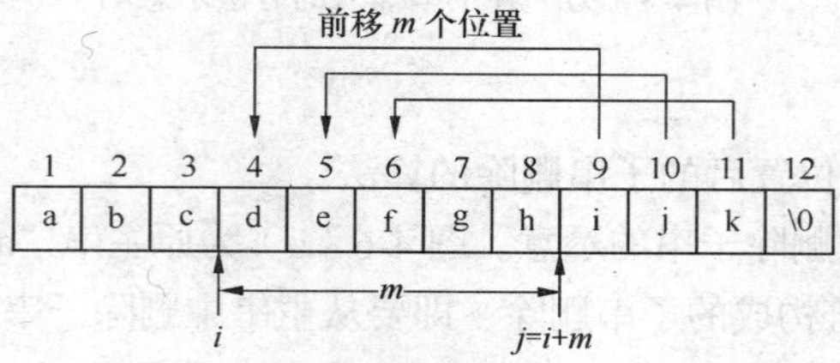

图 4-7　前移 *m* 个位置示意图

7. 求子串匹配位置

算法 4-6　求子串在主串首次出现的匹配位置算法。

寻求子串 St2 在主串 St1 中首次出现的起始位置，通常称作为字符串的“模式匹配”，St2 为“模式（Pattern）”，St1 称为“正文（Text）”。模式匹配时，要求 St1 的长度远远大于 St2 的长度。

假定主串的长度是 *n*，子串的长度是 *m*，*n*>>*m*。模式匹配的基本思想是，用模式 St2 中的每一个字符去与正文 St1 中的字符做比较，如图 4-8（a）所示。

如果 $t_1=p_1$、$t_2=p_2$、…、$t_m=p_m$，那么就表示模式匹配成功，$t_1t_2\cdots t_m$ 即为所要求的子串，位置 1 就是所求。否则，就将模式 St2 往右全体平推一个字符的位置，再去开始与 St1 中相应的字符进行第 2 趟比较，如图 4-8（b）所示。

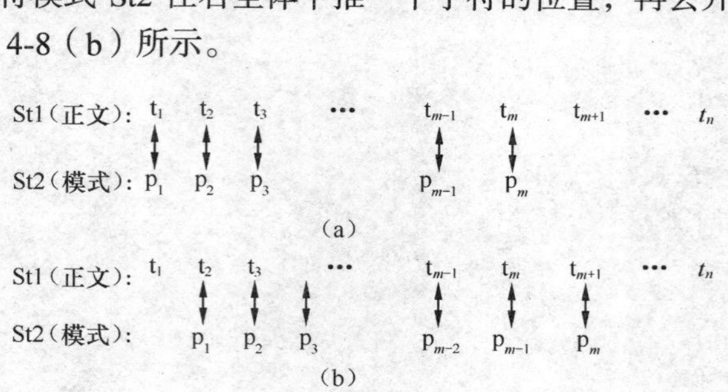

图 4-8　模式匹配过程示意

这样的匹配过程一趟一趟地反复进行，最终只可能有两种结果：一是匹配成功；一是正文 St1 中剩余的字符已小于模式 St2 的长度，这意味着 St1 里不可能有 St2 这样的子串，模式匹配归于失败。

（1）算法描述

已知主串 St1 和子串 St2，寻求子串 St2 在主串 St1 中首次出现的起始位置。算法名为 Index_St()，参数为 St1、St2。

```
Index_St(St1, St2)
{
  i=1;
  while (i<=St1_len-St2_len+1)            /* 控制模式匹配进行的趟数 */
  {
    j=i;
    k=1;
    while ((k<=St2_len) && (St1[j] == St2[k]))          /* 进行第 i 趟匹配 */
    {
      j++;
      k++;
    }
    if (k > St2_len)                      /* 匹配成功，返回位置 i */
      return (i);
    else
      i++;                                /* 这一趟不匹配，进入下一趟匹配 */
  }
  return (-1);                            /* 整个匹配失败，返回-1 */
}
```

（2）算法分析

我们约定，用模式字符串与正文做一次匹配比较称作是“一趟”，那么对于所给的模式 St2 和正文 St1，总共最多需要进行“St1_len-St2_len+1”趟的匹配比较。

例如，主串 St1 的长度是 11，子串 St2 的长度是 3，那么如图 4-9 所示，第 1 趟子串是与主串的第 1、2、3 个字符比较；如果不匹配，第 2 趟子串就将与主串的第 2、3、4 个字符比较；如果不匹配，第 3 趟子串就将与主串的第 3、4、5 个字符比较；如此等等。如果总是不匹配，那么最多也就只能进行 9 趟比较，就再也无法匹配了，因为主串所剩下的可比较字符已经没有子串长了。可见匹配趟数与主、子串长度之间，存在有关系：

匹配的趟数<= St1_len-St2_len+1

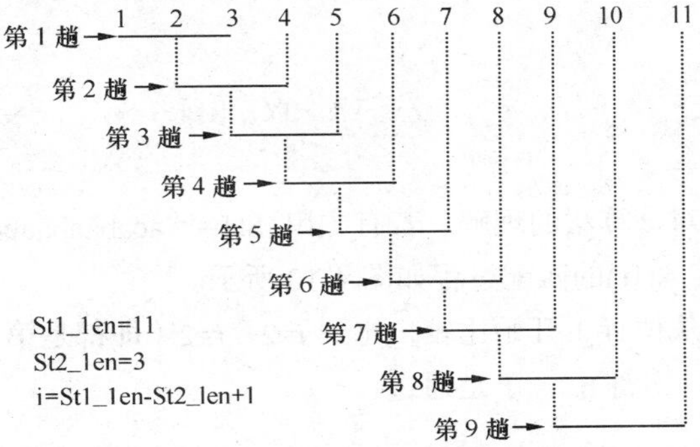

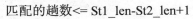

图 4-9 匹配趟数 i 与主串、子串长度的关系

建立了这样的认识，对于理解算法是有好处的。

算法主要由两重 while 循环组成。外层 while 循环通过变量 *i* 来控制总共最多要做几趟匹配比较，也就是上面给出的关系：

i<=St1_len−St2_len+1

内层 while 循环通过变量 *j* 和 *k* 来控制每次匹配的进行过程，其中变量 *j* 控制主串从 *i* 位置开始比较，变量 *k* 控制子串从位置 *1* 开始比较。

内循环是由两个条件组合而成的：

(k<=St2_len) && (St1[j] == St2[k])

第 1 个条件控制子串是否已经进到了末尾，第 2 个条件控制两串相应位置的字符是否相等。因此在内层循环结束后，如果满足条件：

k == St2_len

那么表明这次从主串位置 *i* 开始的、长度为 St2_len 的一个子串，与模式 St2 恰好相同，于是匹配成功。否则，就将变量 *i* 加 1，退出内循环，进到下一次外循环。

整个算法执行完毕，如果主串中找到了匹配的子串，那么就返回该子串在主串的起始位置 *i*；如果在主串中没有找到匹配的子串，那么就返回−1。

（3）算法讨论

也可以用一层 while 循环来完成算法的功能。这时的算法可以改写如下形式。

```
Index_St1(St1, St2)
{
 i=1; j=1;
 while(i<=St1_len && j<=St2_len)          /* 都没有结束时，匹配继续进行 */
 {
  if (St1[i] == St2[j])                   /* 对应位置字符相等，比较继续 */
  {
   i++;
   j++;
  }
  else                                    /* 对应位置字符不等，回溯进入下一趟匹配位置 */
  {
   i=i-j+2;
   j=1;
  }
 }
 if (j>St2_len)                           /* 匹配成功，返回位置 */
  return (i-St2_len);
 else
  return (-1);                            /* 匹配失败，返回-1 */
}
```

下面的例子，有助于对该算法的理解。若有主串 St1= “acabaabaabcacaabc”，模式子串 St2= “abaabcac”。用算法 Index_St1()的匹配过程如图 4-10 所示。

最初，主串和子串都从位置 1 开始比较，比到 *i*=2、*j*=2（即都是第 2 个字符）时，字符不相等（主串是字符 c，子串是字符 b），于是通过：

```
i=i-j+2;
j=1;
```

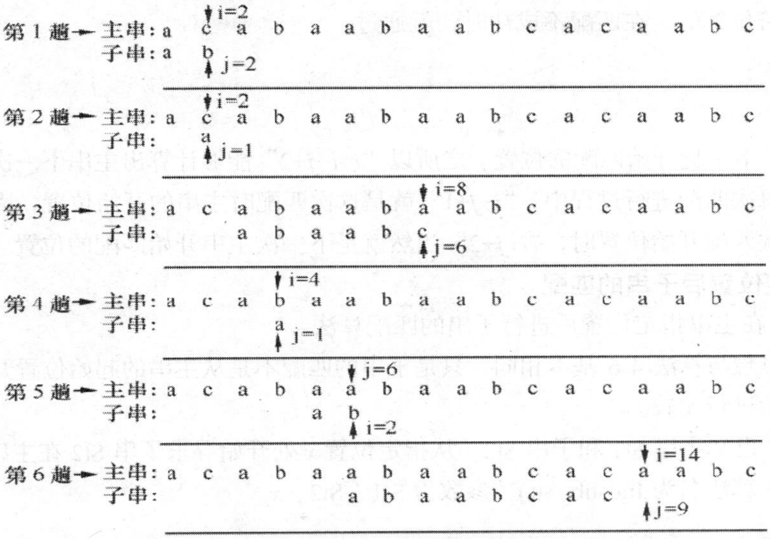

图 4-10　一层 while 循环的匹配示例图

求得 i=2、j=1（表示主串从位置 2 开始、子串从位置 1 开始），进入第 2 次 while 匹配循环。在比到 i=2、j=1（即主串是第 2 个字符、子串是第 1 个字符）时，字符不相等（主串是字符 c，子串是字符 a），于是通过：

```
i=i-j+2;
j=1;
```

求得 i=3、j=1（表示主串从位置 3 开始、子串从位置 1 开始），进入第 3 次 while 循环匹配。这一次在比到 i=8、j=6（即主串是第 8 个字符、子串是第 6 个字符）时，字符不相等（主串是字符 a，子串是字符 c），于是通过：

```
i=i-j+2;
j=1;
```

求得 i=4、j=1（表示主串从位置 4 开始、子串从位置 1 开始），进入第 4 次 while 循环匹配。在比到 i=4、j=1（即主串是第 4 个字符、子串是第 1 个字符）时，字符不相等（主串是字符 b，子串是字符 a），于是通过：

```
i=i-j+2;
j=1;
```

求得 i=5、j=1（表示主串从位置 5 开始、子串从位置 1 开始），进入第 5 次 while 循环匹配。在比到 i=6、j=2（即主串是第 6 个字符、子串是第 2 个字符）时，字符不相等（主串是字符 a，子串是字符 b），于是通过：

```
i=i-j+2;
j=1;
```

求得 i=6、j=1（表示主串从位置 6 开始、子串从位置 1 开始），进入第 6 次 while 循环匹配。这次在比到 i=14、j=9（即主串是第 14 个字符、子串已超出范围）时，表示匹配成功。

从例子看出，进行匹配时，主串 St1 是由变量 i 来记录当前字符位置的，子串 St2 是由变量 j

来记录当前字符位置的。在匹配不成功时，就通过：

```
i=i-j+2;
j=1;
```

计算出主、子串下一趟开始匹配的位置。之所以“$i=i-j+2$”能够计算出主串下一次匹配开始的位置，是因为在每次匹配进行过程中，“$i-j+1$”就是这次匹配时主串的开始位置，因此匹配不成功而要进入下一次匹配开始位置时，“$i-j+2$”当然就是下一次主串开始匹配的位置。

8. 在指定位置后子串的匹配

算法 4-7 在主串指定位置后进行子串的匹配算法。

该算法的思想与算法 4-6 基本相同，只是子串的匹配不是从主串的起始位置开始比较，而是从指定位置开始进行比较。

算法描述：已知主串 St1 和子串 St2，从指定位置 x 处开始寻求子串 St2 在主串 St1 中首次出现的起始位置。算法名为 Indsub_St()，参数为 St1、St2、x。

```
Indsub_St(St1, St2, x)
{
  i=x;                                         /* 这是与算法 4-6 唯一不同之处 */
  while (i<=St1_len-St2_len+1)
  {
    j=i;
    k=1;
    while ((k<=St2_len)&&(St1[j] == St2[k]))
    {
      j++;
      k++;
    }
    if (k > St2_len)
      return (i);
    else
      i++;
  }
  return (-1);
}
```

9. 子串替换

算法 4-8 将主串中出现的所有子串用另一个子串替换的算法。

（1）算法描述

已知主串 St1，在其中寻找出所有的子串 St2，并用子串 St3 替换。算法名为 Replace_St()，参数为 St1、St2、St3。

```
Replace_St(St1, St2, St3)
{
  i=1;
  do
  {
    x=Indsub_St(St1, St2, i);                /* 从 i 起找与 St2 匹配的子串 */
    if (x!= -1)                              /* 找到 */
    {
      Delsub_St(St1, x, St2_len);            /* 在主串中删除子串 St2 */
```

```
      Inssub_St(St1, St3, x);                 /* 在主串中插入子串 St3 */
      i=x+St3_len;                            /* 得到新的匹配位置 */
      St1_len=St1_len-St2_len+St3_len;        /* 修改主串的长度 */
    }
  }while ((i< St1_len)&&(x!=-1));
}
```

（2）算法分析

do-while 是一种循环体至少要做一次的循环结构。在第 1 次进入该循环时，i=1 意味着是从主串的起始位置开始匹配算法（即这时的算法 4-7 与算法 4-6 是一样的）。当算法返回值不是 −1（即 x!= −1）时，表示此次匹配成功，于是调用算法 4-5 删除子串 St2，调用算法 4-4 插入子串 St3，得到新的匹配位置等。进入下一次匹配和替换工作。

（3）算法讨论

本算法有两个出口，当“$x\geqslant$ St1_len”时，表示要新的匹配位置已越出主串，因此匹配和替换工作只得结束；或当“x!= −1”时，表示没有找到匹配的子串，于是匹配和替换工作只有停止。

例 4-2　已知顺序串 St，编写一个实现单个字符通配符“？”的匹配算法 Pattern_St()。例如，Pattern("waezacbeddp", "a??e")，那么应该返回 5。

解：这实际上是子串匹配的一个变种，只是增加了“？”的处理功能。具体算法编写如下。

```
Pattern_St(St1, St2)
{
  i=1;
  while (i<=St1_len-St2_len+1)
  {
    j=i;
    k=1;
    while ((k<=St2_len)&&((St1[j] == St2[k]) || St2[k] == "?"))
    {
      j++;
      k++;
    }
    if (k>St2_len)
      return (i);
    else
      i++;
  }
  return (-1);
}
```

4.1.3　串的链式存储实现

1．串的链式存储实现

当采用链式存储结构存储一个串时，就称它为“链式串（Linked String）”，或简称“链串”。由于串是线性表的一个特例，因此，链串就是链表的一个特例。

在链串里，为了标明链串的起始位置，要有一个链串的头指针。链串的每一个存储结点里，其 Data 域只存放一个字符。例如，把链串起名为 Lt，头指针为 Lt_head，那么图 4-11 给出了一个链串的图示。

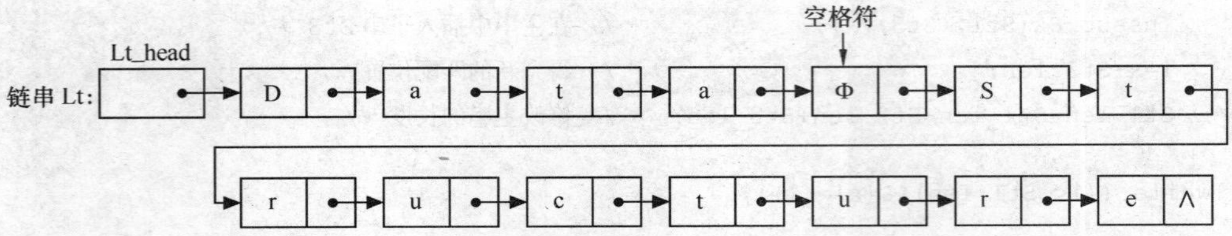

图 4-11　值为“Data Structure”的链串

通过头指针 Lt_head 能够找到链串的起始位置，顺着每个存储结点的 Next 域走下去，在遇到 Next 域为“NULL”时，就表示该链串的结束。

2. 往链串里输入数据

算法 4-9　往一个空链串里输入数据的算法。

（1）算法描述

往一个空链串里输入数据，就是顺序从键盘上读入一个个字符，直到接收的是回车符时为止。每读入一个字符，就为其动态地申请一个存储结点，链入链串的末尾。算法名为 Create_Lt()，参数为 Lt、Lt_h。最初，Lt_h 为 NULL。

```
Create_Lt(Lt, Lt_h)
{
  qtr = NULL;
  scanf ("%c", &x);                    /* 输入第 1 个字符 */
  while (x != "\n")                    /* 不是回车，形成新结点并链入链串 */
  {
    ptr=malloc(size);
    ptr->Data = x;
    if (Lt_h == NULL)
      Lt_h = ptr;
    else
      qtr->Next = ptr;
    qtr = ptr;
    scanf ("%c", &x);
  }
  if (qtr != NULL)
    qtr->Next = NULL;                  /* 处理尾结点的 Next 域 */
}
```

（2）算法分析

在空链串的基础上输入数据，相当于往链表末尾插入一个个数据结点，因此算法里设置了一个临时工作指针 qtr，用来指向当前链串的末尾结点，最初为 NULL。这时每个结点的 Data 域存放的是字符。由于是通过 while 循环来不断接收输入数据，因此在进入循环前必须调用一次 scanf() 函数，在每次循环末尾也调用一次 scanf()函数，它们都是为 while 循环提供判定条件的。

要注意原串为空时的情形。如果为空，那么插入结点时必须调整串首指针 Lt_h，即做：

Lt_h = ptr;

否则只要调整串尾指针 qtr，即做：

qtr->Next = ptr;

（3）算法讨论

对于串尾结点 Next 域的处理，算法是放到最后进行的。有人可能会认为不必安排条件：

qtr != NULL

的判断，但这却是必要的。如果第 1 次调用函数 scanf()时就输入了回车符，那么链串里什么结点也没有，也就不可能去对链串尾结点的 Next 域进行处理。

3．链串的连接

算法 4-10　两个链串的连接算法。

（1）算法描述

已知两个链串 Lt1 和 Lt2，要求把 Lt2 连接到 Lt1 的后面。算法名为 Join_Lt()，参数为 Lt1、Lt2。

```
Join_Lt(Lt1, Lt2)
{
  if (Lt1_h == NULL)                    /* Lt1 串为空时 */
    Lt1_h = Lt2_h;
  else
    if (Lt2_h != NULL)                  /* Lt1 和 Lt2 都不空时 */
    {
      ptr = Lt1_h;
      while (ptr->Next != NULL)         /* 通过 ptr 找到 Lt1 的尾结点 */
        ptr = ptr->Next;
      ptr->Next = Lt2_h;                /* 把 Lt2 连接到 Lt1 的后面 */
    }
}
```

（2）算法分析

算法先是判断串 Lt1 是否为空，如果是空，那么无论串 Lt2 怎样，都只需让 Lt1_h 指向串 Lt2 即可，因此做操作：

Lt1_h = Lt2_h;

但若 Lt1 和 Lt2 都为空，那么就没有什么连接的问题可谈了。因此接下来算法就给出了在两个串都不空时的连接，方法是利用 while 循环，让工作指针 ptr 指向串 Lt1 的尾结点，如图 4-12（a）所示。然后做操作：

ptr->Next = Lt2_h;

把串 Lt2 连接到串 Lt1 的后面，如图 4-12（c）所示。

4．从链串指定位置插入链串

算法 4-11　从链串指定位置开始插入链串的算法。

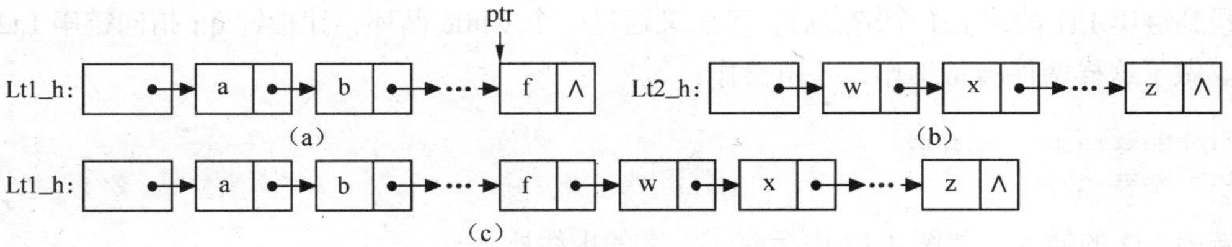

图 4-12　两个链串的连接示意图

（1）算法描述

已知链串 Lt1 和 Lt2，要求把链串 Lt2 插入到链串 Lt1 第 *i* 个字符开始的位置处。算法名为

Insert_Lt()，参数为 Lt1、Lt2、i。

```
Insert_Lt(Lt1, Lt2, i)
{
 ptr = Lt1_h;
 j=1;
 while( (ptr != NULL) && (j<i-1) )  /* 查到 i-1 时，ptr 指向 i-1 结点 */
 {
  ptr = ptr->Next;
  j++;
 }
 if (ptr == NULL)
  printf ("第 i 个元素不存在！");
 else
 {
  qtr = Lt2_h;
  while (qtr != NULL)               /* 让 rtr 指向链串 Lt2 的尾结点 */
   qtr = qtr->Next;
  ①qtr->Next = ptr->Next;           /* 链串 Lt2 尾与 Lt1 的第 i 个结点连接 */
  ②ptr->Next = Lt2_h;               /* 链串 Lt1 的第 i-1 结点与 Lt2 首结点连接 */
 }
}
```

（2）算法分析

把链串 Lt2 从指定位置 i 处插入到链串 Lt1，也就是完成插入后，链串 Lt1 由 3 部分组成：一是链串 Lt1 的从头到第 i–1 个字符，二是链串 Lt2，三是链串 Lt1 的第 i 个字符直至串尾。因此，必须找到链串 Lt1 的第 i–1 个字符的结点。算法是通过 while 循环来查找链串 Lt1 的第 i–1 个字符的。循环结束时，指针 ptr 指向链串 Lt1 的第 i–1 个结点，如图 4-13 所示。

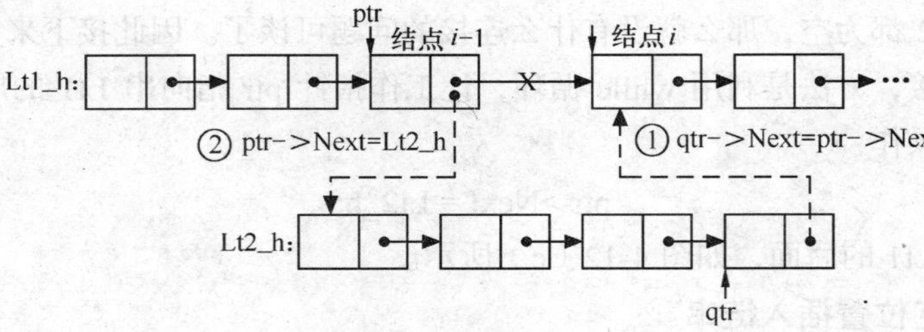

图 4-13　两个链串的连接过程示意图

找到链串 Lt1 的第 i–1 个结点后，算法又通过一个 while 循环，让指针 qtr 指向链串 Lt2 的尾结点。做了这样两件准备工作，才由操作：

```
qtr->Next = ptr->Next;
ptr->Next = Lt2_h;
```

完成链串 Lt2 的插入，如图 4-13 中标有①、②的虚线所示。

5．从链串给定位置删除子链串

算法 4-12　从链串给定位置开始删除长度一定的子链串的算法。

（1）算法描述

已知链串 Lt，要求删除从第 i 个字符起、长度为 m 的子链串。算法名为 Cut_Lt()，参数为 Lt、

i、*m*。

```
Cut_Lt(Lt, i, m)
{
  ptr=Lt_h;
  qtr=NULL;
  k=1;
  while ((ptr != NULL) && (k<i) )          /* ptr 指第 i 结点，qtr 指第 i-1 结点 */
  {
    qtr=ptr;
    ptr=ptr->Next;
    k++;
  }
  if (ptr == NULL)                          /* 参数 i 错！ */
    printf("第 i 个元素不存在！");
  else
  {
    j=1;
    while ((j<m) && (ptr != NULL))          /* ptr 指向第 i+m-1 个结点 */
    {
      ptr = ptr->Next;
      j++;
    }
    if (ptr == NULL)                        /* i 开始往后没有 m 个字符 */
      printf ("从 i 开始往后没有 m 个字符！");
    else
    {
      if (qtr == NULL)                      /* 要从首结点开始删除 m 个 */
      {
        ①rtr = Lt_h;
        ②Lt_h = ptr->Next;
      }
      else                                  /* 从一般位置开始删除 m 个字符 */
      {
        ①rtr = qtr->Next;
        ②qtr->Next = ptr->Next;
      }
      ptr->Next = NULL;                     /* 为释放存储空间做准备 */
      while (rtr != NULL)                   /* 释放 m 个结点的存储空间 */
      {
        ptr=rtr;
        rtr=rtr->Next;
        free(ptr);
      }
    }
  }
}
```

（2）算法分析

验证所给参数 *i* 和 *m* 的正确性，是必须做的事情。通过验证之后，指针 qtr 指向位置 *i* 的直接前驱结点，指针 ptr 指向从位置 *i* 开始往后的第 *m* 个结点的位置。因此，要删除的子链串，就是从 qtr 往后的第 1 个结点到 ptr 所指结点之间的字符。这时有两种情形，一是删除从链串 Lt 的首结点开始（即 qtr=NULL），如图 4-14（a）所示，做虚线①、②标示的两个操作，操作①是为后面归还存储空间做的准备，操作②则是让指针 Lt_h 指向链串新的起始位置。

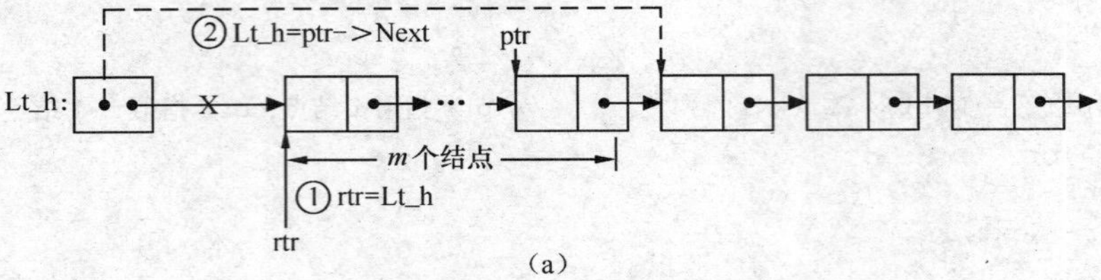

（a）

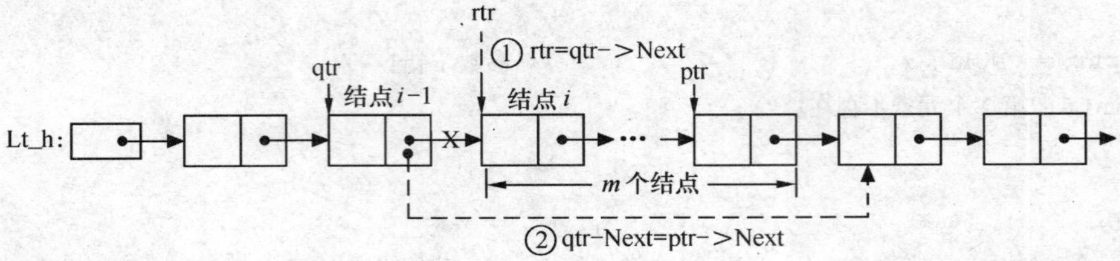

（b）

图 4-14　删除子链串的过程示意图

二是删除从 Lt 中间的结点 i 开始，如图 4-14（b）所示，也做虚线①、②标示的两个操作，操作①是为后面归还存储空间做的准备，操作②则是将 Lt 原第 i–1 个和第 i+m 个结点连接起来，从而把要删除的 m 个结点剔除出 Lt。

在完成上述不同情形的虚线①、②两个操作后，剩下的工作就是要释放所删除结点原先使用的存储空间。算法中，先把由指针 ptr 指向的最后一个要释放空间的结点的 Next 域设置为 NULL，然后从指针 rtr 指向的第 1 个要释放空间的结点开始，一个一个地进行释放，直至到达 NULL。

（3）算法讨论

在算法的开始处，把指针 qtr 初始化为 NULL。如果调用算法时参数 i=1，那么意味着希望从链串 Lt 的第 1 个结点开始删除连续 m 个结点。这样的安排，使算法中的第一个 while 循环一次也不做。于是，指针 qtr 保持为 NULL，指针 ptr 则与 Lt_h 的指向相同（即指向 Lt 的第 1 个结点）。因此，在算法的下面当判定满足条件：

qtr == NULL

时，就断言是要从 Lt 的第 1 个结点开始删除。

6．复制子链串

算法 4-13　从链串给定位置开始复制定长链串的算法。

（1）算法描述

已知链串 Lt1，希望从 Lt1 的第 i 个字符开始复制连续 m 个字符，组成一个新的链串 Lt2。算法名为 Copysub_Lt()，参数为 Lt1、i、m。

```
Copysub_Lt(Lt1, i, m)
{
 ptr=Lt1_h;
 j=1;
 while ((ptr != NULL) && (j<i))                /* 找 Lt1 里的第 i 个结点 */
 {
```

```
    ptr=ptr->Next;
    j++;
  }
  if (ptr == NULL)                              /* 没有第 i 个结点 */
  {
    printf ("参数 i 错! ");
    return (NULL);
  }
  else                                          /* 有第 i 个结点 */
  {
    qtr = malloc(size);                         /* qtr 指向 Lt2 的第 1 个结点 */
    qtr->Data = ptr->Data;
    qtr->Next = NULL;
    k=1;
    rtr=qtr;                                    /* 指针 rtr 指向 Lt2 的尾结点 */
    while ((ptr->Next != NULL) && (k<m) )       /* 开始循环复制 m 个结点 */
    {
      ptr=ptr->Next;
      k++;
      utr=malloc(size);
      utr->Data=ptr->Data;
      rtr->Next=utr;                        /* 把复制的结点链入链串 Lt2 */
      rtr=utr;
    }
    if (k<m)                                /* Lt1 从 i 往后没有 m 个结点 */
    {
      printf("参数 m 错! ");
      return(NULL);
    }
    else                                    /* 完成 m 个结点的复制 */
    {
      rtr->Next=NULL;
      Lt2_h=qtr;                            /* 把形成的新链串赋予 Lt2_h */
      return(Lt2_h);
    }
  }
}
```

（2）算法分析

本算法先是通过一个 while 循环，让指针从链串 Lt1 的开头往尾部走，以找到它的第 i 个结点。因此，如果循环是以条件：

$$ptr == NULL$$

结束，那就表明链串 Lt1 里根本没有第 i 个元素，从而得出参数 i 出错的结论。

在参数 i 正确的前提下，用指针 qtr 记住欲形成的子链串 Lt2 的首结点位置；用指针 rtr 指向 Lt2 的当前尾结点位置；用指针 utr 指向刚申请到的新存储结点的位置。指针 ptr 以第 i 个结点为出发点，继续往 Lt1 的尾部走。每前进一步，就把结点 Data 域里的字符复制到由 utr 指向的新存储结点，并将其链入到 Lt2 的末尾（由指针 rtr 指向）。这样的工作，由变量 k 进行计数。因此，如果循环结束时出现条件：

$$k<m$$

那表明链串 Lt1 从 *i* 位置往后没有 *m* 个结点，于是参数 *m* 出错。所以，检验参数 *m* 出错与否，是包含在结点复制过程中的。

当算法有错时，都返回 NULL，否则最后返回新组成的子链串 Lt2 的首指针 Lt2_h。

例 4-3 编写一个算法，将链串 Lt 中所有的字符 ch 改换成字符 sh。

解：算法的实现思想是简单的，即逐一扫描链串 Lt 的每一个结点。当其 Data 域是字符 ch 时，就把它改为字符 sh。算法名为 Modify_Lt()，参数为 Lt、ch、sh。

```
Modify_Lt(Lt, ch, sh)
{
 ptr=Lt_h;
 while (ptr != NULL)
 {
   if (ptr->Data =='ch')
     ptr->Data = 'sh';
   ptr=ptr->Next;
 }
}
```

例 4-4 编写一个算法，求链串 Lt 的长度。

解：逐一扫描链串 Lt 的每一个结点，同时进行计数。算法名为 Len_Lt()，参数为 Lt。算法最后返回链串 Lt 的长度，如果为空，则返回 0。

```
Len_Lt(Lt)
{
 ptr=Lt_h;
 k=0;
 do
 {
   if (ptr != NULL)
   {
     k++;
     ptr=ptr->Next;
   }while (ptr != NULL);
 }
 return(k);
}
```

在讲述链表时，曾提及可以为链表开设表头结点，那样会给算法的设计带来便利。链串是一种特殊的链表，因此必要时也可以为其设置头结点。

4.2 数组

4.2.1 数组简介

所谓"数组（Array）"，是指 *n*（*n*>1）个具有相同类型的数据的有序集合。数组中的每一个数据，称为一个数组元素。数组中的不同元素，用下标加以区分。只用一个下标来区分元素的数组，称为“一维数组”；用两个下标来区分元素的数组，称为“二维数组”；用多个下标来区分元素的数组，称为“多维数组”。前面我们已经借用一维数组，实现了诸如线性表、栈、队列、串等数据结构的顺序存储。

回忆第 2 章里讲述的线性表。在那里，把“具有相同类型的有限多个数据元素组成的一个有序序列”定义为是线性表，并强调定义中的“有序”是重要的，它表明线性表中的每一个元素都有自己的位置，也就是序号。因此，我们可以把线性表中数据元素的序号看作是它的下标，线性表其实就是一个一维数组。

下面是一个 m 行 n 列（记为 $m\times n$）的二维数组 A[m][n]，如图 4-15 所示。

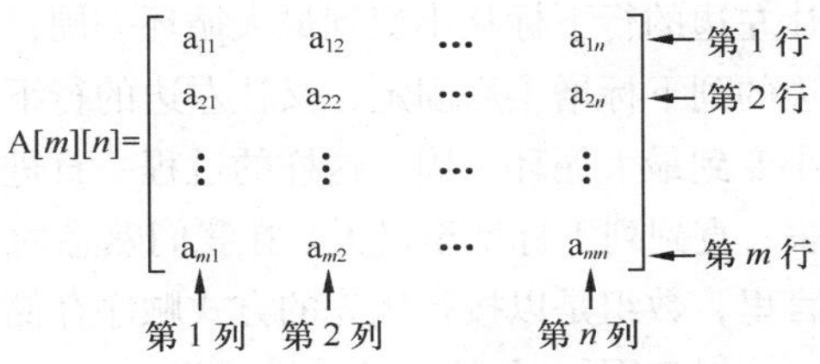

图 4-15　一个 $m\times n$ 的二维数组

如果把二维数组的每一行（Row）视为一个整体，用 $R_1=(a_{11}, a_{12}, \cdots, a_{1n})$ 表示第 1 行，用 $R_2=(a_{21}, a_{22}, \cdots, a_{2n})$ 表示第 2 行，……，用 $R_m=(a_{m1}, a_{m2}, \cdots, a_{mn})$ 表示第 m 行，那么就可以把二维数组 A[m][n] 写成：

$$A[m][n]=(R_1,\ R_2,\ \cdots,\ R_m)$$

于是，我们可以把二维数组 A[m][n]看作是以 R_1，R_2，…，R_m 为数据元素的一个一维数组，其中的每一个数组元素 R_i（$1\leqslant i\leqslant m$）都是一个一维数组。

也可以把二维数组的每一列（Column）视为一个整体，用 $C_1=(a_{11},\ a_{21},\ \cdots,\ a_{m1})$ 表示第 1 列，用 $C_2=(a_{12},\ a_{22},\ \cdots,\ a_{m2})$ 表示第 2 列，……，用 $C_m=(a_{1n},\ a_{2n},\ \cdots,\ a_{mn})$ 表示第 n 列，那么就可以把二维数组 A[m][n]写成：

$$A[m][n]=(C_1,\ C_2,\ \cdots,\ C_n)$$

于是，我们可以把二维数组 A[m][n]看作是以 C_1，C_2，…，C_n 为数据元素的一个一维数组，其中的每一个数组元素 $C_i(1\leqslant i\leqslant n)$ 都是一个一维数组。

由上可知，二维数组 A[m][n]中的每一个数据元素 a_{ij} 都同属于两个一维数组，即第 i 行构成的一维数组，和第 j 列构成的一维数组。因此，每一个元素 a_{ij} 最多有两个直接前驱结点 $a_{(i-1)\,j}$ 和 $a_{i\,(j-1)}$，也最多有两个直接后继结点 $a_{(i+1)\,j}$ 和 $a_{i\,(j+1)}$，其中 a_{11} 没有前驱结点，a_{mn} 没有后继结点，边界上的结点 a_{1j}（$1\leqslant j\leqslant n$）、a_{mj}（$1\leqslant j\leqslant n$）、a_{i1}（$1\leqslant i\leqslant m$）和 a_{in}（$1\leqslant i\leqslant m$）都只有一个后继结点或前驱结点。

因此，二维数组是一种较为复杂的数据结构，数据元素之间的关系并不是线性的。不过，如果把它看作是其每个元素为一维数组的一个一维数组，那么我们就有理由可以把二维数组视为是线性表的一种推广（因为一维数组即是线性表），就说它的数据元素间的逻辑关系呈现出的是一种线性结构。这样的推广，有利于二维数组的存储实现。

对于多维数组，例如三维数组，也可以用相同的方法将其视为是一种线性结构，即它是每个数据元素为二维数组的一个一维数组。

4.2.2　数组的顺序存储

内存的地址空间是一维的。要把一个二维数组存储在内存里面，通常有两种方式：一是以行为主序分配，即一行存放完了接着存放下一行，直至最后一行（按行优先）；二是以列为主序分配，即一列存放完了接着存放下一列，直至最后一列（按列优先）。例如，图 4-16（a）是一个 2×3 的二维数组，那么，以行为主序的存储顺序应该是 a_{11}、a_{12}、a_{13}、a_{21}、a_{22}、a_{23}，如图 4-16（b）所示；以列为主序的存储顺序是 a_{11}、a_{21}、a_{12}、a_{22}、a_{13}、a_{23}，如图 4-16（c）所示。可以看出，“先行后列”时数组元素下标的变化规律是：固定左边的行下标，让右边的列下标从小变到最大循环一周；将左边的行下标增 1 后固定，又让右边的列下标从小变到最大循环一周；这样的过程一直进行下去，直到行下标增至最大。“先列后行”时数组元素下标的变化规律是：固定右边的列下标，让左边的行下标从小变到最大循环一周；将右边的列下标增 1 后固定，又让左边的行下标从小变到最大循环一周；这样的过程一直进行下去，直到列下标增至最大。在我们熟悉的 C 语言里，数组是以按行优先的方式顺序存储的。

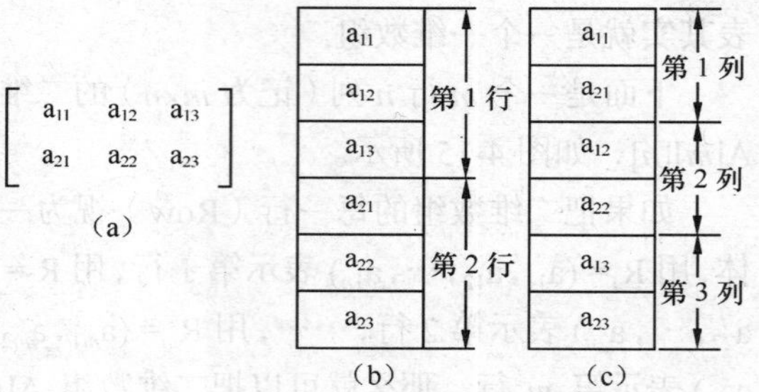

图 4-16　数组的两种存储方式

对于图 4-15 给出的二维数组 A[*m*][*n*]，如果采用按行优先的顺序存放，其数据元素在内存中的排列顺序是：

$$a_{11}, a_{12}, \cdots, a_{1n}, a_{21}, a_{22}, \cdots, a_{2n}, \cdots, a_{m1}, a_{m2}, \cdots, a_{mn}$$

如果采用按列优先的顺序存放，其数据元素在内存中的排列顺序是：

$$a_{11}, a_{21}, \cdots, a_{m1}, a_{12}, a_{22}, \cdots, a_{m2}, \cdots, a_{1n}, a_{2n}, \cdots, a_{mn}$$

例 4-5　将一个 $m \times n$ 的二维数组进行转置。

解：所谓“转置”，即是将一个二维数组的行变为列，列变为行。例如，A 是一个 $m \times n$ 的二维数组，那么它的转置 B 是一个 $n \times m$ 的二维数组，且满足条件：

$$B[i][j]=A[j][i] \quad (1 \leqslant i \leqslant n, 1 \leqslant j \leqslant m)$$

算法名为 Trs_Mt()，参数为 A，B。编写的算法如下。

```
Trs_Mt(A, B)
{
  for (i=1; i<=m; i++)
    for (j=1; j<=n; j++)
      B[j][i] = A[i][j];
}
```

例如，图 4-17（a）所示为一个 4 行 3 列的二维数组 A，那么图 4-17（b）所示为 A 的转置 B，它是一个 3 行 4 列的二维数组。

$$A=\begin{bmatrix} 5 & 6 & 12 \\ 8 & 22 & 31 \\ 44 & 16 & -3 \\ 17 & 86 & 51 \end{bmatrix} \qquad B=\begin{bmatrix} 5 & 8 & 44 & 17 \\ 6 & 22 & 16 & 86 \\ 12 & 31 & -3 & 51 \end{bmatrix}$$

（a）　　（b）

图 4-17　二维数组的转置

由第 2 章知道，顺序表是线性表的顺序存储结构。按照这里的数组概念，就可以说一维数组是线性表的顺序存储结构。因此，一维数组中的任何存储结点的位置，等于第 1 个存储结点的起始地址加上它前面已有存储结点的个数乘以存储结点的尺寸（见公式（2-1））。

对于二维数组，如果采用顺序存储结构，同样也有类似的计算其任何存储结点位置的地址公式。假设二维数组每个数据元素需要占用 *L* 个存储单元，规定采用按行优先的存放顺序，则数组 A 中任何一个元素 a_{ij} 的存储位置，可用下面的公式（4-1）计算得到：

$$LOC(a_{ij}) = LOC(a_{11}) + (n \times (i-1) + (j-1)) \times L \qquad (4\text{-}1)$$

其中，$LOC(a_{ij})$ 是数据元素 a_{ij} 的存储结点地址；$LOC(a_{11})$ 是数组 A 的起始地址，也就是数组 A 的第一个数据元素 a_{11} 的存储结点地址；$(i-1)$表示在元素 a_{ij} 前有$(i-1)$个完整的行，因此 $n\times(i-1)$ 表示这$(i-1)$行里总共包含的数据元素个数；$(j-1)$表示在第 i 行里，元素 a_{ij} 的前面有$(j-1)$个元素，因此 $(n\times(i-1)+(j-1))$ 表示在元素 a_{ij} 前总共有的数据元素的个数。图 4-18（a）给出了公式（4-1）各部分的说明，图 4-18（b）是采取顺序存储结构时，对公式（4-1）各部分的直观解释。

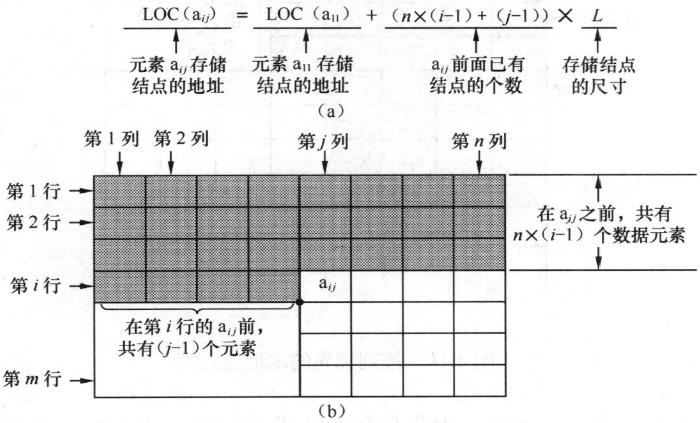

图 4-18　按行优先的求址公式

若规定采用按列优先的存放顺序，那么数组 A 中任何一个元素 a_{ij} 的存储位置，可用下面的公式（4-2）计算得到：

$$LOC(a_{ij}) = LOC(a_{11}) + (m \times (j-1)+(i-1))\times L \qquad (4\text{-}2)$$

其中，$LOC(a_{ij})$ 是数据元素 a_{ij} 的存储结点地址；$LOC(a_{11})$ 是数组 A 的起始地址，也就是数组 A 的第一个数据元素 a_{11} 的存储结点地址；$(j-1)$表示在元素 a_{ij} 前有$(j-1)$个完整的列，因此 $m\times(j-1)$ 表示这$(j-1)$列里总共包含的数据元素个数；$(i-1)$表示在第 j 列里，元素 a_{ij} 的前面有$(i-1)$个元素，因此 $(m\times(j-1)+(i-1))$ 表示在元素 a_{ij} 前总共有的数据元素的个数。图 4-19（a）给出了公式（4-2）各部分的说明，图 4-19（b）是采取顺序存储结构时，对公式（4-2）各部分的直观解释。

例 4-6　已知 m 行 n 列的二维数组 A。编写一个名为 Value_At()算法，功能是根据所给定的下标值 i 和 j，取出数据元素 a_{ij} 的值，存入变量 x 中。

解：算法编写如下。

```
Value_At(A, i, j, x)
{
  if ((i<1 || i>m) || (j<1 || j>n))
  {
    printf ("下标参数错！");
    return(-1);
  }
  dis =(n * (i - 1)+ (j-1)) * L;
  x = *(A+dis);
  return(1);
}
```

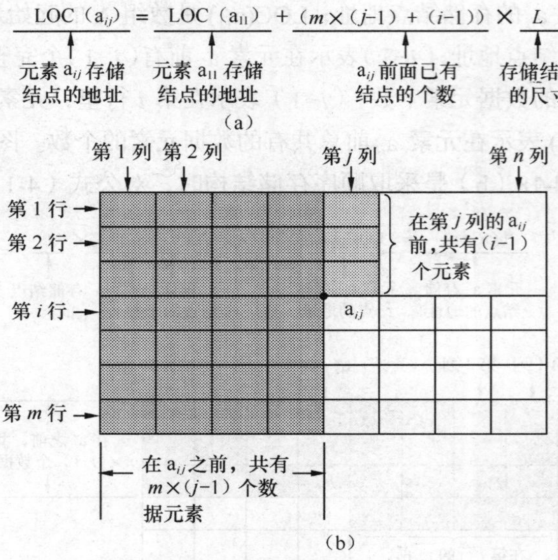

图 4-19　按列优先的求址公式

这里，在验证参数 i 和 j 正确后，主要是利用公式（4-1），先计算出该元素距离数组 A 首元素 a_{11} 的偏移量 dis，然后加上数组 A 的起始地址，就是元素 a_{ij} 所在的位置。这样，就可以把该单元里的内容赋予变量 x 了。要注意，在 C 语言里，数组名就是该数组的起始地址，这里借用了这样的规定。

4.3 特殊矩阵及稀疏矩阵

这里的讨论前提都是针对所谓的“方阵”进行的，即行数和列数相等的矩阵。

有一些矩阵，其元素在矩阵中的分布具有一定的规律性，这样的矩阵被称作为“特殊矩阵”；另有一些矩阵，其零元素的个数远远多于非零元素的个数，但非零元素的分布却没有规律，这样的矩阵被称作为“稀疏矩阵”。

为了节约存储空间，常需要对特殊矩阵和稀疏矩阵进行压缩存储，如对矩阵中取值相同的元素只分配一个存储空间、对零元素不分配存储空间等。

本节将给出两种特殊矩阵（对称矩阵、三角矩阵）以及稀疏矩阵的定义，讨论对它们的压缩存储方法。

4.3.1 特殊矩阵

1．对称矩阵及其压缩存储

若一个 n×n 阶的方阵 A（有时记为 $A_{n \times n}$），满足条件：

$$a_{ij} = a_{ji}\ (1 \leqslant i \leqslant n, 1 \leqslant j \leqslant n)$$

那么就称这个矩阵 A 是一个对称矩阵。例如，图 4-20（a）所示为一个 5 阶对称矩阵。

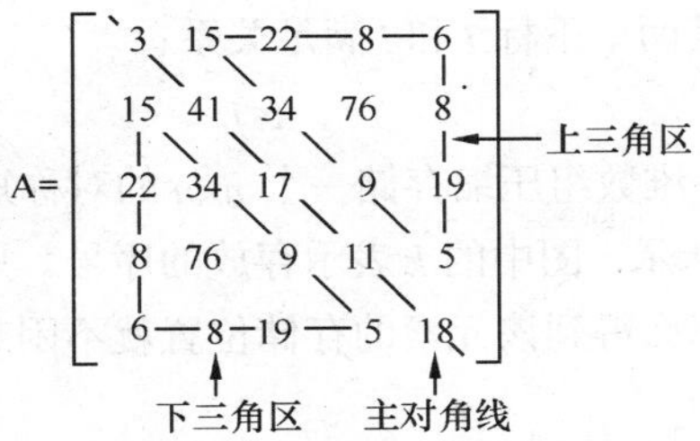

(a)

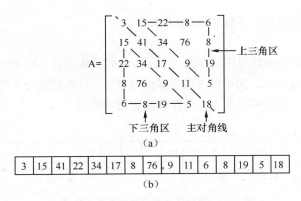

3	15	41	22	34	17	8	76	9	11	6	8	19	5	18

(b)

图 4-20 对称矩阵及压缩存储

不难看出，对称矩阵的特点是数据元素对称于主对角线，即图 4-20（a）里所标的位于上三角区、下三角区里的元素值是对称相等的。因此，将对称矩阵里的所有数据元素都进行存储，不仅没有必要，而且会造成存储上的浪费，并且这种浪费将随着矩阵阶数 n 的增大而急剧上升。对于顺序存储而言，最好的做法如图 4-20（b）所示，即只存放主对角线和下三角区（或上三角区）的元素。这样一来，原来需要为矩阵 A 的 25 个元素开辟所需的存储区，现在只需要为它的 15 个元素开辟存储区就可以了，节省的存储量为 40%。

为此，我们假定为每一对对称元素只分配一个存储空间，只存储主对角线和下三角区的元素，并且按行优先的次序进行顺序存放，那么对于 n 阶对称矩阵来说，只存放第 1 行的 1 个元素 a_{11}，第 2 行的两个元素 a_{21}、a_{22}，第 3 行的 3 个元素 a_{31}、a_{32}、a_{33}，…第 n 行的 n 个元素 a_{n1}、a_{n2}、a_{n3}、…、a_{nn}。如图 4-21 所示。

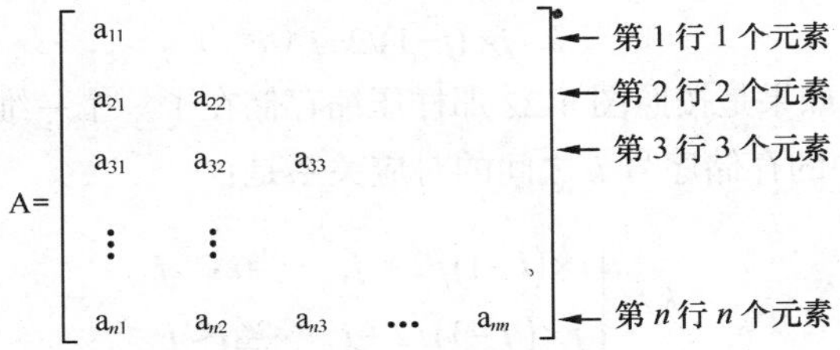

图 4-21 对称矩阵存储的结点个数

现在，矩阵中每行要存储的元素个数，恰好形成一个等差数列，该数列的首项是 1，末项是 n，项数是 n，公差是 1。因此，对称矩阵要存储的元素个数为

$$n\times(n+1)/2$$

原先为了存储整个矩阵，需要为 $n\times n=n^2$ 个元素开辟存储区，现在由于矩阵元素值的分布具有对称性，因此只需要为 $n\times(n+1)/2$ 个元素开辟存储区，所需存储区几乎节省了一半，这就是对对称矩阵进行压缩存储的意义。

如果不对存储区做压缩处理，采用一维数组顺序存储矩阵时，每个数据结点的位置可以通过公式（2-1）方便地计算得到。对对称矩阵进行存储压缩，引出了数据元素访问时的新问题：这时要访问矩阵元素，其位置的计算公式又该是什么？

分析整个方阵可知，位于主对角线和下三角区里的元素，其两个下标 i 和 j 满足关系：

$$i\geqslant j$$

位于上三角区里的元素，其两个下标 i 和 j 满足关系：

$$i<j$$

以行优先的方式、用一维数组压缩存储一个 $n×n$ 的对称矩阵的、位于主对角线和下三角区里的元素时，情况如图 4-22 所示，图中的 k 表示存放的序号。只要找出元素的两个下标 i、j 与存放序号 k 之间的对应关系，那么得到该元素的存储位置就不困难了。

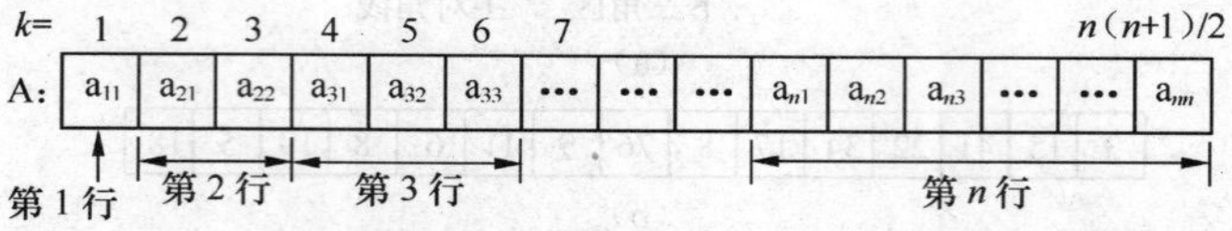

图 4-22　按行优先的对称矩阵顺序存储

仍以图 4-21 为基础。对于它里面的任何一个元素 a_{ij}（注意，这时有 $i\geqslant j$），其行下标 i 表明在该元素的前面有 i−1 个行。不过，这时的第 1 行有 1 个元素，第 2 行有两个元素，……，第 i−1 行有 i−1 个元素。因此，该元素前面的 i−1 行共有：

$$i×(i-1)/2$$

个元素。

另一方面，其列下标 j 表明该元素是所在行存放在数组里的第 j 个元素。于是，从顺序存储的起始位置算起，元素 a_{ij} 的序号 k 就应该是：

$$k = i×(i-1)/2+j\ (i\geqslant j)$$

图 4-22 所示存储的是主对角线和下三角区里的元素，上三角区里的元素 a_{ij}（注意，这时有 $i<j$）在其中没有对应的存储空间，应该根据对称矩阵中元素分布的对称性（$a_{ij}=a_{ji}$）来得到它相应的值。即

$$k=j×(j-1)/2+i\ (i<j)$$

因此对于对称矩阵，如果是按照图 4-22 那样压缩存储在了一个一维数组里，那么它的每一个元素的下标 i、j 与数组中的存储序号 k 之间的对应关系是：

$$k=\begin{cases} i\times(i-1)/2+j, & 当 i\geqslant j \\ j\times(j-1)/2+i, & 当 i<j \end{cases}$$

于是，在压缩存储下，求对称矩阵每个元素存储地址的公式是：

$$\mathrm{LOC}(a_{ij})=\begin{cases} \mathrm{LOC}(a_{11})+\left[i\times(i-1)/2+j-1\right]\times L, & 当 i\geqslant j \\ \mathrm{LOC}(a_{11})+\left[j\times(j-1)/2+i-1\right]\times L, & 当 i<j \end{cases} \quad (4\text{-}3)$$

其中，$\mathrm{LOC}(a_{ij})$ 是数据元素 a_{ij} 的存储结点地址；$\mathrm{LOC}(a_{11})$ 是矩阵 A 的起始地址，也就是矩阵 A 的第一个数据元素 a_{11} 的存储结点地址；中括号里的是元素下标 i、j 与数组中的存储序号 k 之间的对应关系（注意，由于这里是计算第 k 个元素的存储地址，因此要减 1）；L 是每个数据元素需要占用的存储尺寸。

例 4-7　设有一个 10 阶的对称矩阵 A，采用以行优先的方式压缩存储。a_{11} 为第 1 个元素，其存储地址为 1，每个元素占 3 个存储单元。试问元素 a_{85} 和 a_{58} 的地址是多少？

解：由于元素 a_{85} 的 i=8、j=5，它属于该对称矩阵的下三角区，应该使用公式（4-3）里当 $i\geqslant j$ 时的计算公式。现在 $\mathrm{LOC}(a_{11})$ =1，L=3，代入有：

$$LOC(a_{85}) = 1+[8\times(8-1)/2+5-1]\times3=97$$

元素 a_{58} 与 a_{85} 是对称的，所以，元素 a_{58} 的地址也应该是 33。由于 a_{58} 的 i=5、j=8，属于上三角区，因此也可以使用公式（4-3）里当 $i<j$ 时的计算公式，代入后的计算结果仍然是得 97。图 4-23（a）中用方框括起的元素就是 a_{85} 所在的位置，图 4-23（b）中用方框括起的元素就是 a_{58} 所在的位置。

2．三角矩阵及其压缩存储

有时会遇到如图 4-24（a）或图 4-24（b）所示的矩阵，其中字母 C 表示某个常数（当然也可以为 0）。图 4-24（a）所示矩阵的特点是上三角区是常数，图 4-24（b）所示矩阵的特点是下三角区是常数。因此，所谓“下三角矩阵”，是指矩阵的上三角区中元素均为常数或 0 的 n 阶方阵；所谓“上三角矩阵”，是指矩阵的下三角区中元素均为常数或 0 的 n 阶方阵。

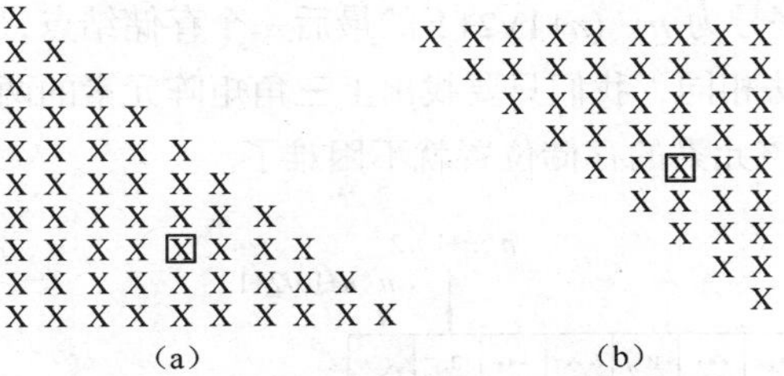

（a）　　（b）

图 4-23　利用公式求对称矩阵元素的地址

$$A=\begin{bmatrix}12 & C & C & C & C\\ 31 & 55 & C & C & C\\ 16 & 97 & 14 & C & C\\ 28 & 45 & 71 & 33 & C\\ 10 & 59 & 85 & 66 & 25\end{bmatrix}$$

（a）

$$A=\begin{bmatrix}10 & 59 & 85 & 66 & 25\\ C & 28 & 45 & 71 & 33\\ C & C & 16 & 97 & 14\\ C & C & C & 31 & 55\\ C & C & C & C & 12\end{bmatrix}$$

（b）

图 4-24　下三角矩阵和上三角矩阵

与对称矩阵类似，没有必要存储下、上三角矩阵的所有元素，对它们同样可以采用压缩存储的方式，来达到节省存储空间的目的。

（1）下三角矩阵

对下三角矩阵采用压缩存储时，要为主对角线上的每一个元素、下三角区里的每一个元素分配单独的存储结点，为上三角区里的所有元素分配一个共享存储结点。不难看出，这时原先为了存储整个矩阵，需要为 $n\times n=n^2$ 个元素开辟存储区，现在由于矩阵上三角区的元素值都相同，因此只需要为 $n\times(n+1)/2+1$ 个元素开辟存储区。

若以行优先的方式、用一维数组压缩存储一个 $n\times n$ 的下三角矩阵元素，应该开辟共 $n\times(n+1)/2+1$ 个存储结点，如图 4-25 所示，其中序号为 $n\times(n+1)/2+1$ 的最后一个存储结点，是上三角区里所有元素共享使用的。与对称矩阵的做法相同，我们只要找出下三角矩阵元素的两个下标 i、j 与存放序号 k 之间的对应关系，那么得到该元素的存储位置就不困难了。

不难得到，下三角矩阵每一个元素的下标 i、j 与数组中存储序号 k 之间的对应关系是：

$$k=\begin{cases}i\times(i-1)/2+j, & 当i\geqslant j\\ n\times(n+1)/2+1, & 当i<j\end{cases}$$

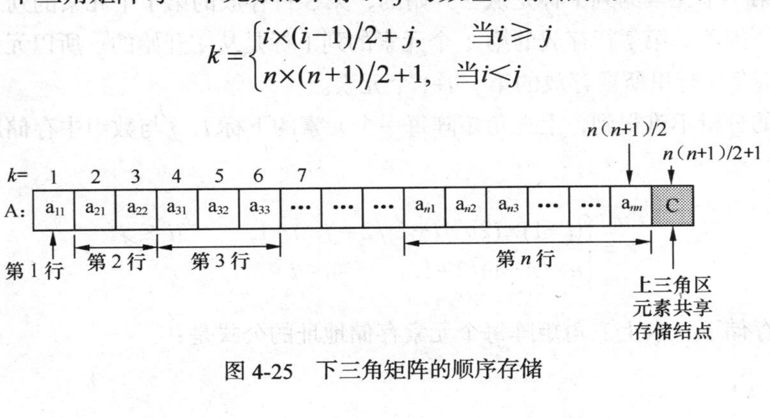

图 4-25　下三角矩阵的顺序存储

于是，在压缩存储下，求下三角矩阵每个元素存储地址的公式是：

$$\mathrm{LOC}(a_{ij})=\begin{cases}\mathrm{LOC}(a_{11})+[i\times(i-1)/2+j-1]\times L, & 当 i\geqslant j\\ \mathrm{LOC}(a_{11})+[n\times(n+1)/2]\times L, & 当 i<j\end{cases}\qquad(4\text{-}4)$$

（2）上三角矩阵

对上三角矩阵采用压缩存储时，要为主对角线上的每一个元素、上三角区里的每一个元素分配单独的存储结点（注意，这些元素下标 i、j 之间满足关系：$i\leqslant j$），为下三角区里的所有元素分配一个共享存储结点（注意，该区里元素下标 i、j 之间满足关系：$i>j$）。不难看出，这时原先为了存储整个矩阵，需要为 $n\times n=n^2$ 个元素开辟存储区，现在由于矩阵下三角区的元素值都相同，因此只需要为 $n\times(n+1)/2+1$ 个元素开辟存储区。

若以行优先的方式、用一维数组压缩存储一个 $n\times n$ 的上三角矩阵元素，应该开辟共 $n\times(n+1)/2+1$ 个存储结点，情况如图 4-26 所示，其中序号为 $n\times(n+1)/2+1$ 的最后一个存储结点，是下三角区里所有元素共享使用的。与对称矩阵的做法相同，我们只要找出上三角矩阵元素的两个下标 i、j 与存放序号 k 之间的对应关系，那么得到该元素的存储位置就不困难了。

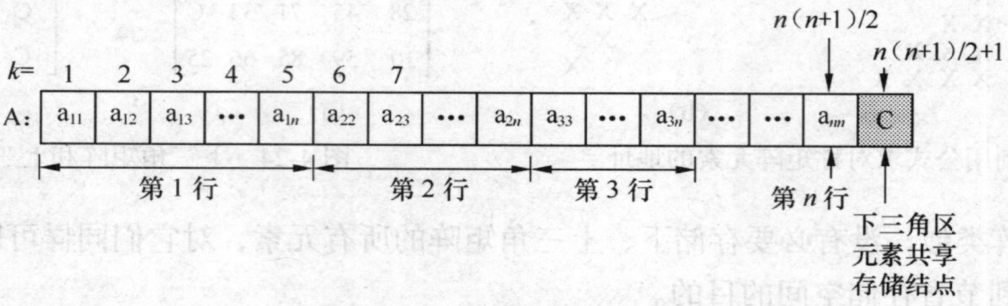

图 4-26　上三角矩阵的顺序存储

如图 4-26 所示，现在的一维数组里存放了第 1 行的 n 个元素，第 2 行的 $n-1$ 个元素，第 3 行的 $n-2$ 个元素，……，第 i 行的 $n-i+1$ 个元素，……，第 n 行的 1 个元素。因此，对于上三角矩阵中任何一个满足关系 $i\leqslant j$ 的元素 a_{ij} 来说，它的行下标 i 表明在该元素所在行的前面，总共有 $i-1$ 行。这 $i-1$ 行里，包含着第 1 行的 n 个元素，第 2 行的 $n-1$ 个元素，……，第 $i-1$ 行的 $n-i+2$ 个元素。因此，这 $i-1$ 行里共有：

$$n+(n-1)+(n-2)+\cdots+(n-i+2)=(i-1)\times(2n-i+2)/2$$

个元素（这实际上也是一个等差数列求和的问题）。

再来看它的列下标 j。从图 4-26 可以看出，第 1 行存放的第 1 个元素的列下标是从 1 开始的，第 2 行存放的第 1 个元素的列下标是从 2 开始的，第 3 行存放的第 1 个元素的列下标是从 3 开始的，如此等等。因此，第 i 行存放的第 1 个元素的列下标是从 i 开始的。所以元素 a_{ij} 的列下标 j 表明，该元素是第 i 行里所要存放的第 $j-i+1$ 个元素。

根据上面的分析不难得到，上三角矩阵每一个元素的下标 i、j 与数组中存储序号 k 之间的对应关系是：

$$k=\begin{cases}(i-1)\times(2n-i+2)/2+j-i+1, & 当 i\leqslant j\\ n\times(n+1)/2+1, & 当 i<j\end{cases}$$

于是，在压缩存储下，求上三角矩阵每个元素存储地址的公式是：

$$\mathrm{LOC}(\mathrm{a}_{ij})=\begin{cases}\mathrm{LOC}(\mathrm{a}_{11})+\left[(i-1)\times(2n-i+2)/2+i-j\right]\times L, & \text{当 } i\leqslant j\\ \mathrm{LOC}(\mathrm{a}_{11})+\left[n\times(n+1)/2\right]\times L, & \text{当 } i>j\end{cases}\tag{4-5}$$

例 4-8　已知上三角矩阵 $A_{4\times4}$ 如图 4-27（a）所示，其顺序存储如图 4-27（b）所示。若每个存储结点的尺寸为 4 个字节，元素 a_{11} 的地址为 1。

（1）求元素 a_{34} 在顺序存储中的序号以及地址。

（2）求元素 a_{41} 在顺序存储中的序号以及地址。

$$A=\begin{bmatrix}10 & 25 & 32 & 0\\ 1 & 66 & 30 & 5\\ 1 & 1 & 20 & 2\\ 1 & 1 & 1 & 77\end{bmatrix}$$

（a）

1	2	3	4	5	6	7	8	9	10	11
10	25	32	0	66	30	5	20	2	77	1
a_{11}	a_{12}	a_{13}	a_{14}	a_{22}	a_{23}	a_{24}	a_{33}	a_{34}	a_{44}	

（b）

图 4-27　上三角矩阵及顺序存储

解：（1）由于 A 是上三角矩阵，元素 a_{34} 的下标满足条件 $i\leqslant j$，因此将 i 和 j 代入计算公式，可求得存储序号 k 为：

$$k=(i-1)\times(2n-i+2)/2+j-i+1=(3-1)\times(2\times4-3+2)/2+4-3+1=9$$

将 i 和 j 代入计算公式（4-5），可求得其地址为：

$$\mathrm{LOC}(a_{34})=\mathrm{LOC}(a_{11})+[(i-1)\times(2n-i+2)/2+j-i]\times L=1+8\times4=33$$

（2）元素 a_{41} 的下标满足条件 $i>j$，因此将 i 和 j 代入计算公式，可求得存储序号 k 为：

$$k=n\times(n+1)/2+1=4\times(4+1)/2+1=10+1=11$$

将 i 和 j 代入计算公式（4-5），可求得其地址为：

$$\mathrm{LOC}(a_{41})=\mathrm{LOC}(a_{11})+[n\times(n+1)/2]\times L=1+10\times4=41$$

4.3.2　稀疏矩阵

1．稀疏矩阵简介

若一个 $m\times n$ 的矩阵里有 t 个非零元素，它们的分布没有规律可循，且满足关系 $t\ll m\times n$，即矩阵中零元素的个数远远多于非零元素的个数，那么就称这样的矩阵为“稀疏矩阵”。其实，$t\ll m\times n$ 是一个模糊的概念，无法给出确切的定义，一般只能凭借一个人的直觉来做出判断。

例如，图 4-28 所示为一个 7×8 的矩阵 A，这个矩阵共有 7×8=56 个元素，其中非零元素是 8 个，零元素是 48 个，零元素的个数约占整个元素个数的 86%。因此可以说，它是一个稀疏矩阵。

$$A=\begin{bmatrix}0 & \mathbf{17} & 0 & 0 & 0 & 0 & 0 & \mathbf{-3}\\ 0 & 0 & 0 & 0 & \mathbf{22} & 0 & 0 & 0\\ \mathbf{9} & 0 & 0 & 0 & 0 & 0 & 0 & 0\\ 0 & 0 & 0 & \mathbf{46} & 0 & 0 & \mathbf{32} & 0\\ 0 & 0 & \mathbf{78} & 0 & 0 & 0 & 0 & 0\\ 0 & 0 & 0 & 0 & 0 & 0 & 0 & 0\\ 0 & 0 & 0 & 0 & 0 & \mathbf{54} & 0 & 0\end{bmatrix}$$

图 4-28　一个稀疏矩阵

由于稀疏矩阵的零元素很多，非零元素很少，因此完全可以对它进行压缩存储。但是，稀疏矩阵非零元素的分布没有什么规律可言，因此在存储非零元素值的同时，还必须存储它们在矩阵中的位置：行号 i 和列号 j。也就是说，对稀疏矩阵采取压缩存储时，每一个存储结点里至少要有“i、j、a_{ij}”三个信息，我们称这三个信息为一个非零元素的“三元组”。这时，存储结点的形式可以如图 4-29（a）所示。

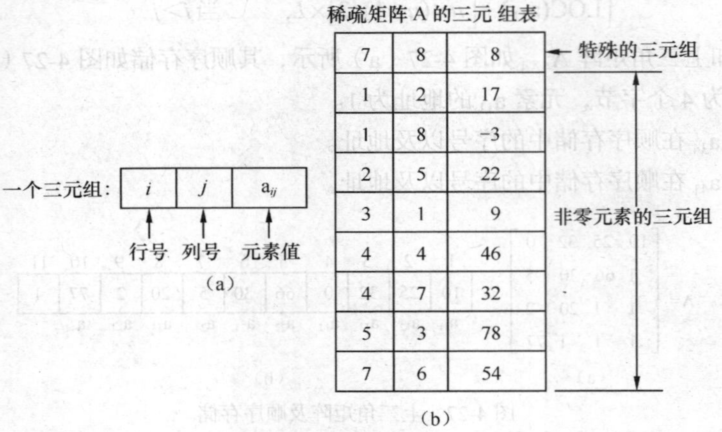
稀疏矩阵A的三元 组表
一个三元组: i j a_{ij}
行号 列号 元素值
(a)
7 8 8
1 2 17
1 8 -3
2 5 22
3 1 9
4 4 46
4 7 32
5 3 78
7 6 54
特殊的三元组
非零元素的三元组
(b)

图 4-29　稀疏矩阵的三元组、三元组表

一个三元组能够唯一地确定稀疏矩阵里的一个非零元素。一个稀疏矩阵所有非零元素三元组的集合，再增加一个表示矩阵行数、列数和非零元素总个数的特殊三元组，就可以唯一地确定一个稀疏矩阵。我们把这些三元组的总体，称为是该稀疏矩的“三元组表”。图 4-29（b）所示为稀疏矩阵 A 的三元组表。

对于稀疏矩阵的三元组表，可以采用顺序存储结构来实现，也可以采用链式存储结构来实现。下面将介绍稀疏矩阵这两种压缩存储的具体实现。

2．三元组表的顺序存储及实现

用一个 $m \times n$ 的二维数组来存放稀疏矩阵 A，用变量 Nz_A 记录 A 的非零元素个数。再用一个 Nz_A×3 的二维数组来存放稀疏矩阵 A 的三元组表，该数组的一行对应于稀疏矩阵一个非零元素的三元组，并且是按行号递增的顺序、行号相同时按列号递增的顺序组成三元组表。

算法 4-14　形成稀疏矩阵的三元组表的算法。

（1）算法描述

已知一个 $m \times n$ 的稀疏矩阵 A，非零元素个数为 Nz_A；一个 Nz_A×3 的二维数组 M。在 M 里形成矩阵 A 的三元组表，最后用 Mu_M、Nu_M、Tu_M 分别记录稀疏矩阵的行数、列数、非零元素个数。算法名为 Comp_M()，参数为 A、M。

```
Comp_M(A, M)
{
  k = 1;
  for (i=1; i<=m; i++)                      /* 顺序扫描每一行 */
    for (j=1; j<=n; j++)                    /* 扫描同一行里的每一列 */
      if (A[i][j] != 0)                     /* 扫描到一个非零元素 */
      {
        M[k][1] = i;
        M[k][2] = j;
        M[k][3] = A[i][j];
        k++;
      }
  Mu_M = m;                                 /* 保存稀疏矩阵的有关信息 */
```

```
  Nu_M = n;
  Tu_M = k-1;
}
```

（2）算法分析

算法是通过两个 for 循环来实现转换的：外 for 循环控制行号的变化，内 for 循环控制列号的变化。这样的做法实际上就是逐行对稀疏矩阵 A 进行扫描，遇到里面的非零元素时，就将有关的三元组信息顺序写入 M 的一行，直到整个稀疏矩阵扫描完毕。

算法 4-15　在稀疏矩阵的三元组表里查找数据的算法。

（1）算法描述

已知一个稀疏矩阵的三元组表 M，在里面查找值为 *x* 的元素。找到时，输出该元素的下标 i、j，返回 1；否则返回 0。算法名为 Find_M()，参数为 M、*x*。

```
Find_M(M, x)
{
  tu = Tu_M;
  k = 1;
  while (i<= tu && M[k][3] != x)       /* 循环查找所需的元素值 */
    k++;
  if (k<= tu)                          /* 找到 */
  {
    printf ("The i = %d, j = %d \n", M[k][1], M[k][2]);
    return (1);
  }
  else                                 /* 没有找到 */
    return (0);
}
```

（2）算法分析

算法中通过 while 循环查找所需的元素值时，如果找到，必有“*k*<=tu”。这时 *k* 记录的正是该元素在三元组表里的序号。因此把 M[*k*][1]、M[*k*][2]里面保存的元素行、列号打印输出，返回 1；否则意味着没有找到，于是返回 0。

3．三元组表的链式存储及实现

至少可以有两种链式存储方式来实现三元组表。

（1）带行指针的单链表表示法

该方法是把稀疏矩阵每行非零元素的三元组连接成一个单链表，并为每行的三元组链表设置一个表头指针。为此，要在每一个非零元素的三元组里增添一个指针域，指向本行下一个非零元素的三元组。若仍以图 4-28 所示的稀疏矩阵 A 为例，它相应的带行指针的单链表表示如图 4-30（a）所示。

由于相同行里的三元组结点中，都包含有相同的行号 *i* 域，因此也可以把三元组里的行号域提取出来含在表头结点里，这时的单链表表示法，如图 4-30（b）所示。

（2）十字链表法

十字链表法是另一种用链式存储方式来实现三元组表的方法。在此方法里，为了连接的需要，将每一个非零元素三元组的存储结点改造成由 5 个域组成，其结构如图 4-31（a）所示。

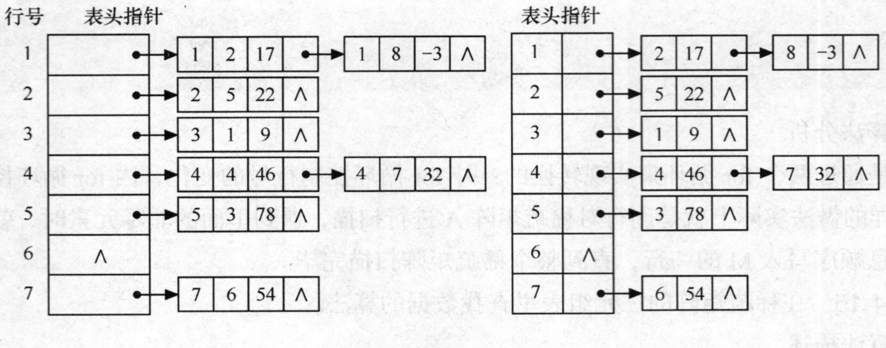

图 4-30　带行指针的单链表表示法

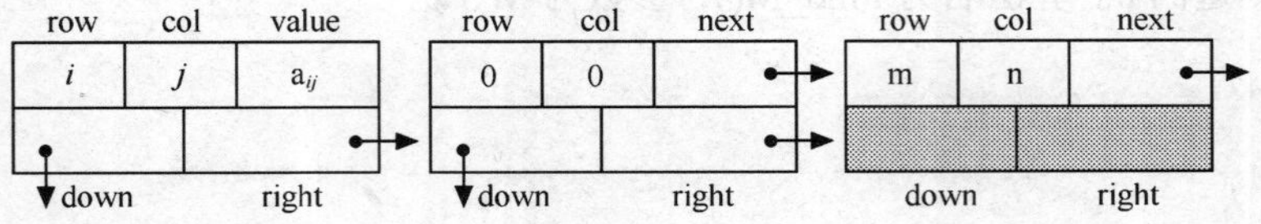

图 4-31　十字链表中存储结点的 3 种形式

其中，row 域存放非零元素的行号；col 域存放非零元素的列号；value 域存放非零元素的值；down 域存放一个指针，它指向与该非零元素同列的下一个非零元素的存储结点位置；right 域存放一个指针，它指向与该非零元素同行的下一个非零元素的存储结点位置。

十字链表法里，把稀疏矩阵中每行所有非零元素结点以列号递增的顺序、通过 right 域连接成一个带头结点的循环连表，头结点的形式如图 4-31（b）所示。例如，图 4-32（a）所示为 5×4 的稀疏矩阵 A，其第 1 行非零元素结点组成的带头结点 A_h1 的循环链表如图 4-32（b）所示。

注意，每一个行循环链表头结点的 row、col 域都被置为 0。

十字链表法里，把稀疏矩阵中每列所有非零元素结点以行号递增的顺序、通过 down 域连接成一个带头结点的循环连表。由于行循环链表表头结点只用 right 域，列循环链表表头结点只用 down 域，为了节约存储，这两种表头结点可以共用，即第 i 行的循环链表与第 i 列的循环链表共用同一个表头结点。

为了能够方便地找到每一个行链表及列链表，十字链表法里利用各表头结点中的 next 域，把它们连接在一起，即第 i 行（列）表头结点的 next 域指向第 i+1 行（列）的表头结点，并形成一个循环链表。

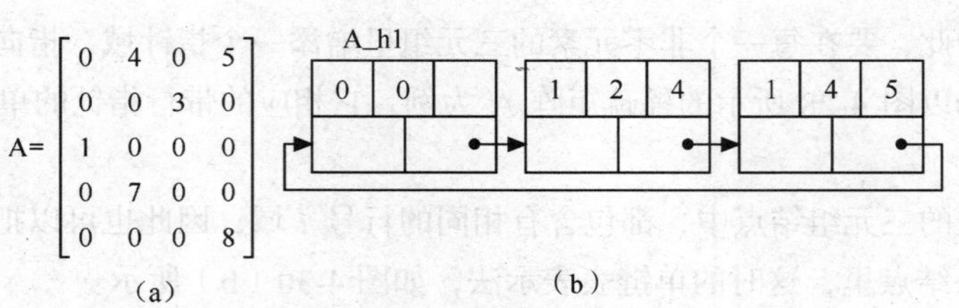

图 4-32　稀疏矩阵带头结点的行循环链表

最后，为了能够找到行（列）表头结点的循环链表，应该为十字链表设置一个总的头结点，其形式如图 4-31（c）所示，取名为 HA。在这个结点的 row 域里，存放稀疏矩阵的行数 m；在这个结点的 col 域里，存放稀疏矩阵的列数 n；这个结点的 next 域指向行（列）头结点链表的第 1 个结点（即名为 A_h1 的结点）。

于是，图 4-32（a）所示的稀疏矩阵，有如图 4-33 所示的十字链表。

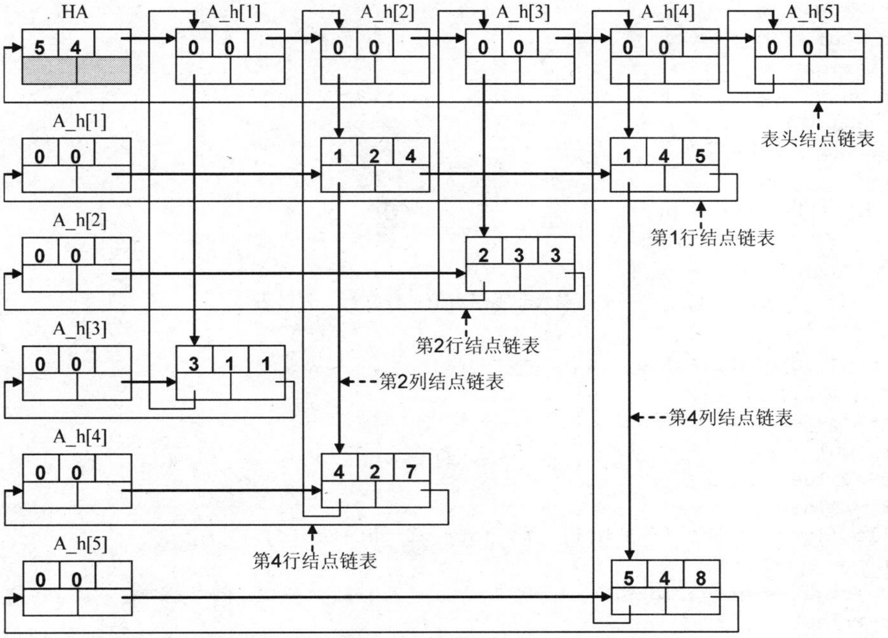

图 4-33 稀疏矩阵对应的十字链表

由图 4-33 可以看出，稀疏矩阵的十字链表，是由各个行结点链表和列结点链表共同搭建起来的一个综合链表，每一个非零元素 a_{ij}，既是处于第 i 行链表上的一个结点，也是处于第 j 列上的一个结点，犹如位于十字交叉路口处。

要注意的是，在图 4-33 里画出了 10 个表头结点（最上边 5 个，最左边 5 个）。但前面已经提及，由于行链表只用表头结点里的 right 域，列链表只用表头结点里的 down 域，因此实际上行、列链表是共用 5 个表头结点的。正因为如此，在最上边的 5 个表头结点里画出了 next 域的连接情形，而在最左边的 5 个表头结点里就没有画出它们的连接。

算法 4-16 为稀疏矩阵建立十字链表的算法。

（1）算法描述

已知一个 $m \times n$ 的稀疏矩阵 A，有 t 个非零元素。现要为它建立一个十字链表 HA。算法名为 Crosl_A()，参数为 A、m、n、t。

```
Crosl_A(A, m, n, t)
{
  if (m>n)                    /* 挑选行、列号中大者在 s */
    s = m;
  else
    s = n;
  ptr = malloc (size);        /* 形成总表头结点，HA 指向 */
  ptr->row= m;
  ptr->col = n;
```

```
  HA = ptr;
  for (i=1; i<=s; i++)        /* 建立表头结点循环链表 */
  {
    ptr = malloc (size);
    A_h[i] = ptr;
    ptr->row = 0;
    ptr->col = 0;
    ptr->right = ptr;
    ptr->down = ptr;
    if (i=1)
      HA->next = ptr;
    else
      A_h[i-1]->next = ptr;
  }
  A_h[s]->next = HA;
  for (i=1; i<=t; i++)        /* 输入非零结点值，建立行、列链表 */
  {
    scanf ("%d%d%d", &x, &y, &z);
    ptr = malloc(size);
    ptr->row = x;
    ptr->col = y;
    ptr->value = z;
    qtr = A_h[i];
    while ((qtr->right != A_h[i]) && (qtr->right->col<j))
      qtr = qtr->right;
    ptr->right = qtr->right;
    qtr->right = ptr;
    qtr = A_h[j];
    while ((qtr->down != A_h[j]) && (qtr->down->row<i))
      qtr = qtr->down;
    ptr->down = qtr->down;
    qtr->down =ptr;
  }
}
```

（2）算法分析

稀疏矩阵十字链表的建立，最先是建立总表头结点，接着是建立表头结点循环链表。在搭建起十字链表的结构后，建立一个个非零元素结点，再根据它们的行号和列号，链入相应的行链表和列链表。

算法 4-17 通过十字链表，输出稀疏矩阵的算法。

（1）算法描述

已知一个稀疏矩阵的十字链表 HA。要求根据十字链表 HA，将稀疏矩阵打印输出。算法名为 Print_A()，参数为 HA。

```
 Print_A(HA)
 {
  printf ("The column number. \n");
  for (i=1; i<=HA->col; i++)                /* 此循环在最上面打印出列号 */
    printf ("%d  ", i);
  printf ("\n");
  printf ("The row number. \n");
  for (i=1, ptr = HA->next; ptr != HA; i++)
```

```
    {
      printf ("%d  ", i);                              /* 在左边打印出行号 */
      for (j=1, qtr = ptr->right; qtr != ptr; j++)          /* 打印该行元素 */
        if (j == qtr->col)                                  /* 打印非零元素 */
        {
          printf ("%d  ", qtr->value);
          qtr = qtr->right;
        }
        else
          printf ("0  ");                           /* 打印零元素 */
      printf ("\n");
      ptr = ptr->next;
    }
}
```

（2）算法分析

该算法首先根据总表头结点 col 域的记录，通过：

for (i=1; i<=HA->col; i++)

循环在最上端打印出稀疏矩阵的列号。然后由循环：

for (i=1, ptr = HA->next; ptr != HA; i++)

控制，每循环一次，就在左边打印出一个行号，接着由其内循环：

for (j=1, qtr = ptr->right; qtr != ptr; j++)

打印出该行的所有元素。在打印元素时，如果满足条件：

j == qtr->col

表示在这行的这列上是一个非零元素，于是打印出该结点 value 域里的值，否则是一个零元素，打印出零。

算法 4-18　通过十字链表，查找稀疏矩阵中数据元素的算法。

（1）算法描述

已知一个稀疏矩阵的十字链表 HA。要求根据十字链表 HA，查找是否有值为 x 的数据结点。如果有，获得该数据的下标 i、j，并返回 1；否则返回 0。算法名为 Find_A()，参数为 HA、x、rown、coln。

```
Find_A(HA, x, cown, coln)
{
  ptr = HA->next;
  while (ptr != HA)              /* 通过表头循环链表逐行扫视非零元素结点 */
  {
    qtr = ptr->right;            /* 用指针 qtr 控制扫视一行 */
    while (ptr != qtr)
    {
      if (qtr->value == x)       /* 该结点值等于 x */
      {
        cown = qtr->row;
        coln = qtr->col;
        return (1);
      }
      qtr = qtr->right;          /* 不等于 x，进到该行链表的下一个结点 */
```

```
    }
    ptr = ptr->next;            /* 进到下一行 */
  }
  return (0);
}
```

（2）算法分析

算法是通过逐行扫视的方法，来查找是否有值等于 x 的结点的。在扫视过程中，如果发现有满足条件：

$$qtr\text{->}value == x$$

的结点，则表示在十字链表里找到了所需要的结点，因此把该元素在稀疏矩阵里的下标 i、j 存入变量 cown、coln。只有在查遍整个十字链表没有发现有满足该条件的结点时，算法才返回 0。

小结

本章的内容涉及 3 个方面：串、数组、矩阵。应该重点掌握如下知识。

（1）串就是平常所说的字符串，其特点不仅是数据元素只能是字符，而且本身也可以作为一个整体参与各种操作。因此，要把数据元素是字符的线性表与串区分开来，它们的数据元素之间虽然都保持着线性关系，但却是两种不同的数据结构。

（2）关于串，有很多的算法，要着重体会串作为一个整体参与操作的特点。在串的操作中，随时要注意串结束符（“\0”）的作用。

（3）数组是很多高级程序设计语言（如 C 语言）里就给出了定义的一种数据结构，在涉及线性表、堆栈、队列等时，也借助数组来完成对它们的顺序存储实现。实际上，正是因为数据结构里有数组这种数据结构存在，才能在高级语言里定义数组，才能实现线性表、堆栈、队列等的顺序存储。

（4）二维数组是一种较复杂的非线性结构。但由于可以把它看作是元素为一维数组的一维数组，因此二维数组也是线性结构的一种推广。

（5）二维数组顺序实现时，能够根据其两个下标 i 和 j，计算出它的存储地址（见公式 4-1、公式 4-2）。只要理解了计算思想，得出公式是不难的。要注意，这里给出的计算公式下标都是从 1 开始的。如果下标从 0 开始，那么对公式就要做必要的变动。

（6）矩阵是与二维数组有关的。本书讨论的是两种特殊矩阵，重点介绍了压缩存储顺序实现时，元素的下标与它们在顺序存储中序号间的关系。知道了这种关系，就能够求出各个元素在存储区里的地址（见公式 4-3 和公式 4-4）。

（7）稀疏矩阵实际上也是一种特殊矩阵。当进行矩阵相加、相减、要往矩阵中插入与删除元素等时，常会导致矩阵元素的增减变化，这时采用顺序存储方式实现三元组表就不合适了。因此本章主要介绍稀疏矩阵的链式实现，即十字链表结构。

习题

一、填空题

1．字符串是一种特殊的线性表，其特殊性在于它的数据元素只能是________，它可以作为一个________参与所需要的处理。

2．空格串是由________组成的串，空串是________的串，因此空格串和空串不是一个概念。

3．字符串中任意多个________字符所组成的子序列，被称作是这个串的“子串”，这个字符串本身则称为“主串”。

4．我们说两个字符串相等，在计算机内部实际上是通过对相应位置上字符________码的比较而得到的结论。

5．设有串 s="I am a teacher"。该串的长度是________。

6．设有 3 个串：s1="Good"，s2="Φ"，s3="bye! "。则 s1、s2、s3 连接后的结果串应该是“________”。

7．所谓“数组”，是指 n（n>1）个具有________类型的数据的有序集合。

8．矩阵与通常所说的________数组有关。

9．所谓“________”，是指那些元素在矩阵中的分布具有一定规律性的矩阵；而矩阵中的零元素个数远远多于非零元素的个数，但非零元素的分布却没有规律，这样的矩阵被称为“________”。

10．在一个 n 阶方阵 A 中，若所有元素都有性质：$a_{ij} = a_{ji}$ ($1 \leqslant i, j \leqslant n$)，就称其为________矩阵。

二、选择题

1．设有两个串 s1 和 s2。求 s2 在 s1 中首次出现的位置的操作称为________。

A．连接　　B．模式匹配　　C．求子串　　D．求串长

2．有串：“Φ”，那么它的长度是________。

A．0　　B．1　　C．2　　D．3

3．设有串 s1="ABCDEFG"和 s2="PQRST"。已知算法 con(x, y) 返回串 x 和 y 的连接串；subs(s, i, j)返回串 s 的第 i 个字符开始往后 j 个字符组成的子串；len(s) 返回串 s 的长度。那么，con(subs(s1, 2, len(s2)), subs(s1, len(s2), 2))的操作结果是串________。

A．BCDEF　　B．BCDEFG　　C．BCPQRST　　D．BCDEFEF

4．设有一个 8 阶的对称矩阵 A，采用以行优先的方式压缩存储。a_{11} 为第 1 个元素，其存储地址为 1，每个元素占一个地址空间。试问元素 a_{85} 的地址是________。

A．33　　B．30　　C．13　　D．23

5．一个 $m \times m$ 的对称矩阵，如果以行优先的方式压缩存入内存。那么所需存储

区的容量应该是________。

A．$m\times(m-1)/2$　　B．$m\times m/2$　　C．$m\times(m+1)/2$　　D．$(m+1)\times(m+1)/2$

6．二维数组 M 的每个元素含 4 个字符（每个字符占用一个存储单元），行下标 i 从 1 变到 5，列下标 j 从 1 变到 6。那么按行顺序存储时元素 M[4][6]的起始地址与 M 按列顺序存储时元素________的起始地址相同。

A．M[3][5]　　B．M[4][5]　　C．M[4][6]　　D．M[5][5]

7．二维数组 M 中的每个元素占用 3 个存储单元，行下标 i 从 1 变到 8，列下标 j 从 1 变到 10。现从首地址为 SA 的存储区开始存放 A。那么该数组以行优先存放时，元素 A[8][5]的起始地址应该是________。

A．SA+141　　B．SA+180　　C．SA+222　　D．SA+225

8．设有一个 5 阶上三角矩阵 A，将其元素按列优先顺序存放在一维数组 B 中。已知每个元素占用 2 个存储单元，B[1]的地址是 100。那么 A[3][4]的地址是________。

A．116　　B．118　　C．120　　D．122

三、问答题

1．为什么可以把二维数组视为是一种线性结构？

2．图 4-34（a）所示为一个特殊矩阵 $A_{5\times5}$，这种形式的矩阵被称作是"带状矩阵"，因为它的非零元素都分布在以主对角线为中心的一个带状区域里，其他位置上的元素全部为 0。可以以行优先的方式，将其压缩存储到一个一维数组里，如图 4-34（b）所示。试找出元素下标 i、j 与存储序号 k 间的对应关系。

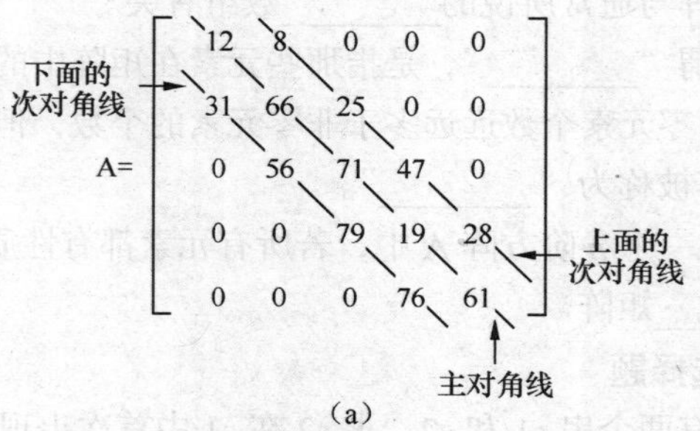

（a）

序号 k:	1	2	3	4	5	6	7	8	9	10	11	12	13
值:	12	8	31	66	25	56	71	47	79	19	28	76	61
元素名:	a_{11}	a_{12}	a_{21}	a_{22}	a_{23}	a_{32}	a_{33}	a_{34}	a_{43}	a_{44}	a_{45}	a_{54}	a_{55}

（b）

图 4-34　带状矩阵

3．一个稀疏矩阵如图 4-35 所示。试问，它对应的三元组表是什么？

$$A=\begin{bmatrix}0 & 0 & 5 & 0\\ 3 & 0 & 0 & 0\\ 0 & 0 & -1 & 8\\ 0 & 0 & 0 & 0\\ 0 & 9 & 0 & 0\end{bmatrix}$$

图 4-35　稀疏矩阵示例

四、应用题

1．请将算法 4-1 改为用 while 循环来实现。

2．算法 4-2 也可以这样来描述，直接核对相应位置上的字符是否相同，然后再分情况做出判断：一是有不相同的字符出现，一是有一个字符串比另一个字符串长，最后则是两个串完全相等。按照这样的设计，改写算法 4-2。

3．算法：

```
Trans_St(St, ch1, ch2)
{
   i=1;
   While(St[i]! ="\0")
   {
      if(St[i]==ch1)
         St[i]==ch2;
      i++;
   }
}
```

是通过 while 循环来实现将顺序串 St 中所有的字符 ch1 改为字符 ch2 的。请改写成用 for 循环来实现相同的功能。

4．编写一个算法，将顺序串 St 中所有的大写字母全部换成小写字母。（提示：大写英文字母 A~Z 对应的 ASCII 码为 65~90，小写英文字母 a~z 对应的 ASCII 码为 97~122，在大写字母的 ASCII 码上加 32，就是对应小写字母的 ASCII 码）

5．已知顺序串 St，编写一个算法，将其中第 i 个字符开始连续的 j 个字符删除。（提示：先要判断所给参数是否合理，然后通过将第 $i+j$ 开始往后的字符全部移动 j 个位置，完成删除的功能）

6．在算法 4-12 的最后，为了释放被删结点使用的存储空间，先做了操作：

ptr->Next = NULL;

把由指针 ptr 指向的最后一个要释放空间的结点的 Next 域设置为 NULL，然后通过 while 循环完成释放。其实，由于知道要释放空间的结点共有 m 个，因此可以取消这一操作，改用 for 循环通过 m 来控制释放空间的结点个数。请试着按照这一思路改写那一小段算法。

7．编写一个算法，功能是复制一个链串。

8．已知两个 $m \times n$ 的矩阵 A 和 B。编写一个算法，求 C=A+B。即 C 也是一个 $m \times n$ 的矩阵，其元素满足条件：

$$c_{ij} = a_{ij} + b_{ij} \ (1 \leqslant i \leqslant m,\ 1 \leqslant j \leqslant n)$$

第5章 二叉树

前面第 2 章 ~ 第 4 章的内容，都属于线性（或其推广）结构的范畴，用来对客观世界中具有单一前驱和单一后继的那种数据逻辑关系进行描述。

但在现实世界中，数据间的关系并非都这么简单。例如，家族族谱、社会组织机构等，它们呈现出的是一种分支关系的层次结构；城市交通、信息通信网络等，它们呈现出的则是一种网状结构。在这些结构中，一个数据元素可能会有两个或两个以上的前驱或后继。这些就是所谓的非线性结构了。

从本章开始往后要介绍的非线性结构内容，涉及树型结构及图状结构。本章首先讨论一种特殊的树型结构——二叉树，它是一种重要的非线性数据结构，有着广泛的用途。

本章主要介绍以下几个方面的内容：

- 二叉树的定义及性质；
- 二叉树的存储实现（顺序存储和链式存储）；
- 遍历二叉树（即对二叉树存储结点访问的各种形式）；
- 哈夫曼树及编码。

5.1 二叉树概述

5.1.1 二叉树的基本概念

在第 1 章里曾经说过，数据元素在不同场合还可以被称作“结点”、“顶点”或“记录”等。本章将把数据元素统称为是结点。

所谓“二叉树（Binary Tree）”，是一个由结点组成的有限集合。这个集合或者为空，或者由一个称为根（Root）的结点以及两棵不相交的二叉树组成，这两棵二叉树分别称为这个根结点的左子树（Left Subtree）和右子树（Right Subtree）。

当二叉树非空时，是通过结点之间的一条边来表示从一个结点到它的两个子结点（如果有的话）间的联系的，这个结点称为父结点，两个子结点称为父结点的孩子。

由二叉树的定义可以知道，它其实是一个递归式的定义，因为在定义一棵二叉树时，又用到了二叉树这个术语。正是因为一个结点的左、右子树又都是二叉树，所以子树也可以是空的。这时就说该结点没有左孩子，或没有右孩子。

综上所述，二叉树有如下的特征：

- 二叉树可以是空的，空二叉树没有任何结点；
- 二叉树上的每个结点最多可以有两棵子树，这两棵子树是不相交的；
- 二叉树上一个结点的两棵子树有左、右之分，次序是不能颠倒的（因此，二叉树是有序的）。

例 5-1　图 5-1 所示为二叉树的几种图形表示。

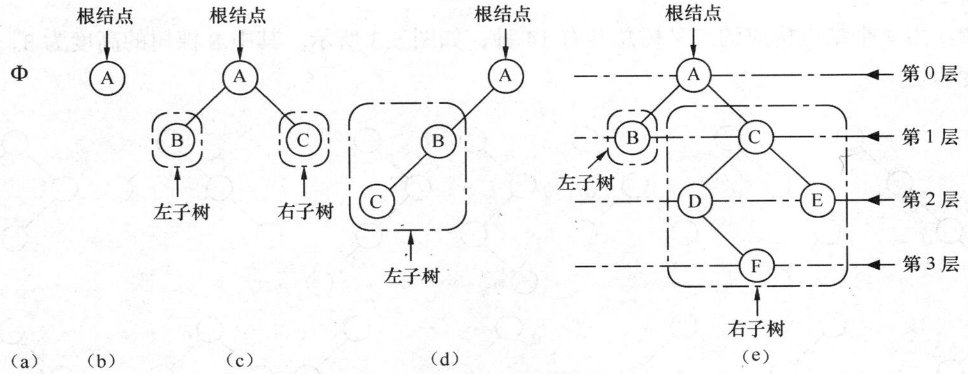

图 5-1　二叉树的几种图形表示

图 5-1（a）所示为一棵空二叉树，我们仍沿用以前使用过的符号“Φ”来表示；图 5-1（b）所示为一棵只有一个结点的二叉树，这个结点就是这棵二叉树的根结点，由于该二叉树只有一个根结点，所以也可以说这是一棵左、右子树都为空的二叉树；图 5-1（c）所示为由一个根结点、左子树的根结点、右子树的根结点组成的一棵二叉树；图 5-1（d）所示为一棵只含左子树的二叉树（当然，还可以有只含右子树的二叉树，这里没有给出）；图 5-1（e）所示为一棵普通的二叉树，其左子树只有根结点，右子树则由若干个结点组成。

例 5-2　有人说，图 5-2 所给出的是两棵相同的二叉树。你同意这个看法吗，请说出理由。

解：这是两棵不同的二叉树。因为根据定义，二叉树是有序的，其子树有左、右之分。这两个棵二叉树虽然都是由结点 A 和 B 组成，但在图 5-2（a）中，结点 B 是根结点 A 的左孩子；而在图 5-2（b）中，结点 B 是根结点 A 的右孩子，所以图 5-2（a）与图 5-2（b）表示的是两棵完全不同的二叉树。

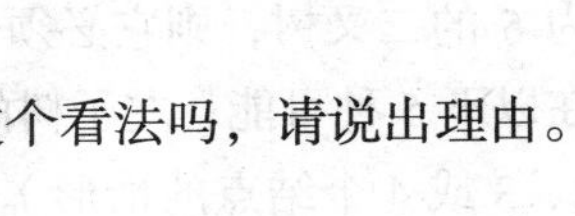

图 5-2　两棵不同的二叉树

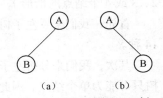

从二叉树中的一个结点往下，到达它的某个子、孙结点时所经由的路线，称为一条“路径（Path）”。对于一条路径来说，从开始结点到终止结点，中间经过的结点个数，称为路径的“长度（Length）”。特别地，从根结点开始、到达某个结点的路径长度，称为该结点的“深度（Depth）”。例如在图 5-1（d）中，从根结点 A 到结点 B 的路径是 A-B，这条路径的长度是1，结点B的深度是1；从根结点A到结点C的路径是A-B-C，这条路径的长度为2，结点C的深度是2。又例如在图5-1（e）中，从结点C到结点F的路径是C-D-F，这条路径的长度为2；从根结点A到结点F的路径是A-C-D-F，这条路径的长度为3，结点F的深度为3。

在二叉树中，由于每个非根结点只有一个父结点，因此从二叉树的任一结点到它的子、孙结点的路径都是唯一的。

二叉树是一种层次结构。通常，把一棵二叉树的根算作第0层，其余结点的层次值，为其父结点所在层值加1。例如在图5-1（e）中，根结点A位于第0层，结点B、C位于第1层，结点D、E位于第2层，结点F位于第3层。不难看出，在二叉树里位于相同层的结点的深度都是相同的。或者说，在二叉树里深度相同的结点都位于同一层。

一棵二叉树的“高度（Height）”，是指该二叉树的最大层次数值。如图5-1（e）所示的二叉树，其高度为3。二叉树的高度，有时也称为是二叉树的深度。

例5-3 画出由4个结点构成的所有二叉树。试问，其中有多少棵树的高度为3，多少棵树的高度为2？

解： 由4个结点构成的二叉树总共有14种，如图5-3所示。其中8棵树的高度为3，6棵树的高度为2。

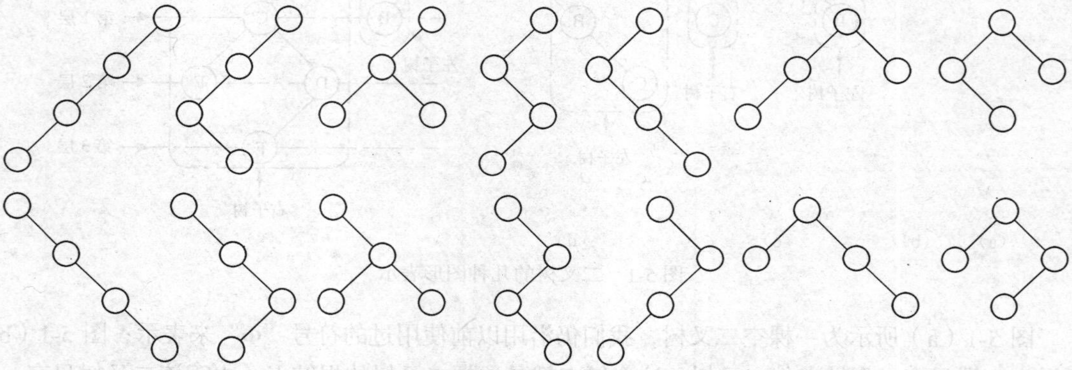

图5-3 大小为4的所有二叉树

例5-4 试分析由5个结点构成的二叉树一共有多少棵。

解： 要计算大小为5的不同二叉树共有多少棵，可以运用二叉树的定义。假设T是一棵大小为5的二叉树，则它必须包括一个根结点和两棵子树，且这两棵子树的大小之和为4。那么，存在以下5种可能：左子树的大小分别为4、3、2、1或0个结点（它们分别对应于右子树为0、1、2、3或4个结点的情形）。

首先，我们来看左子树大小为4的情况。由上面的例5-3可知，这棵大小为5的二叉树共有14种。

其次，我们来分析左子树大小为3的情况。不难知道，这样的左子树共有5种。此时，右子树只可能为单个结点。因此，在左子树大小为3的情况下，这棵大小为5的二叉树共有5种。

我们再来分析左子树大小为2的情况。这样的左子树共有两种，对于每一种左子树来说，对应的右子树也应该有两种情况，因为它的大小同样是2。因此，在左子树大小为2的情况下，这棵大小为5的二叉树共有2×2=4种。

依次类推，不难分析出，在左子树大小为1的情况下，这棵大小为5的二叉树共有5种情形；

在左子树大小为 0 的情况下，这棵大小为 5 的二叉树共有 14 种情形。综上所述，大小为 5 的不同的二叉树总共有 14+5+4+5+14=42 种。

所谓一个结点的“度（Degree）”，是指该结点拥有子树的个数。对于二叉树来说，任何一个结点的度最多是 2。如图 5-1（e）所示的二叉树，结点 A 和 C 的度为 2，结点 D 的度为 1，结点 B、E、F 的度为 0。通常，把二叉树中那些度为 0 的结点，称作是“叶（Leaf）”结点。因此在图 5-1（e）中，B、E、F 都是叶子结点。

一棵一般的二叉树，是由如下的 3 类结点组成的：

- 根结点——二叉树的起始结点；
- 分支（或内部）结点——至少有一个非空子树（即度为 1 或 2）的结点；
- 叶结点——没有非空子树（即度为 0）的结点。

有两种特殊的二叉树：满二叉树和完全二叉树。

所谓“满二叉树（Full Binary Tree）”，是指该二叉树的每一个结点，或者是有两个非空子树的结点，或者是叶结点，并且每层都必须含有最多的结点个数。

图 5-4 所示即为一棵满二叉树，它的第 0 层是根结点（即图中标为 A 的结点），第 1 层有 2 个结点（即图中标为 B ~ C 的结点），第 2 层有 4 个结点（即图中标为 D ~ G 的结点），第 3 层有 8 个结点（即图中标为 H ~ O 的结点）。其中，A 为根结点，B ~ G 的结点为分支结点，H ~ O 的结点为叶结点。

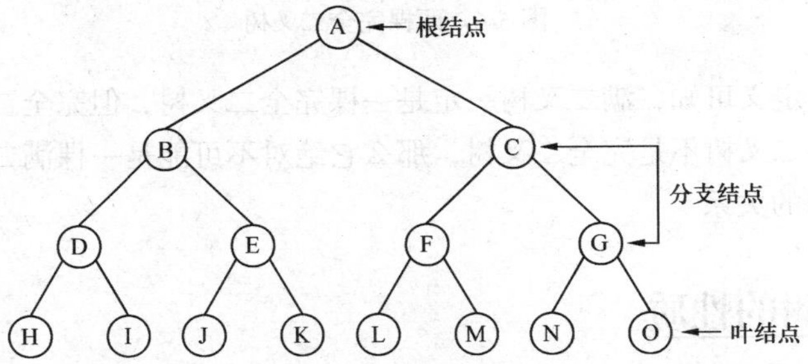

图 5-4　一棵满二叉树

图 5-5 所示的两棵二叉树都不是满二叉树。虽然它们都满足“每个结点或都有两个非空子树，或是叶结点”的条件，但却违背了“每层都必须含有最多的结点个数”的要求。例如图 5-5（a），第 2 层应该有 4 个结点，但现在只有两个结点；第 3 层应该有 8 个结点，现在也只有两个结点。对于图 5-5（b）来说，第 3 层最后少了两个结点，因此也构不成是一棵满二叉树。

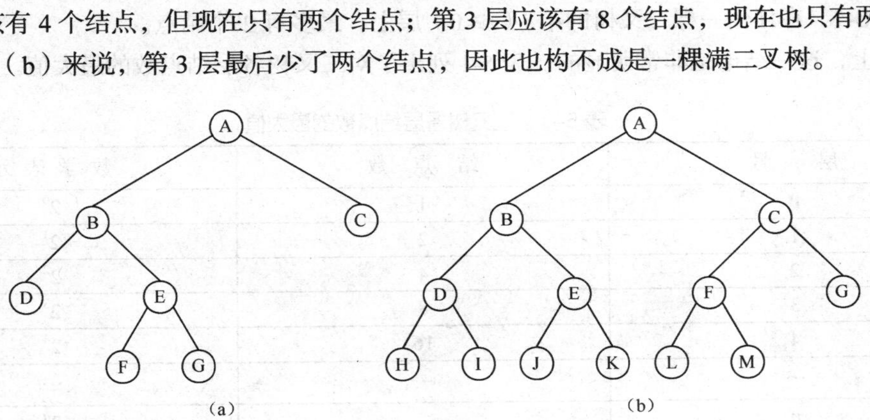

图 5-5　非满二叉树

所谓“完全二叉树（Complete Binary Tree）”，是指该二叉树除最后一层外，其余各层的结点都必须是满的，最后一层的结点都必须集中在左边，右边可以连续缺少若干个结点。例如，图 5-5（b）所示就是一棵完全二叉树，因为它的每层结点都是满的，只有最后一层少了两个最右边的结点。

图 5-6 所示的两棵二叉树，都是完全二叉树。这两棵二叉树除了最后一层外，每层的结点数都是最大的。对图 5-6（a）来说，虽然最后一层少了 3 个结点，但这 3 个结点是最右边的连续 3 个结点，符合完全二叉树的定义要求；对图 5-6（b）来说，最后一层只有一个结点，但它是最后一层最左边的结点，少的是右边连续 7 个结点，并没有违反完全二叉树定义的要求，因此它是一棵完全二叉树。

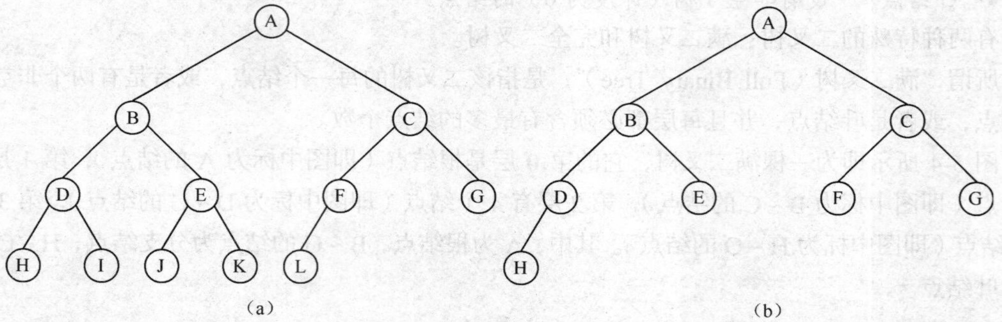

图 5-6　两棵完全二叉树

由完全二叉树的定义可知，满二叉树一定是一棵完全二叉树，但完全二叉树却不一定是一棵满二叉树。如果一棵二叉树不是完全二叉树，那么它绝对不可能是一棵满二叉树。这就是满二叉树与完全二叉树之间的关系。

5.1.2　二叉树的性质

在本节，将介绍有关二叉树的 4 个性质，性质 5-1 ~ 性质 5-3 对任何二叉树都成立，性质 5-4 只是针对完全二叉树的。由于满二叉树一定是完全二叉树，因此性质 4 既适用于完全二叉树，也适用于满二叉树。

性质 5-1　在任何一棵二叉树的第 i（$i \geqslant 0$）层上，最多有 2^i 个结点。

直观上，这一结论是非常明显的。表 5-1 列出了对二叉树各层结点数的最大值。

表 5-1　二叉树各层结点数的最大值

层　号	结 点 数	数 学 表 示
0	1	2^0
1	2	2^1
2	4	2^2
3	8	2^3
4	16	2^4
…	…	…
n		2^n

下面用数学归纳法证明这个性质。

【证明】二叉树的第 0 层只有一个结点。所以，当 i=0 时，$2^i=2^0=1$ 成立。

假设结论对第 i 层成立，即第 i 层最多有 2^i 个结点。那么，由于二叉树每个结点的度最多为 2，因此第 i+1 层结点的个数，最多应该是第 i 层结点个数的 2 倍，即 $2\times2^i = 2^{i+1}$，命题得证。

性质 5-2　树高为 k（$k\geqslant0$）的二叉树，最多有 $2^{k+1}-1$ 个结点。

【证明】由性质 5-1 可知，在树高为 k 的二叉树里，第 0 层有 2^0 个结点，第 1 层有 2^1 个结点，第 2 层有 2^2 个结点，……，第 k 层有 2^k 个结点。因此，要求出树高为 k 的二叉树的结点个数，就是求和：

$$2^0 + 2^1 + 2^2 + \cdots + 2^k$$

这是一个等比数列，求前 k+1 项的和 S_{k+1} 的求和公式为：

$$S_{k+1} = (a_0 - a_k\times q) / (1-q)$$

其中 a_0 为第 1 项，a_k 为第 k+1 项，q 为公比。于是，该数列前 k+1 项之和 S_{k+1} 为：

$$S_{k+1} = (2^0-2^k\times2)/(1-2) = (1-2^{k+1})/(1-2) = 2^{k+1}-1$$

性质 5-3　如果一棵二叉树中，度为 0 的结点个数为 n_0，度为 2 的结点个数为 n_2，则有关系：$n_0 = n_2 + 1$。

【证明】设二叉树中度为 1 的结点个数为 n_1，那么二叉树总的结点个数 n 应该是：

$$n = n_0 + n_1 + n_2 \qquad (5\text{-}1)$$

另一方面，二叉树中除根结点外，其余每个结点都将在一个分支边的下面。设这个分支边数为 m，那么二叉树总的结点个数应该是分支边数加上 1（这个 1 是根结点），即

$$n = m + 1 \qquad (5\text{-}2)$$

注意到每一条分支边或是由度为 1 的结点发出，或是由度为 2 的结点发出，度为 1 的结点发出一条边，度为 2 的结点发出两条边。因此，又有关系：

$$m = n_1 + 2\times n_2 \qquad (5\text{-}3)$$

把式（5-3）代入式（5-2），得：

$$n = n_1 + 2\times n_2 + 1 \qquad (5\text{-}4)$$

综合式（5-1）和式（5-4），立即可以得出所需要的结论。

对于完全二叉树，具有下面的性质。

性质 5-4　对于有 n 个结点的完全二叉树，将其所有的结点按照从上到下、从左到右的顺序进行编号。那么，二叉树中任意一个结点的序号 i（$1\leqslant i\leqslant n$）满足下面的关系：

（1）如果 i=1，则该结点为这棵完全二叉树的根结点，它没有父结点；

（2）如果 i>1，则该结点的父结点的序号为 i/2 取整数（即 i 除以 2 后的整数商）；

（3）如果 2i>n，则序号为 i 的结点没有左子树，否则其左孩子（即左子树的根结点）的序号为 2i；

（4）如果 2i+1>n，则序号为 i 的结点没有右子树，否则其右孩子（即右子树的根结点）的序号为 2i+1。

性质 5-4 里的 4 条结论，第 1 条给出了根据结点序号判定它是否为根结点的方法；第 2 条给出了由一个结点的序号求其父结点序号的方法；第 3 条和第 4 条给出了由结点序号判定该结点是否有左、右子树，以及求左、右孩子序号的方法。

为了验证这一性质的正确性，我们按照从上到下、从左到右的顺序，为图 5-7 所示的完全二

叉树进行编号，该树共有 n=12 个结点。现在来看结点 D，它的序号为 4>1，因此它不是根结点。按照性质 5-4（2），它的父结点的序号应该是 4/2 取整，结果是 2。从图上看，结点 D 的父结点是 B，序号正是 2。再来看结点 E，它的序号 5>1。按照性质 5-4（2），它的父结点的序号应该是 5/2 取整，结果是 2。从图上看，结点 E 的父结点是 B，序号正是 2。

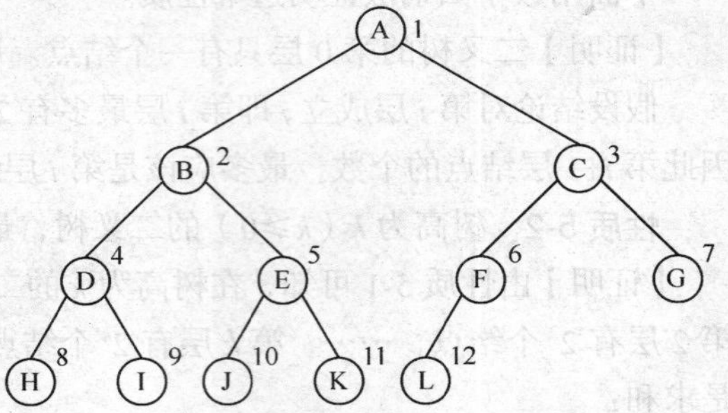

图 5-7　被编号的完全二叉树

再来看结点 F，它的序号是 6。由于 2×6=12 ≤n，根据性质 5-4（3）表示该结点肯定有左子树，且左孩子的序号应该是 2×6=12。从图上看，结点 F 左子树的根结点为结点 L，其序号正是 12。然而，对于结点 F 来说，2×6+1=13>n，根据性质 5-4（4）表示它没有右子树。从图上看，它确实没有右子树。

例 5-5　一棵高度为 9 的满二叉树有多少个叶结点？有多少个度为 2 的结点？总共有多少个结点？

解：由于这棵二叉树的高度为 9，即有 9 层。又由于它是一棵满二叉树，因此每一层上都有最大的结点数。叶结点在最底层，也就是第 9 层。根据性质 5-1，在第 9 层上最多有 2^9=512 个结点。

满二叉树只由度为 0 和度为 2 的结点组成。根据性质 5-3 知，一棵二叉树度为 0 和度为 2 的结点间有关系 $n_0 = n_2 + 1$，即是：

$$n_2 = n_0 - 1$$

因此，高度为 9 的满二叉树共有度为 2 的结点 512−1=511 个。最后根据性质 5-2，这棵高度为 9 的满二叉树总共有 2^{10}−1=1024−1=1023 个结点。

例 5-6　设一棵二叉树里度为 2 的结点数共 10 个。试问该二叉树有多少个叶结点？

解：由性质 5-3 知道，对于任何一棵二叉树，度为 0 和度为 2 的结点数间有关系：

$$n_0 = n_2 + 1$$

现在这棵二叉树里度为 2 的结点数共 10 个，因此叶结点数应该有 11 个。

例 5-7　设有一棵二叉树只有叶结点和度为 2 的结点，叶结点的数目为 n_0，度为 2 的结点的数目为 n_2，那么，该二叉树中结点总数是________。

A．$2n_2+1$　　B．$2n_0+1$　　C．$2n_2-1$　　D．$2n_0-1$

解：由于该二叉树只有度为 0 和度为 2 的结点，因此它的结点总数为：

$$n = n_0 + n_2 \tag{5-5}$$

另一方面，根据性质 5-3 知，在任一棵二叉树中，度为 0 的结点个数 n_0 和度为 2 的结点个数 n_2 间有关系 $n_0 = n_2 + 1$。将它代入式（5-5），得到：

$$n=2n_2+1$$

因此，本题应该选择 A。

例 5-8　将一棵有 40 个结点的完全二叉树从上到下、从左到右顺序编号。试问序号为 25 的结点 x 的左、右子树的情况如何？

解：这棵完全二叉树共有 n = 40 个结点。由性质 5-4 知，2×25=50>40，因此序号为 25 的结点没有左子树存在，所以也没有右子树存在，是一个叶结点。

5.2 二叉树的存储结构

与前面所介绍的各种数据结构相同，对于二叉树来讲也有两种常用的存储结构：顺序存储结构和链式存储结构。由于二叉树不是线性结构，因此即使是在考虑使用顺序结构时，也必须考虑各结点间关系的具体存储方式。

5.2.1 二叉树的顺序存储结构

所谓二叉树的顺序存储，就是用一个一维数组（也就是一组连续的存储单元）来存放二叉树中的结点。具体做法是，把二叉树的结点按照从上到下、从左到右的次序排列好，然后顺序存入数组中。由于二叉树不是线性结构，因此存放在数组里的二叉树结点间的这种线性序列，并不能真正反映出它们在逻辑上的邻接关系。只有在存储结点中增加一些其他信息，体现出该结点在逻辑上的前驱结点和后继结点，才能使这样的存储有意义。

基于二叉树顺序存储的具体做法，与前面所说的对完全二叉树实行编号的做法相同；另外，对于完全二叉树可以通过性质 5-4，方便地由结点的编号求出它相应的父结点编号和它的左、右孩子结点的编号（如果有的话）。利用这种特性，就能够将完全二叉树中的结点以编号为顺序存储在一维数组中，编号就是数组元素的下标。这样，不必再附加存储其他信息，就能够根据存储结点的下标，得到它与完全二叉树中其他结点的邻接关系。

图 5-8（a）所示为一棵完全二叉树。在真正实现顺序存储时，要说明一个类型为 elemtype、大小为 MAX×size、名为 Cb 的一维数组，以完全二叉树的编号为下标，把结点顺序存储在数组中，如图 5-8（b）所示。这时，要设置一个变量 Cb_num，记录数组中实际所含结点的个数。

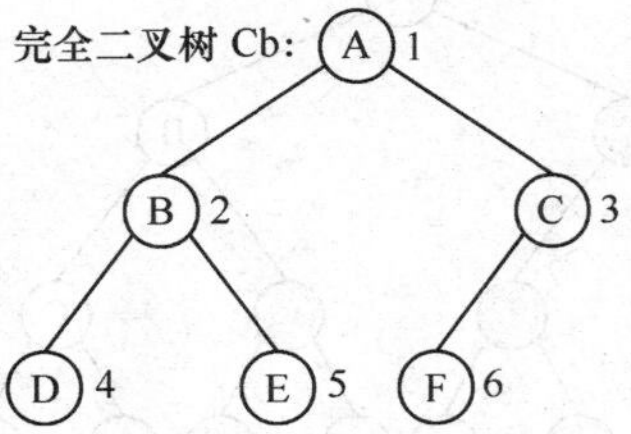

	1	2	3	4	5	6	7	8
Cb:	A	B	C	D	E	F		

（b）

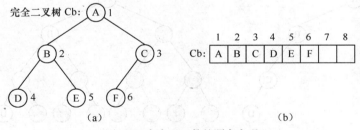

图 5-8　完全二叉数的顺序实现

这样，只要根据数组元素的下标值 i，就可以通过性质 5-4 找到它的父结点和左、右孩子结点。例如，结点 C 的下标是 3。只需计算出 3/2 取整的结果，就能够知道结点 C 的父结点是下标为 1 的元素；只需计算出 2×3=6，通过判断 6=Cb_num，就知道结点 C 有左子树，其根结点就是下标为 6 的元素；也只需计算出 2×3+1=7>Cb_num，就可以知道结点 C 没有右子树。可见，在顺序存储完全二叉树时，每个存储结点里并不需要存放附加的其他信息，通过元素的下标值，就能够得到该结点与别的结点的邻接关系。

但完全二叉树终究是一种特殊的二叉树，性质 5-4 对一般二叉树是不成立的。因此，照搬这样的顺序存储方法，并不能解决一般二叉树的顺序存储问题。为了在实现一般二叉树的顺序存储时，能够利用完全二叉树的性质 5-4，就必须对一般二叉树进行某种改造，让它在形式上类同与完全二叉树。考虑到二叉树中的每个结点至多只有两个子树，因此可以采用增添一些并不存在的空结点的方法，把一棵一般的二叉树改造成为一棵完全二叉树。

例如，图 5-9（a）所示是一棵一般的二叉树，通过增添一些并不存在的空结点（这些空结点用深色表示），就可以成为如图 5-9（b）所示的一棵完全二叉树。顺序存储时，相对于空结点的数组元素处，就存放一个特殊的空（“∧”）记号，如图 5-9（c）所示。

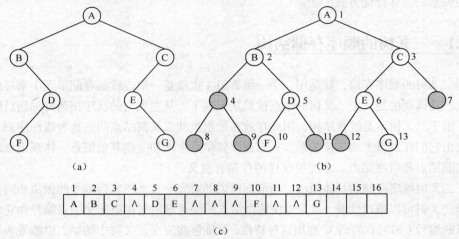

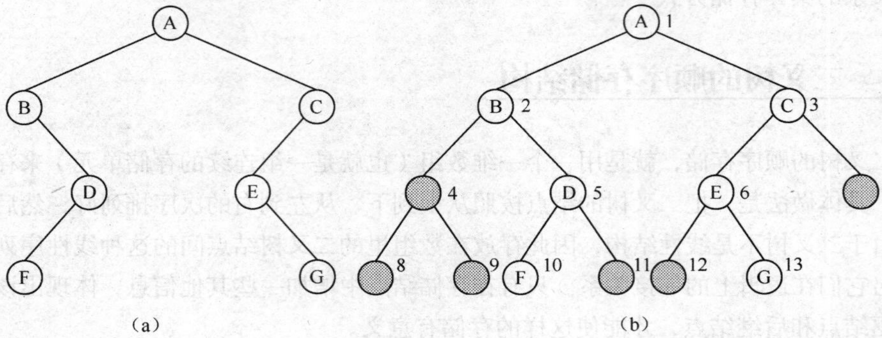

1	2	3	4	5	6	7	8	9	10	11	12	13	14	15	16
A	B	C	∧	D	E	∧	∧	∧	F	∧	∧	G			

（c）

图 5-9　把一般二叉树改造成完全二叉树

不过，这种为了实现顺序存储，用增添空结点改造一般二叉树的方法，会造成大量存储空间的浪费，最坏的情况出现在单支树时。如图 5-10（a）所示，一棵深度为 3 的右单支树，只有 4 个结点，却要为 11 个空结点分配存储空间，如图 5-10（b）所示，存储浪费是极大的。

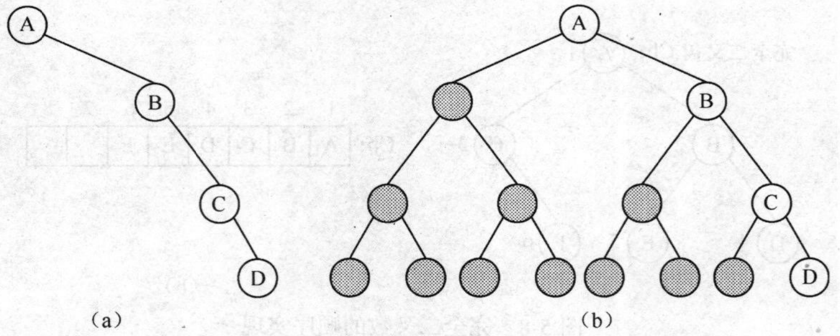

图 5-10　改造一般二叉树会造成存储空间的浪费

5.2.2　二叉树的链式存储结构

所谓二叉树的链式存储，即是在存储结点里通过指针指示二叉树结点间逻辑关系的信息。二叉树的一个结点应该有 3 种邻接关系：与它的父结点的邻接关系，与它的左子树的根结点的邻接关系，与它的右子树的根结点的邻接关系。与父结点的邻接关系，是一种向上的邻接关系；与左子树、右子树的关系，是一种向下的邻接关系。

如果让一个存储结点包含 3 种邻接关系，那么就称是二叉树的三叉链表存储结构。这时，二叉树上每个结点的存储结点由 4 个域组成，如图 5-11（a）所示。其中的 Data 域存储数据元素的值；Lchild 域是一个指针，指向该结点左孩子（即左子树根结点）的位置；Rchild 域是一个指针，指向该结点右孩子（即右子树根结点）的位置；Parent 域是一个指针，指向该结点父结点的位置。若现在的二叉树如图 5-11（b）所示，那么它对应的三叉链表如图 5-11（c）所示。

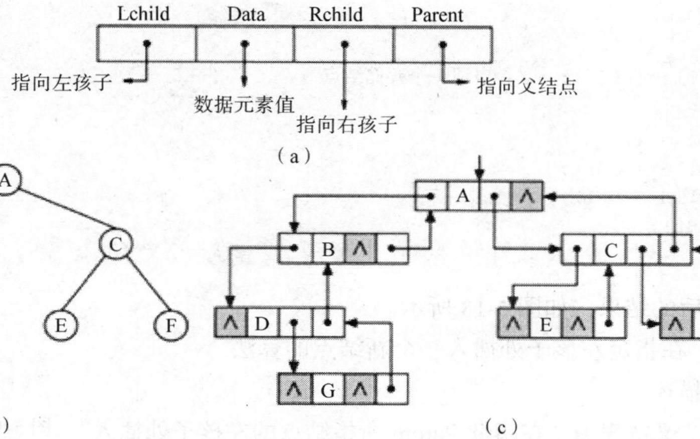

图 5-11　二叉树的三叉链表结构

这种三叉链表结构，既方便于查找二叉树上任何结点的子树信息，也方便于查找它的父结点信息。但相对于下面介绍的二叉链表结构，则需要耗费更多的存储空间。

如果让一个存储结点只包含与其子树的邻接关系，那么就称是二叉树的二叉链表存储结构。这时，二叉树上每个结点的存储结点由 3 个域组成，如图 5-12（a）所示，其中的 Data 域存储数据元素的值；Lchild 域是一个指针，指向该结点左孩子（即左子树根结点）的位置；Rchild 域是一个指针，指向该结点右孩子（即右子树根结点）的位置。若现在的二叉树如图 5-12（b）所示，那么它对应的二叉链表结构如图 5-12（c）所示。

比起三叉链表来，二叉树的二叉链表结构能够节省一些存储空间，但缺点是从存储结点里不能直接获得父结点的信息。不过，对于一般的二叉树，目前使用最多的是二叉链表。因此，下面介绍的二叉树的一些基本算法，都是针对其二叉链表结构的。

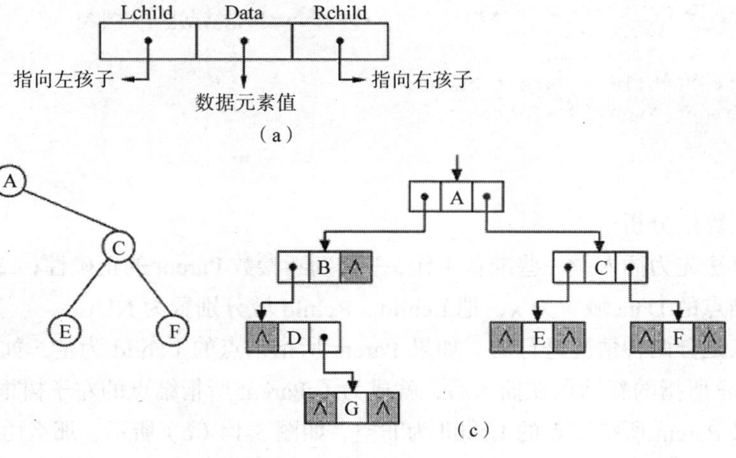

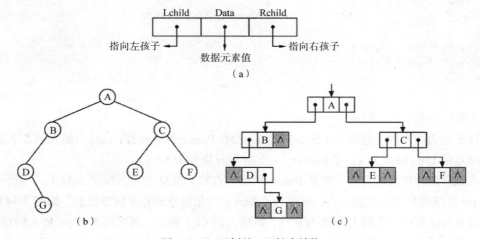

图 5-12　二叉树的二叉链表结构

算法 5-1 新建一棵只有根结点的二叉树的算法。

算法描述：创建只有以 x 为根结点数据域信息的一棵二叉树 Bt，该结点的 Lchild 和 Rchild 域均取值 NULL，算法名为 Create_Bt()，最后返回指向根结点的指针。

```
Create_Bt()
{
  ptr = malloc(size);   /* 申请一个存储结点 */
  Bt=ptr;
  ptr->Data = x;
  ptr->Lchild = NULL;
  ptr->Rchild = NULL;
  return (Bt);
}
```

算法执行后的结果，如图 5-13 所示。

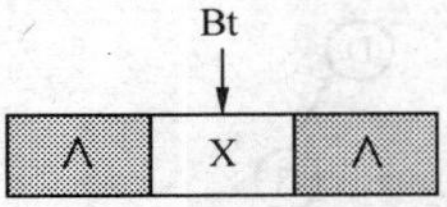

图 5-13　一棵空二叉链表结构

算法 5-2 在指定左孩子处插入一个新结点的算法。

（1）算法描述

已知一个二叉链表 Bt，在指针 Parent 所指结点的左孩子处插入一个数据元素值为 x 的新结点，它将成为 Pranet 所指结点新的左子树根结点。算法名为 Inl_Bt()，参数为 Bt、x、Parent。

```
Inl_Bt(Bt, Parent, x)
{
  if (Parent == NULL)
  {
    printf ("位置错! ");
    return (NULL);
  }
  ptr = malloc (size);                /* 申请存储结点空间 */
  ptr->Data = x;
  ptr->Lchild = NULL;
  ptr->Rchild = NULL;
  if (Parent->Lchild == NULL)         /* Parent 所指结点左子树为空 */
    Parent->Lchild = ptr;
  else                                /* Parent 所指结点左子树非空 */
  {
    ptr->Lchild = Parent->Lchild;
    Parent->Lchild = ptr;
  }
}
```

（2）算法分析

本算法先为插入做一些准备工作，一是判断参数 Parent 的正确性；二是为插入结点申请存储，并把该结点的 Data 域置为 x，把 Lchild、Rchild 域分别置为 NULL。

插入是分两种情况进行的。如果 Parent 所指结点的 Lchild 为空，如图 5-14（a）所示，那么由指针 ptr 所指的新结点在插入后，就成为了 Parent 所指结点的左子树根结点，如图 5-14（b）所示；如果 Parent 所指结点的 Lchild 为非空，如图 5-14（c）所示，那么由指针 ptr 所指的新结点在插入后，就成了 Parent 所指结点左子树的新根结点，原来左子树的根结点，就成了 ptr 所指结点的左孩子（即左子树的根结点），如图 5-14（d）所示。

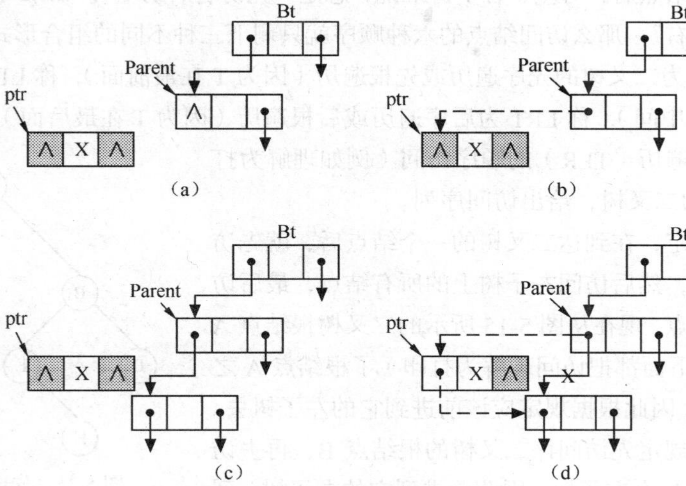

图 5-14 往二叉树的左子树进行插入

算法 5-3 在指定右孩子处插入一个新结点的算法。

该算法的描述类同于算法 5-2，在此不再赘述。

5.3 遍历二叉树

二叉树是一种非线性结构，因此人们无法使用熟悉的顺序（也就是线性）方法知道一个结点的“下一个”是谁，也就无法去访问它的数据结点。于是，用什么样的顺序去访问二叉树上的数据结点（即对结点进行各种操作：例如查找，修改，打印），就成为一个必须要解决的重要问题。

5.3.1 遍历二叉树的含义

所谓“遍历二叉树（Traversing Binary Tree）”，是指按照一定的路线对二叉树进行搜索，保证里面的每个结点被访问一次，而且只被访问一次。

由于一棵非空二叉树是由根结点以及两棵不相交的左、右子树 3 部分组成的，因此如果规定一种顺序，在到达每一个结点时，都按照这个规定去访问与该结点有关的 3 个部分，那么就可以访问到二叉树上的所有结点，且每个结点只被访问一次。

用 T、L 和 R 分别表示二叉树的根结点、左子树和右子树。那么在到达每一个结点时，访问结点的顺序可以有以下 6 种不同的组合形式：

- TLR——先访问根结点，再访问左子树，最后访问右子树；
- LTR——先访问左子树，再访问根结点，最后访问右子树；
- LRT——先访问左子树，再访问右子树，最后访问根结点；
- TRL——先访问根结点，再访问右子树，最后访问左子树；
- RTL——先访问右子树，再访问根结点，最后访问左子树；
- RLT——先访问右子树，再访问左子树，最后访问根结点。

前3个规定的特点是到达一个结点后，对左、右子树来说，总是“先访左后访右”；后3个规定的特点是到达一个结点后，对左、右子树来说，总是“先访右后访左”。如果对左、右子树，我们限定“先访左后访右”，那么访问结点的六种顺序就只剩下三种不同的组合形式：TLR、LTR、LRT。通常，称TLR为二叉树的先序遍历或先根遍历（因为T在最前面），称LTR为中序遍历或中根遍历（因为T在中间），称LRT为后序遍历或后根遍历（因为T在最后面）。

例 5-9 以先序遍历（TLR）的顺序访问（例如理解为打印）如图5-15所示的二叉树，给出访问序列。

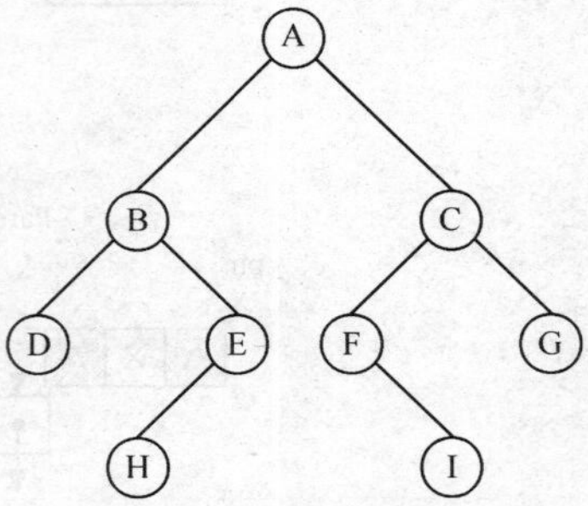

图 5-15 先序遍历二叉树例

解：先序遍历规定，在到达二叉树的一个结点后，就先访问该二叉树的根结点，然后访问左子树上的所有结点，最后访问右子树上的所有结点。现在从图5-15所示的二叉树根结点A开始遍历。在访问（下面都把访问理解为打印）了根结点A之后，由于它有左子树，因此根据规定应该前进到它的左子树去。到达左子树后，根据规定先访问该二叉树的根结点B，再去访问B的左子树。由于B有左子树，因此前进到它的左子树。到达左子树后，仍先访问它的根结点D，再去访问D的左子树。这时左子树为空，根据规定就去访问它的右子树。但它的右子树也为空，至此结点B左子树上的所有结点都已访问完毕，根据规定就应该去访问它右子树上的结点了。结点B的右子树，是以结点E为根的二叉树。到达结点E后，按照先序遍历的规定，先访问根结点E，然后访问它的左子树。在访问了左子树的根结点H后，由于H的左、右子树都为空，至此结点E左子树上的所有结点都访问完毕，转去访问它的右子树。由于结点E的右子树为空，这样结点B右子树上的所有结点都已访问完毕。至此，结点A左子树上的所有结点都已访问完毕，按先序遍历的规定应该转去访问它右子树上的所有结点。

结点A右子树的根结点是C。先访问结点C，然后去访问它的左子树。这时左子树的根结点为F，于是访问F，然后去访问F的左子树。由于左子树为空，因此去访问它的右子树。F右子树的根结点是I，于是访问结点I。由于I的左、右子树均为空，至此结点C的左子树上结点全部访问完毕，转去访问它的右子树。结点C右子树的根结点是G，于是访问结点G。由于结点G的左、右子树都为空，至此结点A的右子树上的所有结点都访问完毕，对该二叉树的先序遍历也就到此结束。

归纳对该二叉树结点的“访问”次序可以得到，对图5-15所示的二叉树的先序遍历序列应该是：

A-B-D-E-H-C-F-I-G

通过此例应该知道，求一个二叉树的某种遍历序列，最重要的是在到达每一个结点时都必须坚持该遍历的规定，只有这样才能得出正确的遍历序列。

例 5-10 以中序遍历（LTR）的顺序访问（例如理解为打印）如图5-15所示的二叉树，给出遍历序列。

解：中序遍历规定，在到达二叉树的一个结点后，不是先着急访问该结点，而是先去访问该结点的左子树，只有在访问完左子树后，才去访问该结点，最后访问该结点的右子树。现在从图5-15所示的二叉树根结点A开始遍历。

到达A后，先不能访问它，而是要去访问它的左子树，于是进到左子树的根结点B。到达B后，根据中序遍历规定，不能访问B，而是要先访问它的左子树，于是又进到结点D。到达D后，仍然不能访问 D，而是要先访问它的左子树。但 D 的左子树为空，因此访问 D 左子树的任务完成。由于访问 D 的左子树结束，根据中序遍历规定，这时才能访问结点 D。可见，中序遍历二叉树时，最先访问的结点，是该二叉树最左边的那个结点。

访问完结点 D 之后，应该访问 D 的右子树。由于 D 的右子树为空，于是，以 D 为根的二叉树的遍历结束，也就是以结点 B 为根的二叉树的左子树的遍历结束，因此根据中序遍历规定，这时才访问结点 B，然后去访问以 B 为根结点的右子树。

到达右子树的根结点 E 后，根据中序遍历规定，不能访问 E，而是要先访问它的左子树，于是进到结点 H。H 的左子树为空，因此访问结点 H。由于 H 的右子树为空，至此对以结点 B 为根的右子树遍历完毕，也即是以结点 A 为根的左子树遍历完毕，到这个时候，才可以访问结点 A。可见，中序遍历二叉树时，左子树上的结点都先于二叉树的根结点得到访问，因此在遍历序列里它们都位于根结点的左边，而右子树上的结点都位于根结点的右边。

访问完二叉树的根结点 A 之后，根据中序遍历规定，将去对二叉树的右子树进行遍历。到达右子树根结点 C 后，不能访问它，应该先去访问它的左子树，于是进到结点 F。进到结点 F 后，不能访问它，应该先去访问它的左子树。由于它的左子树为空，因此才访问结点 F。访问完结点 F，应该访问它的右子树，于是进到结点 I。I 的左子树为空，所以访问结点 I，然后访问它的右子树。因为 I 的右子树为空，故以结点 C 为根的二叉树的左子树已遍历完毕，所以访问结点 C，然后进到右子树的结点 G。结点 G 的左子树为空，因此访问结点 G，然后访问 G 的右子树。因为 G 的右子树为空，至此以结点 A 为根的右子树全部遍历完毕，也就是对整个二叉树遍历完毕。可见，中序遍历二叉树时，最后访问的结点应该是二叉树上最右边的那个结点。

综上所述，对图 5-15 所示的二叉树进行中序遍历时，遍历的结点序列是：

D-B-H-E-A-F-I-C-G

图 5-16 给出了一种迅速求得二叉树各种遍历序列的实用方法。我们从根结点的左边开始、到右边结束，顺着二叉树的各个结点画一条围线，遍历方向如图中虚线上的箭头所示。不难看出，在画围线的过程中会先后三次经过每个结点，这三次由结点附近的下箭头、右箭头、上箭头旁标注的数字给出。即下箭头旁标注的①，表示是第 1 次经过该结点；右箭头旁标注的②，表示是第 2 次经过该结点；上箭头旁标注的③，表示是第 3 次经过该结点。

如果从二叉树的根结点开始，按照围线掠过结点时标注的①的先后顺序记录下结点，那么该结点顺序就是对二叉树进行先序遍历时的序列；如果按照围线掠过结点时标注的②的先后顺序记录下结点，那么该结点顺序就是对二叉树进行中序遍历时的序列；如果按照围线掠过结点时标注的③的先后顺序记录下结点，那么该顺序就是对二叉树进行后序遍历时的序列。

例如，按照图 5-16 所示围线掠过结点时遇到的第 1 个标注①的结点是 A，遇到的第 2 个标注①的结点是 B，遇到的第 3 个标注①的结点是 D，遇到的第 4 个标注①的结点是 E，如此等等。因此，所获得的该二叉树先序遍历的顺序是：

A-B-D-E-H-C-F-I-G

按照图 5-16 所示围线掠过结点时遇到的第 1 个标注②的结点是 D，遇到的第 2 个标注②的结点是 B，遇到的第 3 个标注②的结点是 H，遇到的第 4 个标注②的结点是 E，遇到的第 5 个标注②的结点是 A，如此等等。因此，所获得的该二叉树中序遍历的顺序是：

D-B-H-E-A-F-I-C-G

按照图 5-16 所示围线掠过结点时遇到的第 1 个标注③的结点是 D，遇到的第 2 个标注③的结点是 H，遇到的第 3 个标注③的结点是 E，遇到的第 4 个标注③的结点是 B，遇到的第 5 个标注③的结点是 I，如此等等。因此，所获得的该二叉树后序遍历的顺序是：

D-H-E-B-I-F-G-C-A

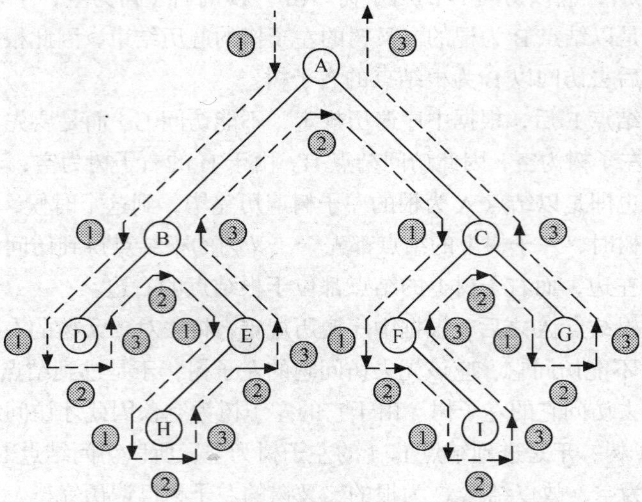

图 5-16　求二叉树各种遍历序列的实用方法

从 3 种遍历序列可以总结出：对于任何一棵二叉树，先序遍历时根结点总是处于遍历序列之首；中序遍历时根结点的位置居中，它左子树的所有结点都在其左边，右子树的所有结点都在其右边；后序遍历时根结点的位置在最后，其所有结点都在它的左边。

这样的一个总结，对整棵二叉树成立，对各子二叉树也仍然成立。

例 5-11　试问，什么样的二叉树其中序遍历序列与后序遍历序列相同？

解：从图 5-16 来看，要使一棵二叉树的中序遍历序列与后序遍历序列相同，就必须要求围线第②次掠过一个结点后，紧接着就第③次掠过它。这种情况只有在任何结点没有右子树时才会发生。因此，中序遍历序列与后序遍历序列相同的二叉树或是空二叉树，或是任一结点都没有右孩子的非空二叉树。

例 5-12　已知一棵二叉树的中序遍历序列是 B-D-C-E-A-F-H-G，后序遍历序列是 D-E-C-B-H-G-F-A。试根据这些信息，画出这棵二叉树。

解：根据一棵二叉树的中序遍历序列和后序遍历序列，可以决定出唯一的一棵二叉树。方法是：从后序遍历序列的最后一个结点，知道该二叉树的根结点是 A。由结点 A 在中序遍历序列里的位置，知道该根结点的左子树里应该包含有结点 B、D、C、E，右子树里应该包含有结点 F、H、G，如图 5-17（a）所示。

先看左子树里的 B、D、C、E 4 个结点。在后序遍历序列里，结点 B 处于这 4 个结点的最后，因此它是该子树的根结点。而结点 B 在中序遍历序列里排在这 4 个结点的最前面，表明其他 3 个结点都应该在结点 B 的右子树上，如图 5-17（b）所示。

在后序遍历序列里，结点 C 位于结点 D、E 的后面，因此它是结点 B 右子树的根结点。而结点 D 在中序遍历序列里排在结点 C 的左边，结点 E 排在结点 C 的右边，因此 D 是 C 的左孩子，E 是 C 的右孩子，如图 5-17（c）所示。至此，A 结点的整个左子树结构已经画完，可以把这棵二叉树安装成如图 5-17（d）所示。

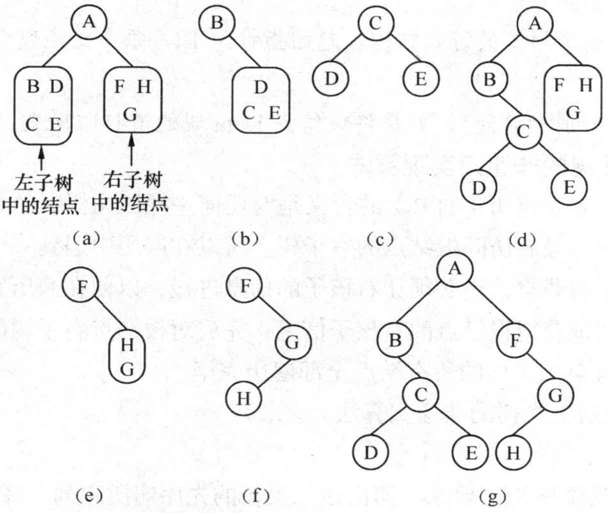

图 5-17　画出二叉树的整个过程

继续分析结点 A 的右子树。从后序遍历序列里，3 个结点 F、H、G 中结点 F 位于最后，因此它是这棵右子树的根结点。返回到中序遍历看，结点 H 和 G 都在结点 F 的右边，因此 H、G 都是结点 F 右子树上的结点，如图 5-17（e）所示。

在后序遍历里，结点 G 排在 H 的后面，因此 G 是右子树的根结点。在中序遍历里，结点 H 在结点 G 的左边，因此结点 H 是 G 的左孩子，如图 5-17（f）所示。至此，A 结点的整个右子树结构已经画完，于是可以把整棵二叉树安装成如图 5-17（g）所示。这就是根据二叉树的中序遍历序列和后序遍历序列，画出二叉树的方法。

5.3.2　遍历二叉树的实现

可以用递归和非递归两种方式来实现遍历二叉树。有关递归的实现算法，容易编写、较为简单，但可读性差、效率较低。因此在这里，我们先给出二叉树三种遍历形式的非递归算法，然后再给出递归算法。

从图 5-16 不难看出，对二叉树进行先序、中序、后序遍历时，都是从根结点开始、根结点结束，经由的路线也都一样，其差别只是体现在对结点访问时机的选择上。沿着围线出发，如果按照①的标注顺序访问结点，得到的就是先序遍历序列；按照②的标注顺序访问结点，得到的就是中序遍历序列；按照③的标注顺序访问结点，得到的就是后序遍历序列。

遍历时，总是先沿着左子树一直深入下去，在到达二叉树的最左端无法再往下深入时，就往上逐一返回，进入到刚才深入时曾遇到的结点的右子树，进行同样的深入和返回，直到最后从根结点的右子树返回到根结点。

可以看出，遍历时要返回结点的顺序与深入结点的顺序正好是相反的。这就是说，实现二叉树的遍历时，应该用一个堆栈来保存当前深入到的结点的信息，已供后面返回需要时使用。

在下面给出的各个遍历算法中，我们做如下约定：

- 设置一个一维数组 Ss 作为顺序栈，用来临时保存遍历时遇到的结点信息，栈顶指针为 Ss_top，初始为 0;
- 要遍历的二叉树采用二叉链表结构，起始指针为 Bt，每个结点包含 Data、Lchild、Rchild 3 个域;
- 假定对结点的所谓“访问”，就是将该结点 Data 域的值打印出来。

1. 先序遍历二叉树的非递归实现算法

由前面定义知道，先序遍历（TLR）的含义是对任何一棵二叉树，总是先访问其根结点，然后访问根结点的左子树，最后访问根结点的右子树。所以在遍历中遇到一个结点时，除了访问该结点外，如果它的右子树非空，还必须让右孩子的信息进栈，以便在遍历完根结点的左子树后，能够通过出栈操作从栈顶获得根结点的右孩子信息，完成对根结点右子树的遍历。这样的处理过程将一直进行下去，直至二叉树的所有结点全部遍历完毕。

算法 5-4 先序遍历二叉树的非递归算法。

（1）算法描述

已知二叉树 Bt，顺序栈 Ss，要求打印出该二叉树的先序遍历序列。算法名为 Pre_Bt()，参数为 Bt、Ss。

```
Pre_Bt(Bt, Ss)
{
 Ss_top = 0;                                /* 栈顶指针初始化 */
 ptr = Bt;                                  /*  ptr 是工作指针 */
 do
 {
  while (ptr != NULL)                       /* 二叉树非空 */
  {
   printf ("%c", ptr->Data);                /* 打印（即访问）结点 */
   if (ptr->Rchild != NULL)                 /* 该结点的右孩子非空 */
   {
    Ss_top++;                               /* 调整栈顶指针 */
    Ss [Ss_top] = ptr->Rchild;              /* 右孩子进栈 */
   }
   ptr = ptr->Lchild;                       /* 向左子树深入下去 */
  }
  if (Ss_top >0)                            /* 左子树已遍历完毕，有右子树 */
  {
   ptr = Ss[Ss_top] ;                       /* 栈顶元素出栈 */
   Ss_top -- ;                              /* 调整栈顶指针 */
  }
 }while (Ss_top >=0);
}
```

（2）算法分析

算法里的 do-while 循环，是完成对整个二叉树进行遍历的过程，它的循环体由一个 while 循环以及一个 if 条件判断两部分组成。在遇到一个结点后，while 循环就不断地做这样三件事情：一是打印（即访问）结点；二是当该结点的右孩子不空时，让右孩子进栈；三是通过操作“ptr = ptr->Lchild”，向该结点的左子树深入下去，继续遍历。

在左子树已经深入不下去时，do-while 里的一次 while 循环才被迫结束。这时表明该二叉树的根结点和左子树已经都访问完毕，应该进入到右子树去遍历。于是通过 if 条件判断来判定是否有右子树需要处理。有右子树需要处理时，就做出栈操作，继续对二叉树的结点进行遍历。

（3）算法讨论

对如图 5-18（a）所示的二叉树实施算法 5-4，来观察指针 ptr 的当前指向，二叉树上各结点的访问次序，以及堆栈 Ss 的变化情况，如图 5-18（b）所示。

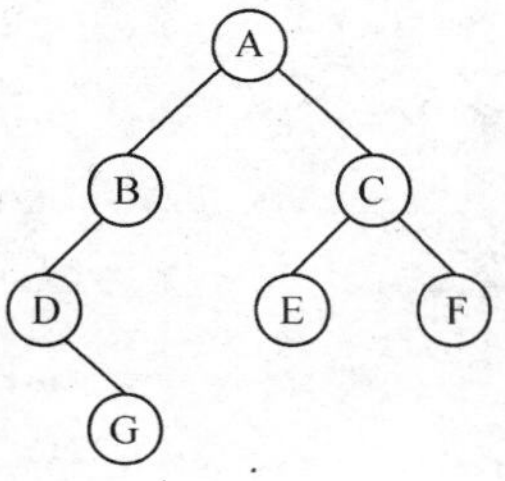

（a）

步骤	指针 ptr	访问结点	栈Ss内容	
初始	A	-	空	←进入do-while 循环
1	A	A	C	（C进栈）
2	B	B	C	
3	D	D	C，G	（G进栈）
4	∧	-	C	（G出栈）
5	G	G	C	
6	∧	-	空	（C出栈）
7	C	C	F	（F进栈）
8	E	E	F	
9	∧	-	空	（F出栈）
10	F	F		
11	∧	-	空	←do-while 循环结果

（b）

图 5-18　先序遍历二叉树时栈的变化过程

开始进入 do-while 循环前为初始状态。进入后做 while 循环时，指针 ptr 指向结点 A，访问 A。这时结点 A 的右孩子为 C（非空），因此让其进栈，如图 5-18（b）步骤 1 所示。由于 A 的左孩子是结点 B（非空），while 循环继续，指针 ptr 指向结点 B，访问 B。但因为结点 B 的右孩子为空，所以没有新的结点进栈，如图 5-18（b）步骤 2 所示。继续进行 while 循环，指针 ptr 指向结点 D，访问 D 结点。这时结点 D 的右孩子为 G（非空），因此让其进栈，如图 5-18（b）步骤 3 所示。至此，由于结点 D 的左孩子为空，所以第 1 次 while 循环结束，如图 5-18（b）步骤 4 所示。

紧接着通过 if 的判断，让栈顶元素 G 出栈，指针 ptr 指向它，从而开始第 2 次 while 循环，如图 5-18（b）步骤 5 所示。

如此一步步地走下去，最终通过“访问结点”栏的记录可以看出，对该二叉树的先序遍历序列，应该是 A-B-D-G-C-E-F。

2．中序遍历二叉树的非递归实现算法

由前面定义知道，中序遍历（LTR）的含义是对任何一棵二叉树，总是先访问根结点的左子树，然后才访问根结点，最后访问根结点的右子树。所以在遍历中到达一个结点时，不是去访问它，而是做两件事情：一是将它（作为根结点）的信息保存起来，二是朝它的左子树深入下去。只有这样，在访问完它的左子树后，才能够从堆栈里得到结点信息，以便完成对根结点及右子树的访问。如此的处理过程将一直进行下去，直至二叉树的所有结点全部遍历完毕。

算法 5-5　中序遍历二叉树的非递归算法。

（1）算法描述

已知二叉树 Bt，顺序栈 Ss，要求打印出该二叉树的中序遍历序列。算法名为 In_Bt()，参数为 Bt、Ss。

```
In_Bt(Bt, Ss)
{
 Ss_top = 0;                          /* 栈顶指针初始化 */
 ptr = Bt;                            /*  ptr是工作指针 */
 do
 {
  while (ptr != NULL)                 /* 一直朝左子树深入下去 */
  {
   Ss_top++;                          /* 调整栈顶指针 */
   Ss [Ss_top] = ptr;                 /*  ptr所指结点进栈 */
   ptr = ptr->Lchild;
  }
  if (Ss_top >0)
  {
   ptr = Ss[Ss_top] ;                 /* 栈顶元素出栈 */
   Ss_top -- ;                        /* 调整栈顶指针 */
   printf ("%c", ptr->Data);          /* 访问该结点 */
   ptr = ptr->Rchild;                 /* 进入右子树访问 */
  }
 }while(Ss_top >= 0);
}
```

（2）算法分析

该算法的结构与算法5-4类同。do-while循环体由两部分组成：一个while循环、一个if条件判断。由于中序遍历到达一个结点时，并不对该结点进行访问，而是要在访问完它的左子树后，才能访问它，所以算法通过while循环来不断地保存所遇到结点的信息，并继续往左子树深入下去，直至遇到了叶结点。

遇到叶结点后，只要栈不空，就让栈顶元素出栈。注意，让栈顶元素出栈，意味着以该元素为根结点的二叉树（或二叉子树）的左子树已经全部访问完毕，根据中序遍历的规定，就应该对该元素进行访问，然后完成对它的右子树的访问。这一切工作，都是由算法里的if条件判断来完成的。

（3）算法讨论

对如图5-18（a）所示的二叉树实施算法5-5，来观察指针ptr的当前指向，二叉树上各结点的访问次序，以及堆栈Ss的变化情况，如图5-19所示。从访问结点的顺序可以知道，中序遍历序列是D-G-B-A-E-C-F。分析序列可以看出，根结点在序列里居中，左子树的结点都在根结点的左边，右子树的结点都在根结点的右边。

步骤	指针ptr	栈Ss内容	访问结点	步骤	指针ptr	栈Ss内容	访问结点
初始	A	空	–	8	∧	(A出栈)	A
1	A	A	–	9	C	C	–
2	B	A, B	–	10	E	C, E	–
3	D	A, B, D	–	11	∧	C(E出栈)	E
4	∧	A, B(D出栈)	D	12	∧	(C出栈)	C
5	G	A, B, G	–	13	F	F	–
6	∧	A, B(G出栈)	G	14	∧	(F出栈)	F
7	∧	A(B出栈)	B	15	∧	空	

图5-19　中序遍历二叉树时栈的变化过程

3. 后序遍历二叉树的非递归实现算法

由前面定义知道，后序遍历（LRT）的含义是对任何一棵二叉树，总是先访问根结点的左子树，然后访问根结点的右子树，最后才访问根结点。所以在遍历中到达一个结点时，不是去访问它，而是做两件事情：一是将它（作为根结点）的信息保存起来，二是朝它的左子树深入下去。在访问完它的左子树后，从堆栈里得到结点信息。这时仍然不去访问它，而是第 2 次地将它的信息保存在栈里，改朝它的右子树深入下去。在访问完右子树后，再次从栈里得到结点信息，这时才完成对它的访问。如此的处理过程将一直进行下去，直至二叉树的所有结点全部遍历完毕。可见，二叉树后序遍历的非递归实现算法，比起先序和中序遍历来，要麻烦一些。

为了记录每个结点信息是第 1 次被保存，还是第 2 次被保存，后序遍历算法里将再设置一个顺序栈，它与保存结点信息的顺序栈是同步进、出的。当一个结点信息被第 1 次保存时，在这个顺序栈相应的位置处保存的是数值 0；当一个结点信息被第 2 次保存时，在这个顺序栈相应的位置处保存的是数值 1。这样，根据该顺序栈里记录的是 0 或是 1，就可判定某个结点信息是第 1 次进栈，还是第 2 次进栈，从而决定是应该处理结点的右子树，还是应该完成对结点的访问。我们把原先的顺序栈称为信息栈，新设的顺序栈称为标志栈。

算法 5-6 后序遍历二叉树的非递归算法。

（1）算法描述

已知二叉树 Bt，信息栈 Ss1，标志栈 Ss2，要求打印出该二叉树的后序遍历序列。算法名为 Post_Bt()，参数为 Bt、Ss1、Ss2。

```
Post_Bt(Bt, Ss1, Ss2)
{
 Ss1_top = 0;                          /* 信息栈栈顶指针初始化 */
 Ss2_top = 0;                          /* 标志栈栈顶指针初始化 */
 ptr = Bt;                             /*  ptr 是工作指针 */
 do
 {
  while (ptr != NULL)
  {
   Ss1_top++;                          /* 调整栈顶指针 */
   Ss1[Ss1_top] = ptr;                 /*  ptr 所指结点进栈 */
   Ss2_top++;                          /* 结点是第 1 次进栈 */
   Ss2[Ss2_top] = 0;                   /* 设其标志为 0 */
   ptr = ptr->Lchild;                  /* 继续往左子树深入 */
  }
  if (Ss1_top>0)
  {
   flag = Ss2[Ss2_top];                /* 次数栈栈顶元素出栈 */
   Ss2_top--;
   ptr = Ss1[Ss1_top];                 /* 信息栈栈顶元素出栈 */
   Ss1_top--;
   if (flag == 0)                      /* 结点信息是第 1 次进栈 */
   {
    Ss1_top++;
    Ss1[Ss1_top] = ptr;                /* 该结点信息第 2 次进栈 */
    Ss2_top++;                         /* 设置相应标志为 1 */
```

```
        Ss2[Ss2_top] = 1;
        ptr = ptr->Rchild;             /* 进入右子树处理 */
      }
      else                             /* 是第 2 次进栈 */
      {
        printf ("%c", ptr->Data);      /* 访问结点 */
        ptr = NULL;
      }
    }
  }while (Ss1_top>0);
}
```

（2）算法分析

该算法在 do-while 循环里，是由 while 循环和 if 条件判断两部分组成的。while 循环的任务是在到达一个结点之后，让该结点信息进入信息栈，设置第 1 次进入的标志，然后继续沿着左子树深入下去，遇到叶结点时循环结束，进入 if 条件判断。

在栈不空时，if 条件判断就让当前信息栈栈顶保存的结点信息出栈，由指针 ptr 指向；让标志栈栈顶元素出栈，由变量 flag 暂存。然后根据 flag 记录的标志，决定是去遍历该结点的右子树，还是去访问该结点（这由 if-else 条件判断来完成）。如果是前者，那么就让结点信息第 2 次进栈，将其标志设置为 1，沿着右子树深入下去。如果是后者，那么就将结点信息打印出来（即完成访问）。

（3）算法讨论

对如图 5-18（a）所示的二叉树实施算法 5-6，来观察指针 ptr 的当前指向，二叉树上各结点的访问次序，以及堆栈 Ss1、Ss2 的变化情况，如图 5-20 所示。

步骤	指针 ptr	栈 Ss1 内容	栈 Ss2 内容	访问结点	步骤	指针 ptr	栈 Ss1 内容	栈 Ss2 内容	访问结点
初始	A	空	空	–	11	A	A	1	–
1	A	A	0	–	12	C	A,C	1,0	–
2	B	A,B	0,0	–	13	E	A,C,E	1,0,0	–
3	D	A,B,D	0,0,0	–	14	E	A,C,E	1,0,1	–
4	D	A,B,D	0,0,1	–	15	E	A,C	1,0	E
5	G	A,B,D,G	0,0,1,0	–	16	C	A,C	1,1	–
6	G	A,B,D,G	0,0,1,1	–	17	F	A,C,F	1,1,0	–
7	G	A,B,D	0,0,1	G	18	F	A,C,F	1,1,1	–
8	D	A,B	0,0	D	19	F	A,C	1,1	F
9	B	A,B	0,1	–	20	C	A	1	C
10	B	A	0	B	21	A	空	空	A

图 5-20 后序遍历二叉树时栈的变化过程

与先序、中序不同的是，这里使用了 Ss1 和 Ss2 两个顺序栈，且 Ss1、Ss2 里的元素个数总是一样的。例如，图中的第 3 步，栈 Ss1 里有 3 个元素：A、B、D，Ss2 里也有 3 个元素：0、0、0。Ss2 里的 3 个 0 分别表示 Ss1 里的 3 个结点现在都是第 1 次进栈。进入第 4 步，Ss1 里仍然是 3 个元素 A、B、D，Ss2 里的 3 个元素变成了 0、0、1。这表示 Ss1 里的 3 个元素，A 和 B 是第 1 次进栈，D 则是第 2 次进栈。这样，当一步步地做到第 8 步让 Ss1 和 Ss2 的栈顶元素出栈后，发现 Ss2 出栈的是 1，因此就要对 Ss1 里出栈的结点 D 进行访问。这正是设置 Ss2 的作用。

下面是 3 个有关二叉树遍历的递归算法。

算法 5-7 先序遍历二叉树的递归算法。

算法描述：已知二叉树 Bt，对其进行先序遍历，若二叉树为空，则为空操作；否则进行如下操作：访问二叉树根结点；先序遍历二叉树的左子树；先序遍历二叉树的右子树。算法名为 Pret_Bt()，参数为 Bt。

```
Pret_Bt(Bt)
{
  if (Bt != NULL)
  {
    printf ("%c", Bt->Data);                /* 访问根结点 */
    Pret_Bt(Bt->Lchild);                    /* 先序遍历左子树 */
    Pret_Bt(Bt->Rchild);                    /* 先序遍历右子树 */
  }
}
```

对图 5-21（a）所示的一棵二叉树其实施算法 5-7 时，递归调用的图解如图 5-21（b）所示。其中的数字标号，表示递归调用时的执行顺序。

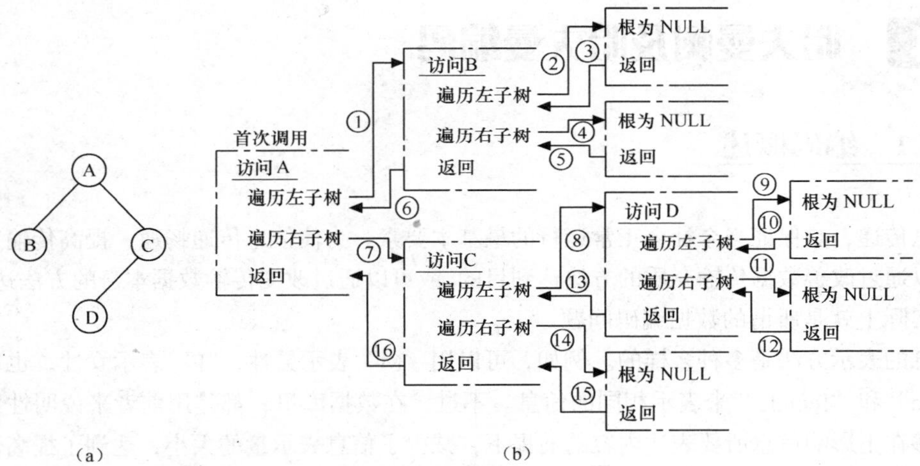

图 5-21　先序遍历二叉树时的递归调用的图解

算法 5-8　中序遍历二叉树的递归算法。

算法描述：已知二叉树 Bt，对其进行中序遍历，若二叉树为空，则为空操作；否则进行如下操作：中序遍历二叉树的左子树；访问二叉树根结点；中序遍历二叉树的右子树。算法名为 Indt_Bt()，参数为 Bt。

```
Indt_Bt(Bt)
{
  if (Bt != NULL)
  {
    Indt_Bt(Bt->Lchild);              /* 中序遍历左子树 */
    printf ("%c", Bt->Data);              /* 访问根结点 */
    Indt_Bt(Bt->Rchild);              /* 中序遍历右子树 */
  }
}
```

对图 5-21（a）所示的二叉树实施算法 5-8 时，递归调用的图解类同于图 5-21（b），区别是要将访问结点的位置放在遍历左子树和遍历右子树的中间进行。

算法 5-9 后序遍历二叉树的递归算法。

算法描述：已知二叉树 Bt，对其进行后序遍历，若二叉树为空，则为空操作；否则进行如下操作：后序遍历二叉树的左子树；后序遍历二叉树的右子树；访问二叉树根结点。算法名为 Postv_Bt()，参数为 Bt。

```
Postv_Bt(Bt)
{
  Postv_Bt(Bt->Lchild);      /* 后序遍历左子树 */
  Postv_Bt(Bt->Rchild);      /* 后序遍历右子树 */
  printf ("%c", Bt->Data);  /* 访问根结点 */
}
```

对图 5-21（a）所示的二叉树实施算法 5-9 时，递归调用的图解类同于图 5-21（b），区别是要将访问结点的位置放在遍历左子树和遍历右子树的最后进行。

5.4 哈夫曼树及哈夫曼编码

5.4.1 编码概述

信息传递，是保证当今社会正常运行的最基本要素。为使信息传递畅通，提高传输速度，人们或可以通过改善数据传输介质的方法达到目的，或可以通过改变传输数据本身的方法达到目的。后者，实际上就是所谓的数据编码问题。

信息的表示方法是多种多样的。例如，可以用“M”表示男性，“F”表示女性，也可以用单词“male”和“female”来表示相同的信息。不过，在数据库里，都是用前者来说明性别的，因为它能够在不影响信息所要表达内容的前提下，减少了信息表示量的大小，达到了提高信息传送速度的目的。

在设计编码方案时，需要遵循一定的原则：

- 对发送方传输的编码字，接收方解码后必须具有唯一性，解码结果应与发送的电文完全一致；
- 编码中不能用特殊的标志（如标点符号）来分隔两个编码字，也就是说没有一个编码字是其他编码字的前缀，满足这个要求的编码被称为是具有“前缀特性（Prefix Property）”的编码；
- 发送的编码应该尽可能地短，以便提高传输效率，节省存储空间。

表 5-2 列出了对字符 A、B、C 的 3 种不同的编码方式。

表 5-2 3 种不同的编码方式

字　符	编　码　1	编　码　2	编　码　3
A	1	1	11
B	2	22	12
C	12	12	21

对于第一种编码，它不能区分 AB 和 C，因为 AB 的编码序列为 12，C 的编码也是 12。第二种编码虽然消除了这种模糊性，但解码时却需要进行某种预测判断。例如，有一个编码序列 1222。进行开始解码时，1 可以被认为是字符 A。但紧接着的 2 却让人产生了疑虑，说明 A 不一定是正确的选择，可能应该被解码为字符 C。但在得到第二个 2 时，又会改变刚才的决定，会觉得应该解码为 AB。在得到第 3 个 2 时，才能够最终得出结论：应该把它解码为 CB。

编码 1 和编码 2 之所以产生这样的问题，是因为它们都不具有“前缀特性”。只有编码 3 才能够进行清晰无误的解码。

假设所有编码都等长，那么表示 n 个不同的代码就需要用 $\log_2 n$ 位，这称为“等长编码”方法，人们熟悉的 ASCII 码就是一种固定长度编码。如果每个字符的使用频率都相等，那么采用固定长度编码是效率最高的方法。但是，并非每个字符的使用频率都是一样的。

表 5-3 给出了某英语文献中各个字母出现的相对频率（每 1000 个单词中字母出现的次数）。通过这个表，可以看出字母“E”的出现频率是字母“Z”的 60 倍。在采用固定长度编码的 ASCII 码中，单词“DEED”和“FUZZ”需要相同的空间（4 个字节）。如果能让经常出现的单词，例如，“DEED”比“FUZZ”这类相对较少出现的单词使用更少的存储空间，那么就可以使总的存储空间变小。

表 5-3　26 个字母在英语文献中出现的相对频率

字母	频率	字母	频率	字母	频率	字母	频率
A	77	H	50	O	67	V	12
B	17	I	76	P	20	W	22
C	32	J	4	Q	5	X	4
D	42	K	7	R	59	Y	22
E	120	L	42	S	67	Z	2
F	24	M	24	T	85		
G	17	N	67	U	37		

在为信息进行编码时，如果某个符号使用很频繁，最好为其分配一个较短的编码字，而对使用较少的符号，分配一个较长的编码字，这样设计出的编码方案，不仅可以节省存储空间，而且平均编码长度达到最小，因此这是最优编码。不难看出，最优编码是与符号的使用概率密切相联的。最优编码，就是一种“不等长编码”方法，如今广泛使用的文件压缩技术，即是以此为核心思想的。后面要介绍的哈夫曼（Huffman）编码，就是一种不等长编码。

哈夫曼编码与哈夫曼树有关，而哈夫曼树就是所谓的“最优二叉树”。

下面给出一些有关的概念。

所谓一棵二叉树的“路径长度”，是指从根结点到每一个叶结点的路径长度之和。注意，前面已给出过路径长度的概念，但那是相对于某个结点而言的，这里给出的路径长度是相对于整棵二叉树而言的。一个是个体概念，一个是整体概念，不要把两者加以混淆。

若赋给叶结点一个有某种意义的实数，则称此实数为该叶结点的“权”。设二叉树具有 n 个带权值的叶结点，那么从根结点到各叶结点的路径长度与相应结点权值的乘积之和，称为该二叉树的“带权路径长度（Weighted Path Length，WPL）”，记为

$$\mathrm{WPL}=\sum_{i=1}^{n}\mathrm{W}_i\times\mathrm{L}_i$$

其中，W_i是第 k 个叶结点的权值，L_i是第 k 个叶结点的路径长度。

例 5-13　有如图 5-22（a）所示的一棵二叉树，它的 4 个叶结点分别带权值为 1、3、5、7。试给出该二叉树的路径长度，带权值的路径长度 WPL。

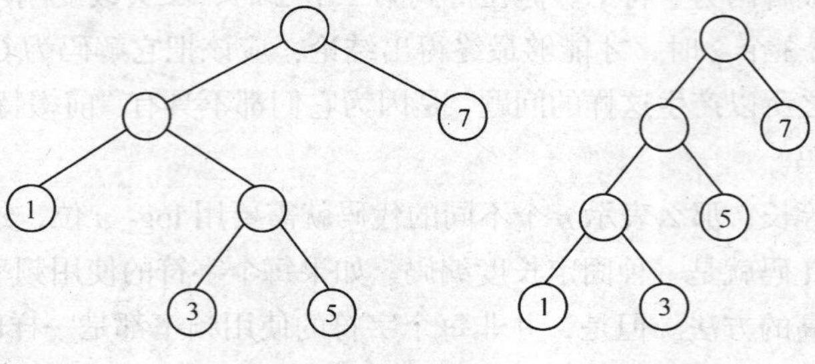

图 5-22　叶结点个数相同、带权路径长度不同的二叉树

解：在图 5-22（a）所示的二叉树里，权值为 1 的叶结点的路径长度为 2，权值为 3 的叶结点的路径长度为 3，权值为 5 的叶结点的路径长度为 3，权值为 7 的叶结点的路径长度为 1。因此，该二叉树的路径长度为 2+3+3+1=9。该二叉树的带权路径长度为

$$WPL = 2\times1+3\times3+3\times5+7\times1 = 33$$

由这 4 个带权的叶结点，也可以组成如图 5-22（b）所示的另一棵二叉树。这棵二叉树的带权路径长度为

$$WPL = 7\times1+5\times2+1\times3+3\times3 = 29$$

这就是说，由带有权值的一组相同叶结点所构成的二叉树，可以有不同的形状，可以有不同的带权路径长度。那么在这些二叉树里谁是带权路径长度最小的二叉树？这样的二叉树是否唯一？如何构造出这样的二叉树？这些是下面要回答的问题。

由带有权值的一组相同叶结点所构成的二叉树中，带权路径长度最小的二叉树，被称为是“最优二叉树”。由于是哈夫曼（David Huffman）给出了构造最优二叉树的方法，因此，常称最优二叉树为“哈夫曼树（Huffman Tree）”。

5.4.2　哈夫曼树的构造方法

1．哈夫曼树的构造方法

哈夫曼给出的、由带有权值的一组相同叶结点构造最优二叉树的方法是简单的，易于理解的。假定有 n 个权值 w_1、w_2、w_3、…、w_n，构造哈夫曼树的具体步骤如下。

（1）先构造出 n 棵只有一个根结点的二叉树 T_1、T_2、T_3、…、T_n，它们分别以 w_1、w_2、w_3、…、w_n 作为自己的权值，从而得到一个二叉树的集合：

$$HT = \{T_1, T_2, T_3, \cdots, T_n\}$$

（2）在 HT 集合中，选取权值最小和次小的两个根结点，让它们作为一棵新二叉树的左子树和右子树，这棵新二叉树的根结点的权值，是其左、右子树根结点权值之和；

（3）在 HT 集合中，删除作为左、右子树的原两棵二叉树，将新构成的二叉树添加到 HT 中；

（4）不断重复第（2）和第（3）步骤，直至当 HT 里只剩下一棵二叉树时，它就是所要求的

哈夫曼树。

例 5-14　以例 5-13 里的 1、3、5、7 作为权值，构造一棵哈夫曼树。

解：按照上述构造哈夫曼树的步骤，先以 1、3、5、7 构造出 4 棵只有一个根结点的二叉树，它们是一个二叉树的集合 HT，如图 5-23（a）所示。

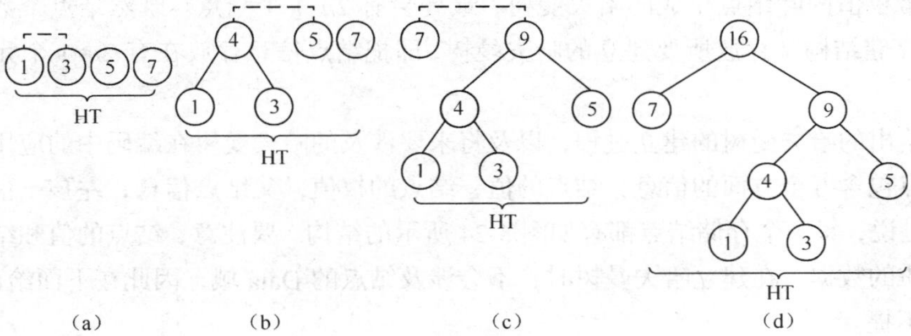

图 5-23　哈夫曼树的构造过程

在图 5-23（a）所示的 4 棵二叉树里，选取权值最小的 1 和次小的 3 的两个根结点，生成一棵新的二叉树，其根结点的权值为 1+3=4。在二叉树集合 HT 里删除根结点为 1 和 3 的两棵二叉树，将新生成的、根结点权值为 4 的二叉树添加到 HT 中，这时的二叉树集合 HT 如图 5-23（b）所示。

在图 5-23（b）所示的 HT 集合里，选取权值最小的 4 和次小的 5 的两个根结点，生成一棵新的二叉树，其根结点的权值为 4+5=9。在二叉树集合 HT 里删除根结点为 4 和 5 的二叉树，将新生成的、根结点权值为 9 的二叉树添加到 HT 中，这时的二叉树集合 HT 如图 5-23（c）所示。

在图 5-23（c）所示的 HT 集合里，选取权值最小的 7 和次小的 9 的两个根结点，生成一棵新的二叉树，其根结点的权值为 7+9=16。在二叉树集合 HT 里删除根结点为 7 和 9 的二叉树，将新生成的、根结点权值为 9 的二叉树添加到 HT 中，这时的二叉树集合 HT 如图 5-23（d）所示。

由于此时的 HT 集合里，只有一棵二叉树了，因此该二叉树就是所求的哈夫曼树，它的 $WPL=1\times3+3\times3+5\times2+7\times1=29$。也就是说，由权值分别为 1、3、5、7 的 4 个叶结点构成的二叉树中，最小的带权路径长度为 29。

前面图 5-22（b）所给出的由权值分别为 1、3、5、7 的 4 个叶结点组成的二叉树，它的 WPL 是 29。现在图 5-23（d）里构造出的二叉树，其 WPL 也是 29。由此可见，由 n 个权值构造出的哈夫曼树并不是唯一的。

从哈夫曼树的构造过程看出，它是尽量让权值小的叶结点远离二叉树的根结点，尽量让权值大的叶结点靠近二叉树的根结点。这样，在计算所形成二叉树的 WPL 时，是用大的权值乘以小的路径长度，让小的权值乘以大的路径长度。因此这样的二叉树当然会有最小的 WPL，确实是一棵最优二叉树。

构造哈夫曼树时，每进行一次根结点的选择组合，HT 集合里就会减少一棵二叉树。如果最初有 n 个权值，那么必须进行 $n-1$ 次选择组合，才能使 HT 里只剩下一棵所需要的二叉树。每组合一次，就产生一个新的结点，$n-1$ 次组合就产生 $n-1$ 个新的结点，新产生出的这些结点，其度都是 2（即都是具有两个孩子的分支结点）。

因此，一棵哈夫曼树，有如下的特点：

- 最终生成的哈夫曼树有 n 个叶结点；
- 最终生成的哈夫曼树，总共有 $2n-1$ 个结点；
- 生成的哈夫曼树中，没有度为 1 的分支结点，只有度为 2 的分支结点。

2．基于顺序结构的哈夫曼树

由 n 个带权值的叶结点生成的哈夫曼树，最终会有 $2n-1$ 个结点。既然结点个数一定，因此可以用顺序存储结构来存放所要建立的哈夫曼树，即把结点信息存放在有 $2n-1$ 个元素的一维数组里。

从上面给出的哈夫曼树的建立过程，以及将来要涉及的哈夫曼树在编码中的应用，应该让每一个存储结点包含五个方面的信息：结点的值，结点的权值，父结点信息，左孩子信息，右孩子信息。也就是说，每一个存储结点都有如图 5-24 所示的结构。要注意，结点的值和结点的权值是两个不同性质的数据。在建立哈夫曼树时，不会涉及结点的 Data 域，因此在下面给出的算法中，都将它略去不提。

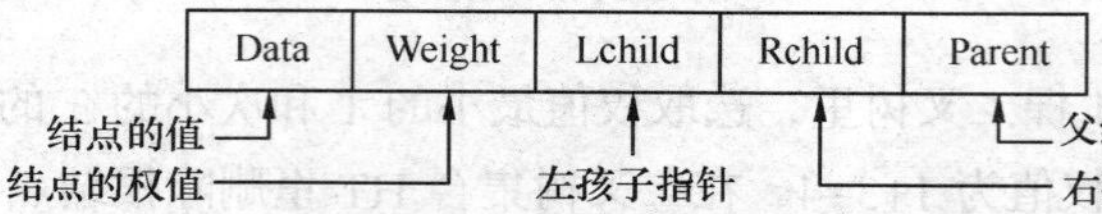

图 5-24　哈夫曼树顺序存储的结点结构

算法 5-10　基于顺序结构构造一棵哈夫曼树的算法。

（1）算法描述

已知一维数组 Ht，可以存放 $2n-1$ 个数据结点；已知一维数组 Wt，里面存放着 n 个权值。要求从这 n 个权值出发，构造一棵哈夫曼树。算法名为 Create_Ht()，参数为 Ht、n、Wt。

```
Create_Ht(Ht, n, Wt)
{
 for (i=1; i<=2n-1; i++)                          /* 数组 Ht 初始化 */
 {
  Ht[i].Parent = -1;
  Ht[i].Lchild = -1;
  Ht[i].Rchild = -1;
  if (i<=n)
    Ht[i].Weight = Wt[i];
  else
    Ht[i].Weight = 0;
 }
 for (i=1; i<=n-1; i++)                           /* 控制 n-1 次二叉树的组合 */
 {
  min1=min2=MAX;                                  /*  min1、min2 记录当前最小、次小权值 */
  x1=x2=0;                                        /*  x1、x2 记录当前最小、次小权值结点位置 */
  for (j=1; j<n+i; j++)                           /* 在 j 的范围内，找最小、次小结点 */
  {
   if (Ht[j].Parent == -1 && Ht[j].Weight<min1)
   {
    min2 = min1;
    x2 = x1;
    min1 = Ht[j].Weight;
    x1 = j;
```

```
    }
    else
      if (Ht[j].Parent == -1 && Ht[j].Weight<min2)
      {
        min2 = Ht[j].Weight;
        x2 = j;
      }
  }
  Ht[x1].Parent = n+i;                        /* 设置找到最小权值结点的 Parent 域 */
  Ht[x2].Parent = n+i;                        /* 设置找到次小权值结点的 Parent 域 */
  Ht[n+i].Weight = Ht[x1].Weight+Ht[x2].Weight; /* 求出父结点的权值 */
  Ht[n+i].Lchild = x1;                        /* 设置父结点的 Lchild 域 */
  Ht[n+i].Rchild = x2;                        /* 设置父结点的 Rchild 域 */
 }
}
```

（2）算法分析

算法开始时，用一个“for(i=1; i<=2n–1; i++)”循环，对存储哈夫曼树的所有 2*n*–1 个结点的数组元素进行初始化。假定数组 Wt 里存放的叶结点权值为 7、5、3、1，那么数组 Ht 初始化后，如图 5-25（a）所示。

	Weight	Lchild	Rchild	Parent
Ht[1]:	7	–1	–1	–1
Ht[2]:	5	–1	–1	–1
Ht[3]:	3	–1	–1	–1
Ht[4]:	1	–1	–1	–1
Ht[5]:	0	–1	–1	–1
Ht[6]:	0	–1	–1	–1
Ht[7]:	0	–1	–1	–1

（a）

	Weight	Lchild	Rchild	Parent
Ht[1]:	7	–1	–1	–1
Ht[2]:	5	–1	–1	–1
Ht[3]:	3	–1	–1	5
Ht[4]:	1	–1	–1	5
Ht[5]:	4	4	3	–1
Ht[6]:	0	–1	–1	–1
Ht[7]:	0	–1	–1	–1

（b）

	Weight	Lchild	Rchild	Parent
Ht[1]:	7	–1	–1	7
Ht[2]:	5	–1	–1	6
Ht[3]:	3	–1	–1	5
Ht[4]:	1	–1	–1	5
Ht[5]:	4	4	3	6
Ht[6]:	9	5	2	7
Ht[7]:	16	1	6	–1

（c）

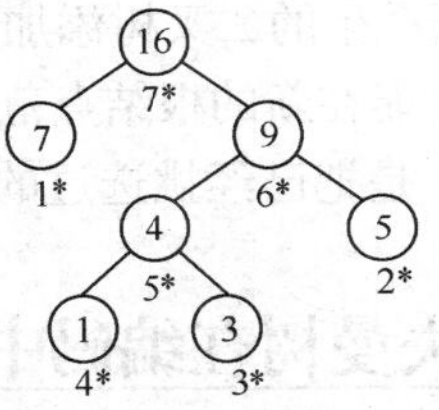

（d）

图 5-25　顺序存储时哈夫曼树的构造过程

整个算法的主体是循环“for (i=1; i<=n–1; i++)”。前面已经知道，当由 *n* 个权值构造哈夫曼树时，要做 *n*–1 次组合操作，这个循环正是用来控制 *n*–1 次循环的。

在每一次组合循环开始时，总先对 4 个变量进行初始化，它们的名称和作用如下：

- min1——存放这次组合操作时，已有二叉树根结点权值里的最小值，初始值为权值可能取值的最大值（MAX）；
- min2——存放这次组合操作时，已有二叉树根结点权值里的次小值，初始值为权值可能取值的最大值（MAX）；
- x1——存放这次组合操作时，已有二叉树根结点权值最小者的数组下标，初始值为 0；

- x2——存放这次组合操作时，已有二叉树根结点权值次小者的数组下标，初始值为 0。

工作变量初始化后，就进入循环“for (j=1; j<n+i; j++)”。这个循环每次总是在已有的数组元素里，寻找根结点权值中的最小者和次小者，结果最终用 4 个工作变量记录下来。循环结束后，通过下面的 5 条操作：

Ht[x1].Parent = n+i，　　　Ht[x2].Parent = n+i，
Ht[n+i].Weight = Ht[x1].Weight+Ht[x2].Weight，
Ht[n+i].Lchild = x1，　　　Ht[n+i].Rchild = x2

实行这一次二叉树的组合，然后进入下一次组合循环。

例如基于图 5-25（a）实施算法时，现在的 n=4，故二叉树组合循环“for (i=1; i<=n-1; i++)”要做 $2n-1=4\times2-1=7$ 次。第 1 次具体组合时，寻找最小、次小权值的范围“for (j=1; j<n+i; j++)”应该是从下标 1 到 4，即在数组的前 4 个元素里找最小和次小的权值。通过 if-else 的不断判断比较，最后会得出结果：

min1 = 1，min2 = 3，x1 = 4，x2 = 3

这样，由循环结束后的 5 条操作，可以完成第 1 次组合：

Ht[4].Parent=5，Ht[3].Parent=5，Ht[5].Weight=1+3=4，Ht[5].Lchild=4，Ht[5].Rchild=3

组合后数组的情形，如图 5-25（b）所示。

图 5-25（c）所示是整个算法执行结束后，数组的最终情形；图 5-25（d）所示是根据图 5-25（c）绘制出来的哈夫曼树，在圆圈里的数字是该结点的权值，圆圈下面带星号的数字是该结点在顺序存储数组 Ht 中的下标。

（3）算法讨论

算法中，每次二叉树组合时，总是先把工作变量 min1 和 min2 设置成 MAX，MAX 的含义是权值可能取的最大值。这种设置方法是正确的，不能因为 min1 和 min2 是记录最小和次小权值的，就把它们设置成 0，那样找不出最小和次小权值。

算法中每次组合时，是通过 if-else 不断进行比较来找出最小权值和次小权值根结点的。比较条件里的“Ht[j].Parent == −1”，是一个非常重要的判断条件。在前面构造哈夫曼树时说，每做一次组合，除了把新产生的二叉树添加到 HT 集合中外，还要删除作为左、右子树的原两棵二叉树，这样下次组合时才能在新的根结点范围里挑选出最小和次小的权值。条件“Ht[j].Parent == −1”起的正是这个作用，是把已经挑选过的结点排除在这次挑选之外。

5.4.3　哈夫曼树在编码中的应用

1．哈夫曼编码的概念

数据通信中，传送方将文字信息（电文）转换成由 0、1 组成的二进制数字串进行发送，这是所谓的“编码”；接收方要将二进制数字串还原成文字信息，这是所谓的“译码”。

各字符在文字信息中出现的频率是不相同的，前面的表 5-3 就给出了某英语文献中各个字母出现的相对频率。如果能够根据字符出现的频率配给不同长度的编码：频繁出现的字符配给较短的编码，不常出现的字符配给较长的编码，并且这种编码还具有“前缀特性”，那么使用这样的编码时，电文编码总长会最短，发送效率会很高，占用的存储空间会很少。

把哈夫曼树应用于编码中，就能够获得这样的好编码。具体的做法是：设需要编码的字符为 c_1、c_2、…、c_n，它们在电文中出现的频率各为 p_1、p_2、…、p_n。以 c_1、c_2、…、c_n 作为叶结点，

p_1、p_2、…、p_n 作为各自的权值，构造出一棵哈夫曼树。然后从根结点开始，在每个左分支上标注 0，右分支上标注 1。这样，从根结点到每个叶结点的路径上由 0、1 组成的序列，就是该结点对应字符的编码，被称为“哈夫曼编码”。

例 5-15　有 5 个字符 E、D、C、B、A，对应的使用频率分别为 0.09、0.12、0.19、0.21、0.39。试通过哈夫曼树为这 5 个字符进行编码，并给出它们的哈夫曼编码。

解：先以 0.09、0.12、0.19、0.21、0.39 作为权值，构造出五棵只有根结点的二叉树，如图 5-26（a）所示。这时选取最小和次小的两个权值（如虚线表示）作为左、右子树，组合成一棵二叉树，根结点的权值为 0.09+0.12=0.21，如图 5-26（b）所示。然后选取最小和次小的两个权值（如虚线表示）作为左、右子树，组合成一棵二叉树，根结点的权值为 0.21+0.19=0.40，如图 5-26（c）所示。接着选取最小和次小的两个权值（如虚线表示）作为左、右子树，组合成一棵二叉树，根结点的权值为 0.21+0.39=0.60，如图 5-26（d）所示。再选取最小和次小的两个权值（如虚线表示）作为左、右子树，组合成一棵二叉树，根结点的权值为 0.40+0.60=1.0，如图 5-26（e）所示。

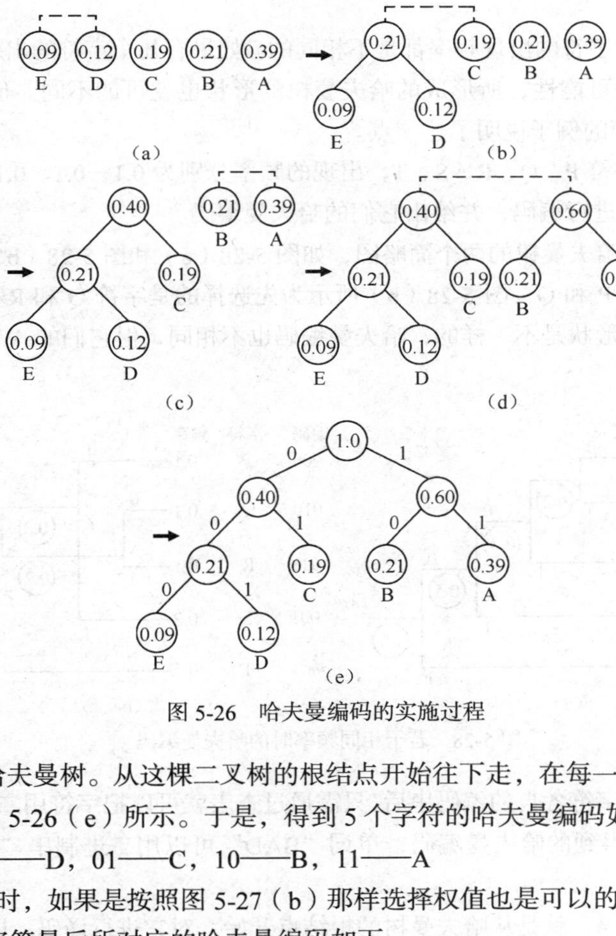

图 5-26　哈夫曼编码的实施过程

至此，得到了哈夫曼树。从这棵二叉树的根结点开始往下走，在每一个左分支上标注 0，右分支上标注 1，如图 5-26（e）所示。于是，得到 5 个字符的哈夫曼编码如下：

000——E，001——D，01——C，10——B，11——A

在图 5-26（b）时，如果是按照图 5-27（b）那样选择权值也是可以的，这时构造哈夫曼树的过程略有不同，各字符最后所对应的哈夫曼编码如下：

000——E，001——D，10——C，11——B，01——A

这里，由于选择的不同，对 5 个字符得到了两种不同的编码，但这两种编码的 WPL 都是一样的，它们都是 2.21。

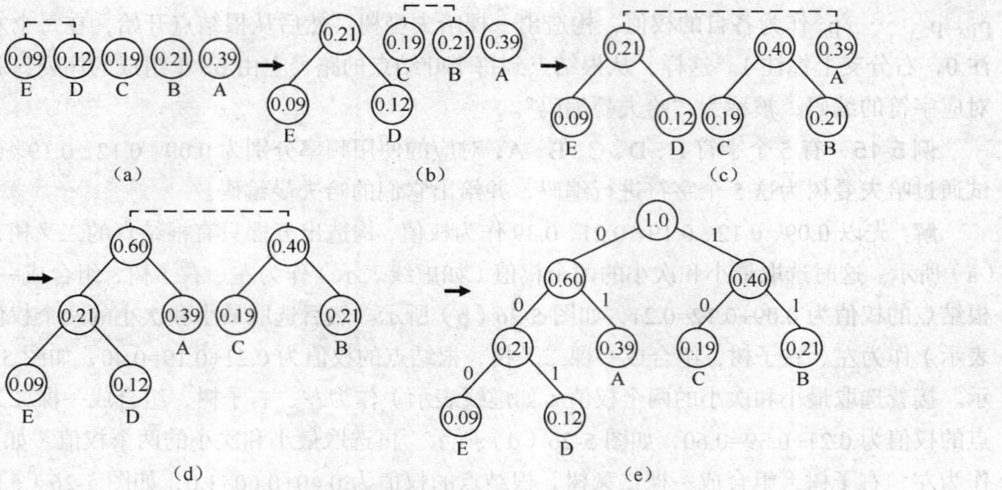

图 5-27　编码过程中的另一种选择方式

在例 5-15 里，每个字符的出现频率都是不相同的。如果有几个字符的出现频率相同，那么在选择权值时就会有多种可能性，所形成的哈夫曼树的形状也就可能不同。但无论怎样，它们的 WPL 总是相同的。下面的例子说明了这一点。

例 5-16　有 5 个字符 P、Q、R、S、T，出现的频率分别为 0.1、0.1、0.1、0.2、0.5。试通过哈夫曼树为这 5 个字符进行编码，并给出它们的哈夫曼编码。

解：我们给出形成哈夫曼树的两个简略图，如图 5-28（a）和图 5-28（b）所示。图 5-28（a）所示为先选择的是字符 P 和 Q，图 5-28（b）所示为先选择的是字符 Q 和 R。在这样的不同选择下，形成的哈夫曼树的形状是不一样的，哈夫曼编码也不相同，但它们的 WPL 却是一样的，都是 2.0。

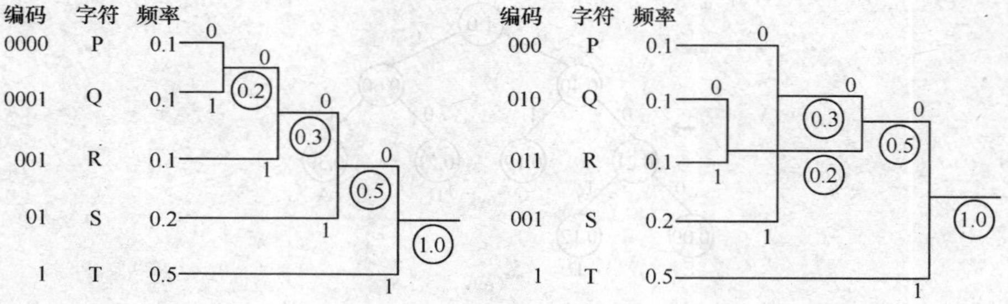

图 5-28　若干相同频率时的哈夫曼编码

由哈夫曼编码得到字符各自的编码串后，只需通过查表就可以把字符用二进制码串进行替换。例如使用图 5-26（e）得到的哈夫曼编码，单词“BAD”可以用二进制串“1011001”表示进行传输。

对二进制串进行译码，就是从哈夫曼树的根结点开始，对它进行译码。即根据每一位的值是“0”或者是“1”，确定选择左分支还是右分支，直至到达一个叶结点。这个叶结点包含的字母就是文本信息的第一个字母。然后又从下一位代码开始，自根结点出发，进行下一个字母的翻译。

例如对二进制串“1011001”进行译码。从图 5-26（e）的根结点开始，由于第一位是“1”，因此选择右分支；第二位是“0”，因此选择左分支。这时到达了叶结点，它包含的字符是 B，于是被译码的第一个字符是字母 B。随之又从根结点开始，着手对第三位进行译码。由于第三位是“1”，因此选择右分支；第四位是“1”，因此选择右分支。这时到达了叶结点，它包含的字符是 A，于是被译码的第二个字符是字母 A。再从根结点开始，着手对第五位进行译码。由于第五位是“0”，因此选择左分支；第六位是“0”，因此选择左分支；第七位是“1”，所以选择右分支。这时到达了叶结点，它包含的字符是 D，于是被译码的第三个字符是字母 D。

由所描述的译码过程可以看出，哈夫曼编码中的任何一个编码串都不是另一个编码串的前缀。因此，哈夫曼编码符合前缀特性。正是这种前缀特性，保证了哈夫曼编码在进行译码时不会有多种可能，是唯一的。

2．求哈夫曼编码的算法

在构造出一棵哈夫曼树后，为了求出每一个字符的编码，采用的办法是从该树的每个叶结点出发，找到它的父结点。随之判断该叶结点是父结点的左孩子还是右孩子，以得到应该在分支上标注“0”还是标注“1”。然后朝着根结点的方向继续这项工作，直至抵达根结点。这样，就得到了从这个叶结点到根结点路径上的哈夫曼编码串。

从这样一个求哈夫曼编码的过程可知，需要开辟一个数组用它里面的元素记录每一个字符（即叶结点）相应的编码串。又由于哈夫曼编码是一种不等长编码，因此还需要有表明每一个字符编码串在数组元素中开始位置的信息。为此，所要开辟的数组 Hc 的元素应该有如图 5-29 所示的结构。即 Hc 的每个元素都由一个一维数组 bit 以及一个记录编码起始位置（即编码在 bit 数组里的开始下标号）组成。例如图 5-29 表示的是数组 Hc 的第 i 个元素，它记录了哈夫曼树上第 i 个叶结点的哈夫曼编码信息：该字符的编码为“0010”（Hc[i].bit[j] ~ Hc[i].bit[n]，也即是 Hc[i].bit[Hc[i].start] ~ Hc[i].bit[n]），它是从其数组 bit 的第 j 个元素开始的（Hc[i].start = j）。

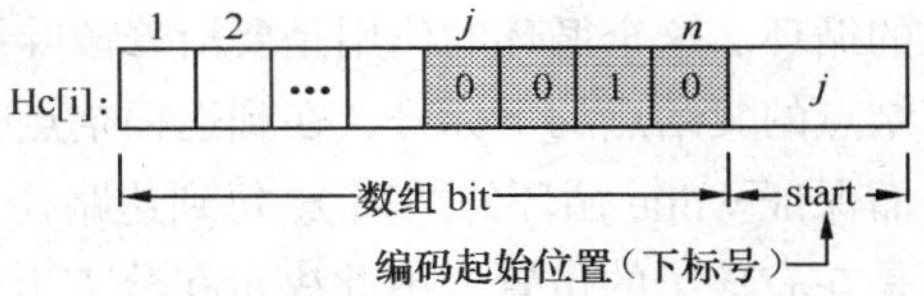

图 5-29　编码时使用的数组元素结构

算法 5-11　由哈夫曼树求哈夫曼编码的算法。

（1）算法描述

已知一棵顺序结构的哈夫曼树 Ht，有 n 个叶结点，一个用于存放 n 个哈夫曼码值的一维数组 Hc。算法名为 Code_Ht()，参数为 Ht、n、Hc。

```
Code_Ht(Ht, n, Hc)
{
  for (i=1; i<=n; i++)
  {
    x.start = n;                        /*  x 是形如图 5-29 结构的工作变量 */
    d=i;                                /*  d 记录叶结点的下标号 */
    p = Ht[d].Parent;                   /*  p 记录 d 结点的父结点的下标号 */
    while (p!= -1)
    {
      if (Ht[p].Lchild == d)            /* 父结点的左孩子是 d */
        x.bit[x.start] = 0;             /* 分支标注为 0 */
      else
        x.bit[x.start] = 1;             /* 是右孩子，分支标注为 1 */
      x.start--;
```

```
      d = p;                          /* 进到路径的上一个结点，直至根结点 */
      p = Ht[d].Parent;
    }
    for (j=x.start+1; j<=n; j++)      /* 将结点哈夫曼编码串存入数组 Hc */
      Hc[i].bit[j] = Hc.bit[j];
    Hc[i].start = x.start;            /* 将编码串位置存入数组 Hc */
  }
  for (i=1; i<=n; i++)                /* 为 n 个叶结点输出产生的哈夫曼编码 */
  {
    for (j=Hc[i].start+1; j<=n; j++)
      printf ("%d", Hc[i].bit[j]);
    printf ("\n");
  }
}
```

（2）算法分析

该算法主要由两个“for (i=1; i<=n; i++)”循环组成，第一个是为每个叶结点产生相应的哈夫曼编码，第二个是用来输出每个叶结点的哈夫曼编码。

在产生哈夫曼编码时，设置了一个工作变量 x，它有如图 5-29 所示的结构，即由一个数组 bit 和一个记录编码开始位置的 start 组成。由算法 5-10 知道，顺序结构的哈夫曼树最后是一个数组 Ht，它的前 *n* 个元素记录的是 *n* 个叶结点的 Weight、Lchild、Rchild、Parent。因此，算法就是基于 Ht 的前 *n* 个元素来产生出它们的哈夫曼编码的。具体做法是先用变量 d 记录下叶结点在数组 Ht 里的下标号，用变量 p 记录 d 结点的父结点的下标号。有了这两个信息后，进入“while (p!= −1)”的循环。这个循环的作用是要沿着该叶结点的路径逆流而上，最后抵达根结点（p 总是记录当前结点的父结点的下标号，在到达根结点时，它没有父结点，因此数组 Ht 里是用−1 来表示的，从而保证 while 循环的结束）。每到达路径上的一个分支结点，就判断其子结点是在左孩子的位置还是在右孩子的位置，由此决定在分支上是标注“0”还是标注“1”，即做：

```
if (Ht[p].Lchild = = d)
  x.bit[x.start] = 0;
else
  x.bit[x.start] = 1;
```

要注意的是，由于总是从叶结点往根结点做判断，所以判断得出一个“0”或“1”后，是将这个“0”或“1”由后往前填入到变量 x 的 bit 数组里的，这反映在最初执行“x.start = n”、填入一个后执行“x.start--;”上。

为了能够从叶结点顺着路径逆流而上，算法里开始执行“d=i;　p = Ht[d].Parent;”，在填入一个“0”或“1”后，就执行“d = p;　p = Ht[d].Parent;”。

从 while 循环里出来后，要把在变量 x 里形成的哈夫曼编码以及开始位置存入数组 Hc 相应的元素里，这是由：

```
for (j=x.start+1; j<=n; j++)
  Hc[i].bit[j] = Hc.bit[j];
Hc[i].start = x.start;
```

完成的。

这样，经过 *n* 次循环，在数组 Hc 里就可以得到 *n* 个叶结点的哈夫曼编码值。

输出 *n* 个叶结点的哈夫曼编码是简单的事情，在此不再赘述。

（3）算法讨论

假定有字母 A、B、C、D、E，各自的出现频率为 0.39、0.21、0.19、0.12、0.09。以频率为字母的权值，构造一棵顺序结构的哈夫曼树，如图 5-30（a）所示。它对应的顺序结构 Ht 如图 5-30（b）所示。让我们将算法 5-11 作用于数组 Ht 上，来看得到 5 个字母的哈夫曼编码串时的整个进行过程。

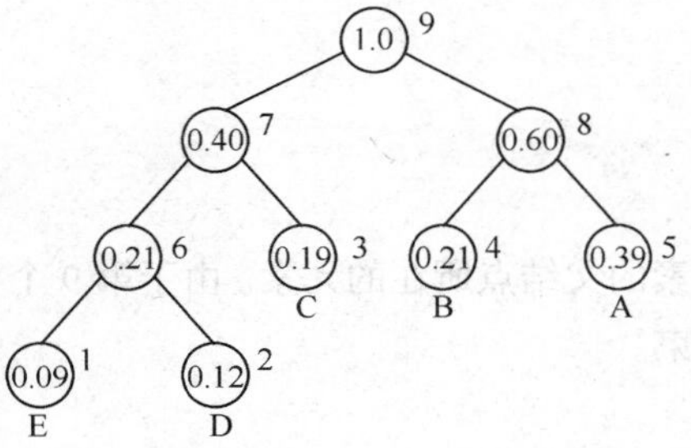

（a）

	Weight	Lchild	Rchild	Parent
Ht[1]:	0.09	−1	−1	6
Ht[2]:	0.12	−1	−1	6
Ht[3]:	0.19	−1	−1	7
Ht[4]:	0.21	−1	−1	8
Ht[5]:	0.39	−1	−1	8
Ht[6]:	0.21	1	2	7
Ht[7]:	0.40	6	3	9
Ht[8]:	0.60	4	5	9
Ht[9]:	1.0	7	8	−1

（b）

	bit					start
	bit[1]	bit[2]	bit[3]	bit[4]	bit[5]	
x:						5

（c）

	bit					start
	bit[1]	bit[2]	bit[3]	bit[4]	bit[5]	
x:					0	4

（d）

	bit					start
	bit[1]	bit[2]	bit[3]	bit[4]	bit[5]	
x:				0	0	3

（e）

	bit					start
	bit[1]	bit[2]	bit[3]	bit[4]	bit[5]	
x:			0	0	0	2

（f）

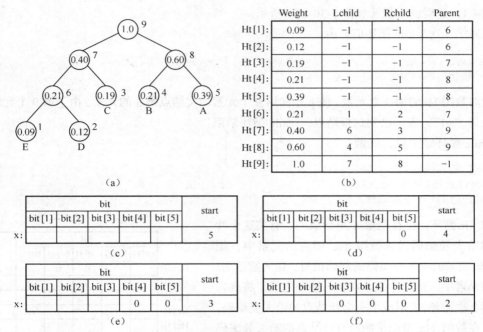

图 5-30　哈夫曼树与哈夫曼编码

这时的 *n*=5，表明有 5 个叶结点需要得到哈夫曼编码，因此第一个 for 要从 1 ~ 5 循环做 5 次。每次循环时，并不直接在数组 Hc 里形成结点的哈夫曼编码，而是先在变量 x 里，它的初始情形如图 5-30（c）所示。

第 1 次做 for 循环时 i=1，从"p=Ht[1].Parent=6"所代表的那个结点开始，即是从叶结点 Ht[1]的父结点开始。这时进入 while 循环，以便能够逆流而上最终抵达根结点、获得叶结点的哈夫曼编码的目的。通过 if-else 判断得知 Ht[6].Lchild=1，说明 Ht[1]是结点 Ht[6]的左孩子，因此应该按照 x.start=5 的指点，将"0"填入 x 里数组 bit 的第 5 个位置，即 x.bit[x.start]=x.bit[5]里，然后将 x.start 减 1。这时的变量 x 如图 5-30（d）所示。

在做第 2 次 while 循环前，由：

```
d = p;
p = Ht[d].Parent;
```

使 d 指向数组 Ht 的第 6 个元素，使 p 指向第 6 个元素的父结点所在的元素，即应该是数组 Ht 的第 7 个元素。通过 if-else 判断得知 Ht[7].Lchild=6，说明 Ht[6]是结点 Ht[7]的左孩子，因此应该按照 x.start=4 的指点，将"0"填入 x 里数组 bit 的第 4 个位置，即 x.bit[x.start]=x.bit[4]里，然后将 x.start 减 1。这时的变量 x 如图 5-30（e）所示。

在做第 3 次 while 循环前，由：

```
d = p;
p = Ht[d].Parent;
```

使 d 指向数组 Ht 的第 7 个元素，使 p 指向第 7 个元素的父结点所在的元素，即应该是数组 Ht 的第 9 个元素。通过 if-else 判断得知 Ht[9].Lchild=7，说明 Ht[7]是结点 Ht[9]的左孩子，因此应该按照 x.start=3 的指点，将“0”填入 x 里数组 bit 的第 3 个位置，即 x.bit[x.start]=x.bit[3]里，然后将 x.start 减 1。这时的变量 x 如图 5-30（f）所示。

在做第 4 次 while 循环前，由：

```
d = p;
p = Ht[d].Parent;
```

使 d 指向数组 Ht 的第 9 个元素，使 p 指向第 9 个元素的父结点所在的元素。由于第 9 个元素的父结点处是“−1”，表示已到达根结点，while 循环结束。

while 循环结束后，就做：

```
for (j=x.start+1; j<=n; j++)
  Hc[i].bit[j] = Hc.bit[j];
Hc[i].start = x.start;
```

这里的 for 循环，把在变量 x 里形成的、有关这个叶结点的哈夫曼编码送入数组 Hc 相应的元素中；把 x.start 里记录的哈夫曼编码的起始位置，送入数组 Hc 相应的元素中。至此，第 1 次 for 循环完成，将进入它的第 2 次循环，去形成下一个叶结点的哈夫曼编码。最终，在数组 Hc 里记录的所有叶结点的哈夫曼编码如图 5-31 所示。

	bit					start
	bit[1]	bit[2]	bit[3]	bit[4]	bit[5]	
Hc[1]:			0	0	0	3
Hc[2]:			0	0	1	3
Hc[3]:				0	1	4
Hc[4]:				1	0	4
Hc[5]:				1	1	4

图 5-31　形成的哈夫曼编码数组

小结

本章的内容都是围绕二叉树展开的：二叉树的概念、基本性质、存储实现、遍历算法。最后的哈夫曼树以及编码，是有关二叉树的应用。

学习本章应该重点掌握如下知识。

（1）二叉树是一种非线性数据结构，它可以是空的，没有任何结点。二叉树上的每个结点最多可以有两棵子树，这两棵子树是不相交的，且有左、右之分，次序不能颠倒。

（2）二叉树有几个很有用处的性质，应该在理解的基础上较为灵活地使用它们。要注意，性质 5-4 只适用于完全二叉树（当然也适用于满二叉树）。在将结点顺序编号后，通过性质 5-4 就能够知道一个结点父结点的编号；就能够知道一个结点有无左、右孩子，以及它们的编号是多少。

（3）二叉树可以用顺序存储实现，也可以用链式存储实现，链式存储显得更为便利和灵巧。

（4）二叉树遍历的非递归算法是讲述的重点，它们都是建立在链式存储基础上的。

（5）已知中序遍历序列和后序遍历序列，能够唯一地确定这棵二叉树；已知先序遍历序列和中序遍历序列，能够唯一地确定这棵二叉树。但由先序遍历序列和后序遍历序列，却不能唯一地确定一棵二叉树。

（6）哈夫曼树是使带权路径长度（WPL）最小的一种二叉树，因此也称最优二叉树。应该知道通过权值如何构造哈夫曼树的方法。

（7）把哈夫曼树应用到编码上，就能够得到平均编码长度最短的编码——哈夫曼编码，它是一种不等长编码，是一种具有“前缀特性”的编码。

习题

一、填空题

1．结点数为7的二叉树的高度最矮是________，最高是________。

2．给定二叉树的结点数，要使树高为最大，那么该树应该是________形状。

3．给定二叉树的结点数，要使树高为最矮，那么该树应该是________形状。

4．如果一棵满二叉树的深度为6，那么它共有________个结点，有________个叶结点。

5．有15个结点的二叉树，最少有________个叶结点，最多有________个叶结点。

6．由 n 个带权值的叶结点生成的哈夫曼树，总共有________个结点。

7．将一棵完全二叉树按层次进行编号。那么，对编号为 i 的结点，如果有左孩子，则左孩子的编号应该是________；如果有右孩子，则右孩子的编号应该是________。

8．若二叉树共有 n 个结点，采用二叉链表存储结构。那么在所有存储结点里，一共会有________个指针域，其中有________个指针域是空的。

9．深度为5的二叉树，至多有________个结点。

10．在二叉树中，有一个结点具有左、右两个孩子。那么在中序遍历序列里，它的右孩子一定排在它的________边。

二、选择题

1．在所给的4棵二叉树中，________不是完全二叉树。

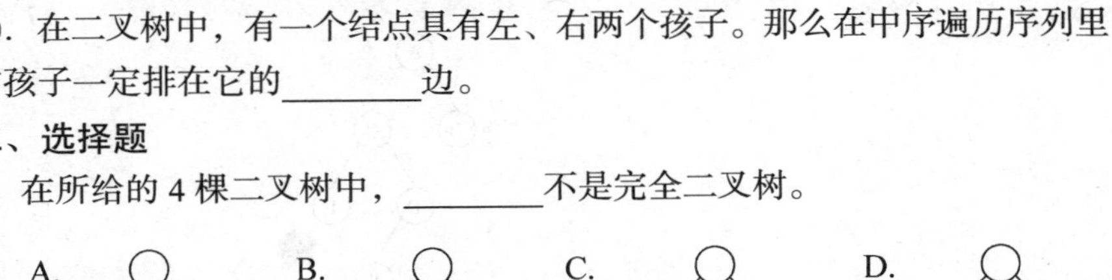

2．把一棵深度为 3 的左单支二叉树改造成完全二叉树时，要增添________个空结点。

A．10　　B．8　　C．6　　D．4

3．设有一棵 5 个结点的二叉树，其先序遍历序列为：A-B-C-D-E，中序遍历序列为：B-A-D-C-E，那么它的后序遍历序列应该是________。

A．A-B-D-E-C　　B．B-D-E-C-A　　C．D-E-C-A-B　　D．A-B-C-D-E

4．将一棵有 50 个结点的完全二叉树按层编号，那么编号为 25 的结点是________。

A．无左、右孩子　　B．有左孩子，无右孩子

C．有右孩子，无左孩子　　D．有左、右孩子

5．深度为 6 的二叉树，最多可以有________个结点。

A．63　　B．64　　C．127　　D．128

6．在一棵非空二叉树的中序遍历序列里，根结点的右边________结点。

A．只有左子树上的部分　　B．只有左子树上的所有

C．只有右子树上的部分　　D．只有右子树上的所有

7．在任何一棵二叉树的各种遍历序列中，叶结点的相对次序是________。

A．不发生变化　　B．发生变化　　C．不能确定　　D．以上都不对

8．权值为 1、2、6、8 的 4 个结点，所构造的哈夫曼树的带权路径长度是________。

A．18　　B．28　　C．19　　D．29

9．一棵二叉树度 2 的结点数为 7，度 1 的结点数为 6。那么它的叶结点数是________。

A．6　　B．7　　C．8　　D．9

10．在一棵二叉树中，第 5 层上的结点数最多是________个。

A．8　　B．15　　C．16　　D．32

三、问答题

1．试问满二叉树与完全二叉树之间有何关系？

2．请画出由 3 个结点构成的所有二叉树，它们的高度分别是多少？

3．一棵高度为 3 的满二叉树有多少个叶结点？有多少个度为 2 的结点？总共有多少个结点？

4．有人说，任何一棵非空满二叉树，它的叶结点数等于其分支结点数加 1。这样的一个结论正确吗？请说明理由。（提示：利用性质 5-3）

5．有人说，有一棵结点数为 $n>1$ 的二叉树，只包含有一个叶结点。这可能吗？如果可能的话，这样一棵二叉树应该是个什么样子呢？

6．试问，什么样的二叉树其先序遍历序列与中序遍历序列相同？

7．分别写出如图 5-32 所示二叉树的先序、中序、后序遍历序列。

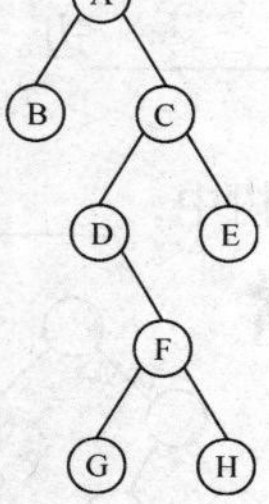

图 5-32　二叉树示例

四、应用题

1．对一个二叉树进行顺序存储，各结点的编号及数据如下表所示：

编号 i	1	2	3	4	5	7	10	11
数据 x	A	B	C	D	E	F	G	H

试画出对应的二叉树，并给出先序、中序、后序遍历该二叉树后，所得到的各种结点序列。

2．已知中序遍历序列为 A-B-C-E-F-G-H-D，后序遍历序列为 A-B-F-H-G-E-D-C。试画出这棵二叉树。

3．已知先序遍历序列为 A-B-C-D-E-F，中序遍历序列为 C-B-A-E-D-F。试画出这棵二叉树。

4．若一棵二叉树的左、右子树均有 3 个结点，其左子树的先序遍历序列与中序遍历序列相同，右子树的中序遍历序列与后序遍历序列相同。请画出这棵二叉树。

5．理解算法 5-10。在图 5-25（b）的基础上，进行下一次组合。试给出第 2 次组合后数组的情形，以及那时二叉树的样子。

6．现有权值序列为 10、16、20、6、30、24，请用图示来表达构造一棵哈夫曼树的全过程。

7．一棵有 11 个结点的二叉树的顺序存储情况如下表所示，序号 3 的结点是根结点。画出该二叉树，并给出它的先序、中序、后序遍历序列（其中“^”表示空）。

序　号	1	2	3	4	5	6	7	8	9	10	11
Lchild	6	^	7	^	8	^	5	^	2	^	^
Data	M	F	A	K	B	L	C	R	D	S	E
Rchild	^	^	^	9	^	10	4	11	^	^	^

第6章 树与森林

树具有分支性和层次性，是一种树型结构。与二叉树相同，它也属于非线性结构之列。由于允许树中的结点可以有多个子结点，因此它的存储结构以及操作实现，比起二叉树来要更为复杂一些。

与自然界中的树不同，数据结构中研究的“树”是颠倒的：根在顶部，叶在底部。随着计算机科学的发展，树已在许多领域里得到广泛的应用，已成为数据表示、信息组织、程序设计的基础和有力工具。

本章主要介绍以下几个方面的内容：

- 树的定义及基本概念；
- 树、森林与二叉树之间的相互转换；
- 树的各种存储结构；
- 树、森林的遍历。

6.1 树的概述

6.1.1 树的定义及特性

图 6-1 所示为用树表示的大学组织机构间的层次关系。这样的层次关系，在家族谱系、语句文法结构、生物分类结构等上屡见不鲜。事实上，在各科学领域中都会利用树来表示其间呈现出的层次结构。

所谓“树（Tree）”是指由 n（$n\geqslant 0$）个结点构成的有限数据元素的集合 T。当 $n=0$ 时，称其为“空树”。当 $n\neq 0$ 时，树中诸结点应该满足下面的两个条件：

（1）有且仅有一个特定的结点，它没有前驱，是该树的根（Root），称为树的根结点；

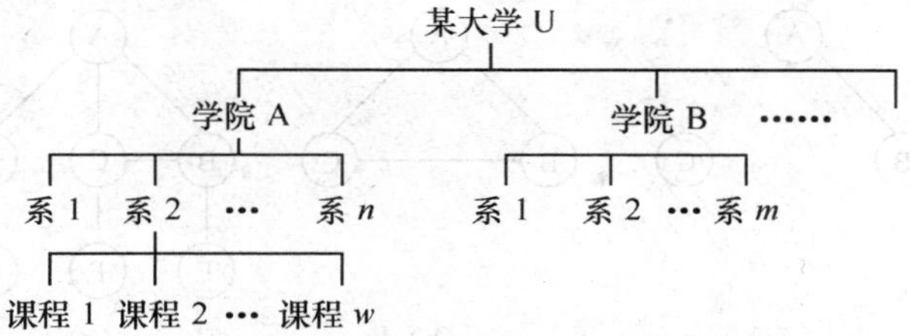

图 6-1 某大学的树型层次结构

(2)除根结点外的其余结点，可分为 m($m \geq 0$)个互不相交的有限集合：T_1，T_2，…，T_m，每一个集合 T_i($1 \leq i \leq m$)又是一棵树，被称为是根的子树。

由于在定义树的过程中，又用到了树这一术语，因此这里采用的是一种递归定义的方式。不难看出树有如下的几个特性：

- 空树是树的一个特例；
- 一棵非空树，至少有一个根结点，只有根结点的树为最小树；
- 在拥有多个结点的树里，除了根结点外，其余各结点分属若干个子树，各子树间互不相交；
- 除根结点外，树中所有其他结点有且只有一个前驱结点，但可以有零个或多个后继结点。

二叉树是一种树，但是一种特殊的树。特殊在于二叉树的每个结点至多可以有两棵子树，但树的每个结点可以有多棵子树；特殊在于二叉树的子树有左、右之分(即是有序的)，但树的子树是不分顺序的。

例 6-1 图 6-2 所示为树的几种图形表示。

图 6-2(a)所示为一棵空树；图 6-2(b)所示为只有一个根结点 A 的最小树；图 6-2(c)所示为一棵单分支的树；图 6-2(d)所示为一棵一般的树，在那里结点 A 和 I 有 3 棵子树，结点 B 和 D 有两棵子树，结点 C 和 F 有一棵子树，结点 E、G、H、J、K、L、M 是叶结点。

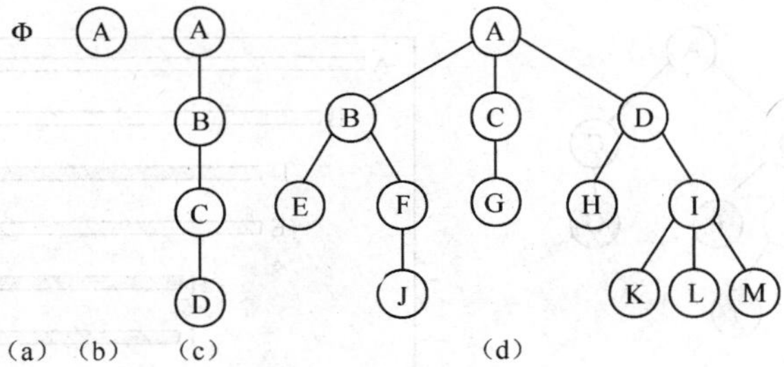

图 6-2 几种树的示例

例 6-2 图 6-3 所示为几个不是树的图形。

在图 6-3(a)里，有一个游离的结点 C，它既没有前驱，也没有后继，因此 3 个结点间不构成树型关系。图 6-3(b)里，A、B、C 3 个结点都没有前驱，但一棵树有且只能有一个结点(即根结点)没有前驱，因此 3 个结点间不构成树型关系。图 6-3(c)由于结点 B、C 之间出现了联系，破坏了“各子树间互不相交”的特性，所以它也不是一棵树。

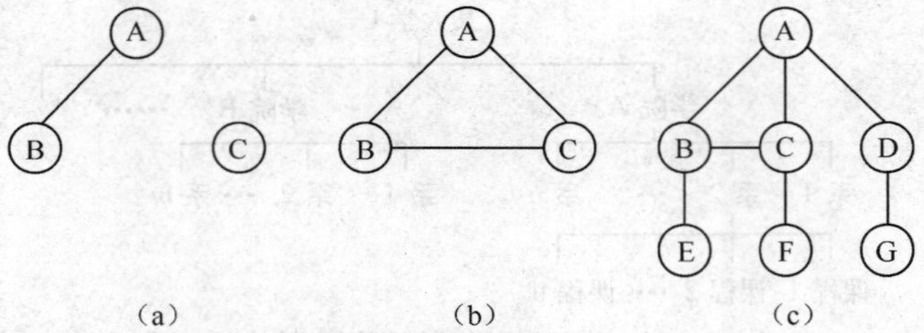

（a）（b）（c）

图 6-3 非树型结构示例

人们常用如上所示的倒置树的方式来表示结点间的分支、层次关系，所以称这种结构为“树型结构”。这种表示方法形象、直观。但在不同的场合，也还有如下的几种表示分支、层次关系的方法。

（1）文氏图表示法

文氏图表示法也称嵌套集合表示法，在这种表示法中，任意两个集合或是不相交，或是一个包含另外一个。利用文氏图表示法表示一棵树时，总是将树的根结点视为一个最大的集合，它的子树都是这个大集合里的若干个互不相交的子集合。这样不断地嵌套下去，就成为了这棵树的嵌套集合表示。图 6-4（b）是图 6-4（a）所示的树的嵌套集合表示。

（2）凹入表示法

所谓“凹入表示法”，即是用不同长度的矩形来表示树中的各个结点：表示根结点的矩形最长，表示叶结点的矩形最短。凹入表示法正是利用这种矩形的长短，表示出树中各分支间的层次关系，相同长度矩形所代表的结点，表示它们是在同一层中。图 6-4（c）是图 6-4（a）所示的树的凹入表示。

（3）括号表示法

括号表示法也称广义表表示法，具体做法是：把树的根结点写在一对圆括号的左边，该根结点的所有孩子用逗号分隔，括在圆括号的里面。如此一层层地嵌套下去，从而表示出树中各分支间的层次关系。图 6-4（d）是图 6-4（a）所示的树的括号表示。

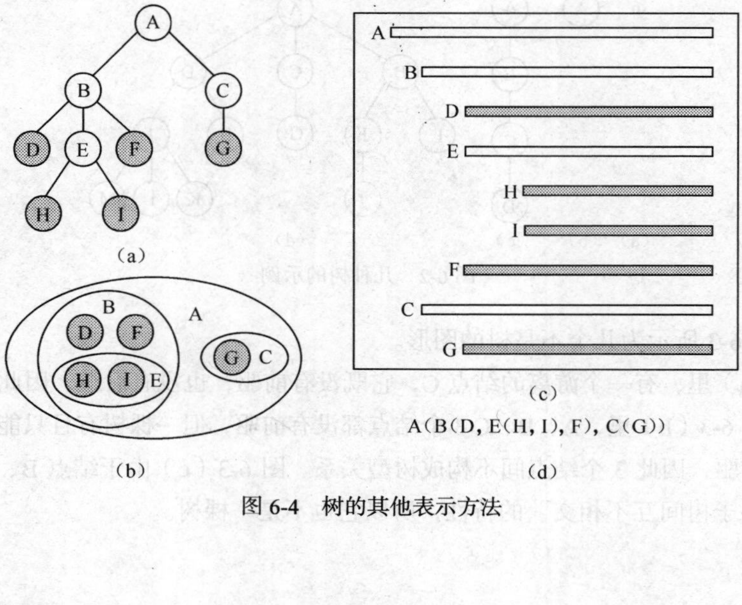

图 6-4 树的其他表示方法

6.1.2 有关树的常用术语

关于树，有很多的术语，其中有一些曾经在二叉树里见过。为了体现系统性和完整性，这里仍把它们列出，并分成3个方面加以介绍。

1. 有关结点的术语

- 结点。

所谓树的一个“结点（Node）”，是指一个数据元素以及指向其子树根结点的分支。在树型结构中，常用一个圆圈及一条条短线表示。

- 结点的度。

所谓结点的“度（Degree）”，是指树中一个结点拥有的子树数目。因此，结点的度也就是该结点的后继结点的个数。

- 结点的深度。

树是一种层次结构。通常，把一棵树的根作为第0层，其余结点的层次值，为其前驱结点所在层值加1。所谓结点的“深度（Depth）”，即是该结点位于树的层次数。有时，也把结点的深度称为结点的“层次（Level）”。

- 叶结点。

树中度为0的结点被称为叶（Leaf）结点。叶结点也就是终端结点。

- 分支结点。

树中度大于0的结点称为分支结点，或非终端结点。

- 结点的路径。

从树中一个结点到另一个结点之间的分支，称为这两个结点间的路径。

- 路径长度。

一条路径上的分支数，称为该路径的长度。

2. 有关结点间关系的术语

- 根结点。

所谓“根（Root）”结点，即是指树中没有直接前驱的那个结点。一棵树，只能有一个根结点。

- 孩子结点。

树中一个结点的所有直接后继，都被称作是该结点的孩子（Child）结点。实际上，一个结点的孩子结点就是该结点子树的根结点。

- 双亲结点。

在树中，把一个结点称作是它所有后继结点的双亲（Parent）结点。双亲结点有时也被称作父结点。

- 子孙结点。

一个结点的子树中的所有结点，都被称作是该结点的子孙结点，简称子孙。

- 祖先结点。

从根结点到某个结点的路径上的所有分支结点，称为该结点的祖先结点。

- 兄弟结点。

在树中，具有相同双亲的结点，互称为是兄弟结点。

- 堂兄弟结点。

在树中，双亲在同一层的那些结点，互称为是堂兄弟结点。

3. 有关树的整体术语

- 树的度。

一棵树中各结点的度的最大值，称为这棵树的度。

- 树的深度。

一棵树中各结点的深度的最大值，称为该树的深度。树的深度有时也称为树的高度。

- 有序树与无序树。

如果限定树中各结点的子树从左至右的排列具有一定顺序，不得互换，那么就称该树是有序的，否则称为是无序树。

- 森林。

n（$n \geqslant 0$）棵互不相交的树的集合，称为森林（Forest）。

例 6-3 通过图 6-5，来认识有关图的各个术语。

在图 6-5（a）里，A 是根结点，它有 3 棵子树，其根结点分别为 B、C、D。因此，B、C、D 是 A 的孩子结点，A 是它们的双亲结点。由于 B、C、D 具有相同的双亲结点 A，因此，它们是兄弟结点。结点 E、F 的双亲结点是 B，结点 G、H、I 的双亲结点是 D，而 B 和 D 在树的同一层上，因此结点 E、F、G、H、I 是堂兄弟结点。结点 A、D、H 是结点 K、L 的祖先结点，结点 B、E、F、J 是结点 A 的子孙结点。

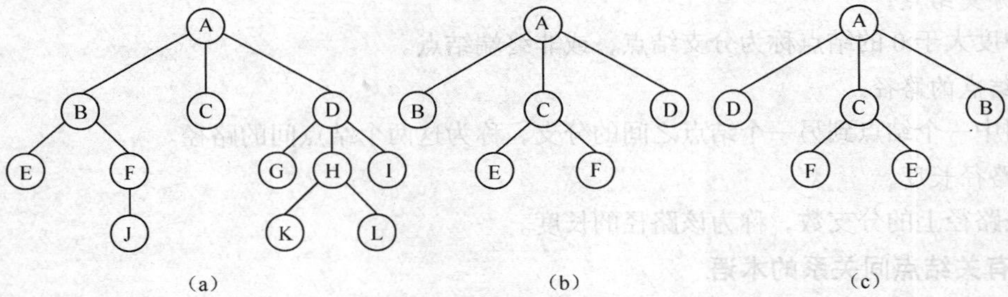

图 6-5 认识有关图的术语

在图 6-5（a）里，E、J、C、G、I、K、L 是叶结点，B、F、D、H 是分支结点。

在图 6-5（a）里，结点 A、D 的度是 3，结点 B、H 的度是 2，结点 F 的度是 1，结点 E、J、C、G、I、K、L 的度是 0。

在图 6-5（a）里，结点 B、C、D 的深度是 1，结点 E、F、G、H、I 的深度是 2，结点 J、K、L 的深度是 3。

在图 6-5（a）里，该树的度为 3，该树的深度（也就是高度）为 3。

图 6-5（b）和图 6-5（c）分别给出了一棵树。如果把它们视为是从左到右有序的，那么这两棵树是不同的；如果把它们视为是无序的，那么这两棵树是相同的。

若把图 6-5（a）~ 图 6-5（c）给出的 3 棵树视为是一个树的集合，那么这个集合就构成了所谓的“森林”。

例 6-4 已知一棵度为 m 的树中，有 n_1 个度为 1 的结点，n_2 个度为 2 的结点，……，n_m 个度为 m 的结点。试问该树有多少个叶结点？

解：依题意设 n 为该树总的结点个数，n_0 为叶结点（即度为 0 的结点）的个数，那么我们有：

$$n = n_0 + n_1 + n_2 + \cdots + n_m \quad (6\text{-}1)$$

考虑到树中除根结点外，其他结点都与一个分支对应，因此若设分支数为 b，则有：

$$b = n-1 \quad (6\text{-}2)$$

同样也有：

$$b = 1\times n_1 + 2\times n_2 + \cdots + m\times n_m \quad (6\text{-}3)$$

由式（6-2）和式（6-3）得到：

$$n-1 = 1\times n_1 + 2\times n_2 + \cdots + m\times n_m \quad (6\text{-}4)$$

用式（6-1）−式（6-4），得到：

$$1 = n_0 - n_2 - 2\times n_3 - \cdots - (m-1)\times n_m$$

故，最后求得该树有叶结点：

$$n_0 = 1 + n_2 + 2\times n_3 + \cdots + (m-1)\times n_m$$

6.2 树、森林和二叉树间的转换

树与二叉树是两种不同类型的数据结构，但它们之间却存在着一种内在的联系。因此，一棵树（或森林）能够通过转换，唯一地与一棵二叉树相对应；而一棵二叉树也能够通过转换，唯一地与一棵树（或森林）相对应。

对于无序树来说，树中结点的各个孩子是没有次序的，但二叉树中结点的孩子却有左、右之分。为了避免发生混淆，在具体介绍树、森林与二叉树之间的相互转换方法之前，我们约定树中每个结点的孩子按从左到右的次序排列，称它们为第 1 个孩子、第 2 个孩子、……

6.2.1 树、森林转换到二叉树

1．树转换到二叉树

将一棵树转换到所对应的二叉树的具体方法如下：

（1）在树的所有兄弟结点之间添加一条连线；

（2）对树中的所有结点，除保留其与第一个孩子结点间的连线（即分支）外，删除到其他孩子之间的连线；

（3）以原树的根结点为轴心，将经过上述处理的树顺时针方向转动一个角度，即可得到该树所对应的二叉树。

可以证明，通过这种方法将树转换成的二叉树具有唯一性。

例 6-5　将图 6-6（a）所示的树，转换成它所对应的二叉树。

解：按照所述的转换步骤，首先要在树的所有兄弟结点之间添加一条连线。对于图 6-6（a）所示的树而言，结点 A 有 3 个兄弟：B、C、D，结点 C 有 3 兄弟：F、G、H。因此，应该在 B、C、D 之间添加连线，在 F、G、H 之间添加连线，添加连线后如图 6-6（b）中的虚线所示。接下来要做的事情是，对结点 A 来说除保留其与第一个孩子结点 B 间的连线外，删除到其他孩子（C、D）之间的连线；对结点 C 来说除保留其与第一个孩子结点 F 间的连线外，删除到其他孩子（G、H）之间的连线。完成这些操作后，结果如图 6-6（c）所示。最后一步应该是以原树的根结点 A

为轴心，将经过上述处理的树顺时针方向转动一个角度，即可得到该树所对应的二叉树，如图 6-6（d）所示。

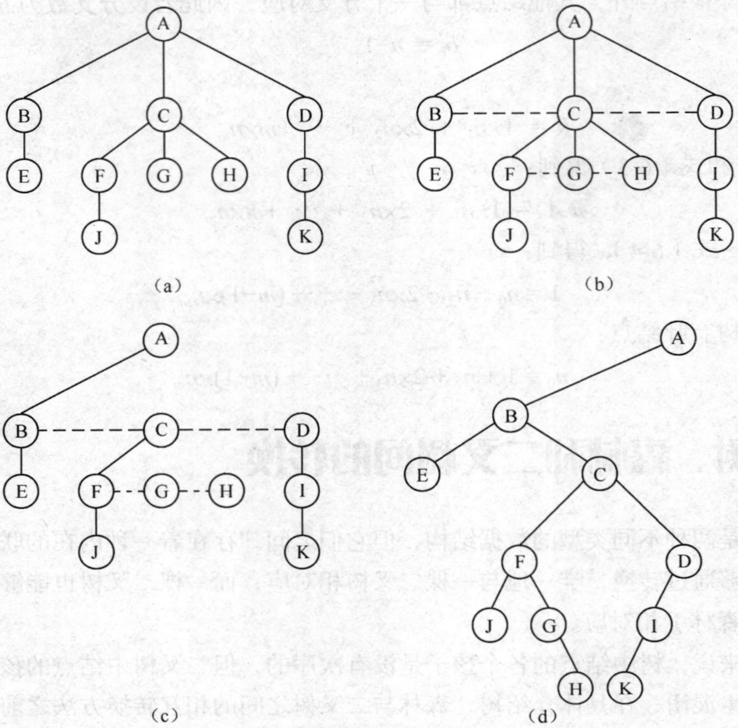

图 6-6　将一棵树转换成二叉树的过程

不难看出，在把树转换成二叉树时，这棵二叉树的根结点只有左子树，没有右子树。对于这棵二叉树上的任何一个结点，其左孩子必定是它在树中的第 1 个孩子结点，右孩子是它在树中的兄弟结点。例如图 6-6（d）里的根结点 A，它的左孩子是它在树中的第 1 个孩子结点 B，由于 A 没有兄弟结点，所以它没有右孩子。例如图 6-6（d）里的结点 B，它的左孩子是它在树中的第 1 个孩子结点 E，右孩子是结点 B 的兄弟结点 C。例如图 6-6（d）里的结点 C，它的左孩子是它在树中的第 1 个孩子结点 F，右孩子是结点 C 的兄弟结点 D。又例如图 6-6（d）里的结点 F，它的左孩子是它在树中的第 1 个孩子结点 J，右孩子是结点 F 的兄弟结点 G。

2．森林转换到二叉树

森林是由若干棵树组成的集合。按照上述步骤，可以把森林中的每一棵树都转换成只有左子树的二叉树。这样，如果把森林中后一棵树的根结点视为是前一棵树根结点的兄弟，那么就可以把森林转换成一棵二叉树。将森林转换到所对应的二叉树的具体方法如下：

（1）将森林中的每一棵树转换成相应的二叉树；

（2）依次将后一棵二叉树的根结点作为前一棵二叉树根结点的右子树；

（3）在完成对所有二叉树的连接后，所得到的二叉树即为所求。

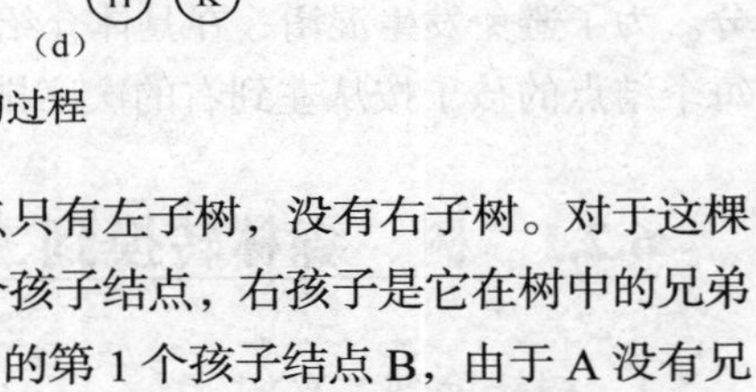

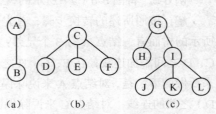

图 6-7　欲转换成二叉树的森林

例 6-6　将图 6-7 所示的森林，转换成它所对应的二叉树。

解：图 6-7 里的森林共有 3 棵树，首先把它们分别转换成相应的二叉树，如图 6-8（a）~图 6-8（c）所示。

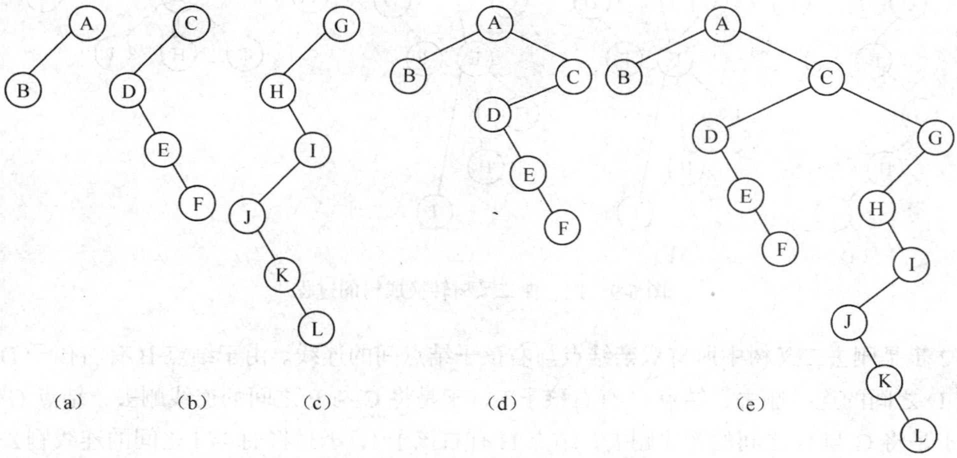

图 6-8　将森林转换成二叉树的过程

将图 6-8（b）所示的二叉树作为图 6-8（a）二叉树的右子树，拼接到它的上面，结果如图 6-8（d）所示；将图 6-8（c）所示二叉树作为图 6-8（d）二叉树上结点 C 的右子树，拼接到它的上面，结果如图 6-8（e）所示，这棵二叉树就为所求，是图 6-7 所示森林相对应的二叉树。

6.2.2　二叉树转换到树、森林

树或森林可以转换成二叉树，二叉树也可以通过转换，还原成树或森林。

1．二叉树转换到树

由上面的讨论知道，一棵树通过转换，可以得到与其相对应的、根结点只有左孩子的一棵二叉树。因此，只有根结点无右孩子的二叉树，才能够通过转换还原成一棵树。具体转换的步骤如下：

（1）找到二叉树中某结点的右孩子及右孩子的右孩子……，在它们与该结点的双亲结点之间添加连线；

（2）删去二叉树中所有双亲结点与右孩子结点间的连线；

（3）以原二叉树的根结点为轴心，将经过上述处理的二叉树逆时针方向转动一个角度，即可得到它所对应的树。

例 6-7　将图 6-9（a）所示的无右孩子的二叉树，转换成它所对应的树。

解：首先是要找到二叉树里有右孩子的结点，以便将右孩子、右孩子的右孩子、……与该结点的双亲结点进行连接。在图 6-9（a）里，结点 B 有右孩子 D；结点 C 有右孩子 E；结点 G 有右孩子 H，这个右孩子又有右孩子 I。结点 B 的双亲结点是 A，于是在 A 与 D 之间连线；结点 C 的双亲结点是 B，于是在 B 与 E 之间连线；结点 G 的双亲结点是 E，于是在 E 与 H、E 与 I 之间连线。操作完成后的二叉树如图 6-9（b）所示。

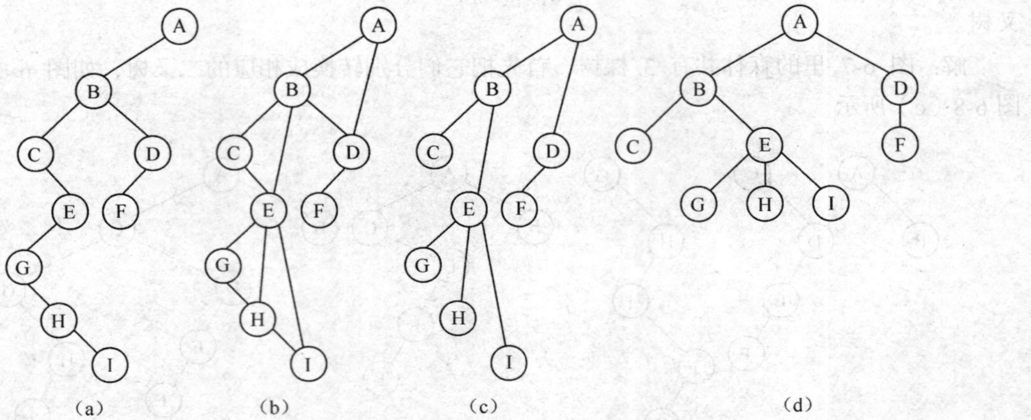

图6-9　把一棵二叉树转换成树的过程

第2步是删去二叉树中所有双亲结点与右孩子结点间的连线。由于结点B有右孩子D，于是将B与D之间的连线删去；结点C有右孩子E，于是将C与E之间的连线删去；结点G有右孩子H，于是将G与H之间的连线删去；结点H有右孩子I，于是将H与I之间的连线删去。操作完成后的二叉树如图6-9（c）所示。

第3步是以根结点为轴心，做适当的逆时针旋转，从而得到如图6-9（d）所示的结果，它就是转换后得到的那棵树。

2．二叉树转换到森林

一棵带有左、右子树的二叉树，可以通过转换，还原成由若干棵树组成的森林。具体的转换步骤如下：

（1）将二叉树逆时针旋转一个角度，以使根结点的右孩子与根结点在同一水平线上；

（2）将处于这条水平线上诸结点间的连线删除，得到由若干棵只有左孩子的二叉树组成的森林；

（3）将这些二叉树转换成相应的树，最终得到由树组成的森林。

例6-8　将图6-10（a）所示的二叉树，转换成它所对应的森林。

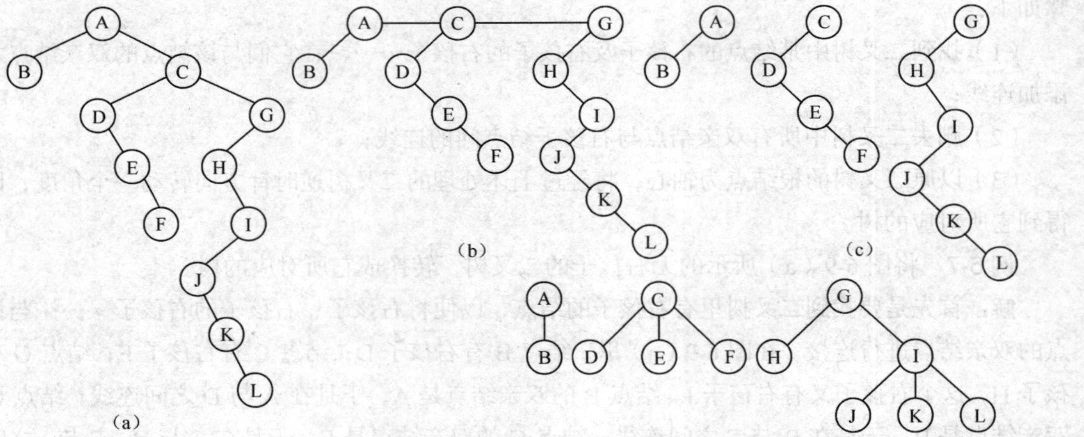

图6-10　把一棵二叉树转换成森林的过程

解：首先将二叉树逆时针旋转一个角度，以使根结点的右孩子与根结点在同一水平线上，如图 6-10（b）所示。

接着，将处于这条水平线上诸结点间的连线删除，得到由若干棵只有左孩子的二叉树组成的森林。例如在图 6-10（b）中删除连线后，就得到了 3 棵只有左子树的二叉树，如图 6-10（c）所示。

最后，按照二叉树转换到树的步骤，分别将图 6-10（c）里的 3 棵只有左子树的二叉树逐一转换成相对应的树，如图 6-10（d）所示，它们组成的森林，就是这棵二叉树经过转换后所得到的森林。

图 6-10（a）所示的二叉树，与图 6-8（e）所示的二叉树是一样的。后者是图 6-7 给出的森林经过转换后得到的二叉树。对照后发现，这里把图 6-10（a）所示的二叉树转换成的森林（也就是图 6-10（d）），正是图 6-7 所示的森林。可见，从森林到二叉树，和从二叉树到森林，这种转换过程是可逆的。

6.3 树的存储结构

对树的实现而言，仍然有顺序式和链式两种存储结构。由于树中结点的邻接关系比较复杂，因此在所采用的存储结构中，既要存放结点本身的数据信息，也要存放反映结点间逻辑关系的有关信息。本节将介绍几种常用的树的存储结构，它们是双亲表示法（在存储结点里存放结点的双亲信息），孩子表示法（在存储结点里存放结点的孩子信息），孩子兄弟表示法（在存储结点里存放结点的孩子和兄弟信息）。

1．双亲表示法

一棵树除了根结点外，每一个结点都只有一个前驱结点，即双亲结点。利用这一特性，可以把树中的结点存储在一个一维数组（即连续的存储区）Tr 里，该数组的每一个元素有两个域：Data 和 Parent，如图 6-11（a）所示。其中，Data 域存放结点的数据，Parent 域存放结点的双亲在数组里的下标。由于树的根结点没有双亲，可以在它的相应数组元素的 Parent 域里，存放一个“−1”。双亲表示法是实现树的一种顺序存储结构。

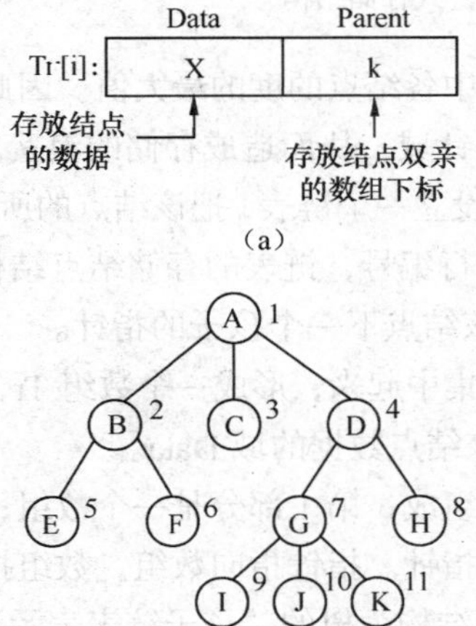

index	Data	Parent
root → 1	A	−1
2	B	1
3	C	1
4	D	1
5	E	2
6	F	2
7	G	4
8	H	4
9	I	7
10	J	7
11	K	7
12	L	9

（c）

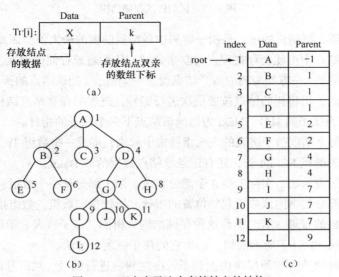

图 6-11　双亲表示法中存储结点的结构

例 6-9 对图 6-11（b）所示的树，给出它的双亲表示法。

解：先将树中的结点按所在的层次从上到下、从左到右进行编号。由于现在的树共有 12 个结点，因此建立一个一维数组 Tr，它有 12 个元素，每个元素的结构如图 6-11（a）所示。另外需要有一个指针 root，它指向数组 Tr 的起始位置。接着在每一个数组元素的 Data 域（即 Tr[i].Data）里，存放相应结点的数据，在 Parent 域（即 Tr[i].Parent）里，存放结点双亲的数组下标。例如，对于结点 F 来说，有：

Tr[6].Data = F，Tr[6].Parent = 2

又例如，对于结点 J 来说，有：

Tr[10].Data = J，Tr[10].Parent = 7

完成这些工作之后，就得到了用双亲表示法实现的该树的顺序存储结构，如图 6-11（c）所示。

利用树的双亲表示法，从一个结点出发，很容易得到该结点的双亲，也很容易得到该树的根结点。利用这种表示法，要判定："给出两个结点，它们是否在同一棵树中"这样的问题是不困难的。这是因为只要从两个结点出发，通过 Parent 域进行上溯，如果能够到达同一个根结点，那么它们就一定在同一棵树中。

但是，利用这种表示法试图获得某结点的孩子或兄弟信息时，会感觉到困难。

2．孩子表示法

顾名思义，所谓树的孩子表示法，即是让孩子信息出现在结点的存储结构里。由于树中每个结点拥有的孩子个数是不定的，因此若要用链式结构来实现树、且要把每个结点的孩子信息都存放在存储结点里，那么存储结点除了需要开辟 Data 域外，还要按照树的度 *m*，开辟出 *m* 个指针域。这样，存储结点的结构就如图 6-12 所示。

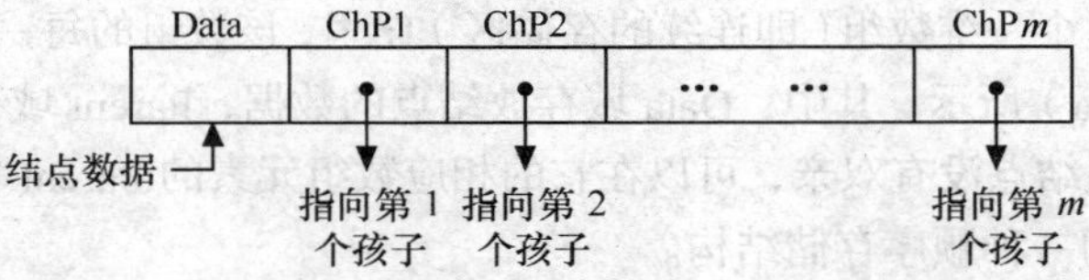

图 6-12　树的链式存储结构

从前面已经知道，所谓树的度，是指一棵树中各结点的度的最大值。因此完全采用链式存储来实现树时，存储结点中可能会存在很多的空指针域，从而造成存储的浪费。

一种改进的方案是，一方面为树的每个结点设立一个链表，把该结点的所有孩子串连在一起，组成孩子链表。为此，仍将树的结点按照层次进行编号，链表的存储结点结构如图 6-13（a）所示，其中的 Chn 域为孩子的编号，Next 为指向该结点下一个孩子的指针。

另一方面，把每个结点孩子链表的表头指针集中起来，形成一个数组 Tr，每个数组元素除了有指向结点孩子链表的域 FChild 外，还有记录该结点数据的域 Data。

这样，树的孩子表示法，实际上由 3 个部分组成：第 1 部分是一个数组；第 2 部分是若干个孩子单链表；第 3 部分是指向该数组起始位置的指针。指针指向数组，数组指向单链表，由它们来共同实现对一棵树的管理。有时也称这种存储结构为树的"孩子链表表示法"。

例 6-10 对图 6-13（b）所示的树，给出它的孩子链表表示法。

解：首先仍将树的结点按照层次由上到下、由左到右进行编号。然后开辟有 12 个元素的一个数组 Tr，指针 root 指向它的起始位置。该数组的每一个元素由两个域组成，其中 Data 域记录相应结点的数据；FChild 域是一个指针，指向该结点孩子链表中的第 1 个孩子。如图 6-13（c）所示。

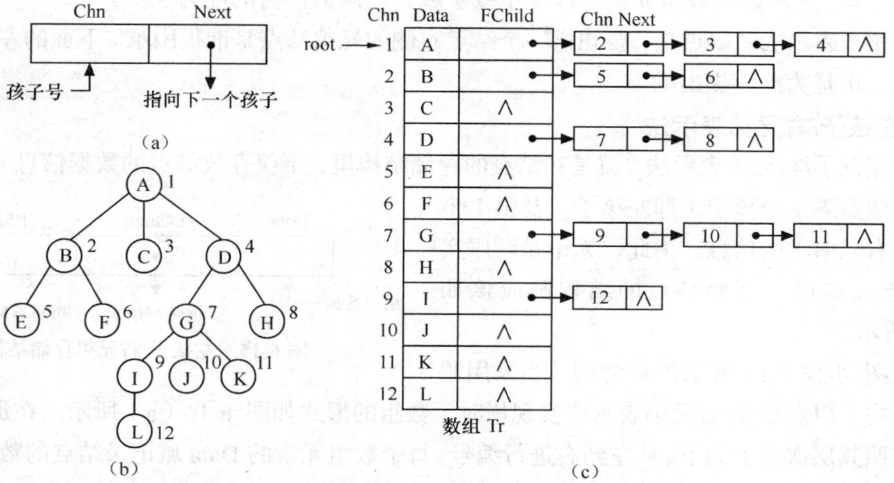

图 6-13　用链表实现树的孩子表示法

从图 6-13（c）看到，数组 Tr 的第 1 个元素对应的是树的根结点，因此有 Tr[1].Data=A。该根结点有 3 个孩子，它们的编号分别是 2、3、4，第 1 个孩子的编号是 2。因此，在根结点的孩子链表里，有 3 个结点，第 1 个结点的 Chn 域是 2，第 2 个结点的 Chn 域是 3，第 3 个结点的 Chn 域是 4。数组第 1 个元素的 FChild 域指向这个链表的第 1 个结点。

由这样的存储结构来管理一棵树，很容易从一个结点出发，得到该结点的孩子信息。例如，由结点编号 4 出发，从数组 Tr 的第 4 个元素知道该结点的数据为 D，它有两个孩子，一个编号为 7，一个编号为 8。由编号 7 可以知道，这个结点的数据是 G，它有 3 个孩子，编号分别是 9、10、11。由编号 10 知道，该结点的数据是 J，由于它的 FChild 域为空，因此它没有孩子。

也可以完全用顺序存储的结构形式，来实现树的孩子表示法。例如，对图 6-14（a）所示的树，可以用如图 6-14（b）所示的一维数组来管理。

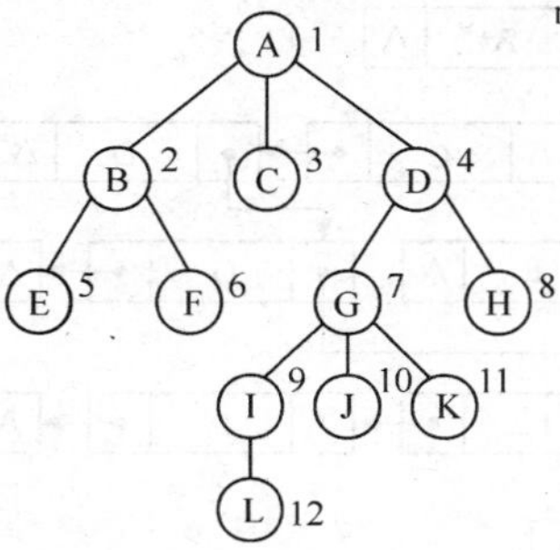

（a）

Chn	Data	Child [1]	Child [2]	Child [3]
root → 1	A	2	3	4
2	B	5	6	−1
3	C	−1	−1	−1
4	D	7	8	−1
5	E	−1	−1	−1
6	F	−1	−1	−1
7	G	9	10	11
8	H	−1	−1	−1
9	I	12	−1	−1
10	J	−1	−1	−1
11	K	−1	−1	−1
12	L	−1	−1	−1

数组 Tr

（b）

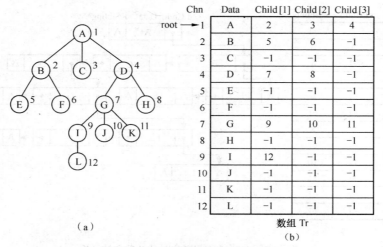

图 6-14　用数组实现树的孩子表示法

数组中的每一个数组元素除了 Data 域外，还有 3 个孩子域：Child[1]、Child[2]、Child[3]，分别用于记录该结点的孩子信息。例如，对于结点 A，它有 3 个孩子，因此 3 个孩子域的内容分别是 2、3、4。之所以为数组元素开辟 3 个孩子域，是因为该树的度为 3。

这种孩子表示法的缺点是，要知道一个结点右侧的兄弟结点是谁很困难。下面的左孩子/右兄弟表示法，正是为此而提出的。

3．左孩子/右兄弟表示法

所谓左孩子/右兄弟表示法，就是在结点的存储结构里，不仅存放结点的数据信息（Data 域），还存放该结点第 1 个孩子（即左孩子）及第 1 个兄弟（即右兄弟）的信息。为此，无论是顺序实现还是链式实现，存储结点的结构都应该如图 6-15 所示。

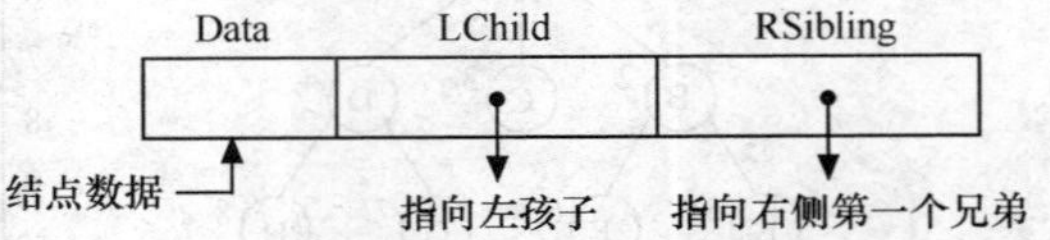

图 6-15　左孩子/右兄弟存储结构

仍以图 6-14（a）所示的树为例。当采用顺序存储结构、以左孩子/右兄弟表示法实现树时，数组的形式如图 6-16（a）所示。在那里，把树的结点按照其层次从上到下、从左到右进行编号。每个数组元素的 Data 域记录结点的数据，LChild 域记录结点左孩子在数组中的下标号，RSibling 域记录结点第 1 个右兄弟在数组中的下标号。例如，根结点在数组中的下标号为 1，它的左孩子 B 在数组中的下标号为 2，所以根结点的 LChild=2；它没有兄弟，所以 RSibling=−1。又如结点 B，它在数组中的下标号为 2，左孩子 E 在数组中的下标号为 5，所以有 LChild=5；它有两个兄弟 C 和 D，但结点 C 是它的第 1 个兄弟，所以 RSibling=3。如此等等。要想知道结点 B 有几个兄弟，那么首先应该通过结点 B 数组元素的 RSibling 得到 3（这是它的第 1 个兄弟），然后由 3 查数组的第 3 个元素，得知这个元素的数据为 C。再查它的 RSibling，得到 4（这是结点 B 的第 2 个兄弟），然后由 4 查数组的第 4 个元素，得知这个元素的数据是 D。再查它的 RSibling。这时的 RSibling=−1，表示兄弟到此为止。因此可知，结点 B 有两个兄弟，分别是 C 和 D。

当采用链式存储结构、以左孩子/右兄弟表示法实现树时，存储结点间的链接形式如图 6-16（b）所示。有时，也称这种存储结构为树的“孩子/兄弟链表表示法”。这时，要得知结点 B 有几个兄弟时，只需沿着它的 RSibling 指针链走下去，看何时遇到“NULL”。

Chn	Data	LChild	RSibling
1	A	2	−1
2	B	5	3
3	C	−1	4
4	D	7	−1
5	E	−1	6
6	F	−1	−1
7	G	9	8
8	H	−1	−1
9	I	12	10
10	J	−1	11
11	K	−1	−1
12	L	−1	−1

（a）

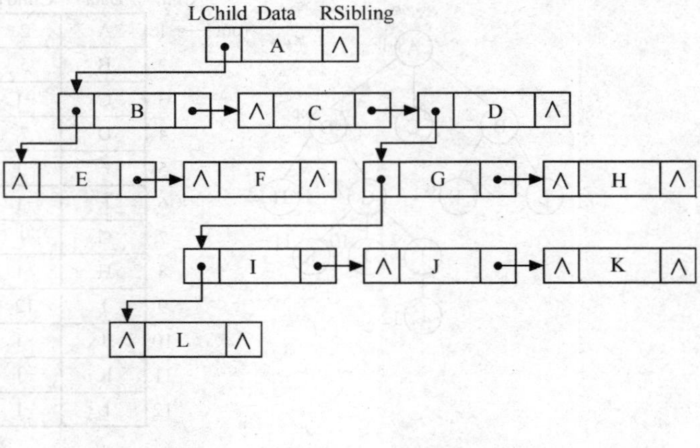

（b）

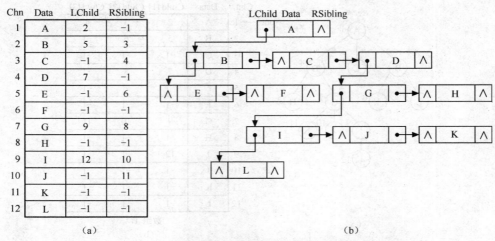

图 6-16　左孩子/右兄弟表示的两种存储结构

从所介绍的树的各种存储结构可以得知，在具体问题中采用哪一种结构，完全应该根据实际情况的需要来定。同样地，存储结点中包含哪些内容，也应该根据实际需要和情况来定，绝对不要受到这里所讲述内容的限制。

6.4 树的遍历

可以设计出很多关于树的算法。例如：

- 构造一棵树 T——Create_Tr (T)
- 判断树 T 是否为空——Empty_Tr (T)
- 获得树 T 的深度——Depth_Tr (T)
- 获得树中结点 x 的双亲——Parent_Tr (T, x)
- 获得树中结点 x 的左孩子——LChild_Tr (T, x)
- 获得树中结点 x 的右兄弟——RSibling_Tr (T, x)
- 按照某种顺序访问树 T 中的各个结点，且只访问一次——Trav_Tr (T)

在这样的一些操作算法中，最为重要的操作是“按照某种顺序访问树 T 中的各个结点，且只访问一次”，也就是所谓的“树的遍历（Tree Traversal）”。

遍历定义中只限定了一个条件：每个结点只访问一次。因此，树中结点的各种排列次序，都可以作为对树的一种遍历。例如，一棵树有 n 个结点，那么它们可以有 $n!$种不同的排列，即有 $n!$种不同的遍历。当然，这些排列中，绝大多数都是混乱而无规律可循的，因此是没有什么用处的。

对于二叉树上的每一个结点，最多只有两个子结点，且子结点有左、右之分，故一个结点总是处于其子结点的“中间”位置。正是因为如此，对二叉树的遍历有先序、中序和后序三种。但树却只能有先序和后序两种遍历，因为它的每一个结点都可能拥有多个子结点，没有明显的“中间”概念。

1．树的先序遍历

对树进行先序遍历的过程是：

（1）若树为空，则遍历结束；

（2）若树非空，则先访问树的根结点，然后从左到右依次先序遍历访问根结点的每一棵子树。

例 6-11　根据先序遍历的规则，对图 6-17 所示的树进行先序遍历，并得到它的先序遍历序列。

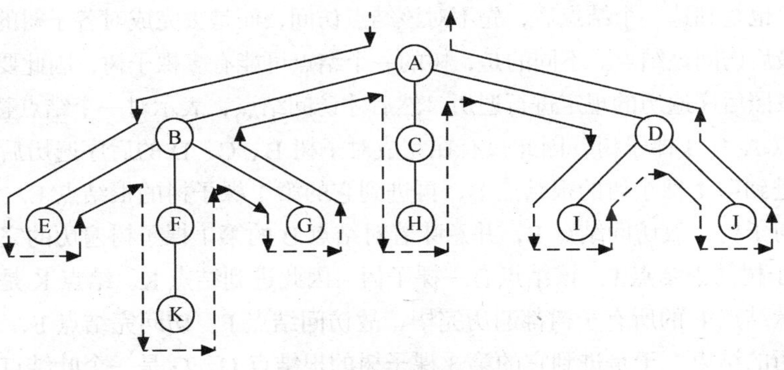

图 6-17　树的遍历过程

解：这是一棵非空的树，因此从根结点 A 出发，对它进行遍历。对树的先序遍历与对二叉树的先序遍历类同，也是到达一个结点后，就先对该结点进行访问，然后对它的子树进行遍历。不同的是，树的一个结点可能有多棵子树，因此要从左到右一棵子树一棵子树地遍历完毕，才表示对一个结点整个遍历完毕。

进到结点 A 后，先访问 A，然后对它的子树进行遍历。A 有 3 棵子树，从左到右，应该先去遍历以结点 B 为根的子树。进到 B 后，先访问结点 B，然后对它的子树进行遍历。B 有 3 棵子树，从左到右，应该先去遍历以结点 E 为根的子树。进到 E 后，先访问结点 E，然后对它的子树进行遍历。由于结点 E 没有任何子树，因此以 E 为根的子树全部遍历完毕，也就是遍历完了结点 B 的第 1 棵子树，进而应该去遍历结点 B 的第 2 棵子树，即以结点 F 为根的子树。

如此不断地进行下去，我们可以得到对该树的先序遍历序列为：

A-B-E-F-K-G-C-H-D-I-J

算法 6-1　树的先序遍历递归算法。

算法描述：已知一棵度为 *m* 的树，采用图 6-14 所示的孩子表示法存储，对它实施先序遍历，给出先序遍历序列。算法名为 Pre_Tr()，参数为 root、m。

```
Pre_Tr (root, m)
{
  ptr = root;
  if (ptr != NULL)
  {
    printf ("%c", ptr->Data);                /* 访问结点 */
    for (i=1; i<=m; i++)                     /* 依次先序遍历结点的各子树 */
      Pre_Tr (ptr->Child[i]);
  }
}
```

2．树的后序遍历

对树进行后序遍历的过程是：

（1）若树为空，则遍历结束；

（2）若树非空，则从左到右依次后序遍历根结点的各子树，然后访问根结点。

例 6-12　根据后序遍历的规则，对图 6-17 所示的树进行后序遍历，并得到它的后序遍历序列。

解：这是一棵非空的树，因此从根结点 A 出发，对它进行遍历。对树的后序遍历与对二叉树的后序遍历类同，也是到达一个结点后，先不对该结点访问，而是去完成对各子树的遍历，遍历完所有子树后，才最后访问该结点。不同的是，树的一个结点可能有多棵子树，因此要从左到右一棵子树一棵子树地按照后序遍历的规定进行遍历，然后才访问结点，表示对一个结点整个遍历的结束。

该树根结点 A 有 3 棵子树，因此只有在完成对子树 B、C、D 的后序遍历后，才能最终访问结点 A。为此进到第 1 棵子树的根结点 B，再进到它的第 1 棵子树的根结点 E。由于结点 E 是叶结点，没有任何子树，故访问结点 E，并意味着对结点 B 的第 1 棵子树遍历的完成。于是进到结点 B 的第 2 棵子树的根结点 F。该结点有一棵子树，因此进到结点 K。结点 K 是一个叶结点，故访问 K。这表示结点 F 的所有子树都遍历完毕，故访问结点 F。访问完结点 F，表示对结点 B 的第 2 棵子树遍历的结束，于是进到它的第 3 棵子树的根结点 G。G 是一个叶结点，因此访问 G。

至此，结点 B 的 3 棵子树都已遍历完毕，故访问结点 B。这样，结点 A 的第 1 棵子树遍历完毕，应该进到它的第 2 棵子树去遍历。

如此不断地做下去，最后访问的是根结点 A。于是，可以得到对该树的后序遍历序列为：

E-K-F-G-B-H-C-I-J-D-A

算法 6-2 树的后序遍历递归算法。

算法描述：已知一棵度为 *m* 的树，采用图 6-14 所示的孩子表示法存储，对它实施后序遍历，给出后序遍历序列。算法名为 Post_Tr()，参数为 root、m。

```
Post_Tr(root, m)
{
  ptr = root;
  if (ptr != NULL)
  {
    for (i=1; i<=m; i++)                    /* 依次后序遍历结点的各子树 */
      Post_Tr(ptr->Child[i]);
    printf ("%c", ptr->Data);               /* 访问结点 */
  }
}
```

3. 树的层次遍历

由于树具有层次结构，因此完全可以按照结点所在的层次顺序访问它们，这就是所谓的“树的层次遍历”。其实，对二叉树也是可以进行层次遍历的，只是我们没有去关注这个问题罢了。

要对树进行层次遍历，实际上就是依照从上到下、从左到右的顺序访问树中的每一个结点。这时，访问的第 1 个结点肯定是树的根结点（它处于第 0 层），然后访问位于第 1 层的结点，那些结点正是根结点的所有孩子结点。访问完第 1 层的所有结点后，应该访问位于第 2 层的结点，它们正好都是第 1 层结点的孩子结点。访问完第 2 层的所有结点后，应该访问位于第 3 层的结点，它们正好都是第 2 层结点的孩子结点。如此进行下去，直至树中所有结点全部得到访问。

由对层次遍历的描述可以看出，为了实行对树的层次遍历，一方面应该采用孩子表示法的存储结构来管理树中的结点，因为这样从一个结点出发，能够很快地得到它的所有孩子；另一方面在进入一个结点之后，就应该把它的孩子信息保存起来，以便将来能够使用。考虑到先到达的结点的孩子，将来肯定先得到访问，因此应该把结点的孩子信息保存在一个队列里，这样它们才能依照进入队列的先后顺序得到访问。

于是，对树进行层次遍历时，只要队列不空，就表示还有树中的结点需要访问，遍历就应该进行下去。

算法 6-3 树的层次遍历算法。

（1）算法描述

已知一棵度为 *m* 的树，采用图 6-14 所示的孩子表示法存储。对它实施层次遍历，给出层次遍历序列。算法名为 Level_Tr()，参数为 root、m。

```
Level_Tr(root, m)
{
  Qs_front=0;                               /* 队首、队尾指针初始化 */
  Qs_rear=0;
  Qs_rear ++ ;
  Qs[Qs_rear] = root ;                      /* 让根结点进队列 */
```

```
while (Qs_front <= Qs_rear)                  /* 队列非空 */
{
   Qs_front++ ;                              /* 队首元素出队 */
   ptr = Qs[Qs_front] ;
   printf ("%c", ptr->Data);                 /* 访问该结点 */
   for (i=1; i<=m; i++)                      /* 让该结点的孩子结点进队列 */
     if (ptr->Child[i] != NULL)
     {
       Qs_rear ++ ;
       Qs[Qs_rear] =ptr->Child[i];
     }
 }
}
```

（2）算法分析

该算法只要队列 Qs 非空，就一直做下去，这是通过 while 循环来控制的。要注意的是，队列 Qs 里存放的是进队结点的位置，而不是结点的数据，即进队列的是“ptr->Child[i]”，而不是“ptr->Data”。

在进入 while 循环之前，先让树的根结点进队，即做“Qs[Qs_rear] = root”，以保证开始时 Qs 为非空。

每一次 while 循环，都做以下操作：

- 让队首元素出队，对该结点进行访问；
- 让该结点的所有孩子结点依次进队（这是通过一个 for 循环来完成的）。

这样，只要队列不空，while 循环就不断进行下去，从而保证算法以树的层次为顺序，对各个结点进行遍历。

（3）算法讨论

若以图 6-17 所示的树为基础，对它进行层次遍历算法 6-3，那么表 6-1 给出了遍历过程中队列 Qs 内容的变化。

表 6–1　层次遍历时队列 Qs 内容的变化

步　骤	当前出队结点	当前访问结点	当前进队结点	当前队列内容
初始	—	—	A	A
1	A	A	B，C，D	B，C，D
2	B	B	E，F，G	C，D，E，F，G
3	C	C	H	D，E，F，G，H
4	D	D	I，J	E，F，G，H，I，J
5	E	E	—	F，G，H，I，J
6	F	F	K	G，H，I，J，K
7	G	G	—	H，I，J，K
8	H	H	—	I，J，K
9	I	I	—	J，K
10	J	J	—	K
11	K	K	—	空

可以看出，对图 6-17 给出的树的层次遍历，其遍历序列为

A-B-C-D-E-F-G-H-I-J-K

4．关于森林的遍历

森林是若干棵树组成的集合，基于树的遍历可以知道对于森林也有两种遍历：森林的先序遍历和森林的后序遍历。

- 森林的先序遍历

对森林进行先序遍历的过程如下：

（1）若森林为空，则遍历结束；

（2）若森林非空，则从左往右依次先序遍历森林中的每棵树，对结点的访问顺序，即是对森林先序遍历的结点序列。

- 森林的后序遍历

对森林进行后序遍历的过程如下：

（1）若森林为空，则遍历结束；

（2）若森林非空，则从左往右依次后序遍历森林中的每棵树，对结点的访问顺序，即是对森林后序遍历的结点序列。

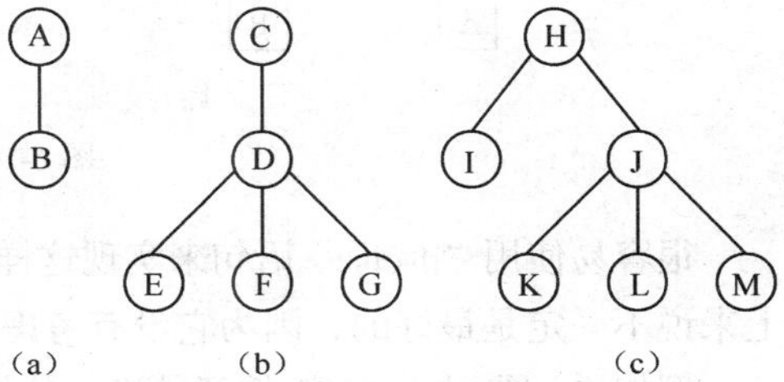

图 6-18　对森林进行遍历

例 6-13　对图 6-18 所示的森林进行先序遍历和后序遍历，给出其先序遍历序列和后序遍历序列。

该森林由 3 棵树组成。根据所述，对森林的先序遍历就是从左往右依次对森林中的树进行先序遍历。因此，对它的先序遍历序列为

A-B-C-D-E-F-G-H-I-J-K-L-M

根据所述，对森林的后序遍历就是从左往右依次对森林中的树进行后序遍历。因此，对它的后序遍历序列为

B-A-E-F-G-D-C-I-K-L-M-J-H

6.5 判定树

在管理信息系统中，存在着大量的判定、分类问题，它们要求根据给定的某些条件，采取相应的动作。可以用树或二叉树来对这类问题进行描述和解决，即在树的分支结点处安排需要测试的条件，在树的叶结点处安排应该采取的动作或做出的判定。这样的树就是所谓的“判定树”，有时也称为“决策树”。

例 6-14　某工厂将产品质量分为 A、B、C、D、E 5 个等级，A 级最高，E 级最差。分级是根据产品的检测值 p 决定的，如表 6-2 所示。

表 6-2　产品分级表

等　级	A	B	C	D	E
检测值 p	$p>8$	$7\leqslant p<8$	$6\leqslant p<7$	$5\leqslant p<6$	$p<5$
产品分布 w	0.1	0.2	0.3	0.2	0.2

解：我们可以将这样的判定问题用一棵二叉树来描述，如图 6-19（a）所示。树上的 4 个分

支结点处安排了条件判断，5 个叶结点处是得到的产品等级。这样，当拿来一个产品时，就从该二叉树的根结点开始进行判定。根结点处的条件“$p<5$”把产品分成为两个不相交的类别：一种是满足“$p<5$”的，另一是不满足“$p<5$”的（那就是 p 大于等于 5 的）。满足条件“$p<5$”的产品，就被确认为属于 E 等；不满足条件“$p<5$”的产品，将继续进行分类。

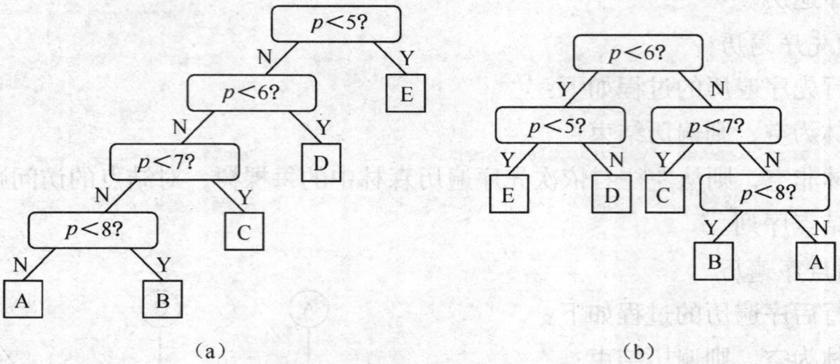

图 6-19　两棵不同的判定树

很容易使用“if-else”语句来实现这样的判定树功能。但这样的一棵判定树工作起来，从时间上来说不一定是最好的，因为它没有考虑到产品的质量分布 w。

例如说，要对 100000 件产品进行分类检测，产品的质量分布 w 如表 6-2 所示。那么按照图 6-19（a）所给出的判定来进行检测，平均比较次数（也就是在哈夫曼树里提及的带权路径长度 WPL）应该是：

$$WPL = 100000\times(0.1\times4+0.2\times4+0.3\times3+0.2\times2+0.2\times1)/100000 = 2.7$$

这就是说，这时要检测一件产品，平均需要做 2.7 次比较。

如果以质量分布 w 作为产品的权值，构造出一棵如图 6-19（b）所示的哈夫曼树，这时再看 WPL，就应该是：

$$WPL = 100000\times(0.1\times3+0.2\times3+0.3\times2+0.2\times2+0.2\times2)/100000 = 2.3$$

这就是说，这时的平均比较次数为 2.3，下降幅度为 (2.7−2.3)/2.7=14.8%。可见，在我们使用“if-else”语句来实现各种判定时，应该通过上述办法来对语句结构进行优化，以达到节省 CPU 运行时间的目的。

例 6-15　设有 8 枚硬币，分别用 A、B、C、D、E、F、G、H 表示。这 8 枚硬币里有一枚是假的，其重量与真硬币不同（可能轻，也可能重）。现在要通过比较，挑出假的硬币，并给出假硬币是比真硬币重还是轻的信息。

解：很明显，该问题需要通过一系列的判断才能够得以解决，也就是说需要构造一棵判定树，从八枚硬币中挑出假的，并给出它是比真硬币重还是轻。

我们从 8 枚硬币中任意取出 6 枚，例如说是 A、B、C、D、E 和 F。假设把 A、B、C 放于天平的一端，D、E、F 放于天平的另一端。那么，秤后可能会出现下面的 3 种情况：

- A + B + C > D + E + F
- A + B + C = D + E + F
- A + B + C < D + E + F

图 6-20 给出了关于此问题的判定树：沿着左侧的路径走是第 1 种情况，中间是第 2 种情况，右侧是第 3 种情况。例如，让我们沿着左侧的路径走下去。

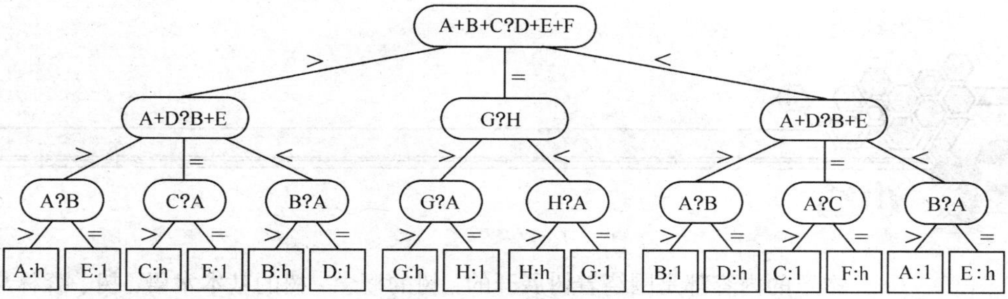

图 6-20 挑假硬币的判定树

既然是“A + B + C > D + E + F”，那就说明两个问题：一是 G 和 H 两枚硬币是真的；二是假硬币肯定在 A、B、C、D、E 和 F 这 6 枚硬币之中。这样，就可以把寻找假硬币的范围限制在这 6 枚硬币之间进行，而不必再去考虑 G 和 H。

为了在 A、B、C、D、E 和 F 之中挑选出假硬币，让我们在天平两端各去掉一枚硬币，例如是 C 和 F；同时互换一枚硬币，例如是 B 和 D。这之后进行第 2 次比较。

这时，天平的一端是 A 和 D，另一端是 B 和 E。它们之间的比较结果仍然可以出现 3 种情况。

（1）A+D>B+E

在未去掉 C 和 F 以及交换 B 和 D 之前，天平是左重右轻，现在天平仍然保持“左重右轻”，即走的是左、左路径的情况。走到这里时我们可以得到这样的结论： B、C、D、F、G、H 是真硬币，假币必然是 A、E 中的某一个。要在两个硬币里挑出谁是假币，这是很容易的事情，只要用一个真币与其中之一做比较就可以了。例如用真币 B 与 A 去做比较（图中就是这样表达的）。这时，如果 A>B，则表示 A 是假币，且假币比真币重（图中以 A：h 表示）；如果 A=B，表示 E 是假币，且假币比真币轻（图中以 E：l 表示）。这里，不会有 A<B 的情况发生。

（2）A+D=B+E

在未去掉 C 和 F 以及交换 B 和 D 之前，天平是左重右轻，现在天平却由不平衡转而变为平衡，即走的是左、中路径的情况。走到这里时我们可以得到这样的结论：A、B、D、E、G、H 是真币，假币应在前面去掉的 C 和 F 之中。仍然只需要用一枚真币去与它们重的一个做比较，就可以得到结论。例如用真币 A 去与其中的 C 比较。如果 C>A，则表明 C 是假币，且假币比真币重（图中以 C：h 表示）；如果 A=C，表示 F 是假币，且假币比真币轻（图中以 F：l 表示）。这里，不会有 C<A 的情况发生。

（3）A+D<B+E

在未去掉 C 和 F 以及交换 B 和 D 之前，天平是左重右轻，现在把 B 和 D 交换后天平却变成为右重左轻，即走的是左、右路径的情况。走到这里时我们可以得到这样的结论：A、C、E、F、G、H 是真币，假币应该在 B、D 之中。仍用一枚真币与其中之一做比较，例如用 A 与 B 做比较。如果有 A<B，则表示 B 是假币，且假币比真币重（图中以 B：h 表示）；如果 A=B，表示 D 是假币，且假币比真币轻（图中以 D：l 表示）。这里，不会有 A<B 的情况发生。

至于“A+B+C=D+E+F”和“A+B+C<D+E+F”，表达的是沿着图 6-20 中间和右侧路径时的两种情况，同样可以按照上述方法做类似的分析。由于 8 枚硬币中，谁都有可能是假的，且假硬币可能重也可能轻，因此总共有 16 种结果，表现为图 6-20 里有 16 个叶结点，每个叶结点都要经过 3 次判定，才能够得到它所表达的结果。

小结

本章的内容都是围绕着树展开的：树的概念，树的基本术语，树、森林与二叉树的关系，树的存储实现，树的遍历算法。最后的判定树，是有关树的应用内容。学习本章应该重点掌握如下知识。

（1）树是一种非线性数据结构，它可以是空的，没有任何结点。对于一般的树来说，除根结点外，其他结点有且只有一个前驱结点，但可以有零个或多个后继。也就是说，每一个结点只能和它上一层中的至多一个结点有邻接关系，但可以和它下一层的多个结点有邻接关系。

（2）关于树有很多的基本术语，它们并不难理解。学习过程中，必须弄清楚术语之间的关系与区别，例如“兄弟结点”与“堂兄弟结点”、“结点的度”与“树的度”、“子孙”与“孩子”等。

（3）树、森林可以以一定的方式转换成一棵二叉树；一棵二叉树可以以一定方式转换成树或森林。正因为如此，很多有关树的问题，都可以通过转换成二叉树的方法得到解决。要较熟练地掌握它们之间相互转换的方法。

（4）本章介绍了树的几种存储结构：双亲表示法，孩子表示法，左孩子/右兄弟表示法。它们又可以分为顺序式和链式两种。在描述算法实现时，必须首先弄清楚采用的是什么样的存储结构。

（5）树只有先序遍历和后序遍历两种。由于子树的无序性，因此树没有“中间”的概念，也就没有中序遍历之说。

习题

一、填空题

1．树中结点的度，是指结点拥有________的个数。

2．树中除根结点外，其他结点有且只有________前驱结点，但可以有________后继结点。

3．树中一个结点的________，或一个结点________，被称作是该结点的孩子结点。

4．树中一个结点的子树中的任何结点，都被称作是该结点的________结点。

5．树中有________的结点，被互称为兄弟结点。

6．所谓结点的深度，即是指该结点位于树的________数。

7．双亲位于树中相同层次上的结点，互称为________结点。

8．在数据结构中，把 n（$n \geqslant 0$）棵互不相交的树的集合称为________。

9．在如图 6-21 所示的树中，结点 H 的祖先是________。

10．在树中，一个结点的孩子个数，称为是该结点的________。

11．一棵树的形状如图 6-22 所示。它的根结点是________，叶结点是________，这棵树的度是________，这棵树的深度是________，结点 F 的孩子结点是________，结点 G 的父结点是________，结点________是结点 R 的祖先。

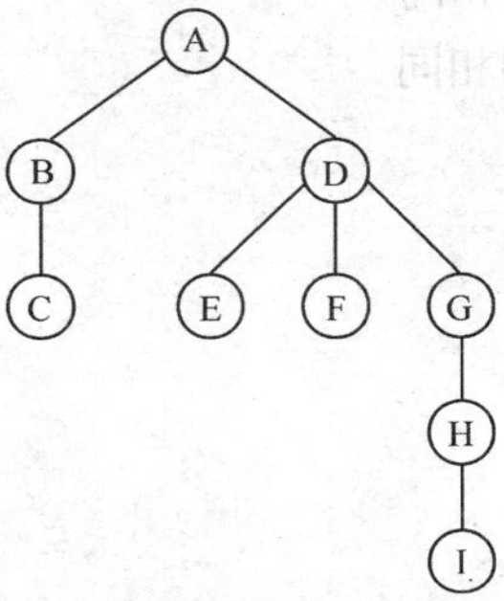

图 6-21　树示例

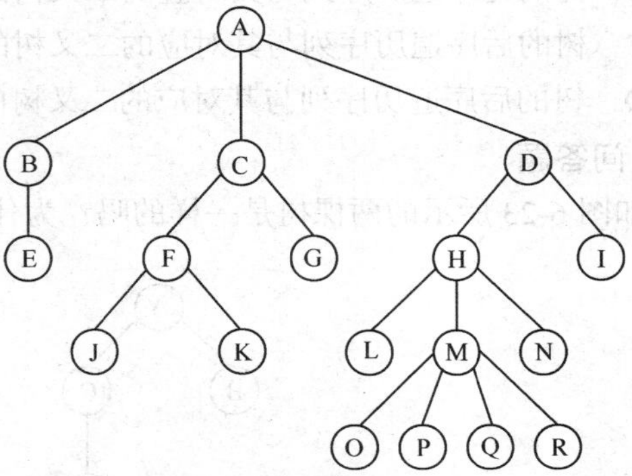

图 6-22　树示例

二、选择题

1．已知一棵单右支的二叉树，如下左图所示。把它还原成森林，应该是________。

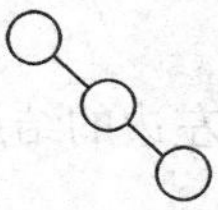
A．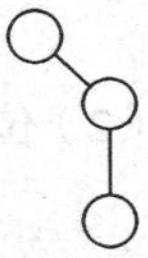
B．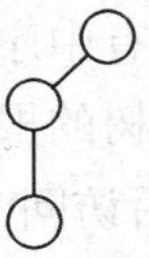
C．
D．

2．将一棵树 Tr 转换成相应的二叉树 Bt，那么对 Tr 的先序遍历是对 Bt 的________。

A．先序遍历　　B．中序遍历　　C．后序遍历　　D．无法确定

3．将一棵树 Tr 转换成相应的二叉树 Bt，那么对 Tr 的后序遍历是对 Bt 的________。

A．先序遍历　　B．中序遍历　　C．后序遍历　　D．无法确定

4．设森林 F 中有 3 棵树，依次有结点 n_1、n_2、n_3 个。把该森林转换成对应的二叉树后，该二叉树的右子树上的结点个数是________。

A．n_1　　B．n_1+n_2　　C．n_3　　D．n_2+n_3

5．设有由 3 棵树 T_1、T_2、T_3 组成的森林，其结点个数分别为 n_1、n_2、n_3。与该森林相应的二叉树为 Bt。则该二叉树根结点的左子树中应该有结点________个。

A．n_1-1　　B．n_1　　C．n_1+1　　D．n_1+n_2

6．现有一棵度为 3 的树，它有两个度为 3 的结点，一个度为 2 的结点，两个度为 1 的结点。那么其度为 0 的结点的个数应该是________。

A．5　　B．8　　C．6　　D．9

7．一棵有 n 个结点的树，在把它转换成对应的二叉树之后，该二叉树根结点的左子树上共有

________个结点。

A．$n-2$　　B．$n-1$　　C．$n+1$　　D．$n+2$

8．一棵有 n 个结点的树，在把它转换成对应的二叉树之后，该二叉树根结点的右子树上共有________个结点。

A．0　　B．n　　C．$n+1$　　D．$n+2$

9．下列说法中，正确的是________。

A．树的先序遍历序列与其对应的二叉树的先序遍历序列相同

B．树的先序遍历序列与其对应的二叉树的后序遍历序列相同

C．树的后序遍历序列与其对应的二叉树的先序遍历序列相同

D．树的后序遍历序列与其对应的二叉树的后序遍历序列相同

三、问答题

1．如图 6-23 所示的两棵树是一样的吗？为什么？

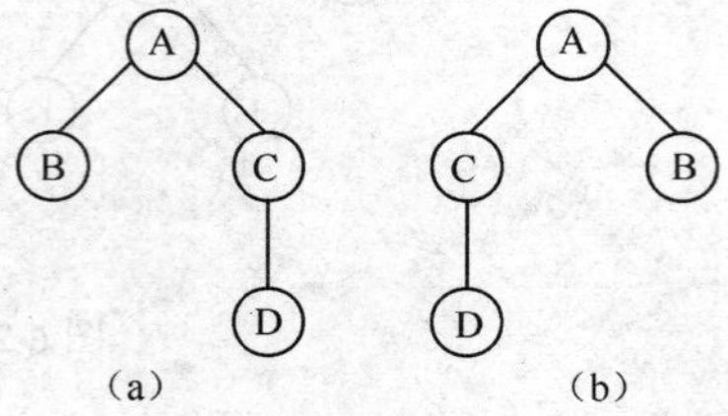

图 6-23　树示例

2．二叉树与树有什么不同？

3．为什么对于二叉树有中序遍历，而对一般树却没有中序遍历？

4．对于树的各种遍历，哪一种遍历是（1）首先访问树的根结点？（2）位于最左边的结点最先访问？（3）根结点最后访问？（4）最右边的结点最后访问？

5．一棵度为 2 的树与一棵二叉树有什么区别？

四、应用题

1．已知一棵树的孩子链表表示法如图 6-24 所示，试画出该树。

2．已知一棵树如图 6-25 所示。请画出该树的以下存储结构：（1）双亲表示法；（2）带双亲的孩子链表表示法（我们介绍过双亲表示法和孩子链表表示法，没有介绍过带双亲的孩子链表表示法。望能够把两者结合起来）；（3）孩子/兄弟链表表示法。

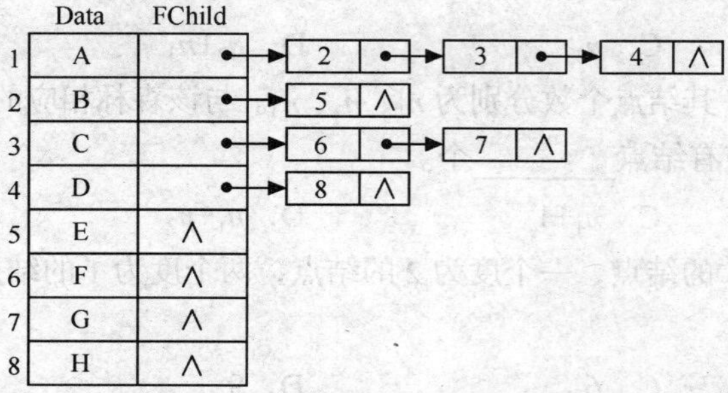

图 6-24　一棵树的孩子链表表示法

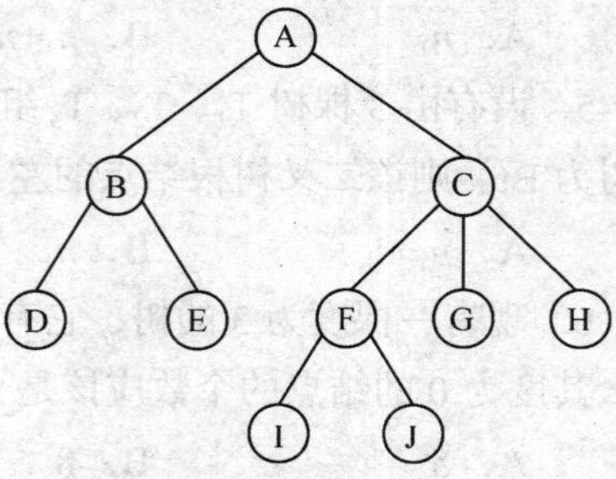

图 6-25　树示例

3．将图 6-26 所示的二叉树转换成相应的森林。

4．给出如图 6-27 所示树的先序遍历序列和后序遍历序列。

5．将图 6-28 所示的森林转换成对应的二叉树。

6．将图 6-29 所示的树转换成相对应的二叉树。

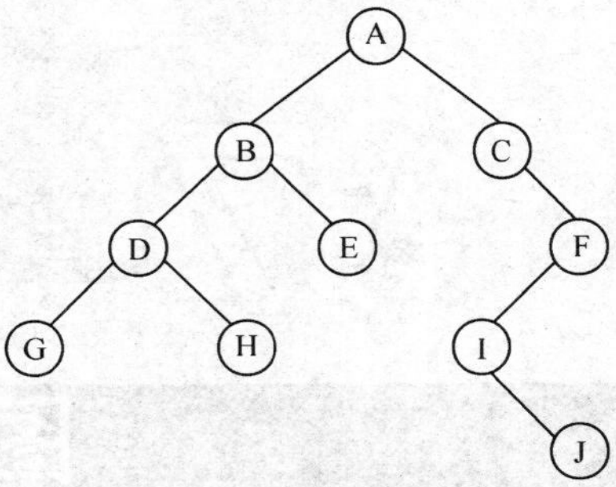

图 6-26　二叉树示例

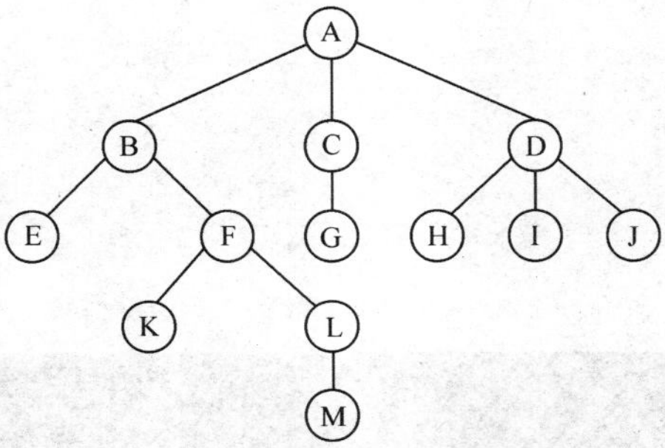

图 6-27　树示例

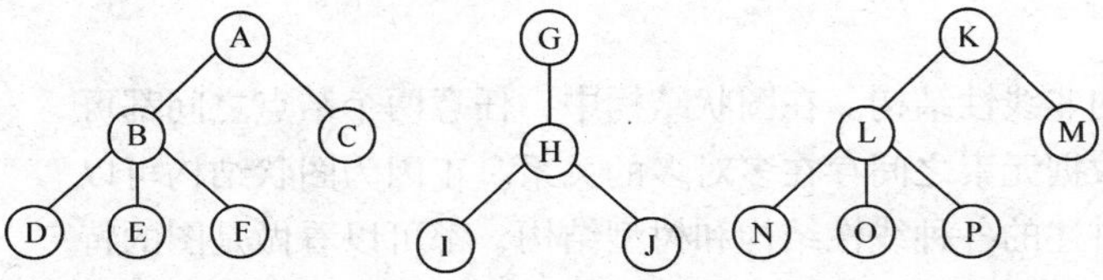

图 6-28　森林示例

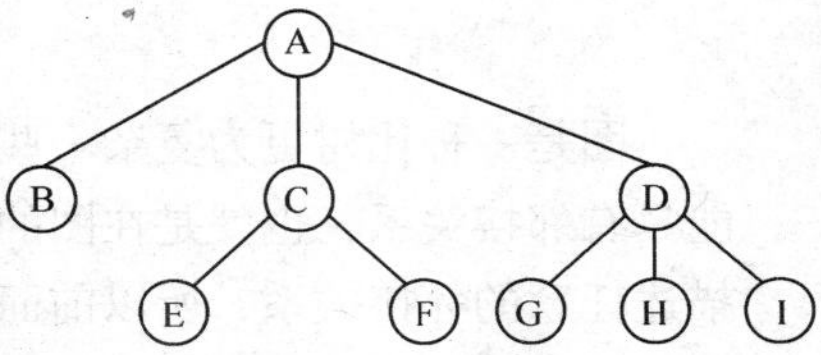

图 6-29　树示例

第7章 图

图是一种比树更为复杂一些的非线性结构。在图状结构中，任意两个结点之间都可能具有邻接关系，也就是在图的数据元素之间存在多对多的关系。正因为图状结构可以描述任意的邻接关系，所以前面讲述的各种线性结构和树型结构，都可以看做是图的特例。于是从某种意义上说，图是一种最为基本的数据结构。

图是一种应用极为广泛的数据结构。例如，在供电网络分析、交通运输管理、市政管线铺设、工作进度安排等诸多方面，都常采用图状结构来模拟各种复杂的数据对象。当前，它的应用已经渗透到了计算机科学、社会科学、人文科学、工程技术等各个领域。

本章主要介绍以下几个方面的内容：

- 图的定义及常用术语；
- 图的各种存储结构；
- 图的遍历；
- 构造最小生成树的算法；
- 求最短路径的算法；
- 拓扑排序及其算法。

7.1 图的概述

7.1.1 图的定义

在讲述图时，人们习惯把数据元素统称为顶点。

“图（Graph）”是图状结构的简称，它由一个非空的顶点（Vertice）集合 V 和一个描述顶点之间邻接关系的边（Edge）集合 E 组成，E 中每条边连接的两个顶点都必须属于集合 V。于是，一个图可以记为：

$$G = (V, E)$$

对于一个图 G 来说，边的集合 E 可以是空的。如果边集合 E 为空（也就是 E={Φ}），那么表示图 G 只有顶点而没有边。

若 v_i、v_j 是 V 集合中的两个顶点，且有边连接，那么就用记号（v_i，v_j）表示顶点 v_i 到顶点 v_j 之间的边。通常，边是没有方向的，即若图 G 中有边（v_i，v_j），那么也可以说有边（v_j，v_i）。当图中的边不带有方向时，称该图为“无向图（Undirected Graph）”。在无向图中，边（v_i，v_j）与（v_j，v_i）等价，我们只把它们视为一条边。

若图中的边是有向的，这样的图被称为“有向图（Directed Graph）”。在有向图中，有边（v_i，v_j），并不意味着也有边（v_j，v_i）。即对于有向图而言，（v_i，v_j）和（v_j，v_i）是两条不同的边。为了区别起见，常称有向图的边为“弧（Arc）”，把有向图中从顶点 v_i 到顶点 v_j 的弧记为 $<v_i, v_j>$，而把从顶点 v_j 到顶点 v_i 的弧记为 $<v_j, v_i>$，这是两条不同的弧。

例 7-1　通过图 7-1 认识无向图和有向图。

解：图 7-1（a）所示为一个无向图，该图的组成如下：

顶点集合 V={v_1，v_2，v_3，v_4，v_5}

边的集合 E={(v_1, v_2)，(v_1, v_3)，(v_1, v_4)，(v_1, v_5)，(v_2, v_4)，（v_3，v_4），(v_3, v_5)，(v_4, v_5)}

例如，由于图中有边（v_1, v_2）（也就是有边（v_2, v_1）），表示顶点 v_1 和顶点 v_2（或顶点 v_2 和顶点 v_1）之间存在有邻接关系。

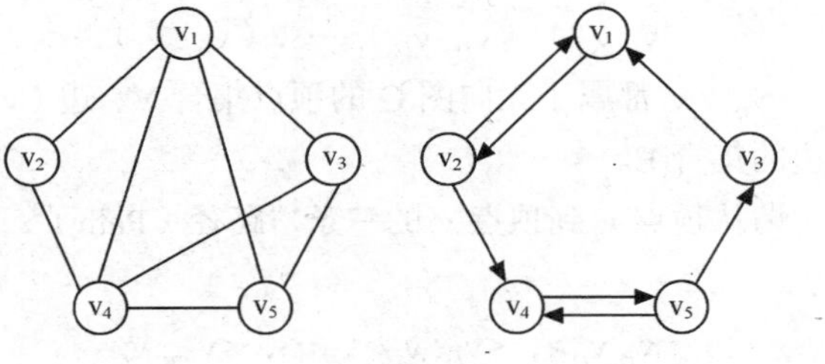

（a）　　　　　　　　（b）

图 7-1　无向图和有向图

图 7-1（b）所示为一个有向图，该图的组成如下：

顶点集合 V={v_1，v_2，v_3，v_4，v_5}

弧的集合 E={$<v_1, v_2>$，$<v_2, v_1>$，$<v_2, v_4>$，$<v_3, v_1>$，$<v_5, v_3>$，$<v_4, v_5>$，$<v_5, v_4>$}

例如，由于有弧 $<v_1, v_2>$，表示顶点 v_1 到顶点 v_2 有邻接关系；由于有弧 $<v_2, v_1>$，表示顶点 v_2 到顶点 v_1 有邻接关系。又例如，由于有弧 $<v_3, v_1>$，表示顶点 v_3 到顶点 v_1 有邻接关系；因为顶点 v_1 到顶点 v_3 之间没有弧，故顶点 v_1 到顶点 v_3 之间不存在邻接关系。

由于有向图的弧是有方向的，因此常称弧的起始顶点为“弧尾（Tail）”，弧的终止顶点为“弧头（Head）”。从图上看，对于弧来说不带箭头的一端是弧尾，带箭头的一端是弧头。例如在图 7-1（b）里，弧 $<v_5, v_4>$ 中顶点 v_5 是弧尾，顶点 v_4 是弧头；而弧 $<v_4, v_5>$ 中顶点 v_4 是弧尾，顶点 v_5 是弧头。

7.1.2　有关图的常用术语

关于图有很多的术语，下面将逐一列出。

1．顶点的度、入度、出度

在无向图中，若顶点 v_i 和 v_j 之间有一条边（v_i，v_j）存在，那么表明顶点 v_i 和 v_j 互为邻接点，简称 v_i 与 v_j 相邻接。所谓顶点 v_i 的“度（Degree）”，是指与它相邻接的顶点的个数，并记为 $D(v_i)$。

在如图 7-1（a）所示的无向图中，顶点 v_1 的度是 4，即有 $D(v_1)=4$，因为它与 4 个顶点（v_2、v_3、v_4、v_5）相邻接；顶点 v_2 的度是 2，即有 $D(v_2)=2$，因为它只与顶点 v_1、v_4 相邻接。

在有向图中，以顶点 v_i 为弧尾的弧的个数，称为顶点 v_i 的“出度（Outdegree）”，记为 $OD(v_i)$；以顶点 v_i 为弧头的弧的个数，称为顶点 v_i 的“入度（Indegree）”，记为 $ID(v_i)$。这时，一个顶点 v_i 的度是指它的入度与出度之和，即 $D(v_i)=ID(v_i)+OD(v_i)$。

在如图 7-1（b）所示的有向图中，由于弧 $<v_2, v_1>$ 和 $<v_3, v_1>$ 都以顶点 v_1 为弧头，因此顶点 v_1 的入度 $ID(v_1)=2$；由于弧 $<v_1, v_2>$ 以顶点 v_1 为弧尾，因此顶点 v_1 的出度 $OD(v_1)=1$；于是，顶点 v_1 的度 $D(v_1)=ID(v_1)+OD(v_1)=2+1=3$。

例 7-2　在一个有向图中，所有顶点的入度之和是所有顶点出度之和的________倍。

A．1/2　　B．1　　C．2　　D．4

解：在有向图中，只要有一条弧，那么它既是弧尾顶点的出度，也是弧头顶点的入度。所以，有向图中所有顶点的入度之和与所有顶点的出度之和是相同的。因此，本例的答案应该是选择 B。

2．路径、路径长度

在无向图 G 中，所谓从顶点 v_i 到顶点 v_j 的一条“路径（Path）”，是指在顶点 v_i 与顶点 v_j 之间存在有一个边的序列：

$$(v_i, v_{i1}),\ (v_{i1}, v_{i2}),\ \cdots,\ (v_{im}, v_j)$$

其中顶点 v_i、v_{i1}、v_{i2}、…、v_{im}、v_j 都属于无向图 G 的顶点集合 V，边（v_i, v_{i1}）、（v_{i1}, v_{i2}）、…、（v_{im}, v_j）都属于无向图 G 的边的集合 E。

对于有向图而言，所谓从顶点 v_i 到顶点 v_j 的一条“路径（Path）”，是指在顶点 v_i 与顶点 v_j 之间存在有一个弧的序列：

$$<v_i, v_{i1}>,\ <v_{i1}, v_{i2}>,\ \cdots,\ <v_{im}, v_j>$$

其中顶点 v_i、v_{i1}、v_{i2}、…、v_{im}、v_j 都属于有向图 G 的顶点集合 V，弧 $<v_i, v_{i1}>$、$<v_{i1}, v_{i2}>$、…、$<v_{im}, v_j>$ 都属于有向图 G 的弧的集合 E。

为了简单起见，如果从顶点 v_1 开始，中间经过顶点 v_2、v_3、v_4 到顶点 v_5 有一条路径，那么就记为：

$$v_1 \rightarrow v_2 \rightarrow v_3 \rightarrow v_4 \rightarrow v_5$$

所谓顶点 v_i 到顶点 v_j 的路径“长度（Length）”，是指在这条路径上拥有的边的个数。

例如，图 7-1（a）所示的无向图中，由于有一个边的序列：

$$(v_1, v_2),\ (v_2, v_4),\ (v_4, v_5)$$

因此，表示在顶点 v_1 与顶点 v_5 之间存在一条路径，这条路径的长度 length=3。

又例如，图 7-1（b）所示的有向图中，由于有一个弧的序列：

$$<v_4, v_5>,\ <v_5, v_3>,\ <v_3, v_1>,\ <v_1, v_2>$$

因此，表示从顶点 v_4 到顶点 v_2 之间有一条路径，这条路径的长度 length=4。

注意，对于有向图来说，路径也是有向的。这就是说，在图 7-1（b）中，只能说从顶点 v_4 到顶点 v_2 之间有一条路径，而不能说从顶点 v_2 到顶点 v_4 之间有一条路径，因为顶点 v_1、v_3、v_5 之间没有弧存在。

3．简单路径、简单回路、回路

如果在一条路径上出现的顶点都不同，那么这条路径称为“简单路径（Simple Path）”；如果一条路径的第一个顶点和最后一个顶点相同，其他顶点不重复出现，那么这条路径称为“简单回路（Simple Cycle）”；如果一条路径的第一个顶点和最后一个顶点相同，那么这条路径称为“回路（Cycle）”，有时也称作“环”。

例如，在图 7-1（a）中，“$v_1 \to v_4 \to v_5 \to v_3$”是一条简单路径，因为出现在这条路径上的顶点都不相同；“$v_1 \to v_2 \to v_4 \to v_5 \to v_1$”是一条简单回路，因为出现在这条路径上的顶点，除了第一个和最后一个外，都没有重复；“$v_1 \to v_2 \to v_4 \to v_3 \to v_5 \to v_4 \to v_1$”是一条回路，因为出现在这条路径上的顶点，除了第一个和最后一个重复外，顶点 v_4 经过了两次。

又例如，在图 7-1（b）中，“$v_4 \to v_5 \to v_3 \to v_1$”是一条简单路径；“$v_1 \to v_2 \to v_4 \to v_5 \to v_3 \to v_1$”是一条简单回路；“$v_2 \to v_1 \to v_2 \to v_4 \to v_5 \to v_3 \to v_1 \to v_2$”是一条回路。

4．无向完全图、有向完全图

无向图中，两个顶点 v_i、v_j 之间最多只蕴涵有一条边（v_i, v_j）。因此，对于有 n 个顶点的无向图，最多可以有 $n(n-1)/2$ 条边。如果一个有 n 个顶点的无向图，拥有 $n(n-1)/2$ 条边，那么就称该图为“无向完全图”。可见，对于一个无向完全图来说，它的每个不同顶点对之间，都存在有一条边。

有向图中，两个顶点 v_i、v_j 之间可以蕴涵有两条弧 $<v_i, v_j>$ 和 $<v_j, v_i>$。因此，对于有 n 个顶点的有向图，最多可以有 $n(n-1)$ 条弧。如果一个有 n 个顶点的有向图，拥有 $n(n-1)$ 条弧，那么就称该图为“有向完全图”。可见，对于一个有向完全图来说，它的每个不同顶点对之间，都存在有两条弧。

图 7-2（a）所示为一个无向完全图，由于它有 4 个顶点，因此它有 $4\times(4-1)/2=6$ 条边；图 7-2（b）所示为一个有向完全图，由于它有 4 个顶点，因此它有 $4\times(4-1)=12$ 条弧。

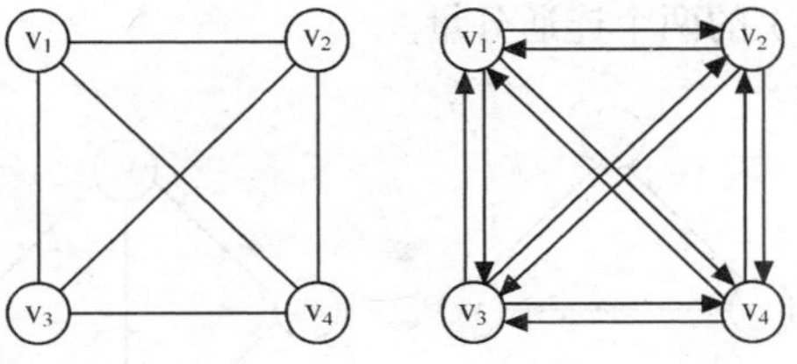

图 7-2　无向、有向完全图

无论是无向图还是有向图，图中的每一条边或弧都与两个顶点有关。因此，在图的顶点数 n、边数 e 以及各顶点的度 $D(v_i)$（$1 \leqslant i \leqslant n$）三者之间，有如下的关系存在：

$$e = \frac{1}{2}\sum_{i=1}^{n} D(v_i)$$

5．子图

已知两个图 G=（V，E），G′ =（V′ ，E′ ）。若有 V′ 是 V 的子集，E′ 是 E 的子集，且 E′ 中的边（或弧）都依附于 V′ 中的顶点，那么就称 G′ 是 G 的一个“子图（Subgraph）”。图 7-3（a）所示为图 7-2（a）中所给无向图的部分子图，图 7-3（b）所示为图 7-2（b）中所给有向图的部分子图。

6．连通、连通图、连通分量

连通、连通图、连通分量都是关于无向图的概念。

在无向图中，若从顶点 v_i 到顶点 v_j 之间有路径存在，则称 v_i 与 v_j 是“连通”的。如果无向图 G 中任意一对顶点之间都是连通的，则称该图 G 为“连通图（Connected Graph）”，否则是非连通图。

在无向图 G 中，尽可能多地从集合 V 及 E 里收集顶点和边，使它们成为该图的一个极大的连通子图，这个子图就被称为是无向图 G 的一个“连通分量（Connected Component）”。由此不难知道，如果图 G 是一个连通图，那么它本身就是该图的连通分量。

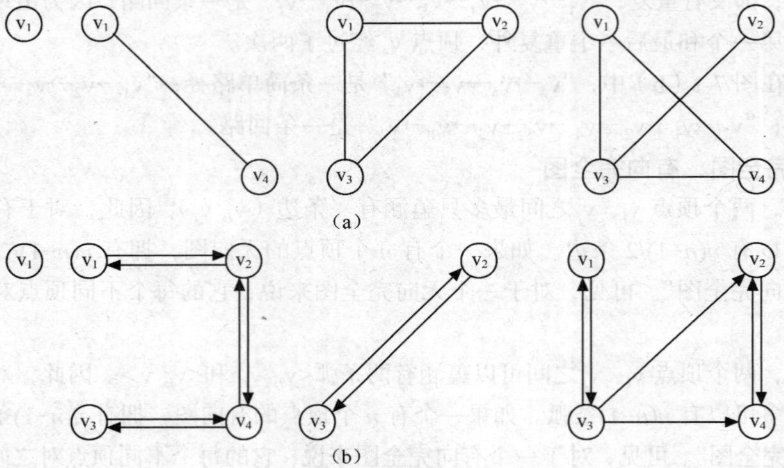

图 7-3　子图示例

例如，图 7-4（a）所示为一个连通图，因为从该图的任意一个顶点出发，都有路径可以到达图的其他顶点；图 7-4（b）所示为一个非连通图，因为从顶点 v_1 没有路径可以到达顶点 v_7；图 7-4（c）所示为图 7-4（b）的两个连通分量。

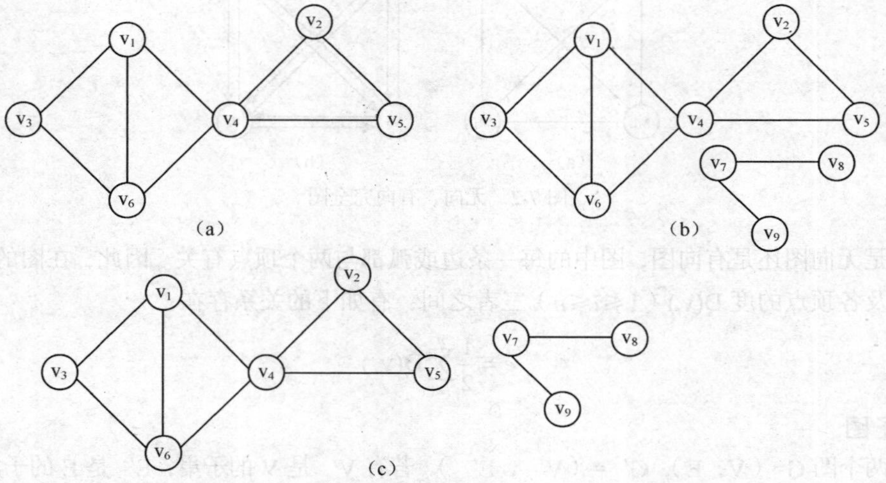

图 7-4　连通图、非连通图、连通分量

例 7-3　一个具有 6 个顶点的无向图，至少应该有________条边，才能保证它是一个连通图。

A．5　　B．6　　C．7　　D．8

解：所谓连通图，即是该图中的所有顶点之间都有路径存在。对于一个有 6 个顶点的无向图来说，只要保证从某一个顶点出发，有边与其他 5 个顶点相连，就表明该图中的所有顶点之间都有路径存在，从而成为一个连通图。因此，本题应该选择 A。

7．边的权、网络

有时，可以给图的边或弧依附上某种数值，这种与图的边或弧相关的数值被称为“权（Weight）”。在实际应用中，可以用权表示图中两个顶点之间的距离、费用、时间等。边或弧上带有权的图称为“网图”或“网络（Network）”。图 7-5（a）所示为无向网图，图 7-5（b）所示为有向网图。

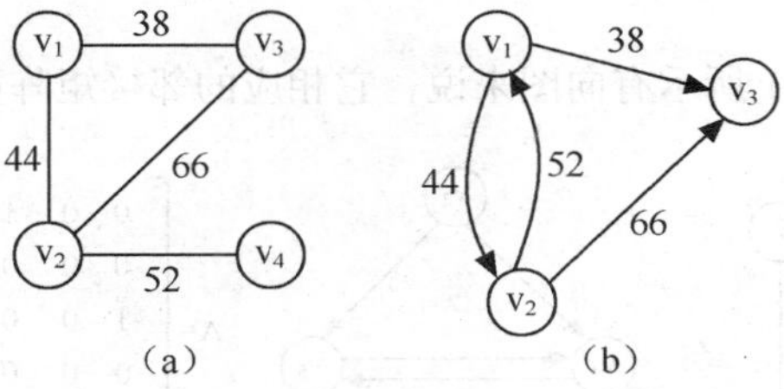

图 7-5　无向网图和有向网图

7.2 图的存储结构

图的结构之所以非常复杂，是因为顶点与顶点之间可以是一种多对多的关系。在存储实现时，除了需要存储顶点的数据信息外，还需要有记录顶点间关系（边或弧）的信息。在应用中，必须根据具体情况和处理需要，设计和选择恰当的存储结构，以便收到事半功倍的效果。本节将介绍两种常用的存储结构：邻接矩阵和邻接表。

7.2.1 邻接矩阵

所谓“邻接矩阵（Adjacency Matrix）”，其实是这样的一种存储结构的组合：用一个一维数组存储图中顶点的数据信息；用两个变量分别记录图中顶点的个数以及图中边或弧的个数；用一个二维数组（即矩阵）存储图中各顶点间的邻接关系。通常，人们简略地只把这个组合中的二维数组称作是图的“邻接矩阵”。

假设图 G=（V，E）有 n 个顶点，为了表示 n 个顶点之间的邻接关系，说明一个 $n\times n$ 的矩阵，并把其元素规定为

$$A[i][j]=\begin{cases}1,\text{若}(v_i,v_j)\text{或}\langle v_i,v_j\rangle\text{是E中的边或弧}\\0,\text{若}(v_i,v_j)\text{或}\langle v_i,v_j\rangle\text{不是E中的边或弧}\end{cases}$$

该规定的含义是，如果图中顶点 v_i 和顶点 v_j 之间有边或弧存在，那么，就在矩阵的第 i 行、第 j 列的位置处存放一个“1”，否则存放一个“0”。

例如，对于图 7-6（a）所示的无向图来说，它相应的邻接矩阵如图 7-6（b）所示。

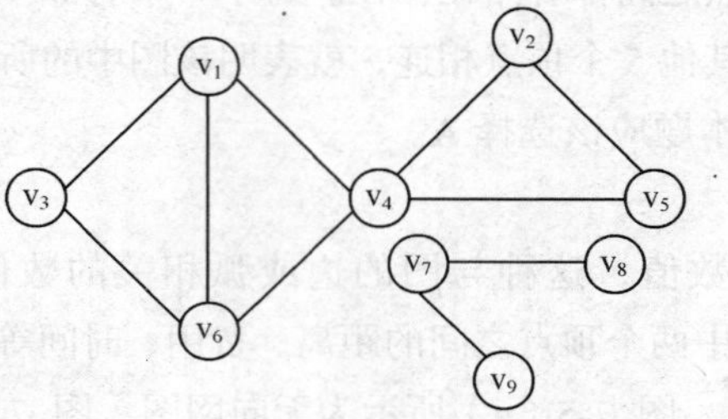

（a）

$$A=\begin{bmatrix} 0&0&1&1&0&1&0&0&0\\ 0&0&0&1&1&0&0&0&0\\ 1&0&0&0&0&1&0&0&0\\ 1&1&0&0&1&1&0&0&0\\ 0&1&0&1&0&0&0&0&0\\ 1&0&1&1&0&0&0&0&0\\ 0&0&0&0&0&0&0&1&1\\ 0&0&0&0&0&0&1&0&0\\ 0&0&0&0&0&0&1&0&0 \end{bmatrix}$$

（b）

图 7-6　无向图及相应的邻接矩阵

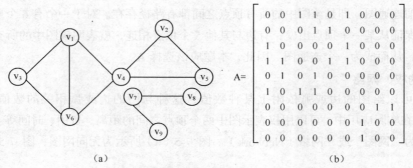

又例如，对于图 7-7（a）所示有向图来说，它相应的邻接矩阵如图 7-7（b）所示。

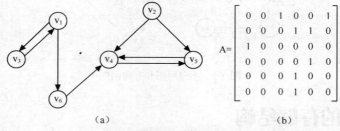

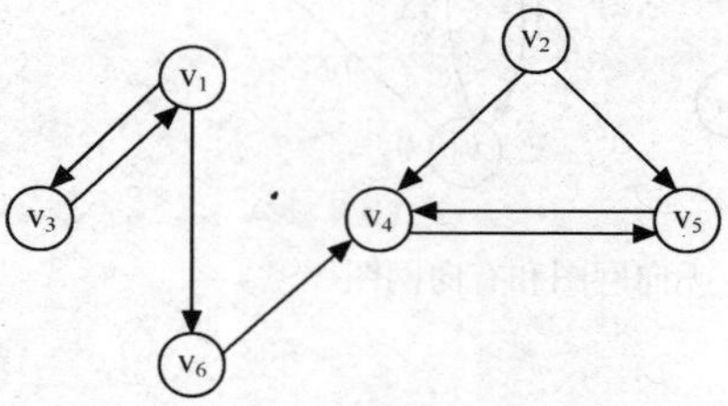

（a）

$$A=\begin{bmatrix} 0&0&1&0&0&1\\ 0&0&0&1&1&0\\ 1&0&0&0&0&0\\ 0&0&0&0&1&0\\ 0&0&0&1&0&0\\ 0&0&0&1&0&0 \end{bmatrix}$$

（b）

图 7-7　有向图及相应的邻接矩阵

对于一个网图来说，不仅应该通过邻接矩阵反映出顶点之间的邻接关系，还应该利用它反映出依附于边或弧的权值。因此，这时规定邻接矩阵的元素为

$$A[i][j]=\begin{cases} w_{ij}, 若(v_i, v_j)或\langle v_i, v_j\rangle 是E中的边或弧 \\ 0, 若(v_i, v_j)或\langle v_i, v_j\rangle 不是E中的边或弧且 i=j \\ \infty, 若(v_i, v_j)或\langle v_i, v_j\rangle 不是E中的边或弧且 i\neq j \end{cases}$$

其中，w_{ij} 表示权值；∞表示一个计算机允许的、大于所有权值的一个数。该规定的含义是，如果网图中顶点 v_i 和顶点 v_j 之间有边或弧存在，那么，就在矩阵的第 i 行、第 j 列的位置处存放边或弧上的权值，在矩阵的对角线处填上“0”，在其他位置处填上“∞”。

例如，对于图 7-5 所示的无向网图和有向网图，对应的邻接矩阵如图 7-8（a）和图 7-8（b）所示。

$$A=\begin{bmatrix} 0&44&38&\infty\\ 44&0&66&52\\ 38&66&0&\infty\\ \infty&52&\infty&0 \end{bmatrix}$$

（a）

$$A=\begin{bmatrix} 0&44&38\\ 52&0&66\\ \infty&\infty&0 \end{bmatrix}$$

（b）

图 7-8　网图的邻接矩阵

分析比较图 7-6、图 7-7、图 7-8 给出的各种邻接矩阵，可以对它们有如下的认识。

（1）无向图的邻接矩阵是对称的

对于无向图来说，由于有边(v_i, v_j)就意味着有边(v_j, v_i)，所以无向图的邻接矩阵关于其主对角线总是对称的。这种矩阵的对称性，从图 7-6（b）和图 7-8（a）可以清楚地看到。因此，在具体存放邻接矩阵时，只需要存放上（或下）三角矩阵中的元素即可。

（2）邻接矩阵与图中顶点的度有密切关系

对于无向图，其相应的邻接矩阵中第 i 行（或第 i 列）里非零或非∞元素的个数，正好是第 i

个顶点 v_i 的度 $D(v_i)$。例如图 7-6（b）的第 5 行或第 5 列里，非零元素的个数是 2，这表明顶点 v_5 的度 $D(v_5)=2$。从图 7-6（a）里可以看到，与顶点 v_5 有关的边就是两条：（v_5, v_2）和（v_5, v_4）。又例如，图 7-8（a）的第 3 行或第 3 列里，非零或非∞元素的个数是 2，这表明顶点 v_3 的度 $D(v_3)=2$。从图 7-5（a）所示的无向网图里可以看到，与顶点 v_3 有关的边就是两条：（v_3, v_1）和（v_3, v_2）。

对于有向图，其相应的邻接矩阵中第 i 行里非零或非∞元素的个数，正好是第 i 个顶点 v_i 的出度 $OD(v_i)$；其相应的邻接矩阵中第 i 列里非零或非∞元素的个数，正好是第 i 个顶点 v_i 的入度 $ID(v_i)$。例如，从图 7-7（a）里看到，顶点 v_4 的出度是 $OD(v_4)=1$，入度是 $ID(v_4)=3$。在图 7-7（b）中，第 i 行里有 1 个“1”，第 i 列里有 3 个“1”。

用邻接矩阵的方法来存储图，很容易知道图中任意两个顶点之间是否有边存在。但是，要统计图中一共有多少条边，则必须按行、按列对每一个矩阵元素进行检测才行，这是邻接矩阵的不足之处。

算法 7-1　建立有向图邻接矩阵的算法。

（1）算法描述

设置一个一维数组 Gv，用于存放图的顶点数据信息；设置一个二维数组 Ge，用于存放有关弧的信息；设置变量 n 和 e，记录图的顶点个数和弧的个数信息。算法名为 Create_Gm()，参数为 Gm（见算法分析的说明）。

```
Create_Gm(Gm)
{
  scanf("%d%d", &Gm->n, &Gm->e);          /* 输入顶点和弧的个数信息 */
  for (i=1; i<=Gm->n; i++)
    scanf(%d, Gm->Gv[i]);
  for (i=1; i<=Gm->n; i++)                 /* 邻接矩阵初始化 */
    for (j=1; j<=Gm->n; j++)
      if (i == j)
        Gm->Ge[i][j] = 0;
      else
        Gm->Ge[i][j] = ∞;
  for (k=1; k<=Gm->e; k++)                 /* 输入 e 条弧 */
  {
    scanf ("%d%d", &i, &j);
    Gm->Ge[i][j] = 1;
  }
}
```

（2）算法分析

注意，算法中的参数 Gm 是 Gv、Ge、n、e 四者的一个综合数据类型。整个算法分成 3 个部分：首先由一个 for 循环对一维数组 Gv 进行初始化，接着是用 for 的二重循环对二维数组 Ge 进行初始化（将对角线元素置为 0，对其他元素置为∞），最后，用一个 for 循环根据输入的 i、j，输入 e 条弧的信息（将对应的元素置为 1）。

（3）算法讨论

这是建立有向图邻接矩阵的算法，要把它改造成建立无向图或网图的邻接矩阵的算法是很容易的。例如，要把它改造成建立无向图的邻接矩阵算法，只需在最后把：

```
scanf ("%d%d", &i, &j);
```

```
Gm->Ge[i][j] = 1;
```

改为

```
scanf ("%d%d", &i, &j);
Gm->Ge[i][j] = 1;
Gm->Ge[j][i] = 1;
```

即可。如果要把它改造成建立有向网图的邻接矩阵算法，只需在最后把：

```
scanf ("%d%d", &i, &j);
Gm->Ge[i][j] = 1;
```

改为

```
scanf ("%d%d%d", &i, &j, &w);
Gm->Ge[i][j] = w;
```

即可，其中输入的 w 是该弧上的权值。

7.2.2 邻接表

邻接表（Adjacency List）是一种类同于树的孩子链表表示法的存储结构，它把顺序存储与链式存储组合在了一起，共同完成对图的管理任务。

为了建立图的邻接表，可先对图中的顶点进行编号，使图中的每一个顶点都与一个序号相对应。然后为图中的每一个顶点 v_i 建立起一个单链表，出现在这个单链表中的，都是与该顶点邻接的那些顶点（即有边或有弧存在）。单链表元素的存储结构如图 7-9（a）所示。

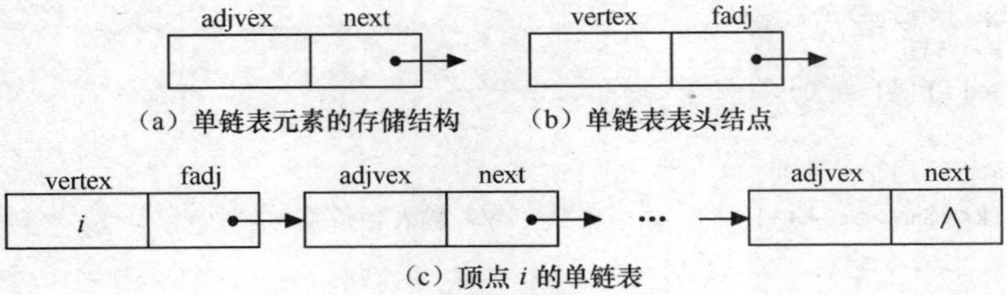

图 7-9 邻接表的存储结构

其中，adjvex 域存放与顶点 v_i 邻接的那个顶点在图中的序号；next 域是一个指针，指向单链表里的下一个表结点位置。

单链表的表头结点如图 7-9（b）所示，其中 vertex 域存放顶点 v_i 在图中的序号 i；fadj 域是一个指针，指向该顶点单链表中的第 1 个结点位置。这样，单独看顶点 v_i 的单链表，就如图 7-9（c）所示。

把有关每一个顶点的单链表表头结点汇集在一起，成为一个一维数组。这样，这个一维数组、各顶点的单链表以及记录图顶点和边（或弧）个数的变量，就统称是图的邻接表。

例如，图 7-6（a）给出的无向图的邻接表，如图 7-10（a）所示；图 7-7（a）给出的有向图的邻接表，如图 7-10（b）所示。

对于网图，在各顶点单链表的结点里，还应该给出边（或弧）的权值，这时链表结点的存储结构如图 7-11（a）所示。

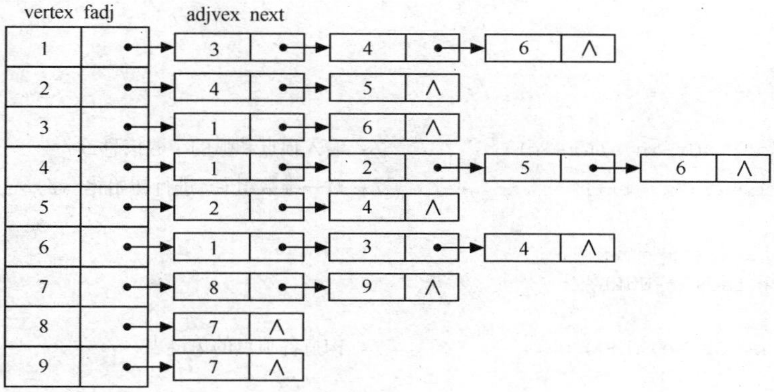

(a)

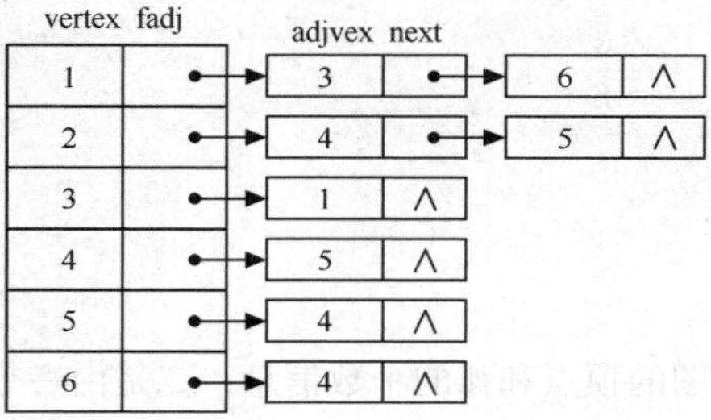

(b)

图 7-10 无向图和有向图的邻接表

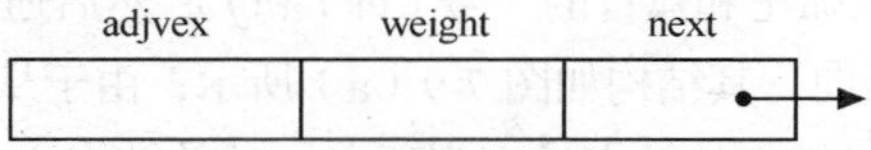

(a)

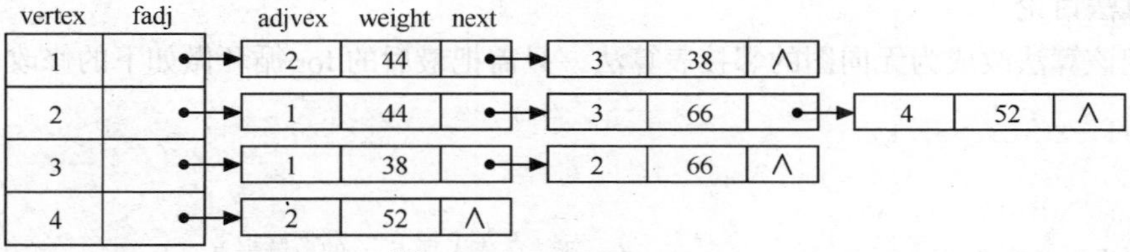

(b)

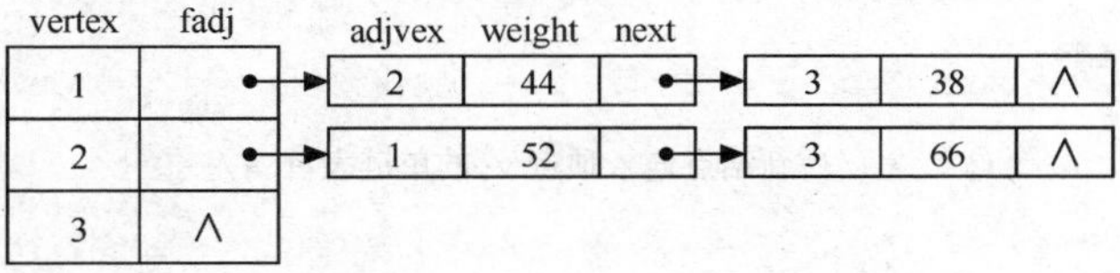

(c)

图 7-11 无向网图和有向网图的邻接表结构

例如，对于图 7-5 给出的无向网图和有向网图，其相应的邻接表如图 7-11（b）和图 7-11（c）所示。

算法 7-2 建立有向图邻接表的算法。

（1）算法描述

设置由单链表表头结点组成的一维数组 Gv，用于存放图的顶点序号（vertex）以及指向顶点单链表的指针（fadj）；设置变量 n 和 e，记录图的顶点个数和弧的个数信息。算法名为 Create_Gr()，参数为 Gr。

```
Create_Gr(Gr)
{
  scanf("%d%d", &Gr->n, &Gr->e);              /* 输入顶点和弧的个数信息 */
  for (i=1; i<=Gr->n; i++)                    /* 对一维数组 Gv 进行初始化 */
  {
    Gr->Gv[i].vertex = i;
    Gr->Gv[i].fadj = NULL;
  }
  for (k=1; k<=Gr->e; k++)                    /* 构造各顶点的单链表 */
  {
    scanf ("%d%d", &i, &j);
    ptr = malloc(size);
    ptr->adjvex = j;
    ptr->next = Gr->Gv[i].fadj;
    Gr->Gv[i].fadj = ptr;
  }
}
```

（2）算法分析

算法主要由 3 个部分组成：一是输入图的顶点和弧的个数信息；二是由一个 for 循环，对顶点单链表的表头数组进行初始化，即把每个元素的 vertex 域置为顶点的序号，fadj 域置为 NULL；三是形成各顶点的单链表。

在形成顶点 v_i 的单链表时，先是输入弧尾和弧首的序号（即 i 和 j）；然后通过函数 malloc 申请一个 size 尺寸的新存储结点，由指针 ptr 指向，其结构如图 7-9（a）所示；由于从一个顶点发出的弧是没有顺序的，因此在形成单链表时，总是把新的结点插入到顶点 v_i 的单链表之首。

（3）算法讨论

不难把该算法改成为无向图的邻接表算法，只需把最后的 for 循环做如下的修改：

```
for (k=1; k<=Gr->e; k++)
{
  scanf ("%d%d", &i, &j);
  ptr = malloc(size);                  /* 新结点连入顶点 vi 的单链表首 */
  ptr->adjvex = j;
  ptr->next = Gr->Gv[i].fadj;
  Gr->Gv[i].fadj = ptr;
  ptr = malloc(size);                  /* 新结点连入顶点 vj 的单链表首 */
  ptr->adjvex =i;
  ptr->next = Gr->Gv[j].fadj;
  Gr->Gv[j].fadj = ptr;
}
```

对于网图的邻接表，也只要做不多的修改即可得到，在此不再赘述。

7.3 图的遍历

所谓“图的遍历（Traversing Graph）”，即是指从图的某一个顶点出发访问图中的所有顶点，且每个顶点只被访问一次的这样一个过程。

由于图中没有像树的根结点那样的一个所谓起始顶点存在，因此从哪个顶点开始遍历都可以；由于图中的顶点有的并不连通，因此从一个顶点出发，不一定能够保证访问到图中的所有顶点；由于图中可能存在回路，一个顶点被访问后，有可能沿着回路又会回到这个顶点，但这个顶点已经被访问过。基于这样的一些考虑，使对图的遍历显得更加复杂一些。

常用的图的遍历策略，有深度优先搜索和广度优先搜索两种。本节主要介绍对连通无向图采用邻接表存储结构时，这两种遍历算法的实现。

7.3.1　图的深度优先搜索

所谓“深度优先搜索（Depth-first Search）”策略，即是从图的某个顶点 v 出发，访问该顶点，然后依次从与 v 邻接的顶点出发继续实行深度优先搜索，直至这些顶点都被访问到。若此时图中还有顶点未被访问，则从它们中间选取一个，重复实施深度优先搜索过程，直到图中的所有顶点都被访问到时止。这样的遍历过程，称为“图的深度优先遍历”。

例 7-4　图 7-12（a）所示为一个无向图，图 7-12（b）是该图的邻接表。试求对该图实施深度优先搜索后，所得到的遍历序列。

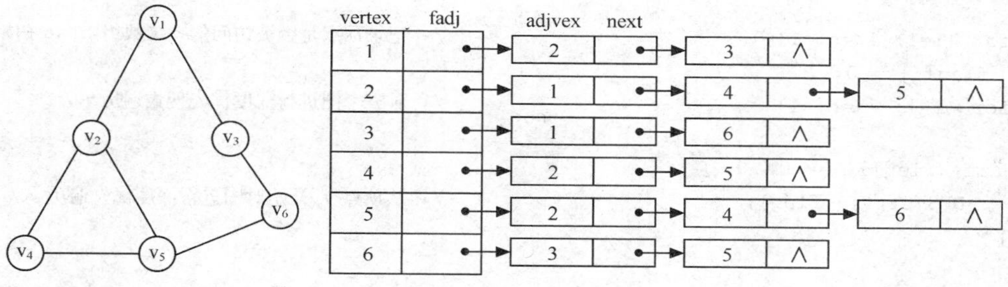

（a）　　　　　　（b）

图 7-12　基于邻接表的无向图深度优先搜索

解： 假定我们从顶点 v_1 出发对图进行深度优先遍历。在访问了顶点 v_1 之后，应该依次从与 v_1 邻接的顶点出发继续实行深度优先搜索。由邻接表知，与 v_1 邻接的有 v_2 和 v_3 两个顶点。例如我们先选择顶点 v_2。这样，又从顶点 v_2 开始实施深度优先搜索。

在访问了顶点 v_2 之后，应该依次从与 v_2 邻接的顶点出发继续实行深度优先搜索。由邻接表知，与 v_2 邻接的有 v_1、v_4 和 v_5 三个顶点。由于 v_1 已经被访问过，当然不能再将它选择作为深度优先遍历的对象。因此，例如我们选择顶点 v_4。这样，又从顶点 v_4 开始实施深度优先搜索。

在访问了顶点 v_4 之后，应该依次从与 v_4 邻接的顶点出发继续实行深度优先搜索。由邻接表知，与 v_4 邻接的有 v_2 和 v_5 两个顶点。由于 v_2 已经被访问过，当然不能再将它选择作为深度优先遍历的对象。因此，例如我们选择顶点 v_5。这样，又从顶点 v_5 开始实施深度优先搜索。

在访问了顶点 v_5 之后，应该依次从与 v_5 邻接的顶点出发继续实行深度优先搜索。由邻接表知，与 v_5 邻接的有 v_2、v_4 和 v_6 三个顶点。由于 v_2、v_4 都已经被访问过，当然不能再被选择作为深度优先遍历的对象。因此，例如我们选择顶点 v_6。这样，又从顶点 v_6 开始实施深度优先搜索。

在访问了顶点 v_6 之后，应该依次从与 v_6 邻接的顶点出发继续实行深度优先搜索。由邻接表知，与 v_6 邻接的有 v_3 和 v_5 两个顶点。由于 v_5 已经被访问过，当然不能再将它选择作为深度优先遍历的对象。因此，例如我们选择顶点 v_3。这样，又从顶点 v_3 开始实施深度优先搜索。

在访问了顶点 v_3 之后，应该依次从与 v_3 邻接的顶点出发继续实行深度优先搜索。由邻接表知，与 v_3 邻接的有 v_1 和 v_6 两个顶点。它们两个都已经被访问过，当然不能再选择作为深度优先遍历的对象。

至此，图中所有的顶点都被访问了，且都只被访问了一次，遍历的序列为

$$v_1 \rightarrow v_2 \rightarrow v_4 \rightarrow v_5 \rightarrow v_6 \rightarrow v_3$$

从上面的描述可以看出，无向图的深度优先遍历算法，类似于树的先序遍历，是它的一种推广。不同的是，在实行深度优先搜索时，必须随时记下哪些顶点已经被访问过。因为在连通图里，任何一个顶点都可能和其他顶点相邻接，因此在访问了某个顶点之后，如果不细心选择，就可能会出现顺着某条边又回到已访问过顶点的情形。为了保证一个顶点只访问一次，这是绝对应该避免的。

算法 7-3 基于邻接表的、无向图的深度优先搜索算法。

（1）算法描述

已知有 *n* 个顶点的无向图 G 的邻接表 Gr。算法名为 Depth_Gr()，参数为 Gr、n。

```
Depth_Gr(Gr, n)
{
  for (i=1; i<=n; i++)                          /* 记录顶点是否被访问的一维数组 flag 初始化 */
    flag[i] = 0;
  for (i=1; i<=n; i++)                          /* 对整个图进行深度优先搜索遍历 */
  {
    if (flag[i] == 0)
      DFS(Gr, i, flag);                         /* 从顶点 vi 开始对图进行深度优先遍历 */
  }
}

DFS(Gr, i, flag)
{
  flag[i] =1;                                   /* 将顶点 vi 设置为已访问过标志 */
  printf ("%d", i);
  for (ptr = Gv[i].fadj; ptr != NULL; ptr = ptr->next)/* 沿着 vi 的链表前进 */
  {
    k = ptr->adjvex;
    if (flag[k] == 0)                           /* 对未访问的顶点继续深度优先搜索 */
      DFS(Gr, k, flag);
  }
}
```

（2）算法分析

算法由两部分组成，一是名为 Depth_Gr()的主过程，二是名为 DFS()的一个递归调用子过程。

在 Depth_Gr()里，使用一个一维数组 flag，记录 *n* 个顶点中谁已被访问，谁还没有被访问。最初，flag 的 *n* 个元素都被初始化为 0，表明谁也没有被访问过。若某个顶点 v_i 被访问了，那么它相应的 flag[i]=1。

当在主过程里找到一个还没有被访问过的顶点（它的 flag[i]=0）时，就调用子过程 DFS()，对该顶点进行深度优先搜索。

在子过程 DFS()里，首先把传递过来的、当前所在顶点的 flag 置为 1，并将其打印输出。这样，该顶点就被访问过了。然后顺着该顶点的单链表，去寻找是否有 flag 为 0 的顶点存在。如果有，那么就沿着它继续进行深度优先搜索（即递归调用 DFS()）。直到与该顶点邻接的所有顶点都已访问过，才结束 DFS()的递归，返回主过程 Depth_Gr()，继续寻找 flag[i]=0 的顶点，直至全部顶点都被访问（i == n）后结束。

7.3.2　广度优先搜索

所谓“广度优先搜索（Breadth-first Search）”策略，即是从图的某个顶点 v 出发访问该顶点，然后依次去访问所有与顶点 v 相邻接的顶点，再后依次去访问这些已访问过的每个邻接顶点的邻接顶点。如此继续下去，直至图中所有顶点都得到访问，且只被访问一次。

从上面的描述可以看出，广度优先搜索策略类同于树的层次遍历。要实现无向图基于邻接表的广度优先搜索遍历算法，除了要设置一个一维数组，随时记录下哪个顶点已经访问过的信息外，还应该把到达顶点的所有邻接顶点信息保存在一个队列里，这样它们才能按照进入队列的先后顺序得到访问。

算法 7-4　基于邻接表的、无向图的广度优先搜索算法。

（1）算法描述

已知有 *n* 个顶点的无向图 G 的邻接表 Gr。算法名为 Breadth_Gr()，参数为 Gr、n。

```
Breadth_Gr(Gr, n)
{
  for (i=1; i<=n; i++)              /* 记录顶点是否被访问的一维数组 flag 初始化 */
    flag[i] = 0;
  for (i=1; i<=n; i++)              /* 对整个图进行广度优先搜索遍历 */
  {
    if (flag[i] == 0)
      BFS(Gr, i, flag);             /* 从顶点 vi 开始对图进行广度优先遍历 */
  }
}

BFS(Gr, i )
{
  Qs_front=0;                       /* 队首、队尾指针初始化 */
  Qs_rear=0;
  Qs_rear ++ ;
  Qs[Qs_rear] = i ;                 /* 让顶点 vi 的序号进队列 */
  flag[i] = 1;
  printf ("%d", i);                 /* 访问顶点 vi */
  while (front <= rear)
  {
    Qs_front++ ;                    /* 队首元素出队 */
    i = Qs[Qs_front] ;
    ptr = Gv[i].fadj;               /* 得到该顶点链表首元素，由 ptr 指向 */
    while (ptr != NULL)
    {
      k = ptr->adjvex;
```

```
        if (flag[k] == 0)
        {
          flag[k] = 1;
          pringf ("%d", k);
          Qs_rear ++ ;
          Qs[Qs_rear] = k ;
        }
        ptr = ptr->next;
      }
    }
  }
```

（2）算法分析

该算法仍由主、子两个过程组成。主过程 Breadth_Gr()的功能是，先对记录顶点是否访问过的标志数组 flag 进行初始化，然后进入对整个无向图的广度优先搜索，直至图中 *n* 个顶点都被访问。

子过程 BFS()用于从某个顶点 v_i 出发，对图进行广度优先搜索遍历。其功能是先让该顶点序号进队列，把它的标志 flag 置为 1，并访问它。随后，让队首元素出队（出来的是某个顶点的序号），并沿着它的链表（由 ptr 指向）走下去。只要链表元素所记录的顶点序号的标志 flag 为 0，就表示该顶点没有访问过，因此访问它，且让它进入队列。

子过程由两个 while 循环组成。外循环是由队列不空来控制对图的顶点进行遍历的；内循环是到达一个顶点后，除了完成对这个顶点的访问外，还完成对与该顶点邻接的顶点的遍历（这就是广度的含义）。

（3）算法讨论

如果是对连通的无向图实行这一算法，那么主过程只需调用子过程一次，就能够完成对所有顶点的遍历，因为顶点之间是连通的。如果是对非连通无向图使用该算法，那么主过程就会若干次地去调用 BFS。主过程调用 BFS 多少次，就表明该非连通图有几个连通分量。因此通过这个办法，可以用来计算一个无向图拥有的连通分量的个数。

对于无向图，某条边（v_i,v_j）的链表元素既会出现在序号为 *i* 的顶点链表中，也会出现在序号为 *j* 的顶点链表中。因此，为了排除已访问过的顶点第 2 次进入队列 Qs，flag 标志数组仍是必不可少的。

例 7-5 基于图 7-12，试分析求对该图实施广度优先搜索时，队列 Qs、数组 flag 的变化，以及所得到的遍历序列。

解：我们通过表 7-1 来描述队列 Qs 和数组 flag 的变化情况。例如在主过程里确定从顶点 v_1 出发进行广度优先搜索。于是调用子过程 BFS。进入 BFS 后，访问顶点 v_1、并置 flag[1]=1 后，应该依次访问与 v_1 邻接的顶点 v_2 和 v_3。于是，依次分别将 flag[2]、flag[3]置为 1，访问它们，并让它们进入队列 Qs，如表 7-1 中的状态 2、3 所示，这是 while 内循环完成的工作。

表 7–1　广度优先搜索遍历过程

状　　态	队列 Qs	flag	访 问 顶 点	出 队 顶 点
初始	v_1	flag[1]=1	v_1	—
1	空		—	v_1
2	v_2	flag[2]=1	v_2	—

续表

状　态	队列 Qs	flag	访问顶点	出队顶点
3	v_2, v_3	flag[3]=1	v_3	—
4	v_3	—	—	v_2
5	v_3, v_4	flag[4]=1	v_4	—
6	v_3, v_4, v_5	flag[5]=1	v_5	—
7	v_4, v_5	—	—	v_3
8	v_4, v_5, v_6	flag[6]=1	v_6	—
9	v_5, v_6	—	—	v_4
10	v_6	—	—	v_5
11	空	—	—	v_6

内循环在遇到 ptr == NULL 时结束。由于这时队列不空，所以外循环仍然继续。于是让当前队首元素 v_2 出队，如表中状态 4 所示。

v_2 出队后，又进入 while 内循环。从图的邻接表知，与顶点 v_2 邻接的有 v_1、v_4、v_5 三个顶点。因为 v_1 的 flag[1]=1，所以不能再让顶点 v_1 进入队列，只能依次分别将 flag[4]、flag[5]置为 1，访问它们，并让它们进入队列 Qs，如表 7-1 中状态 5、6 所示。

在顶点 v_5 进入队列后，内循环又因遇到 ptr == NULL 而结束，外循环继续。

这样不断地做下去，最终得到的访问顶点序列为：

$$v_1 \rightarrow v_2 \rightarrow v_3 \rightarrow v_4 \rightarrow v_5 \rightarrow v_6$$

7.4 生成树与最小生成树

7.4.1 生成树与最小生成树的概念

假设图 7-13（a）所示为 7 个城市 $v_1 \sim v_7$ 间的航空线路网图，旁边标注的权值可以理解为是城市间的距离、时间或运费。出于某种考虑，需要在保证这 7 个城市连通（直接或间接到达）的前提下，尽可能多地关闭掉一些航线。

图 7-13（b）所示为一种削减的方案，但它没有做到尽可能多地关闭航线。其实，7 个城市间只需保留 6 条边，就能够使它们之间保持连通。

一个有 *n* 个顶点的无向连通图 G=（V，E）的“生成树（Spanning Tree）”，是 G 的一个子图 S，它是包含 G 的所有 *n* 个顶点在内的一个极小连通子图。也就是说，S 由 V 中的 *n* 个顶点、E 中的 *n*−1 条边组成。图 7-13（c）~图 7-13（e）都是图 7-13（a）的生成树，因为它们都包含 7 个顶点，都只含 6 条边。

作为无向连通图的生成树，有如下的性质：

- 只要往这个生成树里添加一条属于原图中的边，就会产生回路；
- 只要在这个生成树里减少任意一条边，它就成为了一个非连通图；

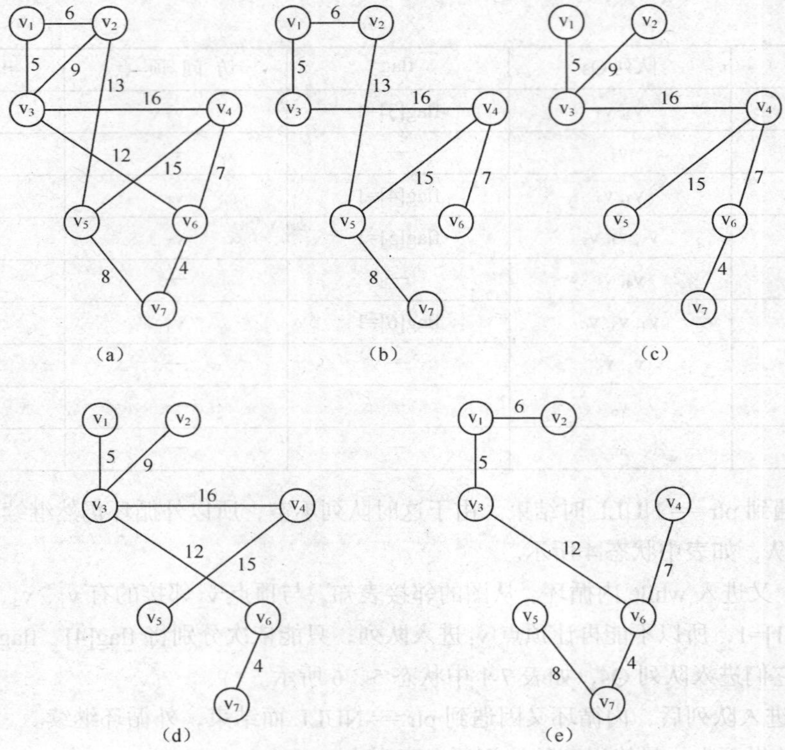

图 7-13　城市间航线的几种连接方式

- 无向连通图的生成树不是唯一的。

对于一个无向连通网图来说，只得到它的生成树是不够的，因为生成树并没有考虑边上附有的权值。

对于一个无向连通网图 G 的生成树 S 来说，称各边权值之和为该生成树的权。所有生成树中权值最小的那棵生成树，被称作是图 G 的最小代价生成树，简称为“最小生成树（Minimum Spanning Tree, MST）”。

例如，图 7-13（c）所示的生成树，它的权值是 56；图 7-13（d）所示的生成树，它的权值是 61；图 7-13（e）所示的生成树，它的权值是 42。三棵生成树的权值会有这样大的差异，从一个方面说明了求最小生成树的必要性。到后面时我们会知道，图 7-13（e）是该图的一棵 MST。

构造无向连通网图 G 的 MST，通常有 Prim（普里姆）方法和 Kruskal（克鲁斯卡尔）方法。相对应地，就有 Prim 算法和 Kruskal 算法。下节将分别介绍这两种算法的基本思想。

7.4.2　构造最小生成树的算法

1. 构造最小生成树的 Prim 算法

算法 7-5　构造最小生成树的 Prim 算法。

构造无向连通网图 G=（V，E）最小生成树的 Prim 算法，其思路是非常清晰、简单的。在实施过程中，它总是把图中的顶点分成两个部分：U 是已在 MST 中的顶点集合；V−U 是还没有在 MST 的顶点集合。在 V−U 里挑选出与 U 中某个顶点相距最近（也就是权值最小）的那个顶点，把这个顶点从 V−U 移到 U 中。这样，集合 U 不断扩大，V−U 不断缩小，最后使 U=V，V−U=Φ，算法结束。

例 7-6　利用 Prim 算法，求图 7-14（a）所示无向连通网图的最小生成树。

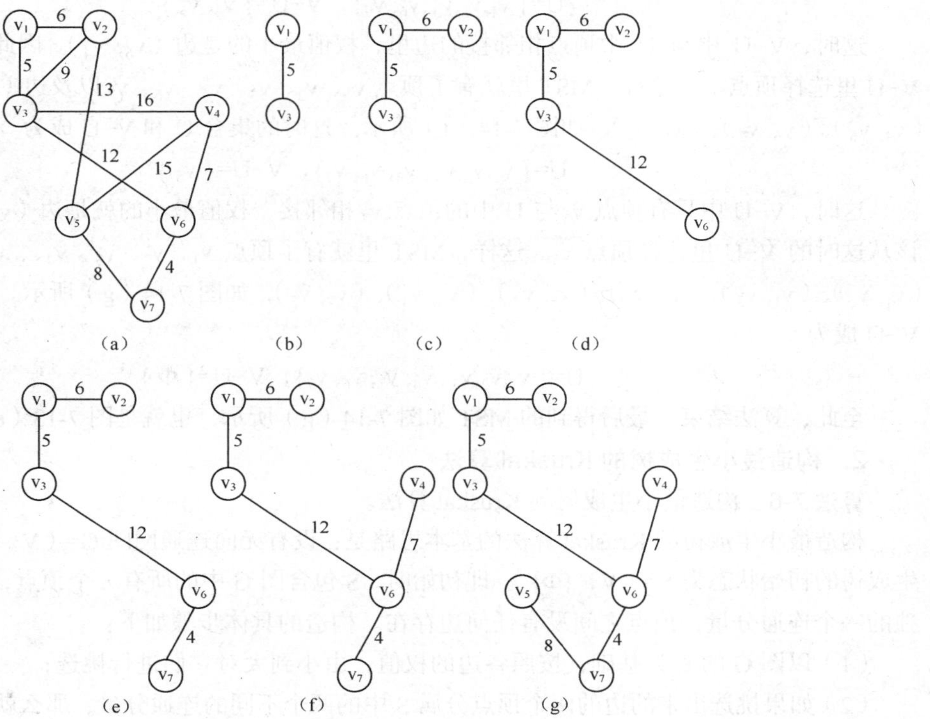

图 7-14　使用 Prim 算法求网图的最小生成树

解： 假定从图的顶点 v_1 开始构造它的 MST，即这时有：

$$U = \{v_1\}，\ V-U = \{v_2, v_3, v_4, v_5, v_6, v_7\}$$

从图 7-14（a）可知，与顶点 v_1 邻接的有两条边（v_1, v_2）和（v_1, v_3），它们的权值分别是 6 和 5。由于其他顶点都不与 v_1 邻接，可以认为到它们的边有权值∞。根据 Prim 方法，应该从这时的 V−U 里选择顶点 v_3。这样，MST 里有了顶点 v_1、v_3 以及边（v_1, v_3），如图 7-14（b）所示。这时的集合 U 和 V−U 成为

$$U = \{v_1, v_3\}，\ V-U = \{v_2, v_4, v_5, v_6, v_7\}$$

现在，顶点 v_1 只与集合 V−U 里的顶点 v_2 邻接，顶点 v_3 只与集合 V−U 里的顶点 v_2、v_4、v_6 邻接。在由它们组成的边里，权值最小的是边（v_1, v_2）。因此，应该从这时的 V−U 里选择顶点 v_2。这样，MST 里就有了顶点 v_1、v_2、v_3 以及边（v_1, v_2）、（v_1, v_3），如图 7-14（c）所示。这时的集合 U 和 V−U 成为

$$U = \{v_1, v_2, v_3\}，\ V-U = \{v_4, v_5, v_6, v_7\}$$

这时，V−U 里的顶点已经没有和 v_1 相邻接的了。与 v_2 及 v_3 相邻接的顶点有 v_4、v_5、v_6。在由它们组成的边里，权值最小的边是（v_3, v_6）。因此，应该从这时的 V−U 里选择顶点 v_6。这样，MST 里就有了顶点 v_1、v_2、v_3、v_6 以及边（v_1, v_2）、（v_1, v_3）、（v_3, v_6），如图 7-14（d）所示。这时的集合 U 和 V−U 成为

$$U = \{v_1, v_2, v_3, v_6\}，\ V-U = \{v_4, v_5, v_7\}$$

这时，V−U 中与 U 中顶点相邻接的边里，权值最小的是边（v_6, v_7）。因此，应该从这时的 V−U 里选择顶点 v_7。这样，MST 里就有了顶点 v_1、v_2、v_3、v_6、v_7 以及边（v_1, v_2）、（v_1, v_3）、（v_3, v_6）、（v_6, v_7），如图 7-14（e）所示。这时的集合 U 和 V−U 成为

$$U=\{ v_1,v_2,v_3 ,v_6, v_7\}，V-U=\{ v_4, v_5 \}$$

这时，V−U 中与 U 中顶点相邻接的边里，权值最小的是边（v_6, v_4）。因此，应该从这时的 V−U 里选择顶点 v_4。这样，MST 里就有了顶点 v_1、v_2、v_3、v_4、v_6、v_7 以及边（v_1, v_2）、（v_1, v_3）、（v_3, v_6）、（v_6, v_7）、（v_6, v_4），如图 7-14（f）所示。这时的集合 U 和 V−U 成为

$$U=\{ v_1,v_2,v_3 , v_4, v_6, v_7\}，V-U=\{ v_5 \}$$

这时，V−U 中只有顶点 v_5 与 U 中的顶点 v_7 相邻接，权值最小的就是边（v_7, v_5）。因此，应该从这时的 V−U 里选择顶点 v_5。这样，MST 里就有了顶点 v_1、v_2、v_3、v_4、、v_5、v_6、v_7 以及边（v_1, v_2）、（v_1, v_3）、（v_3, v_6）、（v_6, v_7）、（v_6, v_4）、（v_7, v_5），如图 7-14（g）所示。这时的集合 U 和 V−U 成为

$$U=\{ v_1,v_2,v_3 , v_4, v_5, v_6, v_7\}，V-U=\{ \Phi \}$$

至此，算法结束，最后得到的 MST 如图 7-14（g）所示，也就是图 7-13（e）。

2．构造最小生成树的 Kruskal 算法

算法 7-6　构造最小生成树的 Kruskal 算法。

构造最小生成树的 Kruskal 算法的基本思路是：设有无向连通网图 G=（V，E），令 G 的最小生成树的初始状态为 S=（V，{Φ}）。即初始时，S 包含图 G 中的所有 *n* 个顶点，它们各自构成单独的一个连通分量，顶点之间没有任何边存在。构造的具体步骤如下：

（1）以图 G 的 E 为基础，按照各边的权值，由小到大对它们进行挑选；

（2）如果挑选出来的边的两个顶点分属 S 中的两个不同的连通分量，那么就将此边从 E 中去除，并用此边将 S 中的那两个连通分量连接成一个连通分量，成为最小生成树 S 中的一个新连通分量；

（3）如果挑选出来的边的两个顶点属于 S 中的同一个连通分量，那么就将其从 E 中舍弃，重新再挑选，以避免在最小生成树 S 里形成回路；

（4）不断地实行（1）~（3）步，当 S 里只剩有一个连通分量时，算法终止，该连通分量即为所求的图 G 的最小生成树 S。

例 7-7　利用 Krnskal 算法，求图 7-15（a）所示无向连通网图的最小生成树。

解：按照 Kruskal 算法，所要构造的 MST 的初始状态如图 7-15（b）所示，图中只有 6 个顶点（6 个单独的连通分量），没有任何边存在。

将图中的边按权值由小到大排列，挑选其中的权值最小者。由于图中的边（v_3,v_4）和（v_5,v_6）的权值都是 1，因此可以任选一条，例如选边（v_3,v_4）。这样，MST 里的连通分量就由原来的 6 个变成了 5 个，如图 7-15（c）所示。

接着选取边（v_5,v_6），因为它的权值当前为最小（即 1），且该边的两个顶点 v_5 和 v_6 分属 MST 的两个不同连通分量。通过这条边把连通分量 v_5 和 v_6 连接后，MST 里的连通分量就由原来的 5 个变成了 4 个，如图 7-15（d）所示。

再往下应该选取图中的边（v_3,v_6），因为它的权值当前为最小（即 2），且该边的两个顶点 v_3 和 v_6 分属 MST 的两个不同连通分量。通过这条边把这两个连通分量连接后，MST 里的连通分量就由原来的 4 个变成了 3 个，如图 7-15（e）所示。

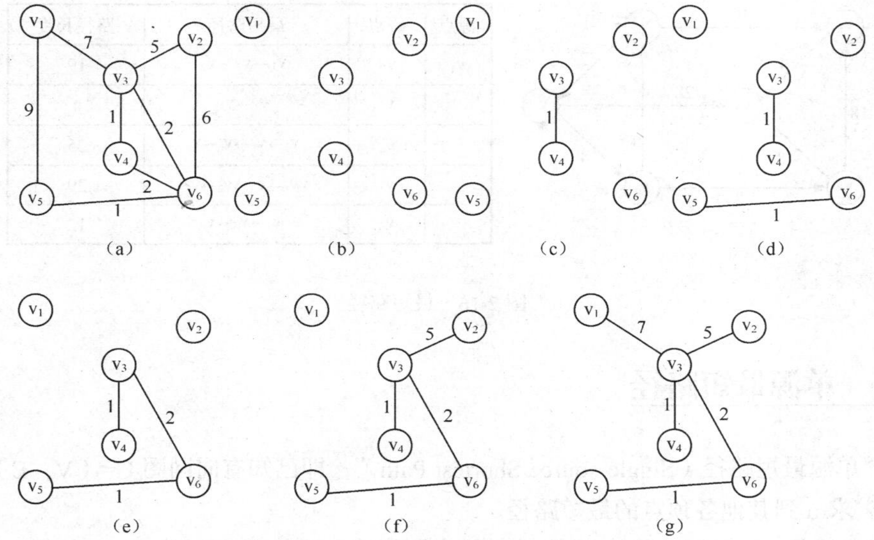

图 7-15　使用 Kruskal 算法求网图的最小生成树

再往下选取图中所剩的边时，从权值最小考虑应该选边（v_4,v_6），因为它是所剩边里权值最小的（即 2）。但这条边的两个顶点 v_4 和 v_6 现在却属于 MST 里的同一个连通分量，因此不能要它，舍弃后重新选择权值为 5 的边（v_3,v_2）。这样，MST 里的连通分量就由原来的 3 个变成了两个，如图 7-15（f）所示。

最后，在图的所剩边里选取边（v_3,v_1），它把 MST 里的两个连通分量连接在一起后，使 MST 里只有了一个连通分量。于是，Kruskal 算法结束，图 7-15（g）给出的就是图 7-15（a）的最小生成树。

7.5　最短路径

求最短路径是图的又一个典型应用。例如在城市交通中，从 A 市到 B 市有若干条道路可供选择，哪条路最近？哪条路运费最小？又例如在计算机网络技术中，链路将各路由器连接在一起，每台路由器会向邻接的路由器通报自己可以到达的网络和路由器的信息。那么路由器如何选择发送信息的路由，使距离为最短？使花费时间最少？

例如，有如图 7-16（a）所示的有向网图，顶点 v_1 到其他各顶点的最短路径如图 7-16（b）所示。拿 v_1 到 v_4 来说，存在着 4 条简单路径，其中 $v_1 \rightarrow v_4$ 的长度是 28；$v_1 \rightarrow v_3 \rightarrow v_6 \rightarrow v_4$ 的长度是 25；$v_1 \rightarrow v_3 \rightarrow v_6 \rightarrow v_5 \rightarrow v_4$ 的长度是 34；$v_1 \rightarrow v_3 \rightarrow v_2 \rightarrow v_5 \rightarrow v_4$ 的长度是 33。因此，长度为 25 的路径 $v_1 \rightarrow v_3 \rightarrow v_6 \rightarrow v_4$ 是 v_1 到 v_4 的最短路径。

最短路径分为单源最短路径和每对顶点间的最短路径两类问题，前者讨论的是图中某个顶点到其他各顶点的最短路径，后者讨论的是图中每对顶点间的最短路径。

本节基于有向网图来讨论上面的两类最短路径问题，约定图中弧上的权值都是正数。另外，算法只给出求最短路径长度的思路，而没有记录具体的路径是什么。如果要记录路径，算法实现起来当然就会更为复杂一些。

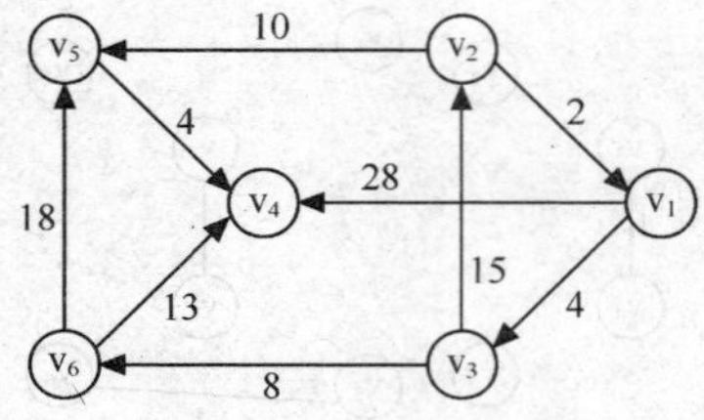

（a）

源点	终点	最短路径	路径长度
v_1	v_2	$v_1 \to v_3 \to v_2$	19
	v_3	$v_1 \to v_3$	4
	v_4	$v_1 \to v_3 \to v_6 \to v_4$	25
	v_5	$v_1 \to v_3 \to v_2 \to v_5$	29
	v_6	$v_1 \to v_3 \to v_6$	12

（b）

图 7-16　最短路径

7.5.1　单源最短路径

所谓“单源最短路径（Single-source Shortest Path）”，即已知有向网图 G=（V，E）和一个源（顶）点 u，求 u 到其他各顶点的最短路径。

算法 7-7　求单源最短路径的 Dijkstra（迪杰斯特拉）算法。

Dijkstra 提出的求最短路径的算法，是一种按照图中路径长度的递增顺序、逐步产生出从单源点 u 到其他各顶点的最短路径的方法。其基本思路是把图中的所有顶点分成两组：第一组取名为 U，里面包含的是那些从源点 u 到它们的最短路径已经确定的顶点；第二组取名为 V–U，里面包含的是那些从源点 u 到它们的最短路径还未最后确定的顶点。求最短路径长度的具体步骤如下：

（1）初始时，集合 U 里只含一个源点 u，集合 V–U 里是图中除 u 以外的所有顶点，u 到其他顶点的距离是它们间弧的权值（当不存在弧时，长度为∞）；

（2）从 V–U 里挑选出一个与源点 u 的距离为最小的顶点 v，把它从 V–U 移到 U 里，然后对 V–U 里剩下的顶点（例如 k）到源点 u 的距离进行修改，方法是若图中存在弧（v, k），且该弧的权值加上 u 到 v 的距离之和小于原先 u 到 k 的距离，那么就用此和代替原先 u 到 k 的距离，否则原先 u 到 k 的距离保持不变；

（3）不断地对集合 V–U 实行操作（2），当 V–U 为空时，算法结束，所求得的 u 到各顶点的距离即是源点到其他顶点的最短路径长度。

例 7-8　利用 Dijkstra 算法，求图 7-17（a）中有向网图源点 v_1 到其他顶点的最短路径长度。

解： 根据 Dijkstra 算法，初始时集合 U 里只有源点 v_1，其他顶点都在集合 V–U 里。由于所给图里只有顶点 v_2、v_3 与 v_1 邻接，因此在图 7-17（b）的初始状态里，标出了从 v_1 到 v_2 的距离是 4，从 v_1 到 v_3 的距离是 1。由于不再与其他的顶点邻接，因此它们之间的距离都被标为∞。这时，从 V–U 里挑选与源点 v_1 的距离为最小的顶点应该是 v_3。这样，从 v_1 到 v_3 的最小路径长度就确定了，是 1，如图中的深色方框所示。

把 v_3 移到集合 U。这时的 V–U（里面包含除 v_1、v_3 以外的所有顶点）中可能有与 v_3 邻接的顶点，v_3 移入到集合 U 可能会影响源点 v_1 到其他顶点的距离，因此有必要对那些距离进行调整。从图 7-17（a）看出，与 v_3 邻接的有顶点 v_4 和 v_6。通过 v_3 到 v_4 的距离是两条弧上权值的和 1+5=6，它比原来的距离“∞”小，因此用 6 来修改 v_1 到 v_4 的距离；通过 v_3 到 v_6 的距离是两条弧上权值的和 1+9=10，它比原来的距离“∞”小，因此用 10 来修改 v_1 到 v_6 的距离，如图 7-17（b）的状态 1 所示。这时，从 V–U 里挑选与源点 v_1 的距离为最小的顶点应该是 v_2。这样，从 v_1 到 v_2 的最小路径长度就确定了，是 4，如图中的深色方框所示。

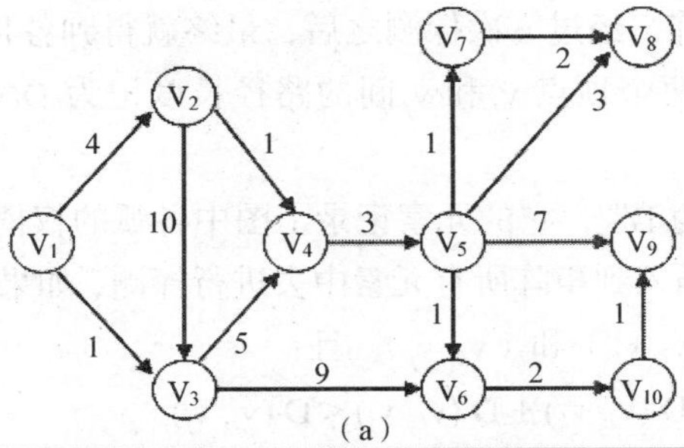

（a）

状态	集合 U	距离								
		v_2	v_3	v_4	v_5	v_6	v_7	v_8	v_9	v_{10}
初始	v_1	4	1	∞	∞	∞	∞	∞	∞	∞
1	$v_1 v_3$	4		6	∞	10	∞	∞	∞	∞
2	$v_1 v_3 v_2$			5	∞	10	∞	∞	∞	∞
3	$v_1 v_3 v_2 v_4$				8	10	∞	∞	∞	∞
4	$v_1 v_3 v_2 v_4 v_5$					9	9	11	15	∞
5	$v_1 v_3 v_2 v_4 v_5 v_6$						9	11	15	11
6	$v_1 v_3 v_2 v_4 v_5 v_6 v_7$							11	15	11
7	$v_1 v_3 v_2 v_4 v_5 v_6 v_7 v_8$								12	11
8	$v_1 v_3 v_2 v_4 v_5 v_6 v_7 v_8 v_{10}$								12	
9	$v_1 v_2 v_3 v_4 v_5 v_6 v_7 v_8 v_{10} v_9$									

（b）

图 7-17　利用 Dijkstra 算法求最短路径

把 v_2 移入到集合 U。从图 7-17（a）看出，与 v_2 邻接的只有顶点 v_4。通过 v_2 到 v_4 的距离是两条弧上权值的和 1+4=5，它比原来的距离“6”小，因此用 5 来修改 v_1 到 v_4 的距离，如图 7-17（b）的状态 2 所示。这时，从 V−U 里挑选与源点 v_1 的距离为最小的顶点应该是 v_4。这样，从 v_1 到 v_4 的最小路径长度就确定了，是 5，如图中的深色方框所示。

v_4 移入 U 后，由于它与顶点 v_5 邻接，因此原先从 v_1 到 v_5 的距离是“∞”，现在应该修改成为 5+3=8（其中 5 是从 v_1 到 v_4 的最短路径长度，3 是 v_4 到 v_5 的弧的权值），如图 7-17（b）的状态 3 所示。这样，从 v_1 到 v_5 的最小路径长度就确定了，是 8，如图中的深色方框所示。

这样一步步地做下去，集合 U 里的顶点越来越多，V−U 里的顶点越来越少。也就是说，确切知道最短路径长度的顶点越来越多。当所有顶点都移入到集合 U 时，Dijkstra 算法就给出了从源点 v_1 到其他顶点的最小路径长度，如图 7-17（b）的所有深色方框所示。

7.5.2　每对顶点间的最短路径

所谓“每对顶点间的最短路径（All-pairs Shortest Paths）”，即已知有向网图 G=（V，E），求其中任意一对顶点之间的最短路径。显然，只要把有向网图的每一个顶点作为源点，实行一次 Dijkstra 算法，经过 *n* 次调用以后，问题就可以得到圆满的解决。

不过，Floyd（弗洛伊德）给出了另一种解决该问题的方法，下面就介绍 Floyd 算法的基本思路。

算法 7-8　求每对顶点间最短路径的 Floyd（弗洛伊德）算法。

在有向网图的邻接矩阵中，记录了每对顶点之间弧的权值。Floyd 算法以邻接矩阵为基础，依次地把各顶点插入到已有的路径中去进行探测，探测中有可能对各顶点间的路径做必要的修改。

实施一次探测就得到一个新的矩阵，经过 *n* 次探测之后，最终就得到各顶点对间的最短路径。

为了叙述方便起见，下面把两个顶点 v_i 和 v_j 间的路径长度记为 $D(v_i, v_j)$。探测的具体步骤如下：

（1）初始时，把邻接矩阵记为 $D^{(0)}$，它的元素记录了图中各弧的权值；

（2）逐次把顶点 $v_k(1\leqslant k\leqslant n)$插入到矩阵所有元素中去进行探测，如果矩阵原先有路径（v_i, v_j）$(i\neq j)$，现在插入 v_k 后，有路径（v_i, v_k）和（v_k, v_j），且：

$$D(v_i, v_k) + D(v_k, v_j) < D(v_i, v_j)$$

那么，就用 $D(v_i, v_k) + D(v_k, v_j)$代替 $D(v_i, v_j)$，于是形成一个新的矩阵 $D^{(k)}$；

（3）在完成 *n* 次探测后，矩阵 $D^{(n)}$里记录了各顶点对之间的最短路径。

例 7-9 利用 Floyd 算法，求图 7-18（a）中有向网图中各顶点对的最短路径长度。

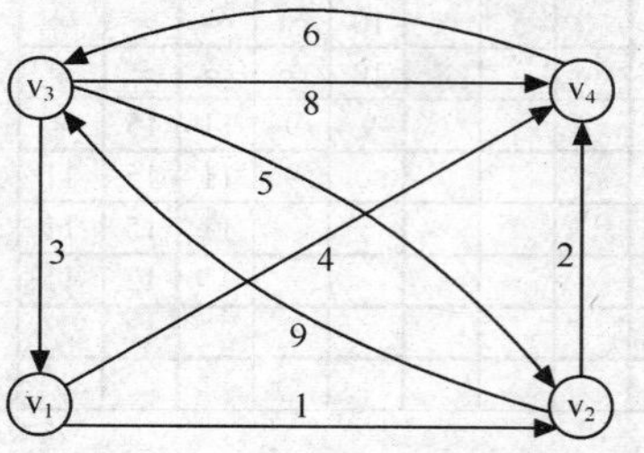

（a）

$$D^{(0)}=\begin{bmatrix}0 & 1 & \infty & 4\\ \infty & 0 & 9 & 2\\ 3 & 5 & 0 & 8\\ \infty & \infty & 6 & 0\end{bmatrix}$$

（b）

$$D^{(1)}=\begin{bmatrix}0 & 1 & \infty & 4\\ \infty & 0 & 9 & 2\\ 3 & \textcircled{4} & 0 & \textcircled{7}\\ \infty & \infty & 6 & 0\end{bmatrix}$$

（c）

$$D^{(2)}=\begin{bmatrix}0 & 1 & \textcircled{10} & \textcircled{3}\\ \infty & 0 & 9 & 2\\ 3 & 4 & 0 & \textcircled{6}\\ \infty & \infty & 6 & 0\end{bmatrix}$$

（d）

$$D^{(3)}=\begin{bmatrix}0 & 1 & 10 & 3\\ \textcircled{12} & 0 & 9 & 2\\ 3 & 4 & 0 & 6\\ \textcircled{9} & \textcircled{10} & 6 & 0\end{bmatrix}$$

（e）

$$D^{(4)}=\begin{bmatrix}0 & 1 & \textcircled{9} & 3\\ \textcircled{11} & 0 & \textcircled{8} & 2\\ 3 & 4 & 0 & 6\\ 9 & 10 & 6 & 0\end{bmatrix}$$

（f）

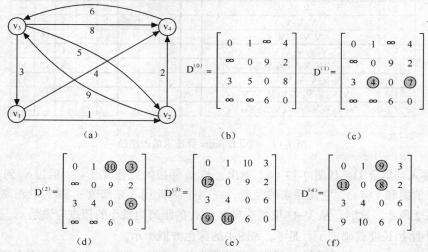

图 7-18　利用 Floyd 算法求最短路径

解：图 7-18（a）中有向网图的邻接矩阵记为 $D^{(0)}$，如图 7-18（b）所示。例如，由于图中顶点 v_1 到 v_4 之间有弧存在，权值为 3，因此矩阵的元素 D(1,4)=3；由于 v_1 到 v_3 之间没有弧存在，因此矩阵的元素 D(1,3)= ∞；主对角线上的元素都是 0。

第 1 次，Floyd 算法是把顶点 v_1 插入到矩阵 $D^{(0)}$ 的所有元素中去进行探测。对于 $D^{(0)}$来说，因为第 1 行的元素都是记录顶点 v_1 到其他各顶点的距离的，第 1 列的元素都是记录其他顶点到 v_1 的距离的，所以，在这些路径里不可能插入顶点 v_1 而形成新的路径，我们根本不用去管它们。

略去那些不用关心的元素，最先要注意的是 $D^{(0)}$中元素 D(2,3)=9。把顶点 v_1 插入到顶点 v_2、v_3 之间去进行探测，看当前的 D(2,3)是否需要修改。从 $D^{(0)}$里看出，D(2,1)= ∞，D(1,3)= ∞（这表示在顶点 v_2、v_1 以及顶点 v_1、v_3 之间没有路径可言），即 D(2,1)+ D(1,3)> D(2,3)，因此 D(2,3)不用修改。

继续把顶点 v_1 插入到矩阵的其他顶点间去探测，例如来看 $D^{(0)}$中的元素 D(3,2)=5。从 $D^{(0)}$里看出，D(3,1)=3、D(1,2)=1，有 D(3,1)+D(1,2)=4，它小于 D(3,2)的原路径值 5。于是把 D(3,2)修改为 4，图 7-18（c）中由深色圆圈加以标注。同样地，由于 D(3,1)=3、D(1,4)=4，有 D(3,1)+D(1,4)=7，它小于 D(3,4)的原路径值 8，于是把 D(3,4)修改为 7。

在用顶点 v_1 探测完 $D^{(0)}$ 中的所有元素之后，就形成了矩阵 $D^{(1)}$，如图 7-18（c）所示，真正得到修改的路径长度，只有 D(3,2)和 D(3,4)。

第 2 次，Floyd 算法是用顶点 v_2 插入到矩阵 $D^{(1)}$ 的所有元素中去进行探测，以便形成矩阵 $D^{(2)}$，如图 7-18（d）所示。类似地，因为第 2 行的元素都是记录顶点 v_2 到其他各顶点的距离的，第 2 列的元素都是记录其他顶点到 v_2 的距离的，所以，在这些路径里不可能插入顶点 v_2 而形成新的路径，我们根本不用去管它们（也正因为如此，$D^{(1)}$ 里的第 2 行、第 2 列与 $D^{(2)}$里的第 2 行、第 2 列完全相同）。

基于 $D^{(1)}$，第 1 个元素要注意的是元素 D(1,3)=∞。把顶点 v_2 插入到顶点 v_1、v_3 之间去进行探测，看当前的 D(1,3)是否需要修改。从 $D^{(1)}$里看出，D(1,2)=1、D(2,3)=9，有 D(1,2)+D(2,3)=10，它小于 D(1,3)的原路径值∞，于是应该把 D(1,3)修改为 10。

再来看 $D^{(1)}$里的元素 D(1,4)=4，把顶点 v_2 插入到顶点 v_1、v_4 之间去进行探测时，有 D(1,2)=1、D(2,4)=2，即 D(1,2)+ D(2,4)=3，比 D(1,4)原先的路径长度 4 来得小，因此要把 D(1,4)修改为 3。

这样一点点地探测，得到如图 7-18（d）所示的 $D^{(2)}$。

第 3 次，Floyd 算法是用顶点 v_3 插入到矩阵 $D^{(2)}$ 的所有元素中去进行探测，以便形成矩阵 $D^{(3)}$，如图 7-18（e）所示。例如，在矩阵 $D^{(2)}$里，D(2,1)= ∞。用顶点 v_3 进行探测，即看 D(2,3)和 D(3,1)是多少。查看 $D^{(2)}$知这时的 D(2,3)=9，D(3,1)=3，其和 12 比∞小，因此在矩阵 $D^{(3)}$里 D(2,1)被修改成了 12。

第 4 次，Floyd 算法是用顶点 v_4 插入到矩阵 $D^{(3)}$ 的所有元素中去进行探测，以便形成矩阵 $D^{(4)}$，如图 7-18（f）所示。例如，在矩阵 $D^{(3)}$里，D(2,1)= 12。用顶点 v_4 进行探测，即看 D(2,4)和 D(4,1)是多少。查看 $D^{(3)}$知这时的 D(2,4)=2，D(4,1)=9，其和 11 比 12 小，因此在矩阵 $D^{(4)}$里 D(2,1)又由 12 修改为 11。

由于该图总共有 4 个顶点，因此在用顶点 v_4 进行探测完毕后，从邻接矩阵 $D^{(0)}$演变得到的矩阵 $D^{(4)}$元素，就记录了图中各顶点对间的最短路径。例如，在矩阵 $D^{(4)}$里 D(4,2)=10，表示图中顶点 v_4 和 v_2 之间的最短路径为 10。又例如，在矩阵 $D^{(4)}$里 D(2,4)=2，表示图中顶点 v_2 和 v_4 之间的最短路径为 2。不过，从 Floyd 算法推演出来的这种矩阵里，只能知道图中顶点对间的最短路径长度，并没有给出路径是如何组成的。

7.6 拓扑排序

1. 拓扑排序的概念

大学的专业课程之间，会存在一些制约关系。例如计算机专业的学生，只有在学习了高级语言程序设计和离散数学之后，才能够学习数据结构；在学习了数据结构和计算机原理之后，才能学习操作系统。表 7-2 所示为计算机专业部分课程设置及其关系，它们之间的关系可以通过如图 7-19 所示的有向图表示出来。

表 7-2 计算机专业课程设置及其关系

课程代号	课程名	选修课代号	课程代号	课程名	选修课代号
C1	高等数学	—	C6	编译原理	C4，C5
C2	计算机基础	—	C7	操作系统	C4，C9

续表

课程代号	课程名	选修课代号	课程代号	课程名	选修课代号
C3	离散数学	C1，C2	C8	普通物理	C1
C4	数据结构	C3，C5	C9	计算机原理	C8
C5	程序设计	C2	C10	人工智能	C4

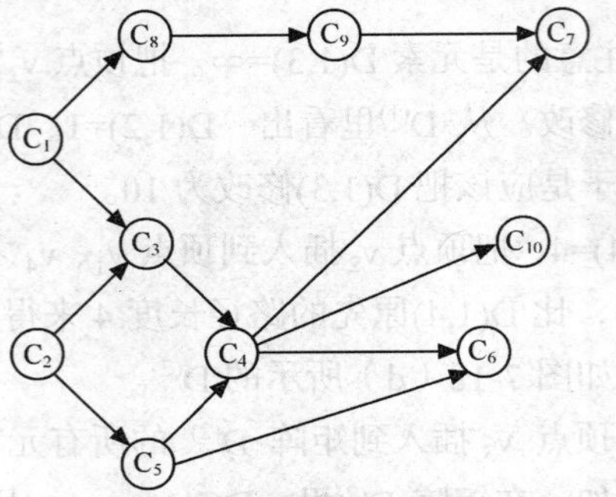

图 7-19　课程关系图

根据这个有向图示出的课程先修关系，学生可以这样来选择学习顺序：

C1→C2→C3→C5→C4→C6→C8→C9→C7→C10　（1）

或

C1→C8→C9→C2→C5→C3→C4→C10→C7→C6　（2）

这种课程的选择序列可以有多种，课程出现在序列里的位置，要遵循的唯一原则是：先修课必须排在后继课的前面。例如，对于操作系统（C7）这门课来说，C4 和 C9 必须排在 C7 的前面，至于 C4 和 C9，由于它们之间没有先修的关系存在，因此谁排在前面、谁排在后面，那不是重要的问题。

在有向图中，若以顶点表示活动，顶点间的弧表示各活动之间的先决关系，那么该有向图就被称为是“顶点表示活动的网（Activity On Vertex Network）”，简称“AOV 网”。例如，图 7-19 就是一个 AOV 网。

在 AOV 网中，如果顶点 u、v 之间存在一条弧<u,v>，那么表示活动 u 必须在活动 v 之前完成，称 u 是 v 的直接前驱，v 是 u 的直接后继。如果顶点 u、v 之间存在一条路径，那么就称 u 是 v 的前驱，v 是 u 的后继。例如在图 7-19 里，因为 C3 到 C4 之间有一条弧存在，所以 C3 是 C4 的直接前驱，C4 是 C3 的直接后继。因为 C1 到 C10 之间有一条路径存在，所以 C1 是 C10 的前驱，C10 是 C1 的后继。

在 AOV 网中，若顶点 u 是顶点 v 的前驱，那么 u 必须排在 v 的前面。将 AOV 网中所有顶点基于前驱、后继关系排成一个线性序列的过程，称为“拓扑排序（Topological Sort）”，所得到的序列就是一个顶点的“拓扑序列”。例如前面给出的、反映图 7-19 诸顶点间前驱、后继关系的两个序列（1）和（2），都是该图的拓扑序列。

2．拓扑排序算法

算法 7-9　对 AOV 网进行拓扑排序的算法。

已知一个 AOV 网，对它实施拓扑排序的基本步骤如下：

（1）在 AOV 网中选择一个没有前驱（即入度为 0）的顶点，并加以输出；

（2）随即删除该顶点以及以它为尾的所有弧；

（3）重复执行（1）、（2）步，直到网中的全部顶点都被输出，或当前网中不再有入度为 0 的顶点时止，前者表明拓扑排序成功，后者表示网中存有环，无法完成拓扑排序。

例 7-10 对图 7-20（a）所示的 AOV 网进行拓扑排序，获得它的拓扑序列。

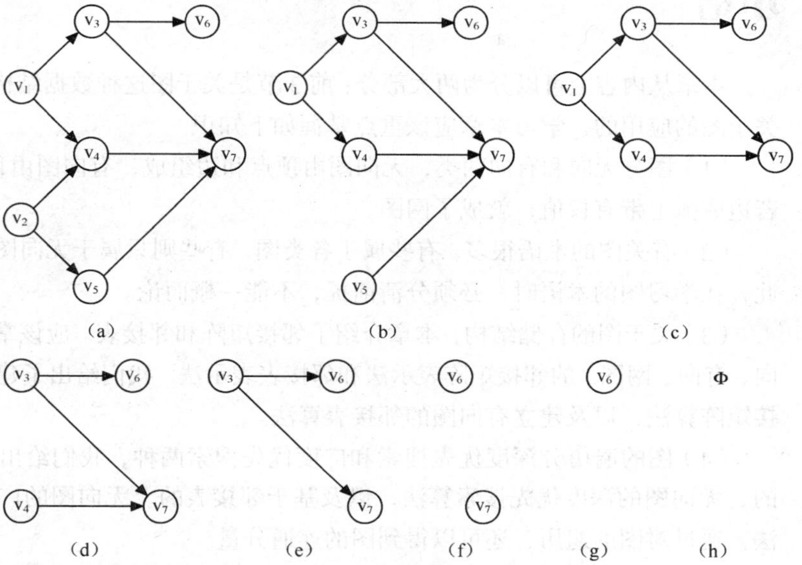

图 7-20 拓扑排序的过程

解：在图 7-20（a）中，入度为 0 的顶点有两个：v_1 和 v_2，可以随便选择它们中的一个作为实施拓扑排序开始的顶点，例如我们选择 v_2。

输出 v_2，删除以它为尾的弧$<v_2, v_4>$及$<v_2, v_5>$，结果如图 7-20（b）所示。这时，入度为 0 的顶点有两个：v_1 和 v_5，例如我们选择 v_5 继续拓扑排序工作。

输出 v_5，删除以它为尾的弧$<v_5, v_7>$，结果如图 7-20（c）所示。这时，入度为 0 的顶点只有一个：v_1，选择 v_1 继续拓扑排序工作。

输出 v_1，删除以它为尾的弧$<v_1, v_3>$及$<v_1, v_4>$，结果如图 7-20（d）所示。这时，入度为 0 的顶点有两个：v_3 和 v_4，例如我们选择 v_4 继续拓扑排序工作。

输出 v_4，删除以它为尾的弧$<v_4, v_7>$，结果如图 7-20（e）所示。这时，入度为 0 的顶点只有一个：v_3，选择 v_3 继续拓扑排序工作。

输出 v_3，删除以它为尾的弧$<v_3, v_6>$及$<v_3, v_7>$，结果如图 7-20（f）所示。这时，入度为 0 的顶点有两个：v_6 和 v_7，例如我们选择 v_7 继续拓扑排序工作。

输出 v_7，结果如图 7-20（g）所示。这时，入度为 0 的顶点只有一个：v_6，选择 v_6 继续拓扑排序工作。

输出 v_6，网中的全部顶点都被输出，表明拓扑排序成功，结果如图 7-20（h）所示。于是，我们得到该网的拓扑序列为

$$v_2 \rightarrow v_5 \rightarrow v_1 \rightarrow v_4 \rightarrow v_3 \rightarrow v_7 \rightarrow v_6$$

在实施拓扑排序时，网中有可能出现多个入度为 0 的顶点，因此就有多种排序的选择方案。这说明在对 AOV 网进行拓扑排序时，结果不可能是唯一的。

小结

本章从内容上可以分为两大部分：前 3 节是关于图这种数据结构的，后 3 节是关于图的应用的。学习本章应该重点掌握如下知识。

（1）图分无向和有向两类，无向图由顶点和边组成，有向图由顶点和弧组成。若边或弧上带有权值，就成了网图。

（2）有关图的术语很多，有些属于各类图，有些则只属于无向图或有向图。因此，在学习图的术语时，必须分清前提，不能一概而论。

（3）关于图的存储结构，本章介绍了邻接矩阵和邻接表。应该掌握各种图（无向、有向、网图）的邻接矩阵表示法和邻接表表示法。我们给出了建立有向图的邻接矩阵算法，以及建立有向图的邻接表算法。

（4）图的遍历分深度优先搜索和广度优先搜索两种，我们给出了基于邻接表的、无向图的深度优先搜索算法，以及基于邻接表的、无向图的广度优先搜索算法。通过对图的遍历，还可以得到图的连通分量。

（5）本章介绍了图的 3 种应用：构造最小生成树、求最短路径以及拓扑排序。对图的各种应用，本章只给出相应算法的基本思路，用例子进行详细的解释：

- 关于最小生成树，本章介绍了构造无向连通网图最小生成树的 Prim 算法和 Kruskal 算法；
- 关于最短路径，本章介绍了求从单源点到其他各顶点的最短路径的 Dijkstra 算法，介绍了求每对顶点间最短路径的 Floyd 算法，应该知道这两种算法的基本思路，会用它们求出最短路径；
- 关于拓扑排序，本章介绍了有关的基本概念，讲述了对 AOV 网进行拓扑排序的算法，应该学会利用算法得到所给 AOV 网的拓扑序列。

习题

一、填空题

1．由 4 个顶点组成的一个连通图，应该有________条边。

2．在一个具有 4 个顶点的无向图中，要连通全部顶点，至少需要________条边。

3．在无向图中，若顶点 v_i 和 v_j 之间有一条边（v_i，v_j）存在，那么则称顶点 v_i 和 v_j 互为________点。

4．图中顶点 v_i 的“度”，是指与它________的顶点的个数，并记为 $D(v_i)$。

5．在有向图中，把从顶点 v_i 到顶点 v_j 的弧记为________，而把从顶点 v_j 到顶点 v_i 的弧记为________，这是两条不同的弧。

6．对于一个无向图，其邻接矩阵中第 i 行（或第 i 列）里非零或非∞元素的个数，正好是第 i 个顶点 v_i 的________。

7．对于一个有向图，其邻接矩阵中第 i 行里非零或非∞元素的个数，正好是第 i 个顶点 v_i 的________；其邻接矩阵中第 i 列里非零或非∞元素的个数，正好是第 i 个顶点 v_i 的________。

8．在无向图中，若从顶点 v_i 到顶点 v_j 之间有________存在，则称 v_i 与 v_j 是连通的。

9．如果无向图 G 中________一对顶点之间都是连通的，则称该图 G 为连通图，否则是非连通图。

10．在无向图 G 中，尽可能多地从集合 V 及 E 里收集顶点和边，使它们成为该图的一个极大的连通子图，这个子图就被称为是无向图 G 的一个________。

11．包含无向连通图 G 的所有 n 个顶点在内的极小连通子图，是这个图的________。

12．只要在无向连通图的生成树里减少任意一条边，它就成了一个________。

13．对图的广度优先搜索，类似于对树进行________遍历。

14．拓扑排序是得到 AOV 网的一个________序列，使得网中所有顶点间的优先关系在序列中得以体现。

15．已知无向图的顶点个数为 n，边数为 e。那么，在其邻接表表示法中，链表结点数与单链表表头结点数之和是________。

二、选择题

1．在一个有 n 个顶点的无向图中，要连通全部顶点，至少需要________条边。

A．n　　B．$n+1$　　C．$n-1$　　D．$n/2$

2．对于一个无向完全图来说，它的每个不同顶点对之间，都存在有一条边。因此，有 n 个顶点的无向完全图包含有________条边。

A．$n(n-1)$　　B．$n(n+1)$　　C．$n(n-1)/2$　　D．$n(n+1)/2$

3．对于一个有向完全图来说，它的每个不同顶点对之间，都存在有两条弧。因此，有 n 个顶点的有向完全图包含有________条边。

A．$n(n-1)$　　B．$n(n+1)$　　C．$n(n-1)/2$　　D．$n(n+1)/2$

4．在一个无向图中，所有顶点的度数之和，是其所有边数之和的________倍。

A．1/2　　B．1　　C．2　　D．4

5．在一个有向图中，所有顶点的入度之和________所有顶点的出度之和。

A．二分之一于　　B．等于　　C．两倍于　　D．四倍于

6．一个无向连通网图的最小生成树________。

A．有一棵或多棵　　B．只有一棵　　C．一定有多棵　　D．可能不存在

7．一个无向图有 n 个顶点，那么该图拥有的边数至少是________。

A．$2n$　　B．n　　C．$n/2$　　D．0

8．一个有 n 个顶点的无向连通网图，其生成树里含有________条边。

A．$4n-1$　　B．$2n-1$　　C．$n-1$　　D．$n/2$

9．下面关于图的存储的叙述中，正确的是________。

A．用邻接表存储图，所用存储空间大小只与图中顶点个数有关，与边数无关

B．用邻接表存储图，所用存储空间大小只与图中边数有关，与顶点个数无关

C．用邻接矩阵存储图，所用存储空间大小只与图中顶点个数有关，与边数无关

D．用邻接矩阵存储图，所用存储空间大小只与图中边数有关，与顶点个数无关

10．对如图 7-21 所示的无向图实施深度优先搜索遍历，可能的遍历序列是________。

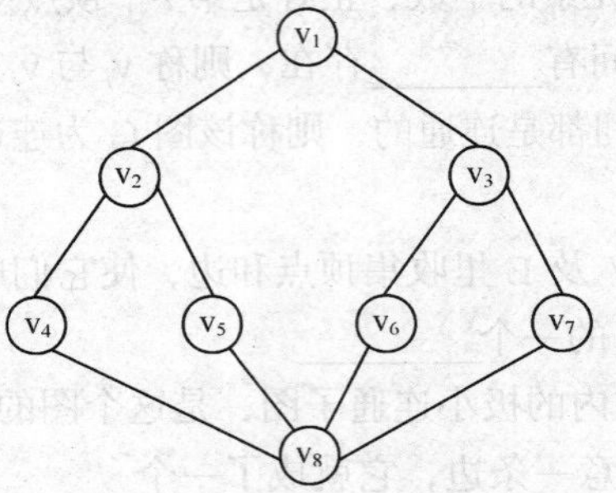

A. $v_1 \to v_2 \to v_3 \to v_4 \to v_5 \to v_6 \to v_7 \to v_8$

B. $v_1 \to v_2 \to v_4 \to v_8 \to v_5 \to v_6 \to v_3 \to v_7$

C. $v_1 \to v_2 \to v_3 \to v_4 \to v_8 \to v_5 \to v_6 \to v_7$

D. $v_1 \to v_2 \to v_4 \to v_5 \to v_8 \to v_3 \to v_6 \to v_7$

图 7-21　无向图示例

三、问答题

1．试求图 7-22 所示的无向连通网图的 MST。一个无向连通网图的 MST 唯一吗？

2．试述简单回路、回路两者间的联系与不同。

3．有如图 7-23 所示的一个无向图，给出它的邻接矩阵以及从顶点 v_1 出发的深度优先遍历序列。

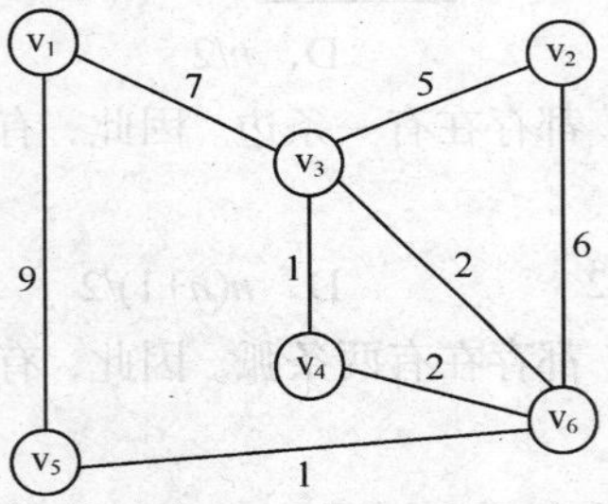

图 7-22　无向连通网图示例

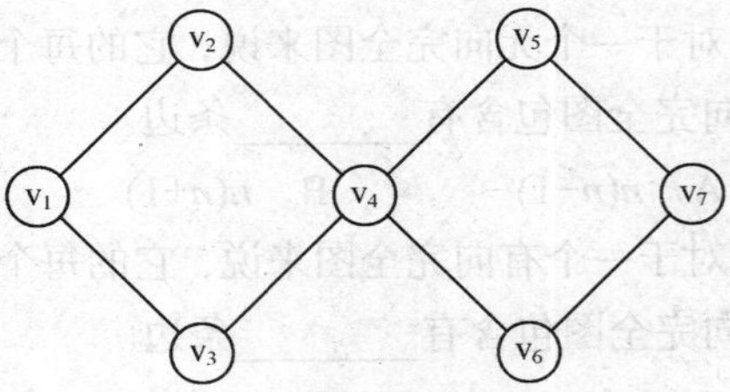

图 7-23　无向图示例

4．构造最小生成树的 Prim 算法与求单源最短路径的 Dijkstra 算法十分相似，它们都把图中的顶点分成 U 和 V−U 两个部分，都是在 V−U 里挑选出一个顶点，并将它从 V−U 移到 U 中。那么，它们的主要区别是什么？

5．对有 m 个顶点的无向图 G，如何通过它的邻接矩阵判定下列问题：

（1）图中有多少条边；

（2）任意两个顶点 i 和 j 之间是否有边相连；

（3）任意一个顶点 i 的度是多少？

6．对图 7-24 所示的图回答下列问题：

（1）顶点集合 V；

（2）边集合 E；

（3）每个顶点 x 的度 D(x)；
（4）一个长度为 5 的路径；
（5）一个长度为 4 的回路；
（6）图的一个生成树；
（7）邻接矩阵；
（8）邻接表。

四、应用题

1. 利用 Kruskal 算法，求图 7-14（a）所示的无向连通网图的最小生成树。
2. 利用 Floyd 算法，求图 7-25 所示的有向网图中各顶点对的最短路径长度。

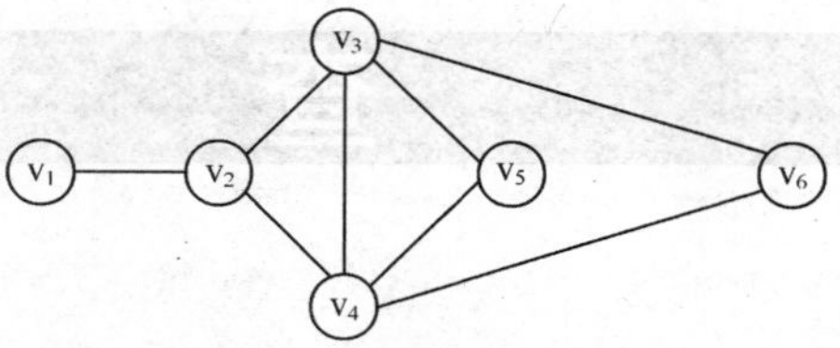

图 7-24 图示例

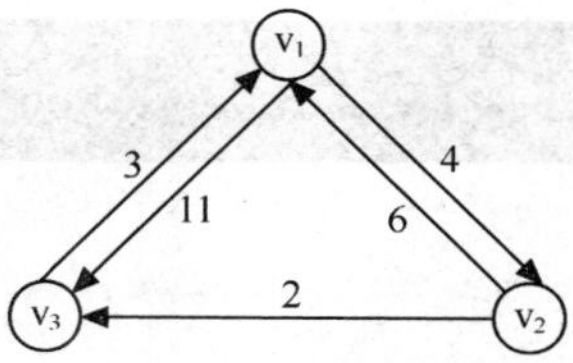

图 7-25 有向网图示例

3. 利用 Dijkstra 算法，求图 7-26 所示的图中顶点 v_1 到其他各顶点间的最短路径长度。
4. 写出图 7-27 所示的 AOV 网的拓扑排序序列。

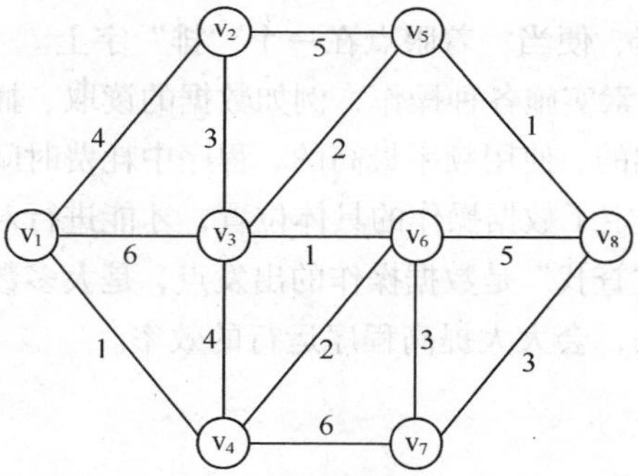

图 7-26 图示例

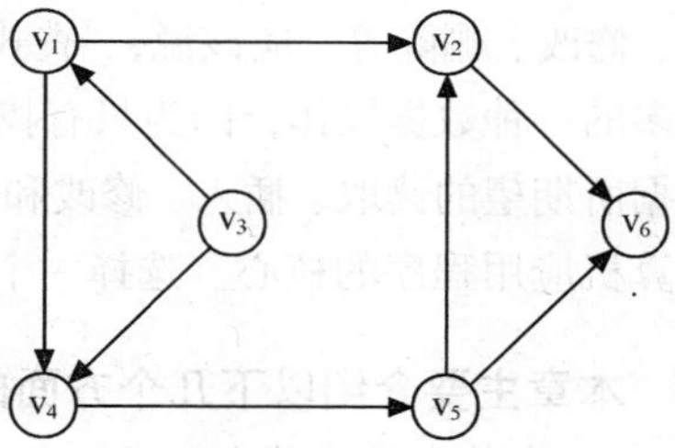

图 7-27 AOV 网

5. 已知无向连通网的邻接矩阵如下所示，试画出该无向连通网以及所对应的最小生成树。

$$\begin{bmatrix} 0 & 1 & 12 & 5 & 10 \\ 1 & 0 & 8 & 9 & \infty \\ 12 & 8 & 0 & \infty & 2 \\ 5 & 9 & \infty & 0 & 4 \\ 10 & \infty & 2 & 4 & 0 \end{bmatrix}$$

第8章 查 找

本书的前 7 章内容，涉及的都是一个个具体的“数据结构”。本章及下一章，涉及的则是另外一方面的问题。

本章介绍“查找”（又称“检索”），意思是要从数据集合中，找出人们所需要的数据元素，着眼点在一个“找”字上；下一章介绍的“排序”，就是要把数据元素的任意序列按照某种要求重新排列，以求查找起来更为快捷、便当，着眼点在一个“排”字上。

在已经讲述的各种数据结构上，要对数据元素实施各种操作，例如数据的读取、插入、修改、删除等。应该说，“查找”是最为基础的、使用频率最高的、程序中耗费时间最多的一种数据操作，因为只有找到了数据或确定了数据操作的具体位置，才能进行对数据所期望的读取、插入、修改和删除。因此，“查找”是数据操作的出发点，是大多数计算机应用程序的核心。选择一个好的查找方法，会大大提高程序运行的效率。

本章主要介绍以下几个方面的内容：

- 有关查找的基本概念；
- 静态查找算法；
- 基于二叉查找树的动态查找算法；
- 基于散列表的动态查找算法。

8.1 查找的基本概念

所谓“查找（Search）”，是要确定具有某个值的元素是否是某个集合中的一个成员的过程。我们可以像下面那样来形式地定义查找。

设集合 T 里有 n 条记录，形式如下：

$$(k_1, I_1), (k_2, I_2), (k_3, I_3), \cdots, (k_n, I_n)$$

其中，k_1、k_2、…、k_n 是互不相同的 n 个关键字值，I_i 是与 k_i 相关联的记录信息（1≤

$i \leqslant n$)。给定某个值 K。"查找" 就是要在集合 T 中寻找出一个记录（k_j, I_j），使得有 k_j =K。查找成功的含义就是在 T 里找到一个关键字为 k_j 的记录，使得 k_j=K；查找失败就是在 T 里找不到记录，使得 k_j=K（可能在 T 里不存在这样的记录）。

记录中的关键字 k_i，实际上是记录（即数据元素）中的一个数据项。由于它们互不相同，因此可以用它们来标识记录。这种能够唯一确定一个记录的数据项，被称为是记录的"主关键字（Primary Key）"，简称"关键字（Key）"；不能唯一确定一个记录的数据项，称为记录的"次关键字（Secondary Key）"。

例如表 8-1 给出了一张学生情况登记表。对于每一个学生记录而言，"学号"能够唯一地确定一个学生的情况，因此这个数据项是学生记录的（主）关键字；学生的"姓名"只能是一个次关键字，因为可能会有相同姓名的人。

表 8-1　学生情况登记表

学　号	姓　名	性　别	年　龄	平均成绩
060712	苏雅菲	女	20	89
060725	冷　冬	男	19	93
060708	戈红军	男	21	65
060710	余中华	男	20	84
060733	丁蕊佳	女	18	95

有 n 条记录的集合 T 是实施查找的数据基础。在讨论查找问题时，常把 T 称为"查找表（Search Table）"。

如果查找只是为了获取是否成功以及相应的记录信息，并不去改变查找表的内容（即不对查找表进行修改、删除、插入等），那么这种查找称为"静态查找（Static Search）"，这时的查找表称为"静态查找表"；如果查找过程会伴随着对数据元素的变更（插入、删除、修改、移动等），那么这种查找称为"动态查找（Dynamic Search）"，这时的查找表称为"动态查找表"。

查找时，人们总是用给定值 K 与各记录的关键字 k_i（$1 \leqslant i \leqslant n$）来进行比较的。若用 C_i 表示查找第 i 个记录时需要进行比较的次数，用 P_i 表示要查找第 i 个记录的概率，那么查找成功的"平均查找长度（Average Search Length，ASL）"为

$$ASL = \sum_{i=1}^{n} P_i * C_i$$

例 8-1　假定表 8-1 里共有 n 个学生记录，并以相等概率查找每个记录（即以 $1/n$ 的概率查找每个记录）。试问对该表进行查找的平均查找长度是多少？

解：不难知道：查找第 1 个记录需要比较 1 次，查找第 2 个记录需要比较 2 次，……，查找第 n 个记录需要比较 n 次。因此，平均查找长度是：

$$ASL = (1+2+\cdots+n)/n = (1+n)/2$$

8.2 静态查找算法

对于一般的无序线性表（顺序存储结构或链式存储结构），进行静态查找时采用的都是大家熟悉的顺序查找算法。也就是从查找表的第 1 个记录开始，将给定值 K 按顺序依次与每个记录的关

键字进行比较，直到找到要查找的记录（找到），或到达查找表的末尾（没有找到）为止。这种查找算法的查找效率当然是比较低的。例 8-1 给出的就是对线性表等概率查找时的平均查找长度。

若已经根据某种规则对静态查找表中的记录进行了某种排序，那么就可以设计出别的算法来对表元素进行较高效率的查找。

下面将分别介绍两种具有较高查找效率的静态查找算法：折半查找算法和分块查找算法。要再次强调的是，必须清楚地知道使用它们的前提条件。

8.2.1 折半查找

所谓“有序表”，是指已经将记录按照关键字的大小顺序进行了排列（由小到大或由大到小）的一种查找表。基于有序表的折半查找算法，具有很高的查找效率。

1．折半查找的基本思想

折半查找（Binary Search）也称为二分查找，基本思想是以有序表的中间记录为准，将表分为左、右两个子表。用给定值 K 与中间记录的关键字进行比较，若比较结果相等，则查找成功；若给定值 K 小于中间记录的关键字，则取左子表继续这种查找过程；若给定值 K 大于中间记录的关键字，则取右子表继续这种查找过程。不断重复这种做法，直到查找成功，或无该记录存在而查找失败。

例 8-2 设有 16 个记录的查找表，关键字序列如下：

08 12 15 20 24 29 32 35 38 44 48 56 60 66 74 88

现在给定 K=38，试用折半查找方法找出哪一个记录的关键字等于 38。

解：如图 8-1 的“初始状态”所示，查找表共有 16 个记录，箭头指向的是中间记录的关键字 35。用给定值 38 与它比较时，由于 38>35，表示所要查找的记录应该在右子表里。于是略去中间记录和左子表里的记录，剩下右子表，成为图 8-1 中的“第 1 次比较后”的情形。

右子表现在有 8 个记录，中间记录的关键字是 56。由于 38<56，表示所要查找的记录应该在当前的左子表里。于是略去中间记录和右子表里的记录，剩下左子表，成为图 8-1 中的“第 2 次比较后”的情形（这里没有再标出左、右子表）。

继续这一过程，中间记录的关键字是 44。由于 38<44，表示所要查找的记录应该在左子表里。于是略去中间记录和右子表里的记录，剩下左子表，成为图 8-1 中的“第 3 次比较后”的结果。

这时，就只有一个记录了，它的关键字恰是 38，于是经过 4 次关键字比较，查找获得成功，它所对应的序号 9 就是记录在查找表里的位置。

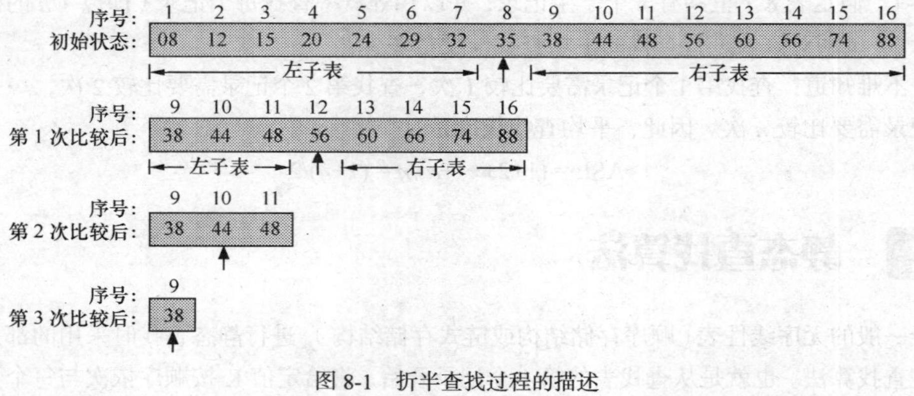

图 8-1 折半查找过程的描述

2. 折半查找算法

由例 8-2 可以看出，实施折半查找时，应该把查找表顺序存储在一个一维数组里，数组元素的存储结构如图 8-2 所示。

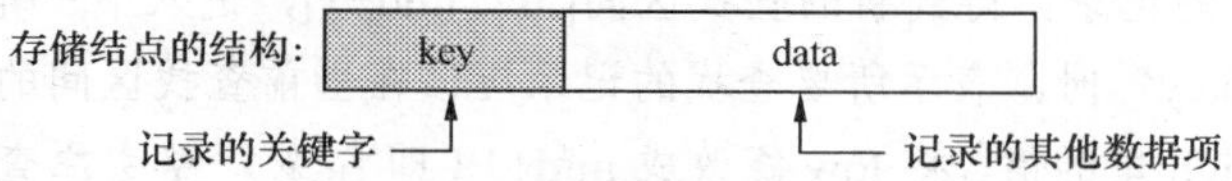

图 8-2　结点的存储结构

其中，数据项 key 是记录的关键字，data 是记录的其他数据项。由于查找时最关心的是记录的关键字，所以在下面叙述时只提记录的 key，而不去顾及记录的 data。

折半查找时，要不断地从当前的比较范围里取得中间记录的 key。因此，算法实现时必须要有两个变量，用来随时记住比较范围内起始记录和终端记录的位置；也必须要有一个变量，用来记住每次比较范围内中间记录的位置。

算法 8-1　有序表的折半查找算法。

（1）算法描述

已知有序表 Ar 共有 n 个记录，存储在一个一维数组里，结点的存储结构如图 8-2 所示。给定值 K，要求对 Ar 进行折半查找，返回查找成功或失败的信息。算法名为 Bin_Ar()，参数为 Ar、n、K。

```
Bin_Ar(Ar, n, K)
{
  low = 1;                        /* 查找范围内起始记录序号置为 1 */
  high = n;                       /* 查找范围终端记录序号置为 n */
  while (low<=high)
  {
   mid = ⌊(low+high)/2⌋;          /* 将整除得到的查找范围中间记录序号存入 mid */
   if (K<Ar[mid].key)             /* 将给定值 K 与中间记录关键字比较 */
    high = mid - 1;               /* 所查记录在左子表里，修改查找范围终端记录序号 */
   else if (K>Ar[mid].key)
    low = mid + 1;                /* 所查记录在右子表里，修改查找范围起始记录序号 */
   else                           /* 成功！返回记录序号 */
    return (mid);
  }
  return (-1);                    /* 失败！返回-1 */
}
```

（2）算法分析

算法里开辟了 low、high、mid 三个变量，各自的作用是：

- low——总是存放当前查找区间起始（最左端）记录的序号，初始时为 1；
- high——总是存放当前查找区间终端（最右端）记录的序号，初始时为 n；
- mid——总是存放当前查找区间中间记录的序号，它的取值由公式(low+high)/2 通过取整运算“⌊ ⌋”求得，例如 $\lfloor(22+4)/8\rfloor=\lfloor 26/8\rfloor=3$。

算法的主体是一个 while 循环，当存在正常的查找区间（即“low<=high”）时，循环就一直进行下去。循环体里做的事情很简单，就是用给定值 K 与当前比较区间中间记录的关键字进行比

较。比较有以下 3 种不同的情况。

- “K<Ar[mid].key”时，表示所要查找的记录应该在当前查找区间的左子表里，因此保持原来的 low 里的值，将 high 修改成 mid−1（即左移），略去原查找区间中间记录和高端那一半的记录，得到新的查找区间[low, mid−1]，进入下一轮循环。
- “K>Ar[mid].key”时，表示所要查找的记录应该在当前查找区间的右子表里，因此保持原来的 high 里的值，将 low 修改成 mid+1（即右移），略去原查找区间中间记录和低端那一半的记录，得到新的查找区间[mid+1, high]，进入下一轮循环。
- “K==Ar[mid].key”时，表示所要查找的记录就是当前查找区间的中间记录，查找成功，返回中间记录的序号 mid，循环结束。

在 low>high 时，表示已经无法形成正常的查找区间了，循环结束，且查找失败。

由于折半查找时，循环一次查找区间就会在原来的基础上缩小一半，因此相对于实行顺序查找来说，它所做的关键字比较要少得多。无论是查找成功还是失败，查找效率都是很高的。不过，折半查找的前提是查找表必须事先排好序，排序当然是要花费时间的。

（3）算法讨论

由于折半查找时，除了起始记录序号和终端记录序号外，在查找区间里进行的操作都是相同的，因此也可以通过递归来实现折半查找算法。下面就是折半查找的递归算法。

算法 8-2 有序表的（递归）折半查找算法。

已知有序表 Ar，存储在一个一维数组里，起始记录序号为 low，终端记录序号为 high。给定值 K。要求对 Ar 进行折半查找，返回查找成功或失败的信息。算法名为 Bin_Ar1()，参数为 Ar、K、low、high。

```
Bin_Ar1(Ar, K, low, high)
{
  if (low>high)                               /* 查找失败，返回-1 */
    return (-1 );
  else
  {
    mid = (low+high)/2;                       /* 折半 */
    if (Ar[mid].key == K)                     /* 查找成功，返回记录序号 */
      return (mid);
    if (Ar[mid].key > K)
      return Bin_Ar1(Ar, K, low, mid-1);  /* 在左子表继续递归地查找 */
    else
      return Bin_Ar1(Ar, K, mid+1, high); /* 在右子表继续递归地查找 */
  }
}
```

例 8-3 有如下的有序表：

7　14　18　21　23　29　31　35　38　42　46　49　52

要查找关键字为 14 和 22 的记录。利用图示说明折半查找时变量 low、high、mid 的变化。

解：查找关键字为 14 的记录时，变量 low、high、mid 的变化如图 8-3（a）所示；查找关键字为 22 的记录时，变量 low、high、mid 的变化如图 8-3（b）所示。

先来看查找关键字 14 的记录时的情形。最初，low 指向记录 1，high 指向记录 13。由于 mid=

⌊(low+high)/2⌋=⌊(1+13)/2⌋=7，因此 mid 指向记录 7，如图 8-3（a）的初始状态所示。这时，要查找的关键字 14 小于记录 7 的关键字 31，因此调整 high=mid−1=6（low 不变），查找区间变为（1，6），mid=⌊(1+6)/2⌋=3。于是，low、high、mid 的情况如图 8-3（a）的“第 1 次比较后”所示。

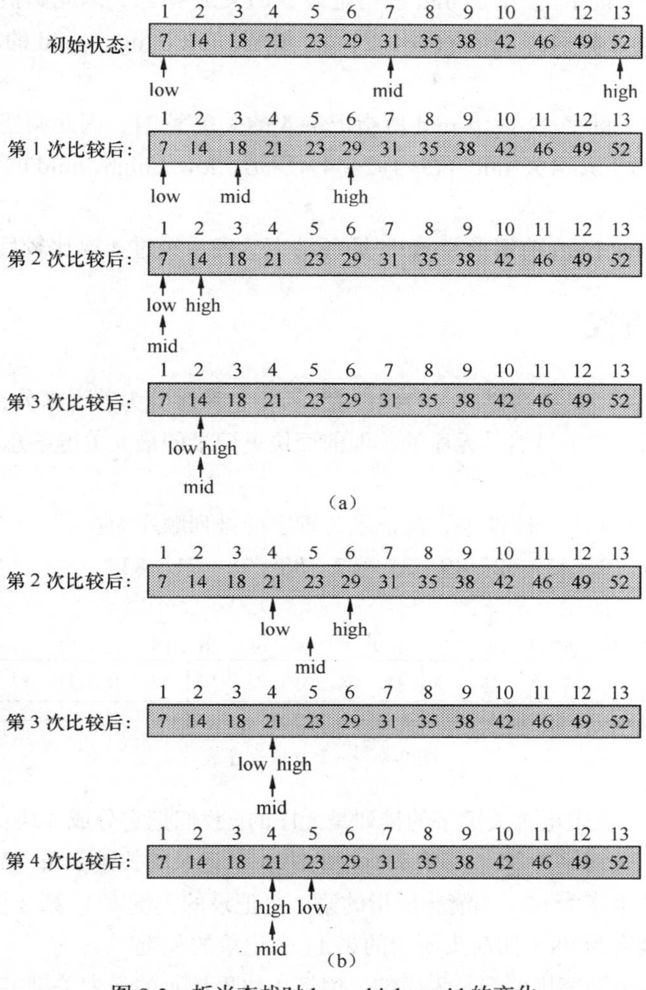

图 8-3　折半查找时 low、high、mid 的变化

这时，要查找的关键字 14 小于 mid 所指记录 3 的关键字 18，因此调整 high=mid−1=2（low 不变），查找区间变为（1，2），mid=⌊(1+2)/2⌋=1。于是，low、high、mid 的情况如图 8-3（a）的“第 2 次比较后”所示。

这时，要查找的关键字 14 大于 mid 所指记录 1 的关键字 7，因此调整 low=mid+1=2（high 不变），查找区间变为（2，2），mid=⌊(2+2)/2⌋=2。于是，low、high、mid 的情况如图 8-3（a）的“第 3 次比较后”所示。

这时，要查找的关键字 14 等于 mid 所指记录 2 的关键字 14，表明经过 4 次关键字比较后查找成功，返回此时的 mid 值为 2，算法结束。

再来看查找关键字 22 的记录时的情形。这时的“初始状态”和“第 1 次比较后”的情形与图 8-3（a）的完全一样。

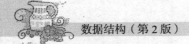

第 2 次比较时，要查找的关键字 22 大于 mid 所指记录 3 的关键字 18，因此调整 low=mid+1=4（high 不变），查找区间变为（4，6），mid=$\lfloor (4+6)/2 \rfloor$=5。于是，low、high、mid 的情况如图 8-3（b）的“第 2 次比较后”所示。

这时，要查找的关键字 22 小于 mid 所指记录 5 的关键字 23，因此调整 high=mid−1=4（low 不变），查找区间变为（4，4），mid=$\lfloor (4+4)/2 \rfloor$=4。于是，low、high、mid 的情况如图 8-3（b）的“第 3 次比较后”所示。

这时，要查找的关键字 22 大于 mid 所指记录 4 的关键字 21，因此调整 low=mid+1=5（high 不变），查找区间变为（5，4），mid=$\lfloor (5+4)/2 \rfloor$=4。于是，low、high、mid 的情况如图 8-3（b）的“第 4 次比较后”所示。

至此，出现了 low>high 的情形，while 循环结束，表示经过 4 次比较后查找失败，返回−1。

8.2.2 分块查找

所谓“分块有序表”，是指这样的一种线性表，若把它顺序分为若干部分，每部分称为一“块”，那么每块里面的记录关键字虽然是无序的，但前面块里记录的最大关键字总是小于后面块里的最大关键字。

例如，图 8-4 给出了一个线性表，其记录关键字的排列顺序为：

14 22 8 31 18 43 62 49 35 52 88 78 71 83

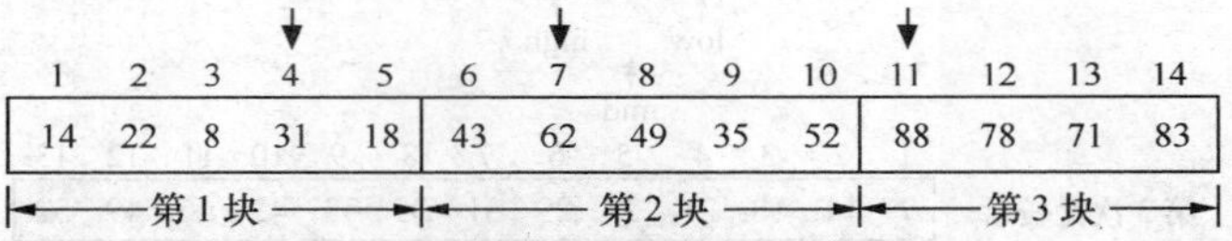

图 8-4 一个分块有序表

从总体上看，整个表中记录关键字的排列是无序的。我们把它分成 3 块：第 1 块里包含第 1～第 5 个记录，其最大关键字为 31（如箭头所指的第 4 个记录的关键字）；第 2 块里包含第 6～第 10 个记录，其最大关键字为 62（如箭头所指的第 7 个记录的关键字）；第 3 块里包含第 11～第 14 个记录，其最大关键字为 88（如箭头所指的第 11 个记录的关键字）。

这 3 块里记录的关键字排列都是无序的。但第 1 块里记录的最大关键字小于第 2 块里记录的最大关键字，第 2 块里记录的最大关键字小于第 3 块里记录的最大关键字，因此该表是一个分块有序表。

分块有序表的特点是：每块中的记录虽然是无序的，但各块的最大关键字之间是按序（例如按照由小到大递增的次序）排列的。这种分块有序表是实施分块查找的基础。

1．分块查找的基本思想

分块查找（Blocking Search）也称为索引顺序查找，它是基于分块有序表提出的一种查找算法。其基本思想是：按照分块有序表的块的顺序，以每块中记录的最大关键字值建立一个索引表，称为索引顺序表。查找时，先用给定值 K 在索引顺序表里采用顺序查找算法确定出它可能在的块，然后再在该块里使用顺序查找算法最终获得查找结果：是成功或是失败。

例 8-4 基于图 8-4 的分块有序表，查找关键字为 K=56 的记录。

解： 为该查找表建立一个索引顺序表，如图 8-5 所示。索引顺序表的每一个表目由以下

3 项组成：

- key——该块里记录的最大关键字值；
- len——该块里的记录数；
- addn——该块第 1 个记录的序号。

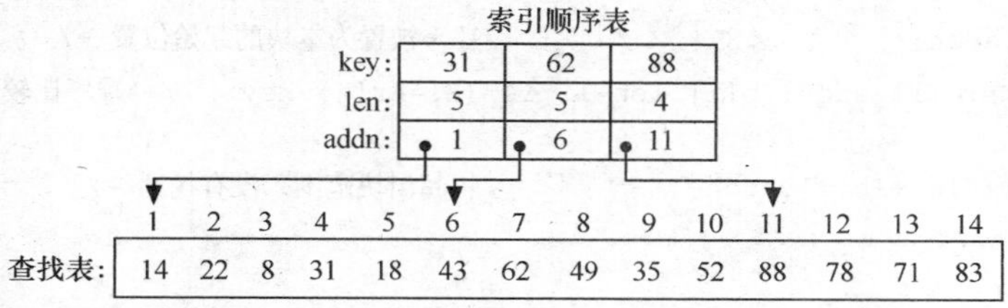

图 8-5　分块查找时的索引顺序表

先通过索引顺序表确定关键字为 56 的记录应该位于哪一块，这只需用给定值 K 与索引顺序表的 key 域进行比较即可。由于第 1 块记录的最大关键字为 31，因此关键字为 56 的记录不会在第 1 块里。由于第 2 块记录的最大关键字为 62，因此如果有关键字为 56 的记录存在，那么它就应该出现在第 2 块里。

确定了给定值记录可能在的块后，由索引顺序表的 addn 项知道该块的起始记录是查找表的第 6 个记录，由 len 知道该块里共有 5 个记录。于是就从查找表的第 6 个记录开始，往后查 5 个记录，看它们的关键字是否为 56。

由于该块记录的关键字是：43、62、49、35、52，没有一个记录的关键字是 56，因此查找失败。

2. 分块查找算法

由例 8-4 可以看出，对分块有序表实施分块查找时，可以把查找表顺序存储在一个一维数组里，数组元素的存储结构如图 8-2 所示；把索引顺序表也存储在一个一维数组里，其元素的存储结构如图 8-6 所示。

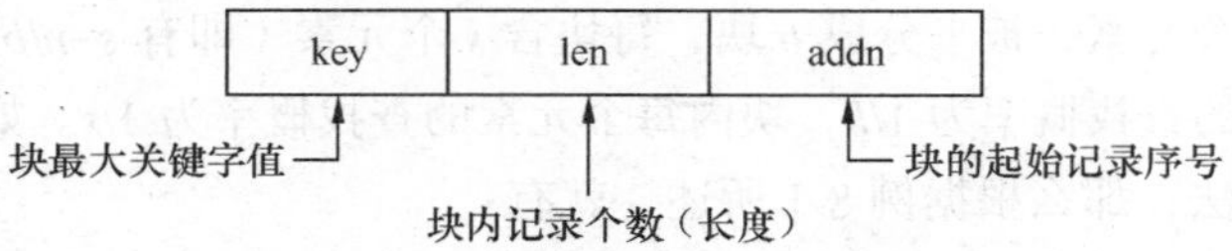

图 8-6　索引顺序表结点的存储结构

算法 8-3　基于分块有序表的分块查找算法。

（1）算法描述

已知分块有序表 Ar 存储在一个一维数组里，结点的存储结构如图 8-2 所示。将 Ar 分成 b 块，建立的索引顺序表 Ib 存储在一个一维数组里，结点的存储结构如图 8-6 所示。给定值 K。要求对 Ar 进行分块查找（即先用 K 在 Ib 里进行顺序查找，确定所在块的位置；再用 K 在所在块里进行顺序查找），返回查找成功或失败的信息。算法名为 Blk_Ar()，参数为 Ar、Ib、K、b。

```
Blk_Ar(Ar, Ib, K, b)
{
  i = 1;
```

```
  while ((i<=b) && (K>Ib[i].key))              /* 顺序查找索引顺序表 Ib */
    i++;
  if (i>b)                                     /* 在索引顺序表里找不到适当的关键字 */
    return (-1);
  else                                         /* 在索引顺序表里找到适当的关键字 */
  {
    j = Ib[i].addn;                            /* j 被置为本块的起始位置 */
    while ((j<=Ib[i].addn+Ib[i].len-1) && (K!=Ar[j].key))  /* 顺序比较本块关键字 */
      j++;
    if (j>Ib[i].len+Ib[i].addn-1)              /* 超出块范围，没有找到 */
      return (-1);
    else
      return (j);                              /* 找到，返回记录位置 */
  }
}
```

（2）算法分析

算法一开始，通过 while 循环对索引顺序表 Ib 进行顺序查找，该表里共有 b 个表目，查找就在 1 ~ b 之间进行。如果查找成功，变量 i 里存放的就是要查找记录可能在的那个块的块号。

有了块的块号，就可以从索引顺序表里得到该块起始记录的位置（Ib[i].addn），以及该块最后一个记录的位置（Ib[i].addn+Ib[i].len−1）。这样，就通过 while 循环，在这个范围内查找所需要的记录是否存在，即看哪一个记录的关键字 Ar[j].key 与 K 相等。如果查到有相等关键字，就表示查找成功，变量 j 里是该记录在查找表 Ar 里的序号。

（3）算法讨论

分块查找算法是通过索引顺序表，将查找缩小在某一块里进行而提高查找效率的。这时的查找效率将由两个部分来确定：一是确定待查记录所在块时，对索引顺序表进行查找的平均查找长度 L_b；二是在某块里进行查找的平均查找长度 L_w。若分块查找的平均查找长度是 ASL_{bs}，那么就有：

$$ASL_{bs}= L_b +L_w$$

假定查找表有 n 个元素，被平分成 b 块，每块含 s 个元素（即有 $s=n/b$）。若每个元素的查找概率相等，于是每块的查找概率为 $1/b$，块内每个元素的查找概率为 $1/s$。如果我们对索引顺序表和块都采用顺序查找法，那么根据例 8-1 所述，就有：

$$L_b=(b+1)/2 \quad 和 \quad L_w=(s+1)/2$$

这时，分块查找的平均查找长度 ASL_{bs} 就有：

$$ASL_{bs}=(b+s)/2=1+ (n/s + s) / 2$$

分块查找时，建立的索引顺序表是按关键字有序的。如果查找表很大，被分成了很多很多块，那么有时索引顺序表也会很大。为了提高查找效率，对索引顺序表也可以采用折半查找算法而不是顺序查找算法。

8.3 二叉查找树的动态查找

折半查找和分块查找，比起线性表的顺序查找来，确实有较高的查找效率。但这时的查找表是建立在顺序存储结构上的，当查找失败需要往表里进行插入操作、或查找成功要把该记录删除时，都会感到不便和麻烦。正因为如此，它们属于静态查找的范畴。

本节要讨论的二叉查找树查找，不仅具有较高的查找效率，而且还便于在查找表中进行数据的插入和删除等操作。因此，它属于动态查找的范畴。

8.3.1　二叉查找树及查找算法

1. 二叉查找树定义

二叉查找树，又叫二叉排序树或有序二叉树，它是一种特殊的、增加了限制条件的二叉树，可以将它定义如下。

所谓"二叉查找树（Binary Search Tree）"，或是一棵空树，或是一棵满足下列条件的二叉树：

（1）若它的左子树非空，则左子树上所有结点的值都小于根结点的值；

（2）若它的右子树非空，则右子树上所有结点的值都大于根结点的值；

（3）它的左、右子树本身也是一棵二叉查找树。

例 8-5　图 8-7（a）所示为一棵二叉树，它是一棵二叉查找树吗?

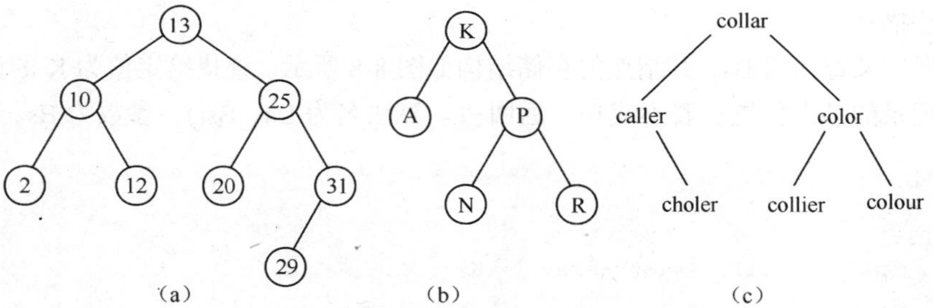

图 8-7　二叉查找树示例

解：从图中知道，根结点的值是 13，它的左子树上有 3 个结点，其值分别是 10、2、12，它们都小于 13；它的右子树上有 4 个结点，其值分别是 25、20、31、29，它们都大于 13。再随便来看其他任何一个结点，例如 25。以它为根结点时，其左子树上有一个结点，值是 20，小于 25；其右子树上有两个结点，值分别是 31、29，它们都大于 25。可见，图 8-7（a）给出的二叉树，符合二叉查找树的条件，是一棵二叉查找树。

在二叉查找树的定义中，"小于"、"大于"的概念有赖于各结点存放的数据类型。图 8-7（a）表示结点的值为数字（例如是记录的关键字），那么就是用">"、"<"来表示"小于"、"大于"；图 8-7（b）表示结点的值为字母，那么就是用字母的顺序（即按字母的 ASCII 码值大小）来表示"小于"、"大于"；图 8-7（c）表示结点的值为字符串，那么也是遵循字母的顺序来表示"小于"、"大于"。注意，这 3 棵二叉树都符合二叉查找树的 3 个条件。

二叉查找树必须具备的条件，使得这种树结构反映出了结点关键字值间的次序关系：任一结点的关键字值都大于其左孩子（及其子孙）的关键字值，小于其右孩子（及其子孙）的关键字值。因此，对二叉查找树进行中序遍历，就可以得到各结点关键字由小到大的序列。

例如，对图 8-7（a）所示的二叉查找树进行中序遍历，得到的序列是：

$$2 \rightarrow 10 \rightarrow 12 \rightarrow 13 \rightarrow 20 \rightarrow 25 \rightarrow 29 \rightarrow 31$$

对图 8-7（c）所示的二叉查找树进行中序遍历，得到的序列是：

caller→choler→collar→collier→color→colour

2．二叉查找树的查找算法

在已知一棵二叉查找树的前提下，要进行查找是很容易的事情：先将给定值 K 与二叉查找树的根结点的关键字值进行比较，若 K 与根结点的关键字值相等，则查找成功；否则，若 K 小于根结点的关键字值，表明所要查找的记录只可能在左子树上，于是进到左子树继续进行查找；若 K 大于根结点的关键字值，表明所要查找的记录只可能在右子树上，于是进到右子树继续进行查找。

从这样的分析可以看出，应该用二叉链表结构来存储二叉查找树，这样实现查找就比较容易。这时结点的存储结构如图 8-8 所示。对于查找来说，结点的存储结构里最重要的是 3 个域：key（记录关键字）、Lchild（左孩子指针）、Rchild（右孩子指针）。

图 8-8　二叉查找树结点的存储结构

算法 8-4　基于二叉查找树的查找算法。

（1）算法描述

已知一棵二叉查找树 Bs，其结点的存储结构如图 8-8 所示。查找给定值为 K 的记录。若查找成功，返回记录的结点位置；若不成功，返回−1。算法名为 Bss_Bs()，参数为 Bs、K。

```
Bss_Bs(Bs, K)
{
  ptr = Bs;
  while ( (ptr != NULL) &&(ptr->key != K) )
  {
    if ( K<ptr->key )
      ptr = ptr->Lchild;
    else
      ptr = ptr->Rchild;
  }
  if (ptr != NULL)
    return (ptr);
  else
    return (-1);
}
```

（2）算法分析

算法主要由 while 循环和 if 语句构成。while 循环的功能是不断地用给定值 K 与当前结点的关键字值进行比较，如果相等，查找就成功；如果不相等，就根据是小于还是大于，转而进到左子树或右子树去继续比较。循环结束后，如果指针 ptr 不是 NULL，那么肯定是查找成功，它的指向就是查到记录的位置；如果 ptr 是 NULL，肯定查找失败，于是返回−1。

（3）算法讨论

在二叉查找树上进行查找时，如果与根结点关键字比较后不相等，就会进到左子树或右子树去继续查找。因此，下一次比较前就会去掉一半记录。这与前面所介绍的折半查找有些类似。由树型结构的特点可知，这时和关键字的比较次数，不会超过这棵树的深度 h。也就是说，在二叉查找树上进行查找时的效率，与树的形状是很有关系的。

例如，图 8-9（a）和图 8-9（b）是由相同关键字值构造出的两棵不同形态的二叉查找树，其深度分别为 3 和 9。在查找失败时，这两棵树的最大比较次数分别为 4 和 10。

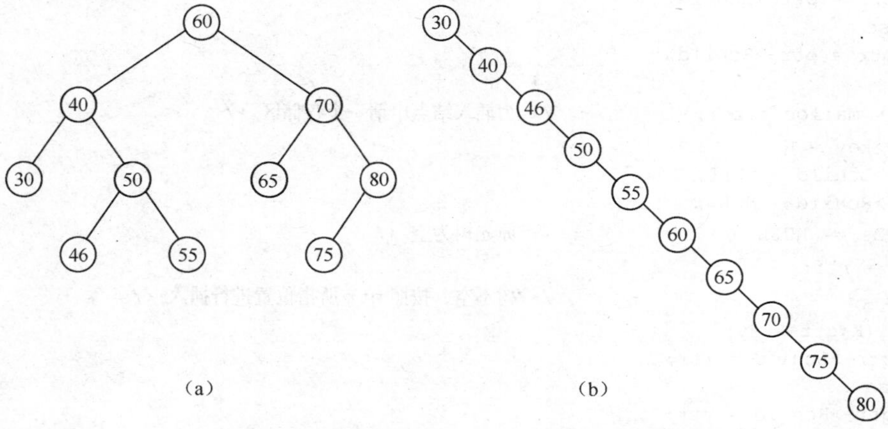

图 8-9　两棵具有不同形态的二叉查找树

如果查找每个结点的概率相等，在查找成功的情况下，图 8-9（a）给出的二叉查找树的平均查找长度为

$$ASL_a=(1+2\times2+3\times4+4\times3)/10=3$$

图 8-9（b）给出的二叉查找树的平均查找长度为

$$ASL_b=(1+2+3+4+5+6+7+8+9+10)/10=5.5$$

可见，对于有 n 个结点的二叉查找树，当树的形态比较匀称时，查找效率就好一些；当树的形态是一棵单支树时，查找效率就为最坏。

8.3.2　二叉查找树的插入与删除

由于二叉查找树采用链式存储结构，便于在其上进行插入和删除操作，因此二叉查找树是一种动态查找表。在对二叉查找树进行插入、修改或删除操作时，最重要的是要保证操作后的二叉树仍然应该是一棵二叉查找树，仍然应该满足二叉查找树应该满足的条件。

1．二叉查找树的插入

只有在二叉查找树上查找失败时，才进行插入。所要插入的结点，肯定成为查找不成功时所经过路径上的最后一个结点的左孩子或右孩子结点，即成为整个树的一个叶子结点。

算法 8-5　基于二叉查找树的插入算法。

（1）算法描述

已知一棵二叉查找树 Bs，要将关键字为 K 的记录插入其中。算法名为 Ins_Bs()，参数为 Bs、K。

```
Ins_Bs(Bs, K)
{
 ptr = Bs;
 while (ptr != NULL)              /* 寻找插入位置 */
 {
```

```
    if (K == ptr->key)               /* 已有关键字值为 K 的记录 */
      return ;
    qtr = ptr;                       /* 指针 qtr 存放结点欲插入的位置 */
    if (K<ptr->key)
      ptr = ptr->Lchild;
    else
      ptr = ptr->Rchild;
  }
  rtr = malloc(size);                /* 为插入结点申请一个存储区 */
  rtr->key = K;
  rtr->Lchild = NULL;
  rtr->Rchild = NULL;
  if (Bs == NULL)                    /* 原先树为空 */
    Bs = rtr;
  else                               /* 树不空，按照 qtr 所指位置进行插入 */
    if (K<qtr->key)
      qtr->Lchild = rtr;
    else
      qtr->Rchild = rtr;
}
```

（2）算法分析

算法由 3 个部分组成。开始是一个 while 循环，作用是在树非空时寻找记录正确的插入位置。在寻找插入位置时要做两件事情：一是如果发现树中已经有记录的关键字与 K 相等，那么立即返回，不能再去插入；二是用指针 qtr 记住可能的插入位置，当没有记录的关键字与 K 相等、循环又因“ptr==NULL”结束时，qtr 里就是找到的正确插入位置。

算法的第 2 部分是形成要插入的结点，即为它申请存储区，由指针 rtr 指向，将该结点的 key 域置为 K，将 Lchild 和 Rchild 域置为 NULL。注意，在形成插入结点时，我们只关心记录的关键字和左、右孩子指针，略去了记录中应该有的数据内容。

算法的第 3 部分是完成插入，这时要分原树为空和不为空两种情形。为空时，rtr 所指的结点就是树的根结点，直接插入即可；不为空时，就要通过 qtr 所指插入位置上结点的 key，来判定是将 rtr 所指的结点插入成为左孩子还是右孩子。

2. 二叉查找树的建立

通过上面的二叉查找树插入算法，很容易在空树的基础上创建出一棵二叉查找树。具体做法是从空树开始，输入一个结点数据后，就调用一次插入算法，将结点插入到适当的位置，直到输入某个特殊的值（例如“−1”）时创建结束。

算法 8-6 二叉查找树的创建算法。

（1）算法描述

算法名为 Crt_Bs()，最终返回指向所创建的二叉查找树的指针。

```
Crt_Bs()
 {
  ptr = NULL;
  scanf ("%d", &key);               /* 输入一个关键字值 */
  while (key != -1)                 /* 调用插入算法，进行结点插入 */
  {
    Ins_Bs(ptr, key);
```

```
    scanf ("%d", &key);
  }
  return (ptr);                    /* 返回创建的二叉查找树根结点指针 */
}
```

（2）算法分析

二叉查找树的创建算法很简单，主要就是通过不断调用插入算法 Ins_Bs()来完成树的创建工作。在接到输入–1 的信息时，整个创建工作结束，返回指向树根结点的指针。

例 8-6　设有关键字序列：44、77、55、22、99、33、88，请利用二叉查找树的创建算法，构造相对应的二叉查找树。

解：以所给关键字序列为基础，构造相应二叉查找树的过程如图 8-10 所示。

开始时，二叉查找树为空，如图 8-10（a）所示。根据所给的关键字序列，往空树里插入关键字为 44 的第一个结点，它是该树的根结点，如图 8-10（b）所示。由于关键字 77 大于根结点的关键字 44，因此将它插入到根结点 44 的右孩子处，如图 8-10（c）所示。由于关键字 55 大于根结点的关键字 44，又由于它小于 77，因此将它插入到结点 77 的左孩子处，如图 8-10（d）所示。如此一步步地做下去，最终形成的二叉查找树如图 8-10（h）所示。

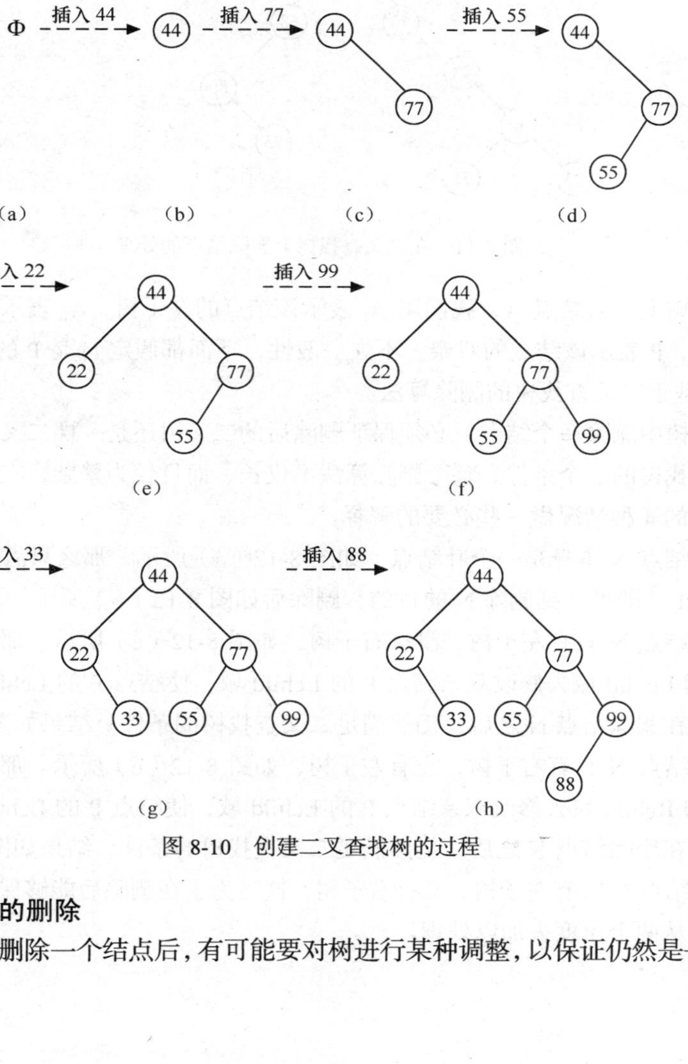

图 8-10　创建二叉查找树的过程

3．二叉查找树的删除

在二叉查找树上删除一个结点后，有可能要对树进行某种调整，以保证仍然是一棵二叉查找树。

举例说，图 8-11（a）所示为一棵二叉查找树，现在要将其中关键字为 38 的结点删除。该结点既有左子树，又有右子树。将它删除后，为了保证不破坏二叉查找树应该满足的条件，就必须对其左、右子树进行重新安排。例如，图 8-11（b）就是一种调整，它用原先结点 50 的左孩子取代结点 38，并修改它的左、右指针，以保持所有结点仍然是一棵二叉查找树；图 8-11（c）又是一种调整方法，它把原先结点 38 的整个右子树提上来，并修改结点 43 的左指针。总之，在二叉查找树里删除结点后，必须考虑结点的调整问题。

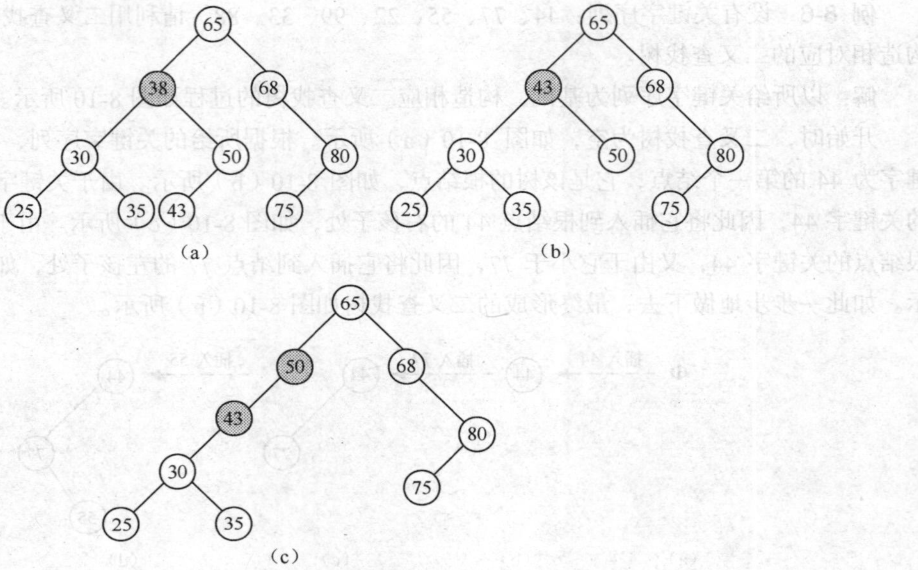

图 8-11　在二叉查找树上删除结点的处理

设二叉查找树上任一结点 A，我们用 A_L 表示该结点的左子树，A_R 表示该结点的右子树。设 N 表示待删结点，P 表示该结点的双亲。不失一般性，下面都假定 N 是 P 的左孩子。

算法 8-7　基于二叉查找树的删除算法。

从二叉查找树中删除一个结点，必须保证删除后的二叉树还是一棵二叉查找树，即所有结点仍要满足二叉查找树的 3 个条件。整个删除算法不仅长、而且较为繁杂，在此就不给出它的具体描述，只分下面的 4 种情况做一些必要的解释。

（1）若待删结点 N 本身是一个叶结点，如图 8-12（a）所示，那么只需将结点 P 的左指针域 Lchild 置为 NULL，即可达到删除 N 的目的，删除后如图 8-12（b）所示。

（2）若待删结点 N 只有左子树，没有右子树，如图 8-12（c）所示。那么为了删除结点 N，只需用结点 N 的 Lchild 域去修改双亲结点 P 的 Lchild 域，使结点 P 的 Lchild 域直接指向结点 N 的左孩子。这样在删除结点 N 之后，仍然满足二叉查找树的条件。结果如图 8-12（d）所示。

（3）若待删结点 N 只有右子树，没有左子树，如图 8-12（e）所示。那么为了删除结点 N，只需用结点 N 的 Rchild 域去修改双亲结点 P 的 Lchild 域，使结点 P 的 Lchild 域直接指向结点 N 的右孩子。这样在删除结点 N 之后，仍然满足二叉查找树的条件。结果如图 8-12（f）所示。

（4）若待删结点 N 既有左子树，又有右子树，这时为了在删除后能够保持二叉查找树必须满足的条件，可以从两个角度去加以处理。

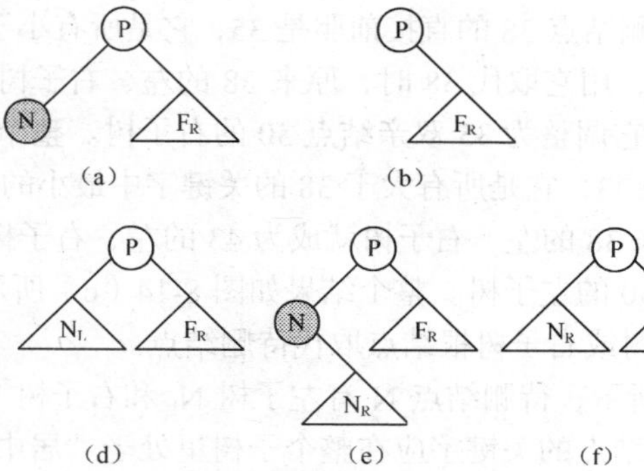

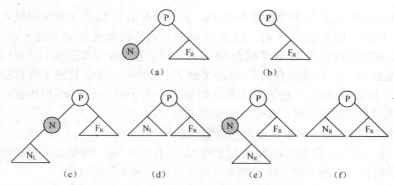

图 8-12 在二叉查找树上删除时的情形（之一）

方法 1：用中序遍历的直接前驱或直接后继取代待删结点。

如图 8-13（a）所示，待删结点 N 有左子树 N_L 和右子树 N_R。对该树进行中序遍历得到中序遍历序列，左子树上最右端的那个结点就是该序列中待删结点 N 的直接前驱，根据二叉查找树必须满足的条件，它必定是所有小于关键字 N 中最大的那一个；类似地，右子树上最左端的那个结点是遍历序列中待删结点 N 的直接后继，根据二叉查找树必须满足的条件，它必定是所有大于关键字 N 中最小的那一个。

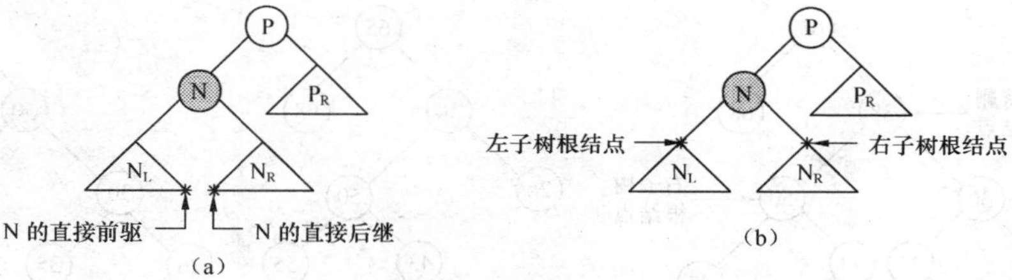

图 8-13 在二叉查找树上删除时的情形（之二）

根据这样的分析，做法一是可以用 N 的直接前驱去取代待删结点 N。这时，原待删结点的左、右子树成为取代结点的左、右子树；若直接前驱有左子树，就将该左子树作为它双亲结点的右子树。做法二是可以用 N 的直接后继去取代待删结点 N。这时，原待删结点的左、右子树成为取代结点的左、右子树；若直接后继有右子树，就将该右子树作为它双亲结点的左子树。

例如，要删除图 8-14（a）中的结点 38，它既有左子树，又有右子树，其中序遍历序列为

30→32→35→**38**→43→47→50→65→68→80

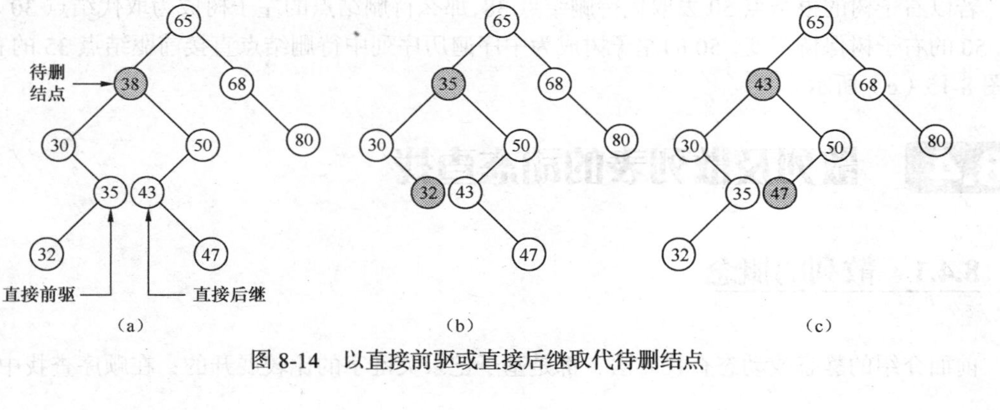

图 8-14 以直接前驱或直接后继取代待删结点

在此序列里，待删结点38的直接前驱是35，它是所有小于38的关键字中最大的一个，且绝不会有右子树。因此，用它取代38时，原来38的左、右子树就成为35的左、右子树。由于35现在有左子树，就把它调整为35双亲结点30的右子树。整个结果如图8-14（b）所示。

38的直接后继是43，它是所有大于38的关键字中最小的一个，且绝不会有左子树。因此，用它取代38时，原来38的左、右子树就成为43的左、右子树。由于43现在有右子树，就把它调整为43双亲结点50的左子树。整个结果如图8-14（c）所示。

方法2：用左子树或右子树根结点取代待删结点。

如图8-13（b）所示，待删结点N有左子树 N_L 和右子树 N_R。按照二叉查找树必须满足的条件知，左、右子树根结点的关键字应在整个子树里处于“居中”的位置。

因此，若用左子树的根结点去取代待删结点，那么待删结点的右子树成为该根结点的右子树，该根结点的左子树（如果有的话）保持不变，而其右子树就应该被调整去做中序遍历序列里该根结点直接后继的左子树，这样才能满足二叉查找树的条件。

类似地，若用右子树的根结点去取代待删结点，那么待删结点的左子树成为该根结点的左子树，该根结点的右子树（如果有的话）保持不变，而其左子树就应该被调整去做中序遍历序列里该根结点直接前驱的右子树，这样才能满足二叉查找树的条件。

例如，要删除图8-15（a）中的结点38，它既有左子树（根结点是30），又有右子树（根结点是50）。

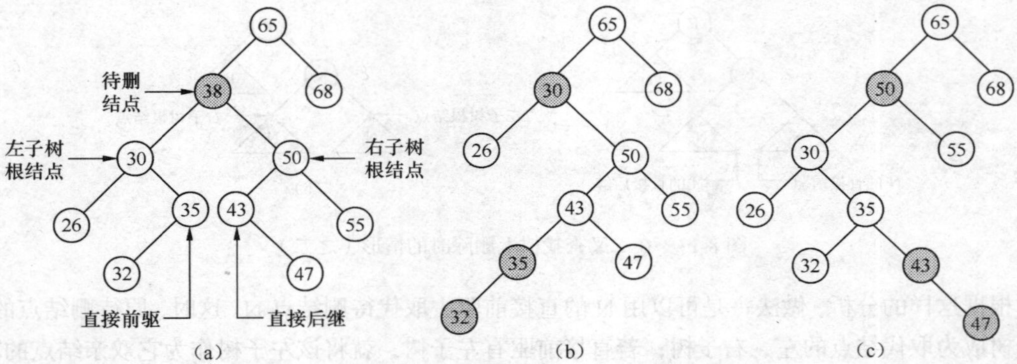

图8-15 以左、右子树根结点取代待删结点

若以左子树的根结点30去取代待删结点38，那么待删结点的右子树成为取代结点30的右子树，30的左子树保持不变，30的右子树成为中序遍历序列中待删结点直接后继结点43的左子树，如图8-15（b）所示。

若以右子树的根结点50去取代待删结点38，那么待删结点的左子树成为取代结点30的左子树，50的右子树保持不变，50的左子树成为中序遍历序列中待删结点直接前驱结点35的右子树，如图8-15（c）所示。

8.4 散列及散列表的动态查找

8.4.1 散列的概念

前面介绍的静态或动态查找方法，都是基于记录关键字的比较展开的：在顺序查找中，从头到尾对查找表元素的关键字进行比较，以确定查找成功与否；在折半查找中，查找表被不断分成两半，以缩小关键字比较的范围；在分块查找中，查找表被分成块，通过索引得到关键字所在块的范围；在二叉查找树中，利用树的分支层次特性，缩小关键字的比较范围。可以看出，这些查找的效率都取决于查找过程中所进行的关键字比较次数，也就是与查找表的长度紧密相关。

理想的做法是不去（或很少）进行比较，而是通过某个函数，利用关键字计算出记录应该在查找表的存储地址。这样，无论是往表里插入数据还是查找数据，所要花费的时间都只是一个求地址的过程，与表中元素的个数（即表长）没有关系，从而提高了检索的效率。这就是“散列”的基本思想。

在散列查找中使用的函数，称为“散列函数（Hash Function）”。有时，也把散列函数称为“哈希函数”。在散列法中的查找表，通常称为散列表或哈希表。

例 8-7 设有 11 个记录的关键字（key）如下：

25, 6, 1, 20, 22, 27, 10, 13, 41, 15, 18

散列函数为：h(key)=key % 11（“%”是求模运算符，即求余），试利用它将这 11 个键值存放到大小为 11 的散列表里，如图 8-16（a）所示。

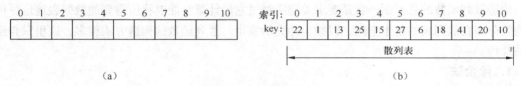

0	1	2	3	4	5	6	7	8	9	10

（a）

索引:	0	1	2	3	4	5	6	7	8	9	10
key:	22	1	13	25	15	27	6	18	41	20	10

散列表

（b）

图 8-16 散列表

解：把每一个关键字代入散列函数 h，求出它们在散列表的地址索引如下：

```
h(25)=25 % 11=3,        h(6)=6 % 11=6,
h(1)=1 % 11=1,          h(20)=20 % 11=9,
h(22)=22 % 11=0,        h(27)=27 % 11=5,
h(10)=10 % 11=10,       h(13)=13 % 11=2,
h(41)=41 % 11=8,        h(15)=15 % 11=4,
h(18)=18 % 11=7
```

于是，存储后的散列表如图 8-16（b）所示。

这个例子有点特殊，即散列函数 h 正好能够将 11 个不同的关键字值映射成了不同的地址索引值。通常，关键字的集合要比散列表的地址（索引）集合大得多，不同关键字经过散列函数变换后，有可能被映射到同一个散列地址上。

例 8-8 给出 9 个记录的关键字（key）如下：

47，7，11，16，29，92，22，8，3

散列函数为：h(key)=key % 11，散列表长为 11。试建立对应的散列表。

解：把每一个关键字代入散列函数 h，求出它们在散列表的地址索引：

```
h(47)=47 % 11=3,        h(7)=7 % 11=7,
h(11)=11 % 11=0,        h(16)=16 % 11=5,
h(29)=29 % 11=7,        h(92)=92 % 11=4,
h(41)=41 % 11=8,        h(3)=3 % 11=3,
```

```
h(8)=8 % 11=8
```

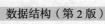

我们看到，关键字 47 和 3 都被映射成索引 3，关键字 41 和 8 都被映射成索引 8，关键字 7 和 29 都被映射成索引 7。这就是说，如果把关键字为 47 和 3 的记录都存放到散列表中去，它们就会进入到同一个存储位置，这当然是不能允许的事情。

散列法中，如果两个不同的关键字经过散列函数的计算后，得到了相同的索引地址，那么这种现象被称作“冲突（Collision）”，计算后得到相同索引地址的那些不同关键字，被称作“同义词”。由同义词产生的冲突，称为同义词冲突。

在利用散列表这种查找方法时，冲突是很难避免的。为了尽可能地减少冲突的发生，需要解决两个问题：一是构造一个较好的散列函数，使得通过它计算得到的散列地址，能够较为均匀地分布在散列表的整个空间；二是一旦发生冲突，要有一个能够有效化解冲突的方法。下面两节将分别讲述这两个问题。

8.4.2 常用散列函数的构造方法

构造散列函数的总原则，就是要求关键字经过它的计算，能够将所得到的散列表地址尽可能地均匀分布在散列表的整个空间，以减少冲突的发生。散列函数的构造方法很多，这里只介绍常用的几种。

1．除余法

“除余法（Division Method）”又称除留余数法，它是用一个整数 p 来除关键字 key，取其余数作为散列地址。即有公式：

$$h(key) = key \% p$$

例 8-9、例 8-10 里采用的散列函数就是用除余法构造的。

除余法是设计散列函数最为简单、常用的方法。这个方法的关键是选取适当的 p 值。大多数情况下，可以取小于或等于散列表长 m 的最大素数。例如，散列表长为 12，那么最好将 p 选为 11，而不是 12。

2．平方取中法

“平方取中法（Mid-square Method）”是先将关键字进行平方，然后根据散列表的大小，选取平方数的中间几位作为记录的散列地址。由于平方之后中间几位一般会与组成关键字值的所有成分相关，因此这种散列函数能够得到较为均匀的地址分布，减少冲突的发生。

例 8-9 有一组关键字值及其平方如下：

关键字值	平方数
010203	0104**101**209
020304	0412**252**416
030405	0924**464**025
040506	1640**739**036

假定散列表空间大小为 10^3，那么按平方取中法形成散列地址，则可取平方数的中间 3 位作为各记录的散列地址，即 101，252，464，739（粗体显示）。

如果把散列表空间限制在 0～499 之间，那么就要在此基础上另外做一些附加的处理。考虑到三位十进制数的取值范围是 0 ~ 999，而允许的地址空间是 0 ~ 499，因此可以在计算出的散列地址超出 499 时，就再乘一个比例因子 0.5，使其落入 0 ~ 499 中。例如对于上面的 739，它超出了范围，于是再做运算：

$$739\times0.5=369.5\approx369$$

这样，关键字 040506 的散列地址就为 369。

3．折叠法

"折叠法（Folding Method）"就是将关键字分割成位数相等的几部分（最后一部分的位数可以不同），对这几部分叠加求和。随后，根据散列表空间的大小，取和的后几位作为记录的散列地址。

依据对分割部分所采用叠加方式的不同，又可以将折叠法细分为两种：移位折叠法和边界折叠法（也称间界折叠法）。

所谓"移位折叠法（Shift Folding）"，就是把各分割部分依最低位对齐，然后进行求和；所谓"边界折叠法（Boundary Folding）"，就是按照各部分的边界，从一端向另一端来回地进行折叠，然后依最低位对齐进行求和。

例如，有关键字 123456789，若以 3 位划分，就有 123、456、789。如果采用移位折叠法形成散列地址，那么就应该是：123+456+789=1368，然后根据散列表空间的大小，取该和的后几位作为记录的散列地址。

如果采用边界折叠法形成散列地址，犹如将关键字写在纸上，然后沿着所分各部分间的边界折叠纸。这样，第 1 部分的 123 保持原有顺序，经折叠后第 2 部分的 456 就应该反序成为 654，再经折叠后第 3 部分又是原有的顺序 789。于是，这时的 3 个数相加应该是：123+654+789=1566。然后根据散列表空间的大小，取该和的后几位作为记录的散列地址。

4．数字分析法

"数字分析法（Digital Analysis Method）"也称"提取法"，即是对组成关键字的数字进行分析，然后提取其中分布较为均匀的数字作为散列地址。

例 8-10　有 80 个记录，关键字为 8 位的十进制数，下面是 80 个关键字中的一部分：

	……				……		
8	1	3	**4**	**6**	**5**	**3**	2
8	1	3	**7**	**2**	**2**	**4**	2
8	1	3	**8**	**7**	**4**	**2**	2
8	1	3	**0**	**1**	**3**	**6**	7
8	1	3	**2**	**2**	**8**	**1**	7
8	1	3	**3**	**8**	**9**	**6**	7
8	1	3	**5**	**4**	**1**	**5**	7
8	1	3	**6**	**8**	**5**	**3**	7
8	1	4	**1**	**9**	**3**	**5**	5
	……				……		
①	②	③	④	⑤	⑥	⑦	⑧

假定散列表的表长为 100，则可取两位十进制数（00 ~ 99）组成散列地址。试问应该取哪两位比较合适？

解：从观察发现，所有关键字的第①、②位都是"81"，第③位只可能取 3 或 4，第⑧位只可能取 2、5 或 7。因此，这四位都不可取。中间用粗体显示的四位，十个数字的分布近乎随机，因此可以取其中的任意两位作为散列地址；也可以用其中两位与另两位叠加求和，舍去进位后作为散列地址。

8.4.3 冲突的处理

前面已经提及，在对散列表进行查找的过程中，冲突是不可避免的。因此，在采用散列动态查找时，必须要有解决冲突的相应办法。常用的解决冲突的方法有开放定址法和链地址法等。

1. 开放定址法

所谓“开放定址法（Open Addressing）”，是指把散列表里的可使用位置向处理冲突开放。基本思想是：在往散列表里插入数据时，若没有发生冲突，则直接将记录插入到由散列函数计算出的散列位置处；若发生冲突，就根据给定的方法，到散列表里去探测和冲突关键字原先的散列位置（地址）不同的另一个可用的位置，然后完成插入。常用的探测方法有：线性探测、二次探测和随机探测等 3 种。

（1）线性探测

所谓“线性探测”，即是在散列过程中发生冲突时，就一个位置、一个位置地往下探测，直到遇到可用位置时完成插入。这时探测地址的一般形式为：

$$h_i(\text{key}) = (h(\text{key}) + i)\ \%\ m \quad (i=1, 2, \cdots, m-1)$$

其中，h (key)是关键字 key 的直接散列地址，i 是每次探测时的地址增量，m 是散列表的长度，h_i (key)是第 i 次探测形成的散列地址。

例 8-11 散列表表长为 10，以关键字的末尾数字作为散列地址，依次插入 55、32、23、75、39、52、89、12 共 8 个记录。若发生冲突，则采用线性探测法。那么，插入 55、32、23 时散列表的情形，如图 8-17（a）所示。

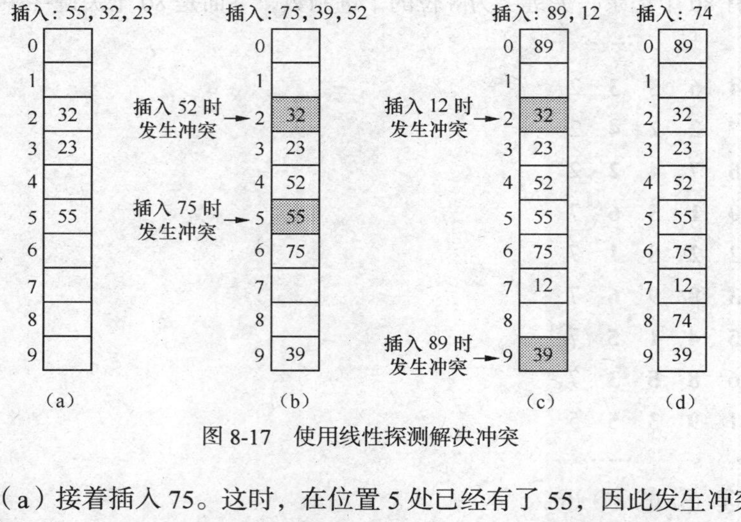

图 8-17 使用线性探测解决冲突

基于图 8-17（a）接着插入 75。这时，在位置 5 处已经有了 55，因此发生冲突。根据线性探测法，往下进行探测。由于 6 号位置可用，于是把关键字为 75 的记录插入到 6 号位置，如图 8-17（b）所示。在顺利插入 39 后，插入 52。这时又发生冲突，因为 2 号位置已经有了记录 32。往下探测 3 号位，那里已有记录 23；再往下探测时，4 号位可用。于是记录 52 被插入到 4 号位置（这表示线性探测时，是把散列表视为首尾相连来考虑的）。

基于图 8-17（b）插入记录 89。由于 9 号位置已经有记录，这时下一个探测的位置应该是：

$$h_1 = (h(39) + 1)\%10 = (9+1)\%10 = 0$$

由于第 0 号位现在可用，因此记录 89 将被插入到第 0 号位里。继续插入记录 12 时，要往下一次次地探测 5 次，才能够得到一个可用的地址，即它被插入到第 7 号位置里，如图 8-17（c）所示。

在基于图 8-17（c）插入记录 74 时，遇到了麻烦：第 4 号位置已经被记录 52 所占据。其实，记录 52 与记录 74 并不是同义词，按说它们不应该发生冲突，但现在却发生了。也就是说，在使用线性探测解决同义词间的冲突时，却出现了不是同义词的关键字间发生了冲突。我们把这种非同义词之间对同一个散列地址的争夺，称之为“堆积”。正是因为有这种堆积存在，所以现在只能把记录 74 插入到第 8 号位，如图 8-17（d）所示。

（2）二次探测

所谓“二次探测”，即是在散列过程中发生冲突进行探测时，使用的地址增量是从 1 开始的一系列正、负整数的平方，即：

$$1^2、-1^2、2^2、-2^2、3^2、-3^2、\cdots、k^2、-k^2 \quad (k \leqslant m/2)$$

例 8-12　散列表表长为 10，以关键字的末尾数字作为散列地址，依次插入 55、32、23、75、39、52、89、12 共 8 个记录。若发生冲突，则采用二次探测法。那么，插入 55、32、23 时散列表的情形，如图 8-18（a）所示。

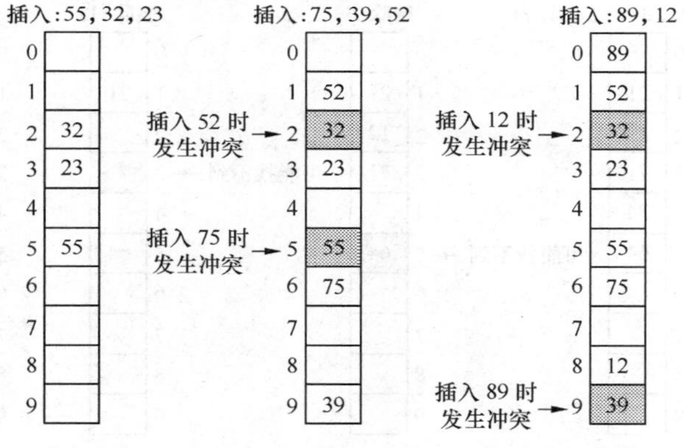

图 8-18　使用二次探测解决冲突

基于图 8-18（a）接着插入 75。这时，在位置 5 处已经有了 55，因此发生冲突。根据二次探测法，往下一个位置进行探测。由于 6 号位置可用，于是把关键字为 75 的记录插入到 6 号位置，如图 8-18（b）所示。在顺利插入 39 后，插入 52。这时又发生冲突，因为 2 号位置已经有了记录 32。往下探测一个位置时，由于 3 号位里已有记录 23，根据二次探测规则，应该往−1 个位置处探测，即探测 1 号位。由于 1 号位可用，故记录 52 被插入到散列表的 1 号位置，如图 8-18（b）所示。

基于图 8-18（b）插入记录 89。由于 9 号位置已经有记录，这时下一个探测的位置应该是：

$$h_1 = (h(39) + 1^2)\%10 = (9+1)\%10 = 0$$

由于第 0 号位现在可用，因此记录 89 将被插入到第 0 号位里。继续插入记录 12 时，由于 2 号位已有记录，于是按照地址增加 1^2 往下探测；由于这时 3 号位已有记录 23，于是按照地址增加 -1^2

往下探测，即探测 1 号位；由于这时 1 号位已有记录 52，于是按照地址增加 2^2 往下探测，即探测 6 号位；由于这时 6 号位已有记录 75，于是按照地址增加-2^2往下探测，即探测 8 号位（注意是从 2 出发，经 1、0、9 到达 8）；由于 8 号位可用，因此记录 12 被插入到 8 号位置，如图 8-18（c）所示。

比较例 8-11 和例 8-12，可以更好地理解线性探测与二次探测之间的区别。

（3）随机探测

所谓“随机探测”，即是在散列过程中发生冲突进行探测时，使用的地址增量是一个随机数序列。

例如在前面的例子里，当插入 75 发生冲突时，假定产生了一个随机数 2（它是原散列地址的增量），那么计算出的新地址应该是：(5+2)%10=7。由于 7 号地址可用，于是就把 75 插入到 7 号地址里。

采用开放定址法时，散列表被存储在一个一维数组里。如果在散列的探测过程中，所有后继散列地址都不空闲，那就表示散列表已满（溢出），无法再继续插入新记录了。

采用开放定址法时，要谨慎地对待删除问题。考虑图 8-19（a）中的散列表，以关键字的末尾数字作为散列地址，冲突时采用线性探测法。例如先插入关键字 21、34、12、64、71。当插入到 64 时，由于 4 号位已经有记录 34，因此根据线性探测将它插入到 5 号位置；插入到 71 时，由于 1 号位已经有记录 21，因此进行两次线性探测后将它插入到 3 号位置，结果如图 8-19（a）所示。

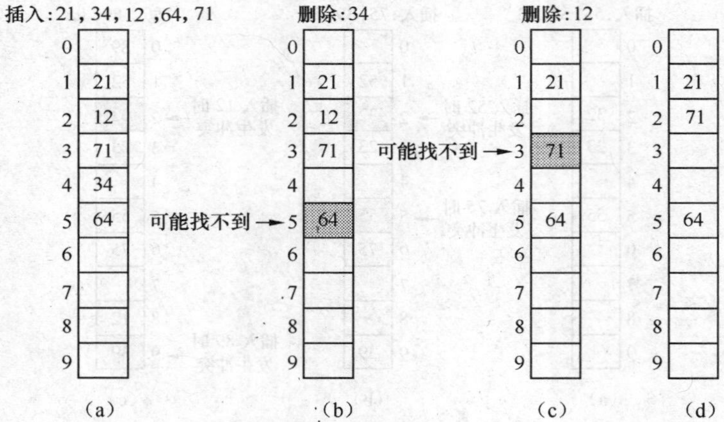

图 8-19　应该谨慎地对待删除

删除记录 34 后，4 号位置空闲，如图 8-19（b）所示。但查找记录 64 却需要先从 4 号位置开始探测，现在 4 号位为空，因此就可能误判记录 64 不在表里。删除记录 12 后，2 号位置空闲，如图 8-19（c）所示。这时如果要查找记录 71，也会误判记录 71 不在表里，因为实施线性探测，查找将在 2 号位置停止。

为了能够保证记录的删除不会影响随后的查找，一种可行的办法是仍将被删除关键字留在表中，只是给它做上“无效”的标志。这样一来，随后的任何查找都不会被提前终止。如果插入时需要利用该位置，只需抹掉“无效”标志即可。

这样的做法也会带来一个问题，即在进行了大量的删除和少量的插入后，已删除的记录占据着位置，查找时需要探测这些已删除的记录，无形中增加了查找花费的时间，且还造成存储空间的浪费。因此，在进行了一定数量的删除之后，应当对散列表进行清理，一是将未删除记录移到被删除记录占据的位置中，二是把删除记录仍占用的位置的"无效"标志改为"空闲"，使其能够得到正常的使用。图 8-19（d）说明了这一情况。

2．链地址法

所谓"链地址法（Chaining Method）"，即是把具有相同散列地址的关键字（它们都是同义词）记录用一个单链表链接在一起，组成同义词链表，以此方法来解决散列过程中出现的冲突问题。这时，若有 m 个散列地址，链地址法中就有 m 个同义词链表，每个同义词链表的表头指针被集中存放在一个一维数组里。

采用链地址法时，根据计算所得到的散列地址 i，就可以找到该地址对应的同义词链表表头指针，然后到相应链表里去查找或插入所需要的记录。

例如，散列表表长为 10，以关键字的末尾数字作为散列地址，依次插入 25、32、13、55、69、72、49、82 共 8 个记录。若发生冲突，则采用链地址法。开始时，从记录 25、32、13 的散列地址 5、2、3，分别找到它们对应的链表表头指针，然后将记录 25、32、13 进行插入。

在插入记录 55 时，因为它的散列地址是 5，而该地址对应的链表上已经有记录 25，所以它必须插到记录 25 的后面（这表示记录 25 和 55 是同义词）。

按照这样的方法，依次插入 69、72、49、82 后，整个散列表如图 8-20 所示。图中共有 10 个同义词链表，其中散列地址为 0、1、4、6、7、8 的链表都为空。

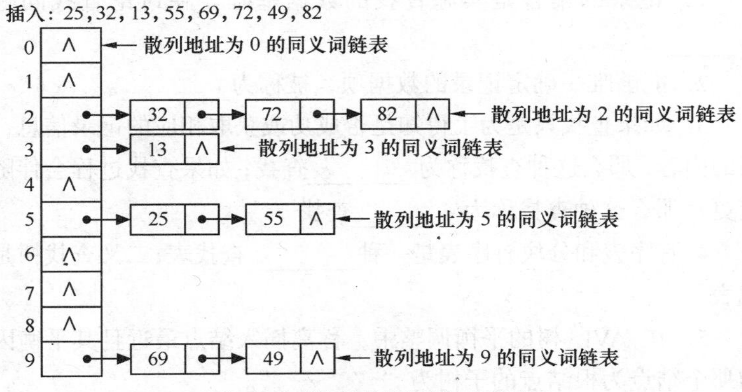

图 8-20　使用链地址法解决冲突

小结

本章讲述的是查找技术，它是对记录数据进行插入、修改、删除等操作的基础。从内容上说，第 1 节涉及查找的概念；第 2 节介绍静态查找；第 3、4 节介绍动态查找。学习本章应该重点掌握如下知识。

（1）如果查找并不改变查找表的内容，那么这种查找称为"静态查找"，这时的查找表称为“静态查找表”；如果查找过程会伴随着对数据元素的变更，那么这种查找称为“动态查找”，这时的查找表称为“动态查找表”。

（2）常见的静态查找算法有3种：顺序查找、折半查找、分块查找。顺序查找用于线性表（我们只是提及了它，并没有详细介绍），折半查找用于有序表，分块查找用于分块有序表。要清楚各种查找的基本思想；给出关键字序列后，知道怎样使用这些查找算法。

（3）二叉查找树是一种动态查找技术，要记住一棵二叉查找树必须满足的3个条件，掌握如何创建一棵二叉查找树，如何在二叉查找树上进行查找、插入、删除。

（4）在二叉查找树上删除一个结点后，有可能要对树进行某种调整，以保持二叉查找树必须满足的条件。要知道在不同情况下，调整结点的方法。

（5）散列表是一种动态查找技术。它利用关键字计算出记录应该在查找表的存储地址，因此查找效率很高。要理解构造各种散列函数的基本思想，要知道解决冲突的各种方法。

习题

一、填空题

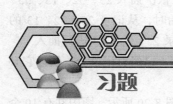

1. 记录的集合是实施查找的数据基础。在讨论查找问题时，常把 T 称为________。

2. 能够唯一确定记录的数据项，被称为________。

3. 如果查找只是为了得知是否成功或获取相应的记录信息，并不去改变查找表的内容，那么这种查找称为________查找；如果查找过程会伴随着对数据元素的变更，那么这种查找称为________查找。

4. 有序表和分块有序表是一种________查找表；二叉查找树是一种________查找表。

5. 在 AVL 树的平衡调整中，称离插入结点最近且其平衡因子绝对值大于 1 的那个结点为根结点的子树为“________”。

6. 在散列查找中使用的函数，称为“________”。在散列法中的查找表，称为散列表或哈希表。

7. 散列法中，如果两个不同的关键字经过散列函数的计算后，得到了相同的索引地址，那么这种现象被称作“________”。

8. 散列法中，计算后得到相同索引地址的那些不同关键字，被称作“________”。

二、选择题

1. 在对线性表进行折半查找时，要求线性表必须________。

A. 以顺序方式存储

B. 以顺序方式存储，且结点按关键字有序排列

C. 以链式方式存储

D. 以链式方式存储，且结点按关键字有序排列

2．采用顺序查找法查找长度为 n 的线性表时，其平均查找长度为________。

A．n　　　B．$n/2$　　　C．$(n+1)/2$　　　D．$(n-1)/2$

3．有一个有序表：

1，3，9，12，32，41，45，62，75，77，82，95，100

采用折半查找法查找值为 82 的记录时，要经________次关键字比较后，查找成功。

A．1　　　B．2　　　C．4　　　D．8

4．设散列表长 m=14，散列函数 h(key)=key%11。表中已有 4 个记录，关键字分别为 15、38、61、84，采用二次探测法解决冲突。那么关键字为 49 的记录的散列地址为________。

A．1　　　B．3　　　C．5　　　D．9

5．在下列各种查找方法中，只有________查找法的平均查找长度与表长 n 无关。

A．散列查找　　　B．二叉查找树　　　C．折半查找　　　D．分块查找

6．在开放地址法中，由于散列到同一个地址而引起的“堆积”现象，是由________产生的。

A．同义词之间发生冲突

B．非同义词之间发生冲突

C．同义词之间或非同义词之间发生冲突

D．散列表“溢出”

7．在最坏的情况下，查找成功时二叉查找树的平均查找长度________。

A．小于线性表的平均查找长度

B．大于线性表的平均查找长度

C．与线性表的平均查找长度相同

D．无法与线性表的平均查找长度相比较

8．在散列中采用线性探测法解决冲突时，产生的一系列后继散列地址________。

A．必须大于、等于原散列地址

B．必须小于、等于原散列地址

C．可以大于或小于但不能等于原散列地址

D．地址大小没有具体限制

三、问答题

1．（1）给出关键字序列：loop、if、for、while、repeat，依照创建二叉查找树算法，画出所对应的二叉查找树。该树的平均查找长度是多少？（2）又给出关键字序列：while、repeat、loop、if、for，依照创建二叉查找树算法，画出所对应的二叉查找树。该树的平均查找长度又是多少？

2．利用折半查找法对一个长度为 10 的有序表进行查找，请填写查找表中每个元素时所需要的比较次数。

元素下标：	1	2	3	4	5	6	7	8	9	10
请填写比较次数：										

四、应用题

1．有关键字序列：20、10、30、15、25、5、35、12、27，请一步步画出构造二叉查找树的过程。

2．给出如图 8-21 所示的一棵二叉查找树，在其基础上分别做操作：（1）删除关键字为 15 的

记录；(2) 插入关键字为 20 的记录。画出这两个操作完成后该树的形态。

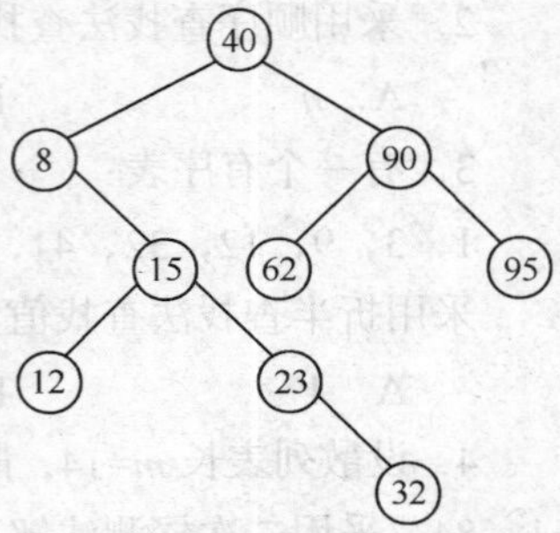

图 8-21　二叉查找树示例

3．设散列函数为 h(key)=key % 11，散列表长为 11（索引地址为 0 ~ 10）。给定：

SUN，MON，TUE，WED，THU，FRI，SAT

取单词第 1 个字母在英语字母表中的序号为关键字值（例如 S 的关键字值为 19），采用链地址法解决散列地址冲突。请画出对应的散列表。

4．有关键字序列：36、27、68、33、97、40、81、24、23、90、32、14，散列表长为 13，采用的散列函数为：h(key)=key%13，使用开放地址法的线性探测解决冲突。请完成右侧散列表的填写（例如，第 1 个插入的是 36，它的散列地址为 10，由于没有发生冲突，因此比较一次就存放在了地址为 10 的位置），并求出其平均查找长度 ASL。

5．已知由 12 个关键字组成的序列：

Jan，Feb，Mar，Apr，May，Jun，Jul，Aug，Sep，Oct，Nov，Dec

散列地址	关键字	比较次数
0		
1	27	1
2		
≈		≈
10	36	1
11		
12		

(1) 按照所给顺序构造一棵初始为空的二叉查找树，画出最终形成的二叉查找树，求在等概率下查找成功的平均查找长度。

(2) 若对关键字序列按照字母递增的顺序排列成有序表，求在等概率下这棵二叉查找树查找成功的平均查找长度。

6．已知由 12 个关键字组成的序列：

Jan，Feb，Mar，Apr，May，Jun，Jul，Aug，Sep，Oct，Nov，Dec

散列表长为 13（地址为 0 ~ 12），散列函数为：h(key)=i/2，其中 i 为关键字中第 1 个字母在字母表里的序号。

(1) 用线性探测法解决冲突，给出所构造的散列表以及查找成功的平均查找长度。

(2) 用链地址法解决冲突，给出所构造的散列表以及查找成功的平均查找长度。

第9章 排序

在现实生活中，如果电话簿没有按照姓名编排，那么要在里面查找某个人的电话号码，真可谓是“大海捞针”。这充分表明使用有序数据进行查找的便利性。排序，就能使杂乱的无序数据变为有序。

排序是数据处理中经常使用的一种重要操作，在许多领域里都有广泛的应用。将数据按某种规则排列，就能够大大提高对其查找和处理的效率。正因为如此，人们已经对它进行了深入细致的研究，并且设计出了很多性能良好的算法。不过，本章只限于介绍常见的、基本的排序算法。

本章主要介绍以下几个方面的内容：

- 排序的基本概念；
- 基本的插入排序（直接插入排序、折半插入排序、表插入排序）算法；
- 基本的交换排序（冒泡排序、快速排序）算法；
- 基本的选择排序（直接选择排序、堆排序）算法。

9.1 排序的基本概念

所谓“排序（Sorting）”，是指把一系列杂乱无章的无序数据排列成有序序列的过程。我们可以像下面那样来形式地定义排序。

给定一组记录：r_1、r_2、…、r_n，对应的关键字分别为：k_1、k_2、…、k_n。将这些记录重新排列成顺序为：r_{s1}、r_{s2}、…、r_{sn}，使得对应的关键字满足：$k_{s1} \leq k_{s2} \leq \cdots \leq k_{sn}$ 的升序条件。这种重排一组记录、使其关键字值具有非递减顺序的过程，就称为“排序”。

我们在这里限定关键字排序后，表现出的是一种非递减关系。其实，让关键字排序后表现出一种非递增关系也是可以的，也是排序。

根据定义可以知道，参与排序的记录有可能持有相同的关键字值（因为它们之间的关系是“≤”）。这表明作为排序依据的关键字，可以是记录的主关键字，也可以是记录的次关键字。由于主关键字可以唯一确定一条记录，每条记录的主关键字都不相同，因此用它来进行排序时，排序的结果是唯一的；而使用次关键字进行排序时，由于不同记录的次关键字有可能相同，因此排序的结果就可能不唯一。有些应用是不允许记录的关键字有重复值的，但本章所有的排序算法都适用于处理具有相同关键字值的排序问题。

假定待排序记录中存在有相同关键字值的记录。在排序前，这些有相同关键字值的记录会有一个相对的前后关系。若经过某种排序之后，那些有相同关键字值的记录间的相对位置仍然保持不变，那么就称这种排序方法是“稳定的（Stable）”，否则就是“不稳定的”。例如，记录 r_i 和 r_j 有相同的关键字，排序之前 r_i 位于 r_j 之前，排序后 r_i 仍然在 r_j 之前，那么这种排序就是稳定的；如果排序之前 r_i 位于 r_j 之前，但排序后 r_i 却排到了 r_j 之后，那么这种排序就是不稳定的。要指出的是，一个排序算法的稳定性是针对所有输入实例而言的，只要有一个实例会使算法不满足稳定性要求，那么就不能称该算法是稳定的。

排序时依据的关键字类型，可以是字符、字符串、数字（整数或实数）或者其他更为复杂的类型，只要存在有一种能够比较关键字之间顺序的方法即可。为简单起见，本章中介绍的各种排序算法，都以数字作为关键字的取值。

根据排序过程中使用存储器的不同，可以把排序分为内排序和外排序两种。所谓“内排序（Internal Sorting）”，是指待排记录序列全部存放在内存，整个排序过程都在内存里完成；所谓“外排序（External Sorting）”，是指所有待排记录序列无法全部存放在内存，排序过程中需要不断地在内、外存之间进行数据交换。因此，内排序适用于记录个数不多的数据集合，外排序适用于规模大的、一次不能全部放入内存的数据集合，内排序是外排序的基础。本章介绍的只是有关内排序的算法。

在众多的排序算法中，无法说哪一种算法是最好的。通常，一种算法都有自己适合的使用环境。在某种情况下某个算法可以工作得很好，在另一种情况下就可能不理想。衡量排序算法性能好坏的标准，除了运行时间外，通常是看关键字的比较次数和记录的移动次数，分为最好情况（常发生在数据已经有序时）、最坏情况（常发生在数据按反序存放时）和平均情况（常是数据随机存放时）3 种。我们不去刻意讨论算法的性能，只是在顺便时给出它们的结果。

根据内排序的基本思想，可以把它大致分为：插入排序、交换排序、选择排序、归并排序、基数排序等几种。基于考虑问题的角度不同，每种里面又可能有几个不同的算法。下面，我们分几节介绍插入排序、交换排序、选择排序中的若干种排序算法。

9.2 插入排序

插入排序（Insertion Sort）的基本思想是：一趟一个地将待排记录按照关键字大小，插入到前面已经排好序的部分记录的适当位置中，使其成为一个新的有序序列，直到所有待排记录全部插入完毕。

从不同的角度出发，可以设计出不同的插入排序算法。常见的有：直接插入排序算法、折半插入排序算法、表插入排序算法、希尔（shell）排序算法。本节介绍的直接插入排序、折半插入排序以及表插入排序，都属于插入排序算法之列。

9.2.1 直接插入排序

直接插入排序（Straight Insertion Sort）的基本思想是：初始时认可第 1 个记录已排好序，然后用第 2 个记录与它进行比较，插入到它的相应位置，得到它们排好序的子序列；再用第 3 个记录与前面排好序的两个记录的子序列顺序比较，插入到它的相应位置，得到它们 3 个排好序的子序列。这样，总是用第 i 个记录与前面排好序的 $i-1$ 个记录的子序列进行顺序比较，插入到它的相应位置，得到 i 个排好序的子序列。这一过程一直进行到最后一个记录时结束。在排序过程中，称待排序的第 i 个记录为“被考察记录”，称前面已排好序的 $i-1$ 个记录组成的子序列为“比较范围”。

例 9-1　已知待排序记录的关键字为

77，44，99，66，33，55，88，22

利用直接插入排序完成对它们的排序，给出最终的排序结果。

解：把所有待排记录存放在一个一维数组 A 里，如图 9-1 的“初始状态”所示。这时，认为 A[1]已经排好序（用方括弧括住来表示）。从第 2 个记录 A[2]=44 开始，拿它与已排好序的 77 比较。由于 44<77，因此要把它插在 77 的前面，如图 9-1 的“第 1 次扫描”中的箭头所示。

接着将第 3 个记录 A[3]=99 与比较范围内的 44、77 比较，知道它就应该保持在原来的位置上，如图 9-1 的“第 2 次扫描”所示。

第 4 个记录 A[4]=66 与比较范围内的 44、77、99 比较，知道它应该插入到 44 和 77 之间，如图 9-1 的“第 3 次扫描”所示。

第 5 个记录 A[5]=33 与比较范围内的 44、66、77、99 比较，知道它应该插入到最前面，如图 9-1 的“第 4 次扫描”所示。

这样一次次地总是拿数组中的下一个被考察记录与前面已排好序的子序列比较，以便找到它应该插入的位置，使排好序的子序列逐渐扩大，直到处理完整个数组中的元素。在经过 7 次（也就是“数组元素个数-1”次）扫描后，就可以得到最终的排序结果：

22，33，44，55，66，77，88，99

从对直接插入排序过程的描述可以看出，一维数组元素的存储结构应该如图 9-2 所示：

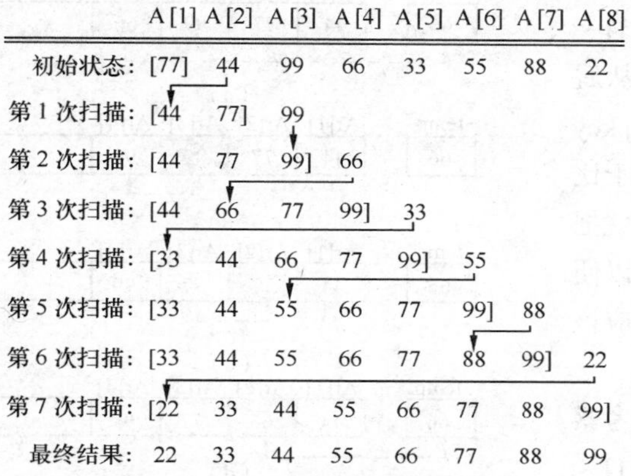

A [1] A [2] A [3] A [4] A [5] A [6] A [7] A [8]
初始状态：[77] 44 99 66 33 55 88 22
第 1 次扫描：[44 77] 99
第 2 次扫描：[44 77 99] 66
第 3 次扫描：[44 66 77 99] 33
第 4 次扫描：[33 44 66 77 99] 55
第 5 次扫描：[33 44 55 66 77 99] 88
第 6 次扫描：[33 44 55 66 77 88 99] 22
第 7 次扫描：[22 33 44 55 66 77 88 99]
最终结果：22 33 44 55 66 77 88 99

图 9-1　直接插入排序的过程

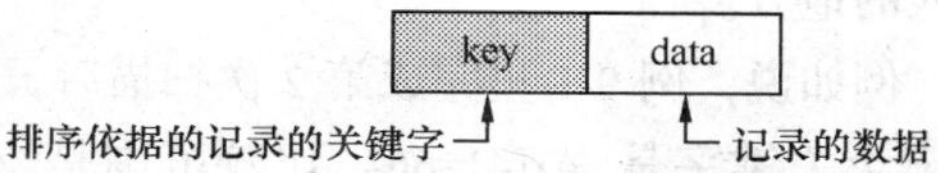

图 9-2　数据元素的存储结构

在这种存储结构里，key 对于排序来说是最为重要的数据域。

另外，每一次扫描，都有一个已经排好序的区域是下一次的比较范围。例如，初始时，认为 A[1]是比较范围；第 1 次扫描后，A[1]、A[2] 已经排好序，是新的比较范围；第 2 次扫描后，A[1]、A[2]、A[3] 已经排好序，是新的比较范围；如此等等。而被考察的关键字则是从记录 A[2]开始，一个一个地往后，直到 A[8]的关键字为止。因此，扫描进行的次数是数组拥有元素个数减 1。

算法 9-1 直接插入排序算法。

（1）算法描述

已知有 n 个记录的待排序列存放在一维数组 Ar 里，该数组元素的存储结构如图 9-2 所示，要求对其进行直接插入排序。算法名为 Ins_Sort()，参数为 Ar、n。

```
Ins_Sort(Ar, n)
{
  for (i=2; i<=n; i++)                    /* 总共要进行 n-1 次扫描 */
  {
    temp = Ar[i];                         /* 每次扫描总是把被考察元素存入临时单元 */
    j = i-1;                              /* j 规定了这次比较范围的上界 */
    while ( (temp.key<Ar[j].key) && (j>=1) )
    {
      Ar[j+1] = Ar[j];
      j--;
    }
    Ar[j+1] = temp;                       /* 完成插入 */
  }
}
```

（2）算法分析

该算法由 for 循环里套一个 while 循环组成，for 循环的作用是逐一考察记录 Ar[2] ~ Ar[n]，以便确定它们在已排序序列里的正确位置。因此，该循环总共要执行 n−1 次。while 循环控制每次已排好序的比较范围，每个被考察的关键字总是在这个范围内进行比较，寻找出它的插入位置，并完成插入。

要注意的是，在每次进入 while 循环之前，被考察的关键字 Ar[i]都要被存放在临时工作单元 temp 里保存，比较范围是已经排好序的数组 Ar[1] ~ A[i-1]。temp.key 与比较范围内关键字的比较是从后往前进行的，即先与 Ar[i-1].key 比较，再与 Ar[i-2].key 比较，如此等等。如果被考察记录的关键字小于比较范围内的关键字（temp.key<Ar[j].key），那么就把该记录往后移动一个位置（Ar[j+1] = Ar[j]），以便最终能够得到一个空位子，它就是被考察记录应该插入的地方。

例如说，例 9-1 里完成第 2 次扫描后，被考察的记录关键字是 Ar[4]=66，比较范围是 Ar[1] ~ Ar[3]。这时，把 66 存入 temp，如图 9-3（a）所示。

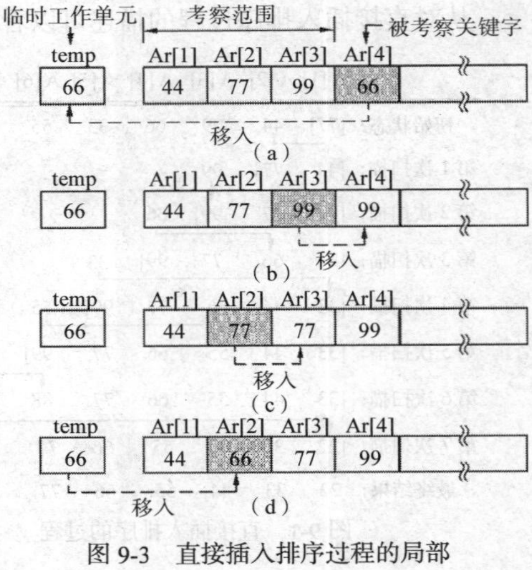

图 9-3 直接插入排序过程的局部

用 temp.key=66 与 Ar[3].key=99 比较。由于 66<99，因此把 Ar[3]移入 Ar[4]（这时 Ar[4]里就是 99 了），如图 9-3（b）所示。接着用 temp.key=66 与 Ar[2].key=77 比较。由于 66<77，因此把 Ar[2]移入 Ar[3]（这时 Ar[3]里就是 77 了），如图 9-3（c）所示。再用 temp.key=66 与 Ar[1].key=44 比较。由于 66>44，while 循环停止，找到了这次的插入位置是 Ar[2]，故把先前保存在 temp 里的 66 存入到 Ar[2]里，如图 9-3（d）所示。

（3）算法讨论

直接插入排序算法的思路清晰，容易实现。从整个算法的实现过程来看，除了待排记录序列本身需要的存储区域外，还要有一个临时工作单元协助完成。

若待排记录序列初始时就是关键字有序的，那么这是最好的情形。for 循环做一次，进行一次关键字比较就能够得到插入位置，因此总共需要做 $n-1$ 次关键字比较，没有任何记录的移动。

若待排记录序列初始时就是关键字反序的，那么这是最坏的情形。while 循环做一次，就要与前面已排序子序列进行 $i-1$ 次比较（$2 \leqslant i \leqslant n$）。因此，

$$\text{总共比较次数}=1+2+3+\cdots+(n-1)=n*(n-1)/2$$

while 循环做一次，就要移动 $i-1$ 个记录（$2 \leqslant i \leqslant n$），加上进入循环前把待考察关键字暂存 temp，以及把 temp 放进插入位置，总共要移动记录的次数是：

$$\text{总共移动次数}=1+2+3+\cdots+(n-1)+2*(n-1)=n*(n-1)/2+(n-1)=(n-1)*(n+4)/2$$

直接插入排序是一种稳定排序算法。

例 9-2　有待排序的关键字序列如下：

138，219，365，513，491，412，953，276，977，738

以图示的方法完成对它的直接插入排序。

解：10 个关键字要进行 9 次扫描才能完成直接插入排序。图 9-4 所示的方括弧里是比较范围，往下箭头表示被考察关键字及进行插入的位置。

初始状态：	[138]	219	365	513	491	412	953	276	977	738
第 1 次扫描：	[138	219]	365							
第 2 次扫描：	[138	219	365]	513						
第 3 次扫描：	[138	219	365	513]	491					
第 4 次扫描：	[138	219	365	491	513]	412				
第 5 次扫描：	[138	219	365	412	491	513]	953			
第 6 次扫描：	[138	219	365	412	491	513	953]	276		
第 7 次扫描：	[138	219	276	365	412	491	513	953]	977	
第 8 次扫描：	[138	219	276	365	412	491	513	953	977]	738
第 9 次扫描：	[138	219	276	365	412	491	513	738	953	977]

图 9-4　直接插入排序图示

例 9-3　有待排记录关键字序列如下：

49，66，35，$\underline{76}$，25，85，**76**，32

利用直接插入排序算法进行排序，考察它的稳定性。

解：所给待排记录关键字序列里，出现了两个相同的关键字：76。我们用添加下划线表示是第 1 个 76，用粗体表示第 2 个 76。

如图 9-5 所示，在算法进行到第 5 次扫描时，一切都属正常。已排好序的子序列为

25，35，49，66，76，85

接着，被考察的关键字是 Ar[7]=**76**。按照算法的安排，先将它存入临时工作单元 temp，然后进入 while 循环。由于 76<85，因此把 85 移入 Ar[7]。继续用 **76** 与 76 比较时，由于 **76** 不小于 76，故 while 循环停止。于是把 **76** 从 temp 移入 Ar[6]中，随之进入下一次 for 循环。可见，原先 76 在 **76** 的前面，经过排序后，76 仍然在 **76** 的前面，它们原有的相对位置没有遭到改变。这一事实说明直接插入排序算法是稳定的。

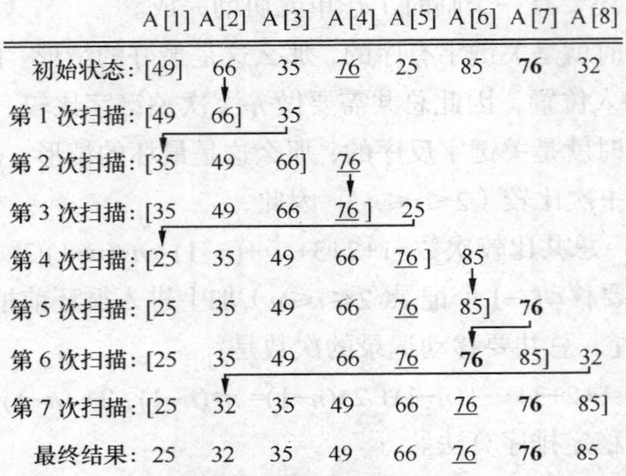

A [1] A [2] A [3] A [4] A [5] A [6] A [7] A [8]
初始状态：[49] 66 35 76 25 85 76 32
第 1 次扫描：[49 66] 35
第 2 次扫描：[35 49 66] 76
第 3 次扫描：[35 49 66 76] 25
第 4 次扫描：[25 35 49 66 76] 85
第 5 次扫描：[25 35 49 66 76 85] 76
第 6 次扫描：[25 35 49 66 76 76 85] 32
第 7 次扫描：[25 32 35 49 66 76 76 85]
最终结果：25 32 35 49 66 76 76 85

图 9-5 直接插入排序算法的稳定性

9.2.2 折半插入排序

前面的直接插入排序，是用被考察关键字与已排好序的子序列中的关键字进行顺序比较，来确定它的插入位置的。折半插入排序也是用被考察的关键字与已排好序的子序列中的关键字进行比较，以确定它的插入位置。只是确定插入位置时，采用的比较方法是折半查找法（因为已排好序的子序列是一个有序表，可以对它实施折半查找），因此这样的排序被称其为“折半插入排序”，有时也称为“二分法插入排序”。

算法 9-2 折半插入排序算法。

（1）算法描述

已知有 *n* 个记录的待排序列存放在一个一维数组 Ar 里，该数组元素的存储结构如图 9-2 所示，要求对其进行折半插入排序。算法名为 Bin_Sort()，参数为 Ar、n。

```
Bin_Sort(Ar, n)
{
 for (i=2; i<=n; i++)
 {
  temp = Ar[i];
  low = 1;
  high = i-1;
  while (low<=high)
  {
   mid = (low+high)/2;
    if (temp.key>Ar[mid].key)
     low = mid+1;
```

```
        else
          high = mid -1;
      }
      for (j = i-1; j>=high+1; j--)
        Ar[j+1] = Ar[j];
      Ar[high+1] = temp;
    }
  }
```

（2）算法分析

该算法由一个 for 循环里套有一个 while 循环和一个 for 循环组成。外层 for 循环负责 n−1 次扫描，完成寻找 Ar[2] ~ Ar[n]共 n−1 个记录插入位置的任务。

对每次寻找 Ar[i]（$2 \leqslant i \leqslant n$）的插入位置，总是先把这个被考察记录暂存于临时工作单元 temp 里，然后通过 while 循环实施折半查找。折半查找结束时，high+1 是插入的位置下标。

找到了插入位置，就通过 for 循环移动从插入位置开始、到比较范围右边界里的所有记录，以便把插入位置腾空，完成这一次插入。

（3）算法讨论

待排序的 7 个记录的关键字为：55、23、72、68、36、84、41，现在前 6 个关键字已经排好序。使用折半插入排序算法，来观察第 7 个关键字 41 的插入排序过程。

这时数组 Ar 的状态如图 9-6（a）所示，被考察的关键字暂存入 temp。

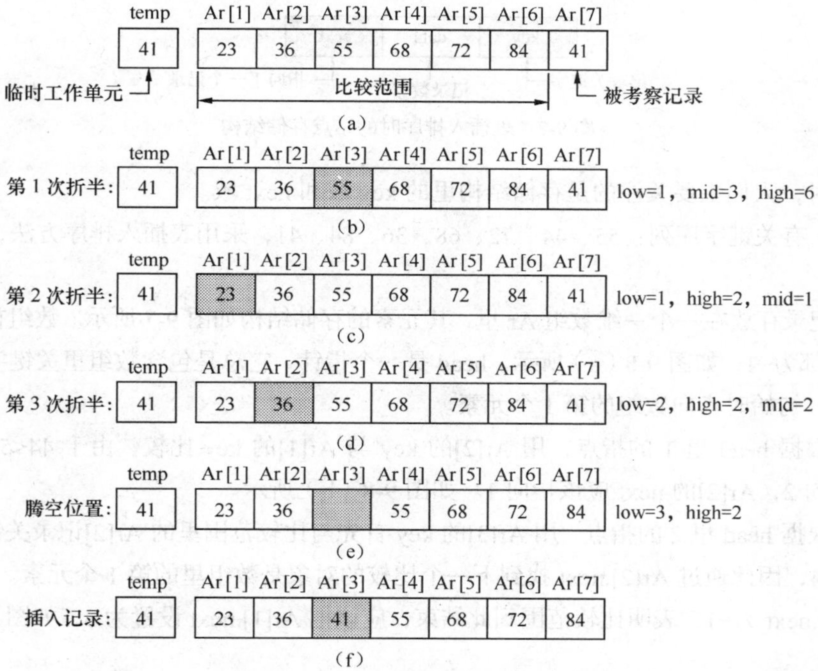

图 9-6　折半插入排序的局部过程

第 1 次折半时，有 low=1、high=6、mid=3。如图 9-6（b）所示。由于 Ar[3]的关键字是 55>41，因此它的插入位置应该在左半子表。于是，要修改 high，进入第 2 次折半。

第 2 次折半时，有 low=1、high=2、mid=1。如图 9-6（c）所示。由于 Ar[1]的关键字是 23<41，

因此它的插入位置应该在右半子表。于是，要修改 low，进入第 3 次折半。

第 3 次折半时，有 low=2、high=2、mid=2。如图 9-6（d）所示。由于 Ar[2]的关键字是 36<41，因此它的插入位置应该在右半子表。于是，要修改 low，进入第 4 次折半。

当要进行第 4 次折半时，由于有 low=3、high=2，因此折半过程结束，high+1=3 是找到的插入位置。于是将 Ar[n-1] ~ Ar[high+1]的原记录内容逐一移到 Ar[n] ~ Ar[high+2]的位置，把 Ar[high+1]腾空，如图 9-6（e）所示。

最后，把暂存在 temp 里的 Ar[7]移入 Ar[3]里，完成插入，结束整个的排序工作。

折半插入排序算法只适用于顺序存储，它是一种稳定的排序方法。

9.2.3 表插入排序

由于折半查找比顺序查找效率高，因此折半插入排序的性能要好于直接插入排序。但是，无论直接插入排序还是折半插入排序，它们都要在记录的移动上耗费很多时间。表插入排序是一种在插入排序过程中，不必移动记录的排序方法。

表插入排序的基本思想，仍是不断地用被考察关键字与已排好序的子序列（比较范围）进行比较。不同之处是在记录的存储结构里增加了一个指针域，通过指针域的链接，让记录按照关键字的大小加以排列，使得排序中没有了记录的移动，这时数据元素的存储结构应如图 9-7 所示。

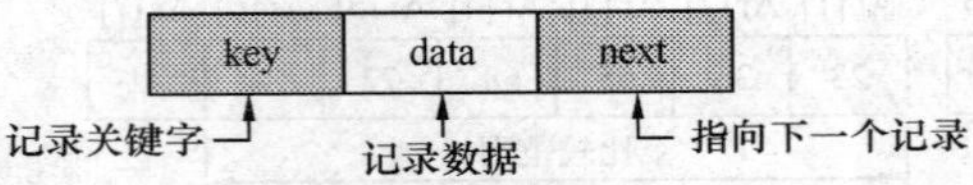

图 9-7　表插入排序时的结点存储结构

在排序时，人们主要关注的是存储结构里的 key 域和 next 域。

例 9-4　有关键字序列：55、44、72、68、36、84、41，采用表插入排序方法，完成它们的排序。

解：把记录存放在一个一维数组 Ar 里，其元素的存储结构如图 9-7 所示。数组初始时所有元素的 next 域都为−1，如图 9-8（a）所示。head 是一个指针，它总是包含数组里关键字最小的那个记录的下标，初始时指向数组的第 1 个元素。

开始，根据 head 里 1 的指点，用 Ar[2]的 key 与 Ar[1]的 key 比较。由于 44<55，因此 head 应该调整指向 2，Ar[2]的 next 应该指向 1。如图 9-8（b）所示。

接着，根据 head 里 2 的指点，用 Ar[3]的 key 首先与比较范围里的 Ar[2]记录关键字比较。由于 72 大于 44，因此通过 Ar[2].next 找到下一个比较的对象是数组里的第 1 个元素。由于 72 大于 55，而 Ar[1].next 为−1，表明比较范围到此结束，应该把 Ar[1].next 设置为 3，如图 9-8（c）那样进行调整。

这样一步步地做下去，最终结果如图 9-8（g）所示：由 head 知道最小关键字是 Ar[5]里的记录，然后通过各自的 next 域知道后面是 Ar[7]，继续下去是 Ar[2]、Ar[1]、Ar[4]、Ar[3]，最大的是 Ar[6]里的记录。

head		Ar[1]	Ar[2]	Ar[3]	Ar[4]	Ar[5]	Ar[6]	Ar[7]
1	key:	55	44	72	68	36	84	41
	next:	-1	-1	-1	-1	-1	-1	-1

（a）

2	key:	55	44	72	68	36	84	41
	next:	-1	-1	-1	-1	-1	-1	-1

（b）

2	key:	55	44	72	68	36	84	41
	next:	3	1	-1	-1	-1	-1	-1

（c）

2	key:	55	44	72	68	36	84	41
	next:	4	1	-1	3	-1	-1	-1

（d）

5	key:	55	44	72	68	36	84	41
	next:	4	1	-1	3	2	-1	-1

（e）

5	key:	55	44	72	68	36	84	41
	next:	4	1	6	3	2	-1	-1

（f）

5	key:	55	44	72	68	36	84	41
	next:	4	1	6	3	7	-1	2

（g）

图 9-8 表插入排序的过程

算法 9-3 表插入排序算法。

（1）算法描述

已知有 n 个记录的待排序列存放在一个一维数组 Ar 里，该数组元素的存储结构如图 9-7 所示。要求对其进行表插入排序。算法名为 Lin_Sort()，参数为 Ar、n。

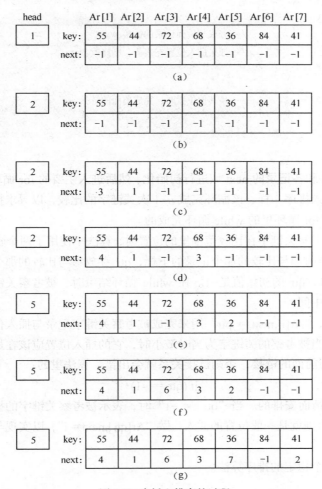

```
Lin_Sort(Ar, n)
{
  head=1;                        /* head 初始化 */
  for (i=1; i<=n; i++)           /* 各个记录的 next 域初始化 */
    Ar[i].next = -1;
  for (i=2; i<=n; i++)           /* 进行 n-1 次比较链入 */
  {
    qtr = -1;
    ptr = head;
    while (ptr != -1 && Ar[i].key>=Ar[ptr].key)   /* 通过比较，寻找插入位置 */
    {
      qtr = ptr;
      ptr = Ar[ptr].next;
```

```
    }
    Ar[i].next = ptr;          /* 完成与后面记录的链接 */
    if (qtr == -1)             /* 如果插入位置在表头，则修改 head */
      head = i;
    else
      Ar[qtr].next = i;        /* 是其他位置时，完成前面的链接 */
  }
}
```

（2）算法分析

算法先是对head和各记录的next域进行初始化，然后进入主要的for循环。与前面介绍的直接插入排序和折半插入排序一样，该循环完成$n-1$次关键字的比较，以寻求插入位置。而具体插入位置的确定，是由for循环里的while循环完成的。

在确定每一个被考察关键字在比较范围里的位置时，算法里使用了两个临时指针：ptr和qtr。ptr存放比较范围里当前参与比较的那个记录的下标，qtr存放参与比较的那个记录的直接前驱下标，ptr的初始值为1，qtr的初始值是−1。在while循环结束时，被考察关键字的记录要插入到qtr和ptr所指记录的中间。

算法的后部分里，“Ar[i].next = ptr”用来完成被考察关键字记录与插入位置后面记录的链接工作。要注意的是，当被考察的关键字为当时最小时，它的插入位置应该在最前面，这时必须通过修改head来完成与前面的链接，否则链接关系就会出错。算法里的：

if (qtr == -1)

正是为了判断这件事情而安排的。当“qtr == −1”时，表示被考察关键字的插入位置在最前面，因此做“head = i”；否则就是一般位置的插入，做“Ar[qtr].next = i”，以实现与插入位置前面记录的链接。

表插入排序是一个稳定的排序算法。

9.3 交换排序

交换排序的基本思想是：不断地对欲排序列中的两两记录做关键字比较，若发现它们的大小次序相反，就进行交换，直到所有记录的关键字都满足排序要求时为止。这里，将介绍冒泡排序和快速排序两种交换算法。

9.3.1 冒泡排序

“冒泡排序（Bubble Sort）”也称作起泡排序或气泡排序，是一种最简单、最容易理解的交换排序方法。

实施冒泡排序时，要对n个记录的关键字序列进行$n-1$次扫描。每次扫描时，都从下到上对相邻的两个关键字进行比较，如果不符合由小到大的顺序，就将它们交换位置。这样，经过第1次扫描，就能够从$n-1$对相邻关键字的比较中，把关键字序列里最大的元素渐渐地移动到序列的最上边；经过第2次扫描，就能够从$n-2$对相邻关键字的比较中，把关键字序列里次大的元素渐渐地排到序列的次上位置；如此最多经过$n-1$次扫描，n个关键字都排到了自己应该位于的位置。

可以看出，每次扫描的进行过程中，大关键字总是不断与相邻的小关键字交换位置，向上“浮动”着，并最终达到它应该在的位置。这就好像水中的一个气泡在不断向上冒一样，因此就把这种排序过程取名为“冒泡排序”。

例 9-5　有待排的记录关键字序列：84、30、73、26、51，把它们存放在一个一维数组 A 里，然后对它们进行冒泡排序，最后给出排序结果。

解：把一维数组 A 竖直放置，如图 9-9（a）所示。做第 1 趟扫描时，就是用 A[1]与 A[2]比较、A[2]与 A[3]比较、A[3]与 A[4]比较、以及 A[4]与 A[5]比较，如果发生不符合由小到大的关系，就进行交换。

由于 A[1]大于 A[2]，因此进行交换，如图 9-9（b）所示；交换后，由于 A[2]大于 A[3]，因此进行交换，如图 9-9（c）所示；交换后，由于 A[3]大于 A[4]，因此进行交换，如图 9-9（d）所示；交换后，由于 A[4]大于 A[5]，因此进行交换，如图 9-9（e）所示。至此，第 1 趟扫描结束，关键字序列中的最大者 84，经过了 4 次比较，从最底部被一点点地交换到了序列的最顶端。

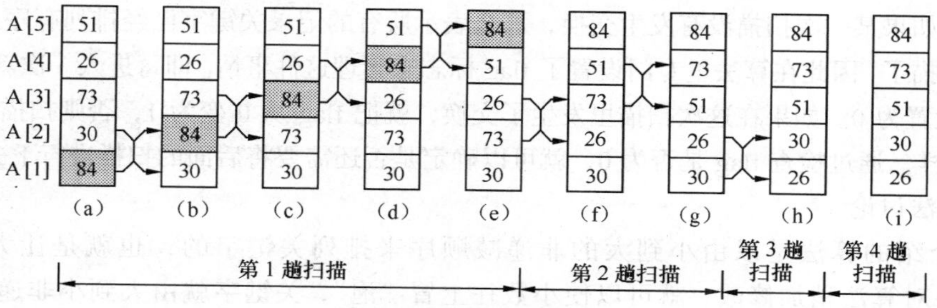

图 9-9　冒泡排序过程示例

第 2 趟扫描从图 9-9（e）出发，用 A[1]与 A[2]比较、A[2]与 A[3]比较、A[3]与 A[4]比较。这一趟扫描不必再用 A[4]与 A[5]比较了，因为经过第 1 趟扫描，序列中的最大值 84 已经占据了 A[5]，再进行比较没有任何意义。第 2 趟后的结果如图 9-9（g）所示。

第 3 趟扫描从图 9-9（g）出发，用 A[1]与 A[2]比较、A[2]与 A[3]比较。这一趟扫描不必再用 A[3]与 A[4]比较了，因为经过第 2 趟扫描，序列中的次大值 73 已经占据了 A[4]。第 3 趟后的结果如图 9-9（h）所示。

第 4 趟扫描从图 9-9（h）出发，用 A[1]与 A[2]比较。这一趟扫描不必再用 A[2]与 A[3]比较了，因为经过第 3 趟扫描，序列中的 51 已经占据了它应该在的位置 A[3]。第 4 趟扫描由于 30 和 26 已经在自己正确的位置上，因此只是比较了一下，没有进行什么交换，但这种比较仍然是必要的。最后的结果如图 9-9（i）所示。

算法 9-4　冒泡排序算法。

（1）算法描述

已知有 n 个记录的无序序列，存放在一个一维数组 Ar 里。对它进行冒泡排序，并最后得到排序结果。算法名为 Bub_Sort()，参数为 Ar、n。

```
Bub_Sort(Ar, n)
{
  for (i=1; i<n; i++)                    /* 对无序记录序列进行 n-1 趟扫描 */
  {
   flag = 0;                              /* 这一趟是否发生交换的标志 */
```

```
    for (j=1; j<=n-i; j++)              /* 这趟扫描的范围是从1到n-i */
      if (Ar[j].key>Ar[j+1].key)        /* 通过temp进行交换 */
      {
        temp = Ar[j+1].key;
        Ar[j] .key = Ar[j+1] .key;
        Ar[j+1] .key = temp;
        flag = 1;
      }
    if (flag == 0)                      /* 若没有发生交换，就结束算法 */
      break;
  }
}
```

（2）算法分析

算法由两重 for 循环组成，外层控制对关键字序列进行 $n-1$ 趟扫描，内层控制每次扫描范围内关键字的比较和交换。如果在扫描过程中发生交换，那么交换就通过临时工作单元 temp 进行。

注意，如果某一次扫描没有发生交换，那么表示所有的记录关键字已经排列有序，无须再进行下面的扫描了，因此在算法里专门设置了 flag 标志来管理这件事情。即每进入一次新的扫描时，就把 flag 设置为 0。如果在这次扫描里发生了交换，就把 flag 从 0 变为 1，否则扫描结束时 flag 仍为 0。这样，通过检查 flag 是否为 0，就可以确定是否还需要将后面的扫描进行下去。

（3）算法讨论

这里介绍的算法是以由小到大的非递减顺序来排列关键字的，也就是让大数往上冒“泡”。只要对算法稍加修改，就可以使小数往上冒“泡”，关键字就由大到小非递增排列了。

如果原本记录的关键字序列已经排好序，那么冒泡排序在经过第 1 趟扫描的 $n-1$ 次比较后，整个算法就结束了。这时，一次交换也没有发生，是最好的情况。

如果原本记录的关键字是逆序排列的，那么全部 $n-1$ 趟扫描都必须要做，第 1 趟扫描要做 $n-1$ 次关键字比较，进行 $n-1$ 次交换；第 2 趟扫描要做 $n-2$ 次关键字比较，进行 $n-2$ 次交换；如此等等。因此，总的比较次数=$(n-1)+(n-2)+\cdots+2+1=n*(n-1)/2$。考虑到每做一次交换都要通过移动 3 次记录才能完成一次交换，因此总的交换次数=$3n*(n-1)/2$，这当然是最坏的情况。

冒泡排序是一种稳定排序算法。

例 9-6 有待排记录的关键字序列：77、44、99、66、33、55、88、22，把它们存放在一个一维数组 A 里，然后对它们进行冒泡排序，最后给出排序结果。

解： 为了节省篇幅，我们将数组从左到右横放。最初，数组各元素里的记录关键字顺序如图 9-10 中的“初始状态”所示，第 1 趟扫描就针对它们从左往右进行。

图中，如果发生了元素交换，就用深色表示。第 1 趟扫描共做了 6 次交换，把序列中的最大关键字 99 移到了序列的最右端 A[8]里；第 2 趟扫描做了 4 次交换，把次大的关键字 88 排到了 A[7]的位置；第 3 趟扫描做了 3 次交换，把关键字 77 排到了 A[6]的位置上；第 4 趟扫描做了 2 次交换，把关键字 66 排到了 A[5]的位置上；第 5 趟扫描做了 1 次交换，把关键字 55 排到了 A[4]的位置上；第 6 趟扫描做了 1 次交换，把关键字 44 排到了 A[3]的位置上；第 7 趟扫描做了 1 次交换，把关键字 33 排到了 A[2]的位置上。

由于有 8 个记录关键字，因此总共要进行 7 次扫描，最终排序结果为

22，33，44，55，66，77，88，99

	A[1]	A[2]	A[3]	A[4]	A[5]	A[6]	A[7]	A[8]
初始状态:	77	44	99	66	33	55	88	22
	44	77	99	66	33	55	88	22
	44	77	66	99	33	55	88	22
第 1 趟扫描:	44	77	66	33	99	55	88	22
	44	77	66	33	55	99	88	22
	44	77	66	33	55	88	99	22
	44	77	66	33	55	88	22	99
	44	66	77	33	55	88	22	99
第 2 趟扫描:	44	66	33	77	55	88	22	99
	44	66	33	55	77	88	22	99
	44	66	33	55	77	22	88	99
	44	33	66	55	77	22	88	99
第 3 趟扫描:	44	33	55	66	77	22	88	99
	44	33	55	66	22	77	88	99
第 4 趟扫描:	33	44	55	66	22	77	88	99
	33	44	55	22	66	77	88	99
第 5 趟扫描:	33	44	22	55	66	77	88	99
第 6 趟扫描:	33	22	44	55	66	77	88	99
第 7 趟扫描:	22	33	44	55	66	77	88	99
最终结果:	22	33	44	55	66	77	88	99

图 9-10　冒泡排序示例

9.3.2　快速排序

快速排序（Quick Sort）的基本思想是：在待排序的 n 个关键字序列里，选择一个基准元素 x，称其为“枢轴（Pivot）”。通常，把序列的第 1 个元素选为枢轴，也可以把位于序列中间位置的元素选为枢轴。然后把所有小于等于 x 的关键字调整到 x 的左边，把大于 x 的关键字调整到 x 的右边。这被称为是快速排序的一次划分。经过一次划分，作为枢轴的这个关键字，已经位于它最终应该在的位置上，其他的关键字则被分割成为两个独立的部分。继续对左、右两个部分重复进行相同的这种划分过程，每次划分后就会让作为枢轴的关键字位于它最终应该在的位置上，直到最后分割的每一部分都只有一个关键字时，才结束整个排序过程。图 9-11 给出了以序列第 1 个元素为枢轴时，对关键字序列一次划分完成后的情形。

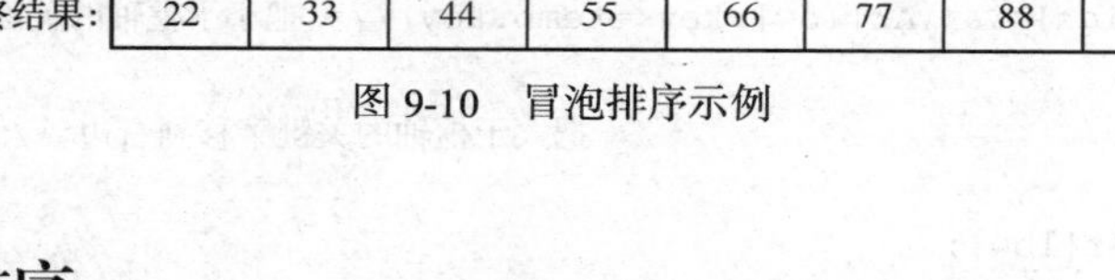

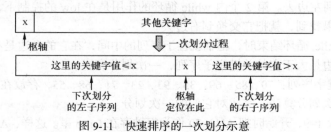

图 9-11　快速排序的一次划分示意

从对快速排序基本思想的描述可以知道，并不是经过一次划分就可以把待排序的序列排好序的，它是一个递归过程：先对整个序列进行划分，然后再对左、右子序列进行划分，再对它们产生的左、右子子序列进行划分。下面，给出对待排序列进行一次划分的算法。

算法 9-5 快速排序一次划分算法。

（1）算法描述

已知待排序的关键字序列存放在一维数组 Ar 里。现在要排序的子序列起始于第 s 个元素，终止于第 t 个元素。要对 Ar[s] ~ Ar[t] 里的关键字序列做快速排序的一次划分。算法名为 Qukpass_Sort()，参数为 Ar、s、t。

```
Qukpass_Sort(Ar, s, t)
{
  low = s;                              /*  low 为划分时序列的左边界 */
  high = t;                             /*  high 为划分时序列的右边界 */
  temp = Ar[s];                         /* 把枢轴值暂存于 temp */
  while (low<high)
  {
    while ( (high>low) && (temp.key<Ar[high].key)) /* 把大于枢轴的关键字留在右边的子序列里 */
      high--;
    if (low<high)                       /* 把小于等于枢轴的关键字移到左边 */
    {
      Ar[low] = Ar[high];
      low++;
    }
    while ((low<high) && (Ar[low].key<=temp.key))/* 把小于枢轴的关键字留在左边的子序列里 */
      low++;
    if (low<high)                       /* 把大于枢轴的关键字移到右边 */
    {
      Ar[high] = Ar[low];
      high--;
    }
  }
  Ar[low]=temp;                         /* 把枢轴值存入正确位置 */
}
```

（2）算法分析

算法由一个外 while 循环套两个内 while 循环组成。变量 low 不断地通过“++”运算从左往右向序列的中间靠近，high 不断地通过“--”运算从右往左向序列的中间靠近。外 while 循环的作用是只要条件“low<high”成立，这种由 low、high 控制的、交替向序列中间靠近的动作就继续进行下去。

第 1 个内 while 循环的作用是在 high 的控制下，从右往左寻找小于等于枢轴的关键字。如果找到，就把它交换到左边去。第 2 个内 while 循环的作用是在 low 的控制下，从左往右寻找大于枢轴的关键字。如果找到，就把它交换到右边去。

这样，到外 while 循环结束时，枢轴就位于序列的中间，在它的左边是小于等于它的关键字子序列，在它的右边是大于它的关键字子序列，一次划分完毕。

例 9-7 有关键字序列：70、85、69、35、93、23、71、68、55，存放在一个一维数组 A 中。试应用快速排序一次划分算法，完成对它们的一次划分。

解：这里，s=1、t=9，开始时把 A[1]=70 作为枢轴存在 temp 里。这样，A[1]的位置就被腾空，可以用来存放小于等于 70 的关键字，如图 9-12（a）所示。

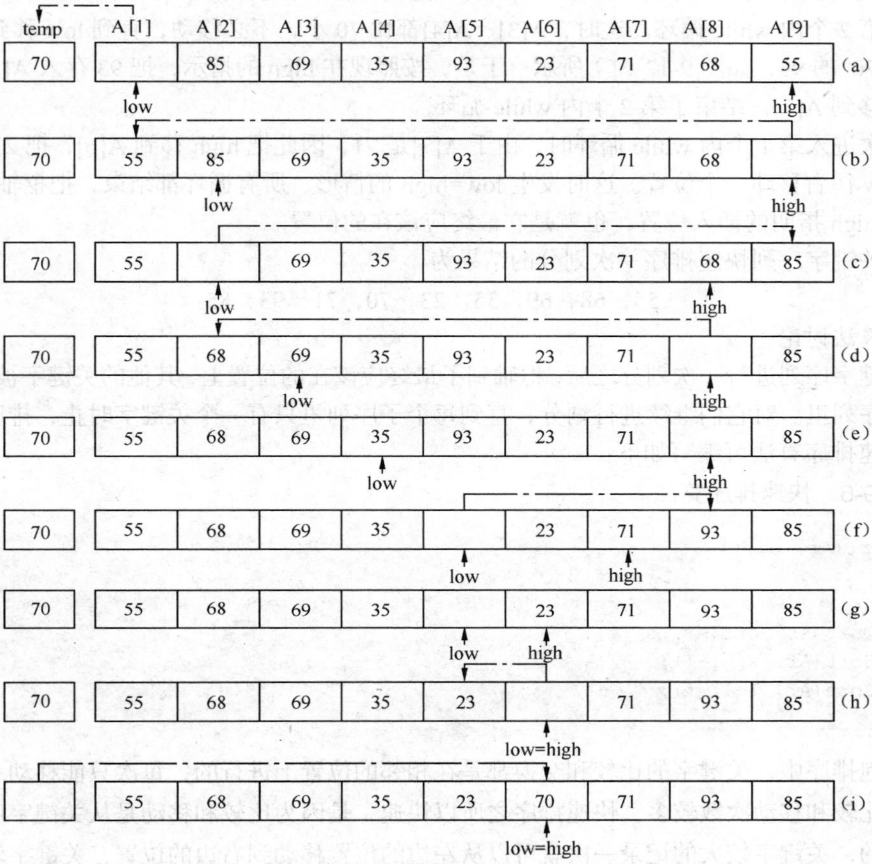

图 9-12　快速排序一次划分的过程

进入外 while 循环后，首先进入第 1 个内 while 循环。只要 high 所指的关键字大于枢轴 70（即条件“temp.key<Ar[high].key”成立），high 就往左移动（即做“high−−”）。现在 high 所指的关键字 55 不大于枢轴 70，因此该内循环结束，做：

Ar[low] = Ar[high];（把 Ar[9]里的 55 存入 Ar[1]里）

low++;（low 往右移动一个位置）

如图 9-12（b）所示。现在，low 指向 A[2]，high 仍指向 A[9]。不过由于 A[9]里的 55 已经存入到了左边的 A[1]，A[9]被腾空，可以用来存放大于枢轴 70 的关键字了。

接着进入第 2 个内 while 循环。只要 low 所指的关键字小于等于枢轴 70（即满足条件“Ar[low].key<=temp.key”），low 就往右移动（即做“low++”）。现在 low 所指的关键字 85 大于枢轴 70，因此该内循环结束，做：

Ar[high] = Ar[low];（把 A[2]里的 85 存入 A[9]里）

high−−;（往左移动一个位置）

如图 9-12（c）所示。现在，high 指向 A[8]，low 仍指向 A[2]。不过，由于 A[2]里的 85 已经存入到了右边的 A[9]，A[2]被腾空，可以用来存放小于等于枢轴 70 的关键字了。

在内部两个 while 循环执行完毕后，由于“low<high”仍然成立，因此外 while 循环继续执行，

又一次地进入第 1 个内 while 循环。

图 9-12（d）把小于 70 的 68 填入 A[2]后，把 low 往右移动到 A[3]，结束内第 1 个 while 循环，进到第 2 个内 while 循环。这时，A[3]、A[4]都比 70 小，不必移动，直到 low 移到 A[5]时才遇到大于 70 的 93，如图 9-12（f）所示。于是，按照现在 high 的指示，把 93 存入 A[8]，然后把 high 往左移到 A[7]，结束了第 2 个内 while 循环。

第 3 次进入第 1 个内 while 循环时，由于 A[7]是 71，因此把 high 移到 A[6]，把 23 存入 A[5]后，把 low 往右移动一个位置。这时发生 low=high 的情形，所有循环都结束，把枢轴值 70 存入由 low 或 high 指明的插入位置，也就是它最终应该在的位置。

对该关键字序列快速排序一次划分的结果为

55，68，69，35，23，70，71，93，85

（3）算法讨论

对关键字序列进行一次划分之后，枢轴到了最终应该在的位置上，其他的关键字被分列在左、右两个子序列里。对它们继续进行划分，直到每个子序列里只有一个关键字时止，排序就结束。完整的快速排序算法可编写如下：

算法 9-6 快速排序算法。

```
Quk_Sort(Ar, s, t)
{
  if (s<t)
  i = Qukpass_Sort(Ar, s, t);
  Quk_Sort(Ar, s, i-1);
  Quk_Sort(Ar, i+1, t);
}
```

在冒泡排序中，关键字的比较和交换都是在相邻的位置上进行的，每次只能移动一个位置，因此总的比较和移动次数较多。快速排序之所以快速，是因为比较和移动是从关键字序列两端向中间进行的，关键字较大的记录一次就可以从左边的位置移动到右边的位置，关键字较小的记录一次就可以从右边的位置移动到左边的位置，每次移动的位置都较远，因此减少了总的比较和移动次数，提高了排序的效率。

快速排序不是一种稳定的排序算法。例如说，有待排序的关键字序列：67、**67**、28，对它进行快速排序时，最终的排序结果会是：28、**67**、67。

例 9-8 有待排关键字序列：72、6、57、88、60、42、83、73、48、85，用图示说明对它实施快速排序算法的整个过程。

解：对该待排关键字序列实施快速排序算法的整个过程，如图 9-13 所示。在对整个序列实施第 1 次划分后，关键字 72 被定位在自己的最终位置上，这时划分出的左子序列上有关键字：48、6、57、42、60，在右子序列上有关键字：83、73、88、85。

在对左子关键字序列实施划分后，关键字 48 定位在自己的最终位置上，并划分出两个子关键字序列：42、6 和 57、60。

在对右子关键字序列实施划分后，关键字 83 定位在自己最终位置上，并划分出两个子关键字序列：73 和 88、85。

再对这 4 个关键字序列中的每一个分别实施划分，所有关键字就都被定位在了自己的最终位置上，于是排序结束。最终的排序结果为

6，42，48，57，60，72，73，83，85，88

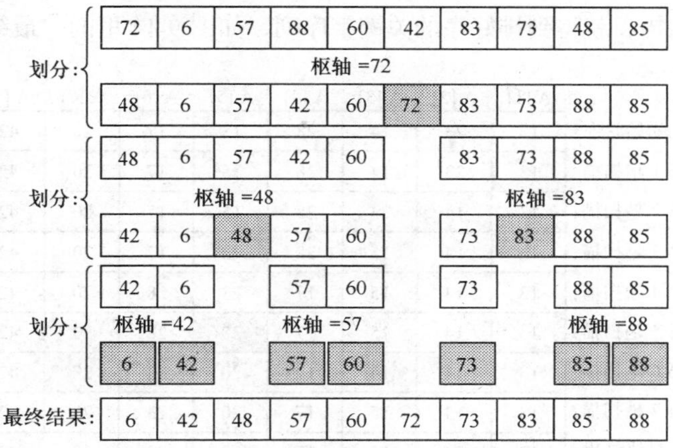

图 9-13　快速排序全过程图示

9.4 选择排序

选择排序（Selection Sort）的基本思想是：第 1 趟从 n 个待排序的关键字序列中选出最小的，第 2 趟从 n–1 个待排序的关键字序列中选出次小的，如此反复进行下去，直到整个排序结束。

有多个选择排序的算法，如直接选择排序、树型选择排序、堆排序等，这里只介绍直接选择排序和堆排序两种选择算法。

9.4.1　直接选择排序

直接选择排序（Straight Selection Sort）也称简单选择排序，它的基本思想是：对由 n 个关键字组成的待排序列进行 n–1 趟扫描，在每趟扫描过程中，算法总是从未排序的部分里通过不断比较挑选小的关键字，记住它的位置。在一趟扫描结束、找到了最小关键字后才进行一次位置的交换操作，把最小关键字放置到它的正确位置上。

例 9-9　有待排序的关键字序列：15、23、14、28、13、17、20、42，对其进行直接选择排序，给出排序结果。

解：图 9-14 的初始状态是把待排序的关键字序列存放在一个一维数组 A 里。第 1 趟扫描是从 A[1] ~ A[8]这 8 个关键字里找最小者。先用 A[1]与 A[2]比较，知道 A[1]较小；接着用小的 A[1]与 A[3]比较，知道 A[3]较小；再用小的 A[3]与 A[4]比较，知道 A[3]较小；再用小的 A[3]与 A[5]比较，知道 A[5]较小；再用 A[5]与 A[6]比较、与 A[7]比较、与 A[8]比较，最后知道这趟扫描结束后，A[5]里的关键字为最小。于是把 A[5]与 A[1]交换，使关键字 13 到达它应该存放的位置 A[1]，而关键字 15 交换到了 A[5]的位置里，如图 9-14 里的“第 1 趟扫描”中深色所示。

第 2 趟扫描是从 A[2] ~ A[8]这 7 个关键字里找出其中的最小者 14，于是就把 A[3]与 A[2]交换，使关键字 14 到达它应该存放的位置 A[2]，而关键字 23 交换到了 A[3]的位置里，如图 9-14 里的“第 2 趟扫描”中深色所示。

第 3 趟扫描是从 A[3] ~ A[8]这 6 个关键字里找出其中的最小者 15，于是就把 A[5]与 A[3]交换，使关键字 15 到达它应该存放的位置 A[3]，而关键字 23 交换到了 A[5]的位置里，如图 9-14 里的“第 3 趟扫描”中深色所示。

这样经过 7 趟扫描，就得到排好序的关键字序列，如图 9-14 里的“最终结果”所示。

	A [1]	A [2]	A [3]	A [4]	A [5]	A [6]	A [7]	A [8]
初始状态：	15	23	14	28	13	17	20	42
第 1 趟扫描：	13	23	14	28	15	17	20	42
第 2 趟扫描：	13	14	23	28	15	17	20	42
第 3 趟扫描：	13	14	15	28	23	17	20	42
第 4 趟扫描：	13	14	15	17	23	28	20	42
第 5 趟扫描：	13	14	15	17	20	28	23	42
第 6 趟扫描：	13	14	15	17	20	23	28	42
第 7 趟扫描：	13	14	15	17	20	23	28	42
最终结果：	13	14	15	17	20	23	28	42

图 9-14　直接选择排序示例

算法 9-7　直接选择排序算法。

（1）算法描述

已知有 *n* 个记录的待排关键字序列被存放在一个一维数组 Ar 里，要对它实施直接选择排序，并得出最终排序结果。算法名为 Sel_Sort()，参数为 Ar、n。

```
Sel_sort(Ar, n)
{
  for (i=1; i<=n-1; i++)                    /* i 控制 n-1 趟扫描 */
  {
    small = i;                              /* 用变量 small 记住当前最小关键字的位置 */
    for (j = i+1; j<=n; j++)                /* j 控制这趟扫描的比较范围 */
      if (Ar[j].key<Ar[small].key)          /* 如果发现更小者，随时修改 small 的值 */
        small = j;
    if (small != i)                         /*  small 与比较范围首元素下标不同，则交换 */
    {
      temp = Ar[i];                         /* 交换是利用临时变量 temp 进行的 */
      Ar[i] = Ar[small];
      Ar[small] = temp;
    }
  }
}
```

（2）算法分析

由于有 *n* 个关键字，因此用一个 for 循环控制对待排序列进行 *n*–1 趟扫描。每趟扫描都要做两件事情：第一件事情是在比较范围内挑选出最小者，选出的最小者的下标由变量 small 记录，这是由内部的 for 循环完成的；另一件事情是如果 small 记录的下标与比较范围第 1 个元素的下标不相同，那么就通过临时变量 temp 把这两个关键字进行交换，使挑选出来的最小者排到它的正确位置上。

（3）算法讨论

直接选择排序算法简单、易懂、容易实现，它其实是冒泡排序的一种改进。冒泡排序在比较过程中发现排列次序不符时就做交换，因此在交换上要花费很多的时间。直接选择排序在发现排列次序不符时，并不是去进行交换，而只是记住当前谁是小者。直到最后确定了一趟扫描的最小者，才进行一次交换。因此，它花费在交换上的时间要比冒泡排序少很多。不过，两种排序的比较次数是相当的。对于处理那些做一次交换需要花上很多时间的问题来说，使用直接选择排序是很有效的。

本算法最终得到的是原待排序列由小到大的一个排列，即数组里 Ar[1]的关键字最小，Ar[n]的关键字最大。只要对它稍加改动，就可以得到原待排序列由大到小的排列。

直接选择排序算法是不稳定的，因为在利用它进行排序的过程中，存在着不相邻记录间的交换，因此有可能在相同关键字的记录间发生交换，从而改变原先的前、后相对位置。例如说，有待排序的关键字序列：125、**125**、52，对它进行直接选择排序时，最终的排序结果会是：52、**125**、125。

9.4.2 堆排序

1．堆的定义

所谓“堆（Heap）”，是一棵完全二叉树，且各结点的记录关键字值满足条件：从根结点向叶结点的任何路径上的关键字值都是非递减的。即根结点和任何分支结点的关键字值，均小于或等于其左、右孩子结点（如果有的话）的关键字值。

形式上，可以这样来定义堆。有 n 个记录的关键字序列：k_1、k_2、…、k_n，若它们之间满足条件：

$$k_i \leqslant k_{2i}，并且\ k_i \leqslant k_{2i+1}（i=1，2，\cdots，n/2，且\ 2i+1 \leqslant n）$$

那么该序列被称为是一个“堆”。这时，若采用一个一维数组存放堆，那么它就是一棵完全二叉树的顺序存储，可以把关键字序列的每个 k_i 看作是这棵有 n 个结点的完全二叉树的第 i 个结点，其中 k_1 是该树的根结点。

例 9-10　有关键字序列：10、23、18、68、94、72、71、83，存储在一个一维数组 A 里，如图 9-15（a）所示。

A[1]	A[2]	A[3]	A[4]	A[5]	A[6]	A[7]	A[8]
10	23	18	68	94	71	72	83

（a）

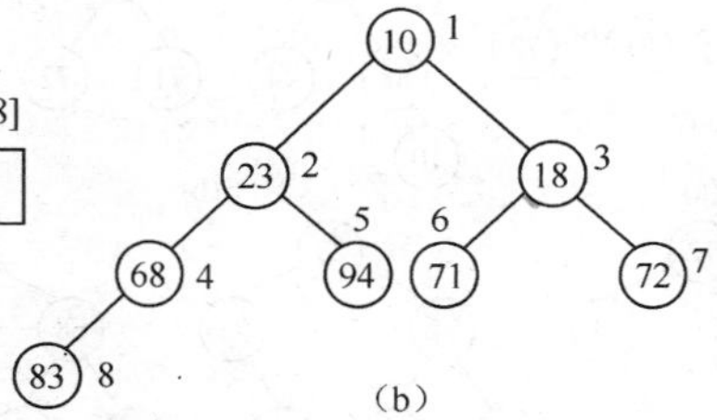

（b）

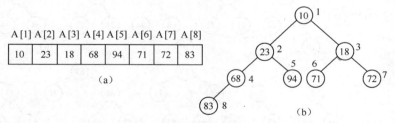

图 9-15　满足堆性质的完全二叉树

与图 9-15（a）数组相对应的完全二叉树如图 9-15（b）所示（结点旁的数字是相应数组元素的下标）。可以看出，该完全二叉树上结点的关键字之间，满足堆的条件，即有：

$$10 \leqslant 23 \leqslant 68 \leqslant 83，\quad 10 \leqslant 23 \leqslant 94，\quad 10 \leqslant 18 \leqslant 71，\quad 10 \leqslant 18 \leqslant 72$$

因此，图 9-15（b）所示的这棵完全二叉树是一个堆。对于堆，要注意如下 3 点：

- 在一个堆里，k_1（即完全二叉树的根结点）是堆中最小的关键字值；
- 堆的任何一棵子树本身也是一个堆；
- 堆中任一结点的关键字值都不大于左、右两个孩子的关键字值（如果有的话），但在左、右孩子的关键字值之间没有大小关系存在。

例如，图 9-15（b）示出的堆，其根结点的关键字值 10 是堆中所有关键字值里最小的；例如，以 23 为根的子树，也满足堆的条件，是一个堆；例如，10 的左孩子的关键字 23 大于右孩子的关键字 18，但 18 的左孩子的关键字 71 却小于右孩子的关键字 72。

2．堆排序过程中的筛选

根据定义，堆本身是部分有序的，因为从堆的根结点到叶结点的每一条路径上的关键字值都是排序的。利用这样的关系，可以得到一种较为有效的排序算法，那就是堆排序（Heap Sort）。

从前面已经知道，堆里根结点的关键字值 k_1 是堆中最小的，因此利用堆进行排序，首先可以输出根结点 k_1，然后通过一定的规则对剩余的结点进行调整，使它们之间又成为一个堆，这样再输出新的根结点，如此下去，最终就可以达到由小到大的排序目的。这就是堆排序的基本思想。

例 9-11 关键字序列：10、23、18、68、94、72、71、83 是一个堆，把它存储在一个一维数组 A 里，相应的完全二叉树如图 9-16（a）所示，结点旁的数字是数组元素的下标。对它实施堆排序。

解：实施堆排序的过程如图 9-16（b）～图 9-16（q）所示。基于图 9-16（a）的堆，其堆顶元素（也就是根结点）肯定是当前的最小者，输出堆顶元素 10，并以堆中最后一个元素（即 83）代替，如图 9-16（b）所示。这种代替之后，除了堆顶元素与其左、右孩子之间可能不满足堆的性质外，其他结点仍然符合堆的条件。为了维护堆的性质，必须按照各关键字进行自上而下的适当调整，这种调整过程，被称为“筛选（Sift）”。因此，一次筛选的目的，就是将那个不满足堆性质的完全二叉树根结点，调整到其适当的位置上，以便构成一个新堆。

一次筛选的具体做法是：将这时的根结点关键字 83 与其左、右孩子间的较小者 18 进行交换，结果如图 9-16（c）所示；交换后，83 仍破坏所在子树的堆性质，因此继续与其左、右孩子间的较小者 71 进行交换，结果如图 9-16（d）所示。这时，83 到达叶结点的位置，筛选停止，整个完全二叉树又成为了一个堆。

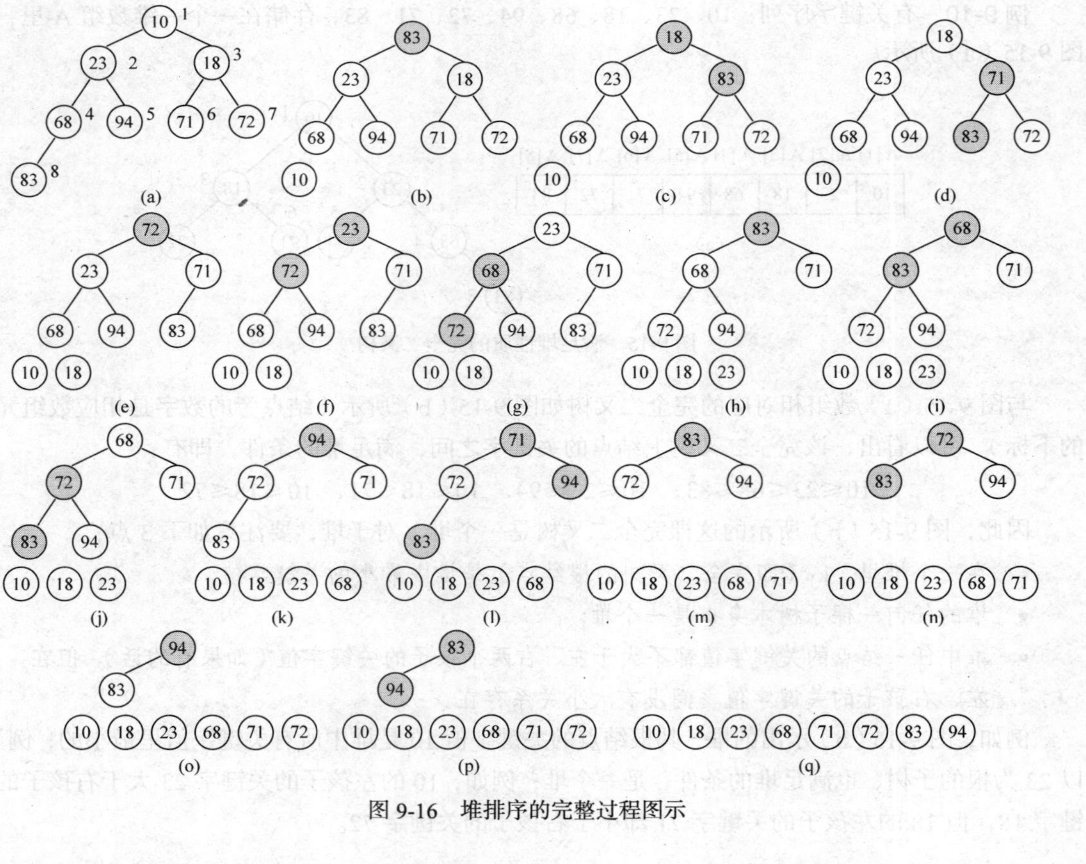

图 9-16 堆排序的完整过程图示

又一次输出堆顶元素 18，并以堆中最后一个元素（即 72）代替，如图 9-16（e）所示。这时又要进行筛选，过程如图 9-16（f）~图 9-16（g）所示。图 9-16（g）示出的完全二叉树是一个堆，于是输出堆顶元素 23，并以现在堆中的最后一个元素 83 代替，如图 9-16（h）所示。

不断重复地去做这样的工作：输出堆顶元素、用当时堆中最后一个元素代替堆顶元素、筛选完全二叉树结点使之满足堆的定义，直到堆中元素全部输出为止。最后的排序结果为：10、18、23、68、71、72、83、94。

下面，给出完成一次筛选过程的算法。

算法 9-8 堆排序过程中的一次筛选算法。

（1）算法描述

设一维数组 Ar 的元素 Ar[s]、Ar[s+1]、…、Ar[t]，是以 Ar[s]为根结点的一棵完全二叉树。除 Ar[s]外，这些记录的关键字都满足堆的性质。要求通过筛选，使序列 Ar[s]、Ar[s+1]、…、Ar[t]成为一个堆。算法名为 Sift_Ar()，参数为 Ar、s、t。

```
Sift_Ar(Ar, s, t)
{
  i = s;                                      /* 变量 i 记住当前筛选根结点在数组的下标号 */
  temp = Ar[s];                               /* 临时存放原根结点的记录内容 */
  for (j=2*i; j<=t; j=2*j)                    /* 不断地筛选下去 */
  {
    if ((j<t) && (Ar[j].key>Ar[j+1].key))     /* 左孩子关键字大，应该选择右孩子 */
      j++;
    if (temp.key<Ar[j].key)
      break;
    Ar[i]=Ar[j];                              /* 用选中的小的孩子结点代替根结点 */
    i=j;                                      /* 继续往下进行筛选 */
  }
  Ar[i] = temp;                               /* 最终让原根结点进入自己的正确位置 */
}
```

（2）算法分析

首先要说明的是，该算法是基于一棵完全二叉树进行的，该完全二叉树除了根结点外，其他结点都符合堆的性质。因此算法要达到的目的就是按照堆的性质，对根结点进行调整，以便使这棵完全二叉树成为一个堆。算法主要由一个 for 循环组成，它的功能就是要寻找出根结点应该位于的正确位置。

每一次 for 循环总是做三件事情。第 1 件是通过一个 if 语句，确定筛选进行的方向，按照堆的定义，筛选应该从左、右孩子中的小者进行。在确定了筛选方向后，第 2 件要做的事情是通过一个 if 语句，判定当前找到的是否就是根结点应该位于的正确位置。如果是，则结束循环；如果不是，那么就做第 3 件事情，即用筛选方向上的结点代替根结点（Ar[i]=Ar[j];），然后进入下一次筛选（i=j;）。

for 循环结束后，变量 i 里记录的是原根结点应该位于的位置。于是，通过“Ar[i] = temp;”，将原根结点放入正确的位置，从而形成了一个新的堆。

3. 创建一个堆

有了筛选算法，就可以利用它把一个无序的关键字序列建成一个堆，进而实现真正的堆排序。

创建堆的基本思想是：先把无序的关键字序列存放在一个一维数组里，并得到该数组对应的完全二叉树。对于这棵完全二叉树的每一个叶结点，以它们为根结点的子树显然已经满足堆的条件。从最后一个分支结点开始往前，不断地利用筛选算法，将一棵棵子树调整成为一个堆，直进行到完全二叉树的根结点为止。这样，一个堆就建立起来了。

例 9-12 已知无序关键字序列：75、79、71、68、94、16、11、28，创建与其相对应的堆。

解：将无序关键字序列存放于一个一维数组中，用它构造一个完全二叉树，如图 9-17（a）所示。从图中可以看出，下标为 5、6、7、8 的四个叶子结点已经具备堆的性质，下标为 1、2、3、4 的 4 个分支结点都不具备堆的性质。为此，以从后往前的 4、3、2、1 顺序，按照筛选的思想，分别对这些结点实施调整，以期最后使整个完全二叉树成为一个堆。

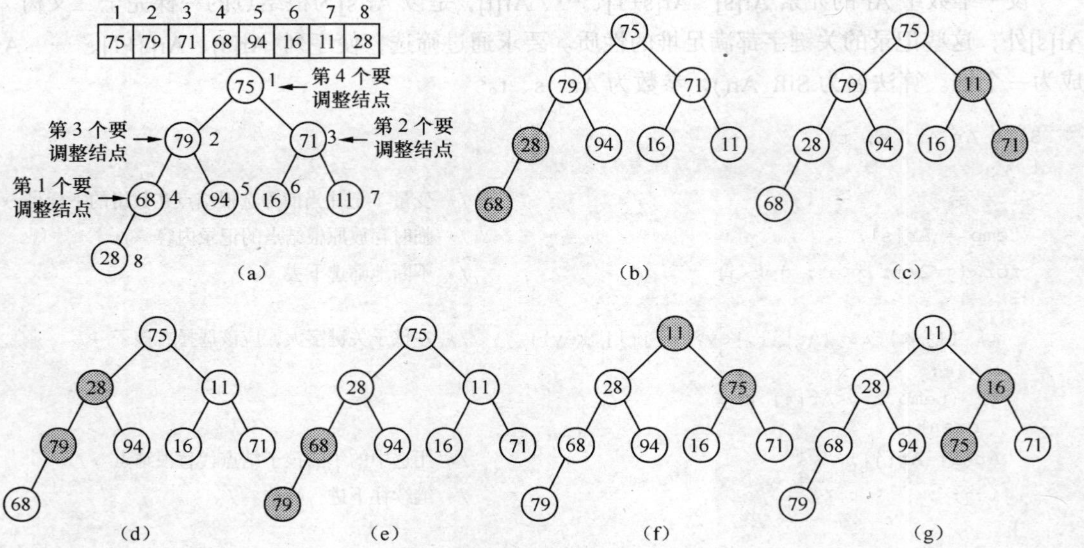

图 9-17 创建一个堆的过程图示

先对下标为 4 的分支结点（关键字为 68）进行筛选。由于 68 大于左孩子的关键字 28，按照堆的性质 68 应该与 28 交换位置，以使这棵子树成为一个堆，如图 9-17（b）所示。

接着对下标为 3 的分支结点（关键字为 71）进行筛选。由于左孩子的关键字 11 小于右孩子的关键字 16，且 71>11，按照堆的性质 71 应该与 11 交换位置，以使这棵子树成为一个堆，如图 9-17（c）所示。

再对下标为 2 的分支结点（关键字为 79）进行筛选。由于左孩子的关键字 28 小于右孩子的关键字 94，且 79>28，按照堆的性质 79 应该与 28 交换位置，如图 9-17（d）所示。但筛选并不能结束，因为这时以 79 为根结点的子树还不满足堆的性质，还需要继续往下筛选。于是又将 79 与 68 交换，使得以 28 为根的子树成为一个堆，如图 9-17（e）所示。

最后对下标为 1 的根结点（关键字为 75）进行筛选。由于左孩子的关键字 28 大于右孩子的关键字 11，且 75>11，按照堆的性质 75 应该与 11 交换位置，如图 9-17（f）所示。但筛选并不能结束，因为这时以 75 为根结点的子树还不满足堆的性质，还需要继续往下筛选。于是又将 75 与左、右孩子中较小者 16 进行交换，使得以 11 为根的完全二叉树成为一个堆，如图 9-17（g）所示。这样，所需要的堆就建立完毕。

有了一次筛选算法，有了创建堆的算法，就可以给出堆排序的完整算法了。

算法9-9 堆排序算法。

（1）算法描述

已知有 *n* 个关键字的无序序列，存放在一个一维数 Ar 里。通过建堆、筛选，实现对它的堆排序。算法名为 Heap_Sort()，参数为 Ar、n。

```
Heap_Sort(Ar, n)
{
  for (i=n/2; i>0; i--)                    /* 利用Sift_Ar()，将Ar[1]~Ar[n]建成堆 */
    Sift_Ar(Ar, i, n);
  for (i=n; i>1; i--)                      /* 堆顶元素Ar[1]与堆底元素Ar[i]交换 */
  {
    temp = Ar[1];
    Ar[1] = Ar[i];
    Ar[i] = temp;
    Sift_Ar(Ar, 1, i-1);                   /* 利用Sift_Ar()，将Ar[1]~Ar[i-1]筛选成堆 */
  }
  for (i=n; i>=1; i--)                     /* 打印输出Ar[1]~Ar[n]的关键字值 */
    printf ("%d ", Ar[i].key);
}
```

（2）算法分析

该算法分为3个部分，第1部分是通过一个for循环，将Ar里的无序序列建成为一个堆；第2部分是通过一个for循环，不断地把堆顶元素与堆底元素交换，将堆底元素排除在外后进行筛选，成为一个新堆；第3部分是通过一个for循环，把数组Ar中已经排好序的关键字打印输出。

这里要说明的是，在建成堆后进行排序时，算法里并没有开辟新的数组来存放排好序的关键字序列，而是利用原有的存储空间来存放。具体的办法是将堆顶元素与堆底元素交换，把当时的最小元素存放在堆底。正因为这样，在打印输出时，是从数组后面往前进行的。

例9-13 已知记录的关键字序列：11、28、16、68、94、75、71、79，是一个堆，相应的完全二叉树和数组如图9-18（a）所示。对它进行堆排序。

解： 把关键字11与79进行交换，如图9-18（b）所示。这样，关键字11已经到达它的正确位置Ar[8]，然后在Ar[1]~Ar[7]之间进行筛选，如图9-18（c）所示。筛选后，Ar[1]~Ar[7]又形成一个堆，如图9-18（d）所示。

将此时的堆顶元素16与堆底元素79交换，如图9-18（e）所示。随后，在Ar[1]~Ar[6]间进行筛选，结果如图9-18（g）所示。这样，Ar[1]~Ar[6]成为一个堆。

这样一点点地做下去，可以看出数组中的元素最后是从大到小得到了排列，如图9-18（i）所示。因此，输出时，应该从后往前进行。

（3）算法讨论

前面，我们是这样来定义堆的。

有 *n* 个记录的关键字序列：k_1、k_2、…、k_n，若它们之间满足条件：

$$k_i \leqslant k_{2i}，并且\ k_i \leqslant k_{2i+1} (i=1, 2, \cdots, n/2, 且\ 2i+1 \leqslant n)$$

那么该序列被称为是一个“堆”。

其实，也可以这样来定义堆。有 *n* 个记录的关键字序列：k_1、k_2、…、k_n，若它们之间满足条件：

$$k_i \geqslant k_{2i}，并且\ k_i \geqslant k_{2i+1} (i=1, 2, \cdots, n/2, 且\ 2i+1 \leqslant n)$$

那么该序列被称为是一个“堆”。

前面定义的是所谓的“小根堆”，即堆的上面小，底下大；后面定义的是所谓的“大根堆”，即堆的上面大，下面小。

定义的方法不一样，筛选和排序算法当然会受到一定的影响，应该做适当的修改。这里不再赘述。

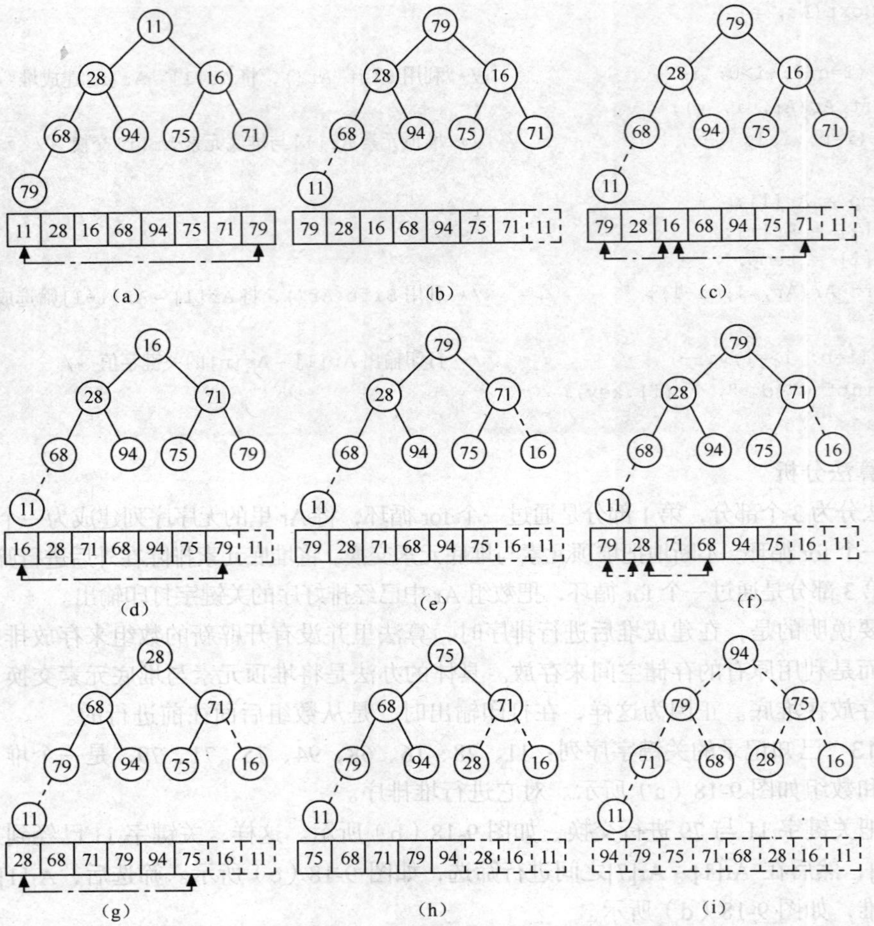

图 9-18　堆排序的部分过程图示

堆排序是一种不稳定的排序算法。例如对于关键字序列：<u>18</u>、**18**、4 进行建堆和排序，结果将是：4，**18**，<u>18</u>。

小结

本章主要介绍了有关直接插入排序、折半插入排序、表插入排序、冒泡排序、快速排序、直接选择排序、堆排序共 7 种排序算法。学习本章应该掌握各种排序算法的基本思想，并利用它们完成简单的实际排序问题。

习题

一、填空题

1. 一次筛选的目的，就是将不满足堆性质的完全二叉树________结点，调整到其适当的位置上，以便构成一个新堆。

2. 若经过某种排序之后，那些有相同关键字值的记录间的相对位置保持不变，那么称这种排序方法是________的。

3. 有待排关键字序列：54、38、96、23、18、73、61、46、88，采用直接插入排序算法。在进行到寻找第 7 个关键字 61 的插入位置时，需要做________次比较。

4. ________排序方法是从未排序的序列中挑选出元素，然后将其依次放入排好序的序列的一端。

5. ________排序方法是通过适当的位置交换，把序列中的元素一次性地放到了它的最终位置上。

6. 有待排序的关键字序列：54、38、96、23、15、72、60、45、83，对这样的一个特定的序列进行冒泡排序。整个排序过程需进行________趟扫描，才能完成排序任务。

7. 对关键字序列 22、86、19、49、12、30、65、35、18 做一趟排序后，得到的结果是 18、12、19、22、49、30、65、35、86。因此，可以认为采用的排序方法是________。

8. 一个堆中所有非叶结点的关键字值都________其左、右孩子的关键字值。

二、选择题

1. 在下面给出的各种排序算法中，只有________是稳定排序算法。

A. 冒泡排序　B. 快速排序　C. 直接选择排序　D. 堆排序

2. 在下面给出的各种排序算法中，只有________不是稳定排序算法。

A. 冒泡排序　B. 快速排序　C. 直接插入排序　D. 折半插入排序

3. 在给出的四棵二叉树中，只有________满足一个堆的条件。

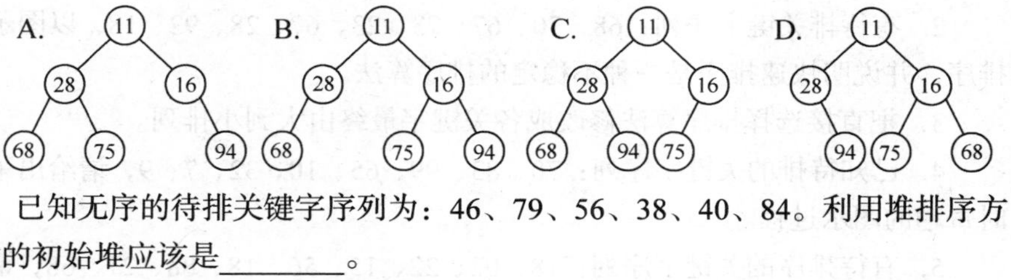

4. 已知无序的待排关键字序列为：46、79、56、38、40、84。利用堆排序方法创建的初始堆应该是________。

A. 38，56，40，79，46，84　B. 38，40，56，79，46，84

C．38，40，46，56，79，84　　D．38，46，40，56，79，84

5．对关键字序列：46、79、56、38、40、84采用快速排序方法。若以46为枢轴，那么一次划分后的结果应该是________。

A．38，40，46，79，56，84　　B．38，40，46，84，56，79

C．40，38，46，79，84，56　　D．40，38，46，56，79，84

6．从待排序序列中依次取出元素与已排好序的序列里的元素进行比较，并存放到已排序序列的正确位置上，这种排序方法是________。

A．直接插入排序　B．交换排序　C．冒泡排序　D．选择排序

7．当两个元素出现逆序时就交换它们的位置，这种排序方法是________。

A．直接插入排序　B．冒泡排序　C．交换排序　D．选择排序

8．具有24个记录的待排序列，采用冒泡排序时，最少需要进行的比较次数是________。

A．1　B．23　C．24　D．512

9．用某种排序方法对序列：24、84、21、47、16、28、66、35、20进行排序，序列的变化情况为：

24，84，21，47，16，28，66，35，20

20，16，21，24，47，28，66，35，84

16，20，21，24，35，28，47，66，84

16，20，21，24，28，35，47，66，84

那么，这里采用的排序方法是________。

A．直接插入排序　B．冒泡排序　C．快速排序　D．选择排序

三、问答题

1．在直接插入排序算法中，是什么条件保证了该算法的稳定性？

2．在冒泡排序算法里，是什么条件保证它的稳定性？

3．试问内排序与外排序有什么区别？

4．有两个关键字序列：3、10、12、22、36、18、28、40和5、8、11、15、23、20、32、7。试问谁是堆，谁不是堆？把不是堆的序列通过筛选将它调整为一个堆。

5．有以下四个待排关键字序列：

19，23，3，15，7，21，28　　23，21，28，15，19，3，7

19，7，15，28，23，21，3　　3，7，15，19，21，23，28

对它们采用快速排序方法进行排序，试问哪一种情况速度最慢？

四、应用题

1．将冒泡排序算法修改成记录关键字由大到小递减排列。

2．有待排关键字序列：68、70、67、73、23、67、28、92、18，以图示的方式对它进行快速排序，并说明快速排序是一种不稳定的排序算法。

3．把直接选择排序算法修改成各关键字最终由大到小排列。

4．已知待排的关键字序列：70、83、99、65、10、32、7、9，请给出采用直接插入排序方法时每趟的图示过程。

5．有待排序的关键字序列：18、02、22、15、56、18、88、27、68，请给出采用冒泡排序方法时每趟的图示过程（注意：这里有两个关键字都是18）。

参考文献

[1] 陈小平．数据结构导论．北京：经济科学出版社，2000．

[2] 李春葆．数据结构（C 语言篇）习题与解析．北京：清华大学出版社，2000．

[3] 赵丹亚．实用数据结构教程．北京：电子工业出版社，2002．

[4] 顾元刚．数据结构简明教程（C 语言版）．南京：东南大学出版社，2003．

[5] 阮宏一．数据结构实践指导教程（C 语言版）．武汉：华中科技大学出版社，2004．

[6] 刘怀亮．数据结构（C 语言描述）．北京：冶金工业出版社，2004．

[7] 刘振鹏，张晓莉等．数据结构．北京：中国铁道出版社，2006．

[8] 李云清，杨庆红等．数据结构（C 语言版）．北京：人民邮电出版社，2006．

[9] John R.Hubbard．数据结构习题与解答（Java 语言描述）．阳国贵等译．北京：机械工业出版社，2002．